高技能人才培养系列丛书
技师培训教程系列

变频器、可编程序控制器及触摸屏综合应用技术实操指导书

第3版

主　编　吴启红
参　编　刘贯华　郑泉峰

机械工业出版社

本书共分6个模块，以任务的形式讲述了三菱变频器应用控制技术、FX系列PLC应用设计技术（入门篇）、FX系列PLC应用设计技术（提高篇）、三菱触摸屏应用控制技术、FX系列产品综合应用设计技术（精通篇）和FX系列PLC简单通信设计技术，配套任务24个。

本书可供高技能人才（如维修电工技师、可编程序控制系统设计师）培训及考证时使用，也可供高等院校自动化专业、机电一体化专业或其他相关专业使用，还可供自动化技术人员解决自动化技术问题时参考。

图书在版编目（CIP）数据

变频器、可编程序控制器及触摸屏综合应用技术实操指导书/吴启红主编．—3版．—北京：机械工业出版社，2018.2（2024.8重印）
（高技能人才培养系列丛书．技师培训教程系列）
ISBN 978-7-111-59091-0

Ⅰ．①变…　Ⅱ．①吴…　Ⅲ．①变频器-技术培训-教材 ②可编程序控制器-技术培训-教材 ③触摸屏-技术培训-教材　Ⅳ．①TN773 ②TM571.6 ③TP334.1

中国版本图书馆CIP数据核字（2018）第021914号

机械工业出版社（北京市百万庄大街22号　邮政编码100037）
策划编辑：罗　莉　责任编辑：周金峰
责任校对：刘秀芝　封面设计：陈　沛
责任印制：郜　敏
中煤（北京）印务有限公司印刷
2024年8月第3版第6次印刷
184mm×260mm · 16印张 · 390千字
标准书号：ISBN 978-7-111-59091-0
定价：59.90元

电话服务　　网络服务
客服电话：010-88361066　机　工　官　网：www.cmpbook.com
010-88379833　机　工　官　博：weibo.com/cmp1952
010-68326294　金　书　网：www.golden-book.com
封底无防伪标均为盗版　机工教育服务网：www.cmpedu.com

前　　言

本书的编写旨在解决以下几方面的问题：

(1) 帮助读者快速掌握可编程序控制器及相关工控产品的知识与技能，从入门、提高到精通。

(2) 帮助高技能人才（如维修电工技师）顺利通过技能鉴定。

(3) 为广大自动化工程技术人员在生产一线解决问题提供参考。

(4) 帮助读者快速掌握现代工控领域新技术，培养并提升独立解决工厂自动化技术问题的能力。

本书可供高技能人才（如维修电工技师、可编程序控制系统设计师）培训及考证时使用，也可供高等院校自动化专业、机电一体化专业或其他相关专业使用，还可供自动化技术人员解决自动化技术问题时参考。

本书共分6个模块，以任务的形式讲述了三菱变频器应用控制技术、FX系列PLC应用设计技术（入门篇）、FX系列PLC应用设计技术（提高篇）、三菱触摸屏应用控制技术、FX系列产品综合应用设计技术（精通篇）和FX系列PLC简单通信设计技术，配套任务24个。

本书在编写过程中采用从项目目标、任务设备、知识准备、任务要求、任务指引、任务评价、知识拓展等途径引导读者学以致用，使读者学习目标明确化，有的放矢，有学有考。

本书由吴启红任主编，刘贯华、郑泉峰参编。吴启红编写了模块1、2、3、5，刘贯华编写了模块4，郑泉峰编写了模块6。全书由吴启红统稿。本书在编写过程中参考了相关图书和技术资料，在此谨向原作者表示衷心的感谢！

囿于编者水平，书中难免有错误和不当之处，恳请读者批评指正，请将意见反馈至邮箱 qhongw@126.com。

编　者

目　录

模块1　三菱变频器应用控制技术

项目目标

知识点：

1）掌握变频器的工作原理。

2）掌握变频器常用参数的意义。

3）掌握变频器应用控制方案。

4）掌握变频器各种工作模式控制应用方法。

技能点：

1）能分析项目任务要求，并能熟练进行变频器参数设置。

2）能熟练进行变频器外部控制电路接线。

3）掌握变频器各种速度应用控制处理技术。

4）能处理变频器各种故障。

5）能根据任务要求设定变频器参数、接线并正确调试运行。

任务设备

FR－A700、FR－A740或其他三菱FR系列变频器、电位器、连接导线、电动机、螺钉旋具、指示灯、按钮、万用表、控制台等。

知识准备

一、变频器结构及工作原理

1. 概述

随着电力电子技术的飞速发展，变频器从性能到容量都得到更大的发展。目前，变频器已经在家用电器、钢铁、有色冶金、石化、矿山、纺织印染、医药、造纸、卷烟、高层建筑供水、建材及机械行业大量地应用，而且其应用领域正在不断扩大。变频器在节能、减少维修、提高产量、保证质量等方面都取得了明显的经济效益。

2. 变频器传动的特点

变频器传动的特点、效果和用途见表1-1。

表1-1 变频器传动的特点、效果和用途

序号	变频器传动的特点	效果	用途
1	可以使标准电动机调速	可以使电动机调速	空调机、机床、泵、风机、输送机
2	可以连续调速	可以经常选择最佳速度	机床、搅拌机、泵、风机
3	起动电流小	电源设备容量可以小	压缩机、泵、风机、输送机
4	最高速度不受电源影响	最大工作能力不受电源频率影响，或者不需要因频率而改变设计	泵、风机、输送机、机床、搅拌机
5	电动机可以高速化、小型化	可以得到用其他调速装置不能实现的高速度	内圆磨床、化纤机械、运送机械、机床、搅拌机
6	防爆容易	与直流电动机相比，防爆容易、体积小、成本低	药品机械、化学工厂
7	低速时转矩输出困难	低速时电动机短时间内堵转也无妨	定尺寸装置（挡块定位）
8	可以调节加减速的大小	能防止载重物倒塌	运送机械
9	可以使用笼型电动机	不需要维护电动机	生产流水线、车辆、电梯

3. 变频器简单工作原理

根据异步电动机的转速表达式 $n=\dfrac{60f_1}{P}(1-s)/p=n_0(1-s)$，改变笼型异步电动机的供电频率，也就是改变电动机的同步转数 n_0 就可以实现调速，这就是变频调速的基本原理。

表面看来，只要改变定子电压的频率 f_1 就可以调节转速大小了，但是事实上，只改变 f_1 并不能正常调速，而且会引起电动机因过电流而烧毁的可能，这是由异步电动机的特性决定的。现从基频以下与基频以上两种调速情况进行分析。

（1）基频以下恒磁通（恒转矩）变频调速

1）恒磁通变频调速的原因。恒磁通变频调速实质上就是调速时要保证电动机的电磁转矩恒定不变。这是因为电磁转矩与磁通是成正比的。

如果磁通太弱，铁心利用不充分，同样的转子电流下，电磁转矩就小，电动机的负载能力下降，要想负载能力恒定就得加大转子电流，这就会引起电动机因过电流发热而烧毁。

如果磁通太强，电动机会处于过励磁状态，使励磁电流过大，同样会引起电动机过电流而发热。所以变频调速一定要保持磁通恒定。

2）怎样才能做到变频调速时磁通恒定。从公式 $E=4.44Nf\Phi$ 可知：每极磁通 $\Phi_1=E_1/(4.44N_1f_1)$ 的值是由 E_1 和 f_1 共同决定的，对 E_1 和 f_1 进行适当控制，就可以使气隙磁通 Φ_1 保持额定值不变。由于 $4.44N_1f_1$ 对某一电动机来讲是一个固定常数，所以只要保持 $E_1/f_1=C$，即保持电动势与频率之比为常数进行控制即可。

但是，E_1 难于直接检测和直接控制。当 E_1 和 f_1 的值较高时，定子的漏阻抗压降相对比较小，如忽略不计，即认为 U_1 和 E_1 是近似相等的，这样则可近似地保持定子相电压 U_1 和频率 f_1 的比值为常数。这就是恒压频比控制方程式

$$U_1/f_1=C \qquad (1\text{-}1)$$

当频率较低时，U_1 和 E_1 都变得很小，此时定子电流却基本不变，所以定子的阻抗压降，

特别是电阻压降相对此时的 U_1 来说是不能忽略的。我们可以想办法在低速时人为地提高定子相电压 U_1，以补偿定子的阻抗压降的影响，使气隙磁通 Φ_1 保持额定值基本不变，如图1-1所示。

图1-1中，1为 $U_1/f_1=C$ 时的电压与频率关系曲线；2为有电压补偿时，即近似的 $E_1/f_1=C$ 的电压与频率关系曲线。实际上变频器装置中相电压 U_1 和频率 f_1 的函数关系并不简单地如曲线2一样，通用变频器有几十种电压与频率函数关系曲线，可以根据负载性质和运行状况加以选择。

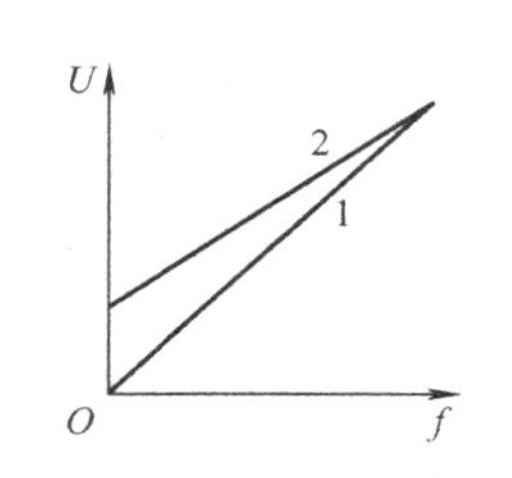

图1-1　U_1/f_1 与 E_1/f_1 的关系

由上面讨论可知，笼型异步电动机的变频调速必须按照一定的规律同时改变其定子电压和频率，采用所谓变压变频（Variable Voltage Variable Frequency，VVVF）调速控制。现在的变频器都能满足笼型异步电动机的变频调速的基本要求。

3）恒磁通变频调速机械特性。用VVVF变频器对笼型异步电动机在基频以下进行变频控制时的机械特性如图1-2所示。其控制条件为 $E_1/f_1=C$。

图1-2a表示在 $U_1/f_1=C$ 的条件下得到的机械特性。在低速区，由于定子电阻压降的影响使机械特性向左移动，这是由于主磁通减小的缘故。图1-2b表示采用了定子电压补偿后的机械特性，图1-2c则表示出了端电压补偿的 U_1 与 f_1 之间的函数关系。

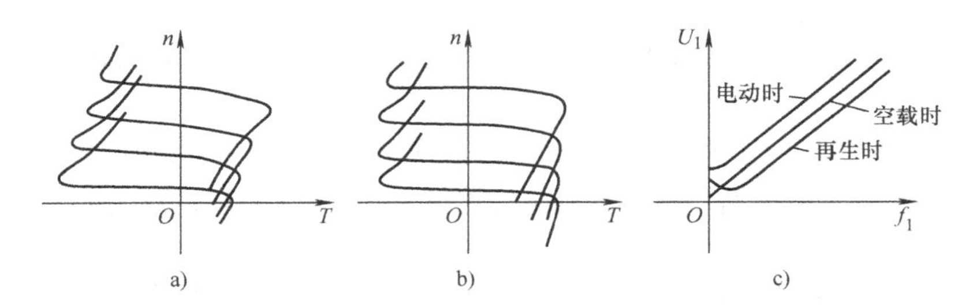

图1-2　变频调速机械特性

a）$U_1/f_1=C$　b）定子电压补偿　c）端电压补偿的 U_1 与 f_1 之间的函数关系

（2）基频以上恒功率（恒电压）变频调速

恒功率变频调速又称为弱磁通变频调速。这是考虑由基频 f_{1N} 开始向上调速的情况，频率由额定值 f_{1N} 向上增大，如果按照 $U_1/f_1=C$ 的规律控制，电压也必须由额定值 U_{1N} 向上增大，但实际上电压 U_1 受额定电压 U_{1N} 的限制不能再升高，只能保持 $U_1=U_{1N}$ 不变。根据公式 $\Phi_1 \approx U_1/(4.44f_1N_1)$ 分析，主磁通 Φ_1 随着 f_1 的上升而应减小，这相当于直流电动机弱磁调速的情况，属于近似的恒功率调速方式。证明如下：

在 $f_1>f_{1N}$、$U_1=U_{1N}$ 时，式 $E_1=4.44f_1N_1\Phi_1$ 近似为 $U_{1N}\approx 4.44f_1N_1\Phi_1$。

可见随着 f_1 升高，即转速升高，ω_1 越大，主磁通 Φ_1 必须相应下降，才能保持平衡，而电磁转矩越低，T 与 ω_1 的乘积可以近似认为不变。即

$$P_N = T\omega_1 \approx 常数 \tag{1-2}$$

也就是说，随着转速的提高，电压恒定，磁通就自然下降，当转子电流不变时，其电磁转矩就会减小，而电磁功率却保持恒定不变。笼型异步电动机在基频以上进行变频控制时的机械特性如图1-3所示。其控制条件为 $E_1/f_1=C$。综合上述，笼型异步电动机基频以下及基频以上两种调速情况下的变频调速的控制特性如图1-4所示。

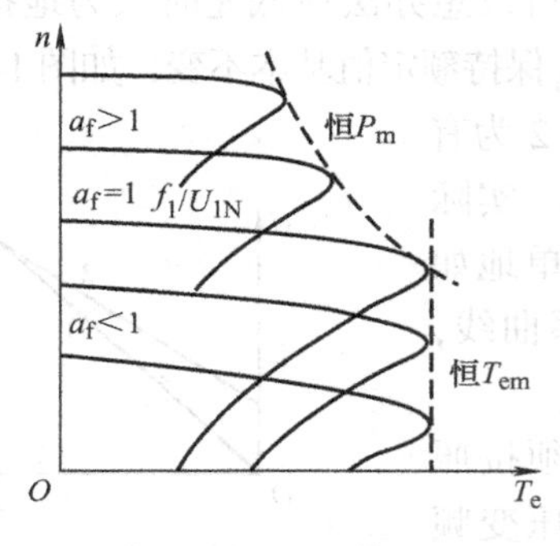

图1-3　不同调速方式机械特性

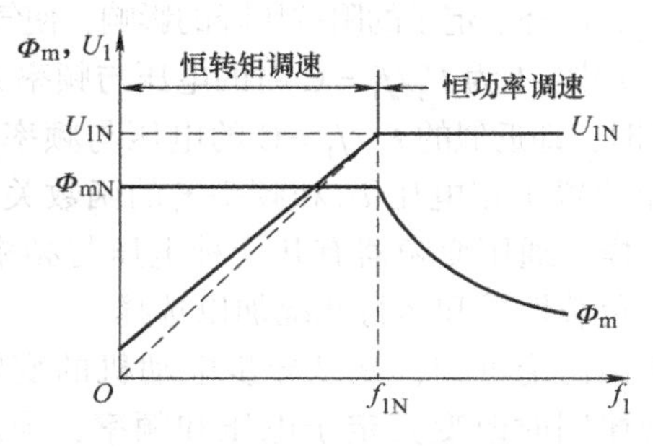

图1-4　调频调速控制特性

4. 变频器的基本构成

变频器分为交–交和交–直–交两种形式。交–交变频器可将工频交流直接变换成频率、电压均可控制的交流电，又称为直接变频器。而交–直–交变频器则是先把工频交流电通过整流器变成直流电，然后再把直流电变换成频率、电压均可控制的交流电，它又称为间接变频器。我们主要研究交–直–交变频器（以下简称变频器）。

变频器的基本构成如图1-5所示，由主电路（包括整流器、逆变器、中间直流环节）和控制电路组成，分述如下：

1）整流器：电网侧的变流器Ⅰ是整流器，它的作用是把三相（也可以是单相）交流电整流成直流电。

2）逆变器：负载侧的变流器Ⅱ为逆变器。最常见的结构形式是利用6个半导体主开关器件组成的三相桥式逆变电路。有规律地控制逆变器中主开关器件的通与断，可以得到任意频率的三相交流电输出。

3）中间直流环节：由于逆变器的负载为异步电动机，属于感性负载。无论电动机处于电动或发电制动状态，其功率因数总不会为1，因此在中间直流环节和电动机之间总会有无功功率的交换。这种无功能量要靠中间直流环节的储能元件（电容器或电抗器）来缓冲，所以又常称中间直流环节为中间直流储能环节。

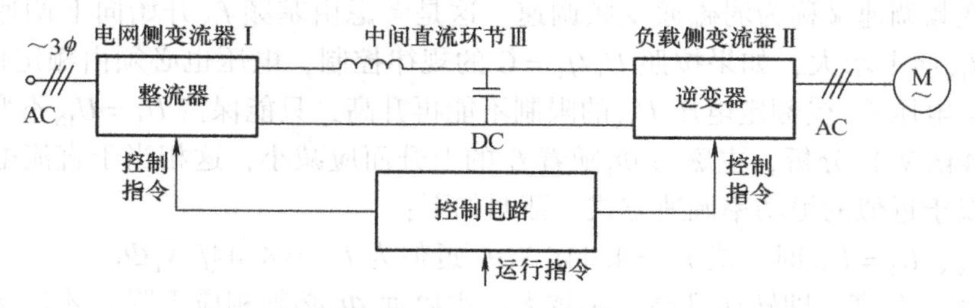

图1-5　变频器的基本构成

4）控制电路：控制电路常由运算电路、检测电路、控制信号的输入输出电路和驱动电路等构成。其主要任务是完成对逆变器的开关控制、对整流器的电压控制以及完成各种保护功能等。控制方法可以采用模拟控制或数字控制。高性能的变频器目前已经采用微型计算机进行全数字控制，采用尽可能简单的硬件电路，主要靠软件来完成各种功能。由于软件的灵活性，数字控制方式常可以完成模拟控制方式难以完成的功能。

二、三菱 FR－A700 变频器操作使用技术

现在市场上三菱变频器的型号有很多种，如 A、D、E、S 等系列，下面我们选取功能较为强大的 FR－A700 变频器做介绍。

1. 变频器操作面板说明

FR－A700 变频器操作面板功能图如图 1-6 所示。

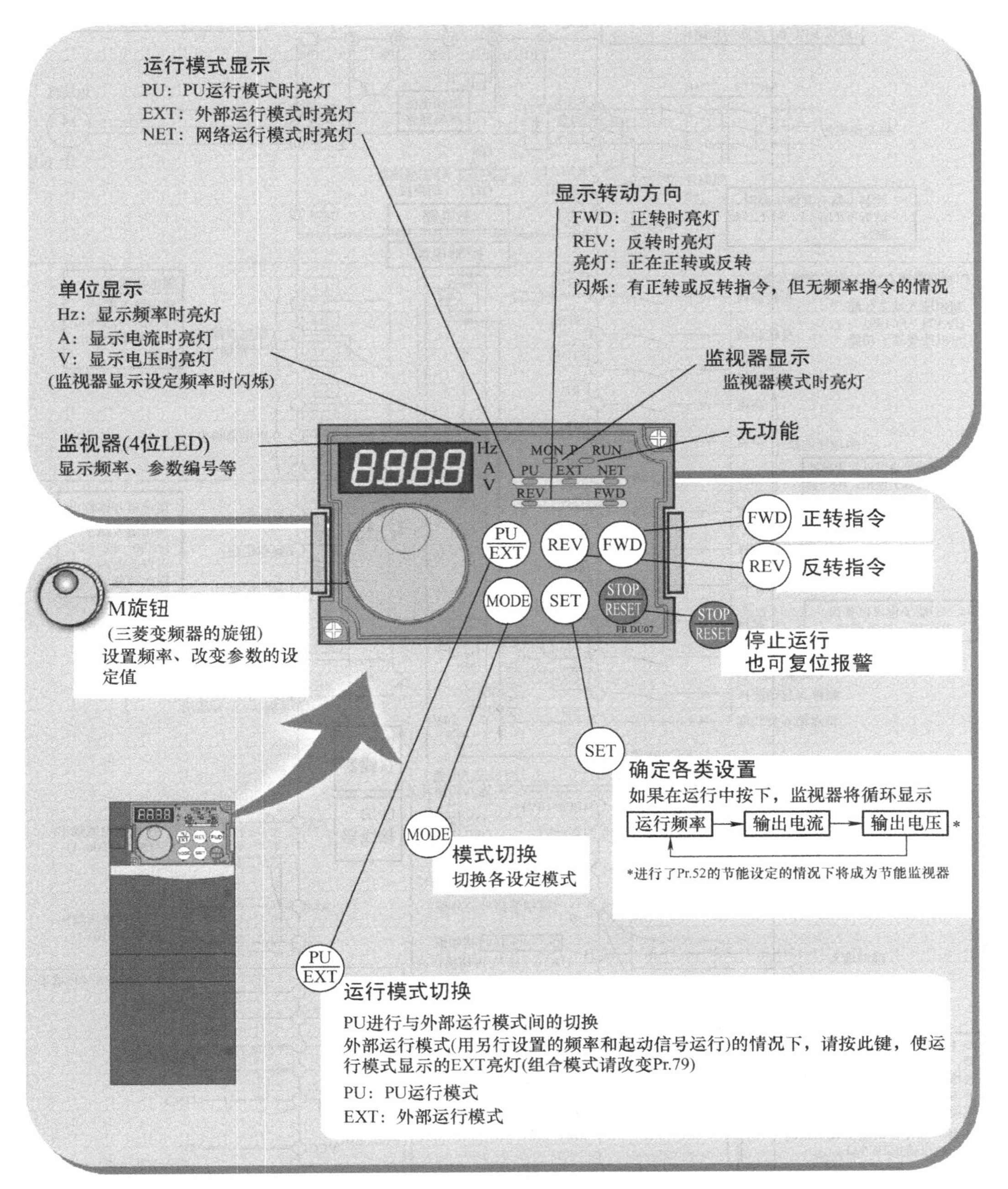

图 1-6　FR－A700 变频器操作面板功能图

2. FR－A700变频器的接线

变频器接线包括主回路接线和控制回路接线两部分，FR－A700变频器的端子接线如图1-7所示。

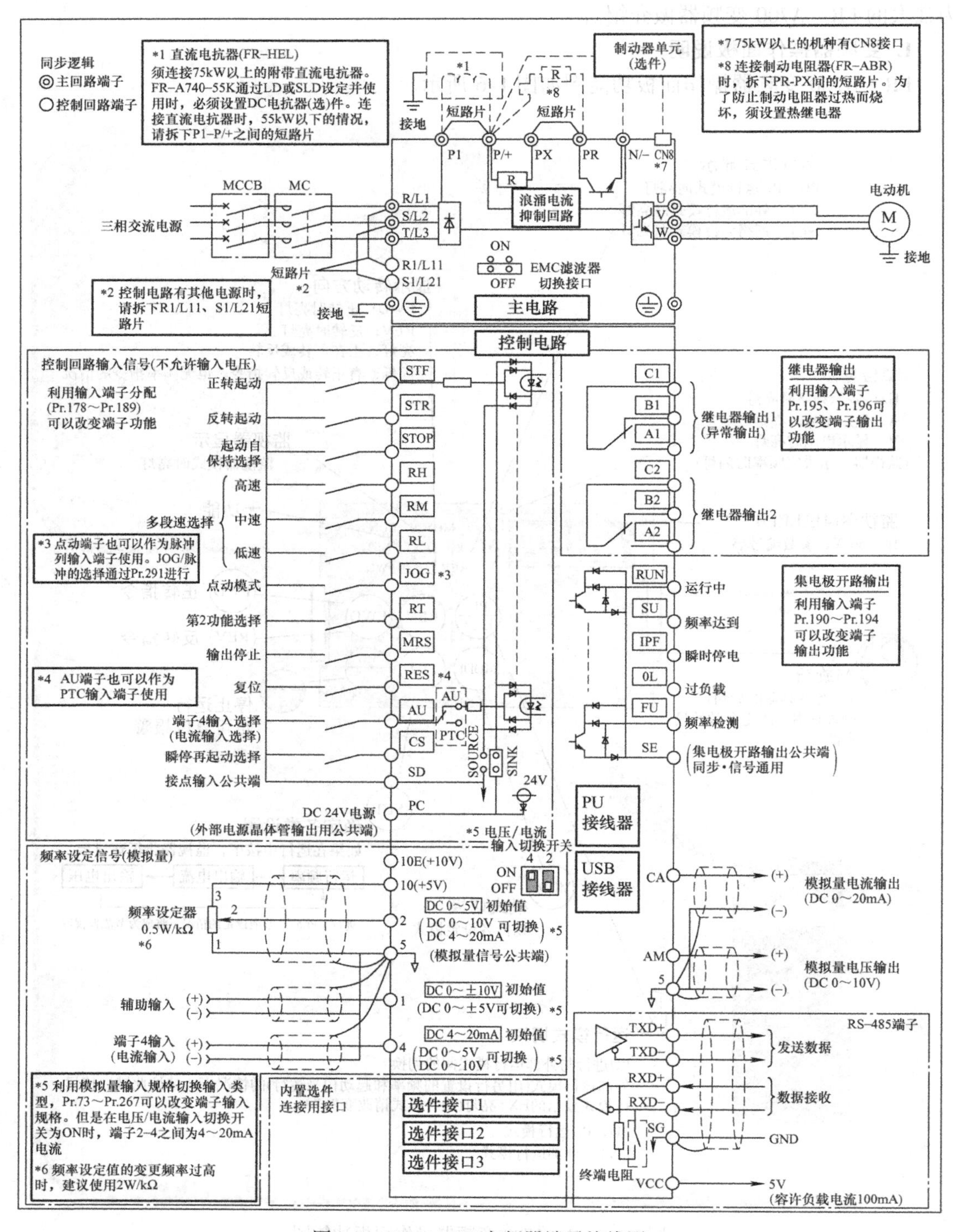

图1-7　FR－A700变频器端子接线图

(1) 主回路接线

主电路电源和电动机的连接如图1-8所示。电源必须接R、S、T，绝对不能接U、V、W，否则会损坏变频器。在接线时不必考虑电源的相序。使用单相电源时必须接R、S端子。电动机接到U、V、W端子上。当加入正转开关（信号）时，电动机旋转方向从轴向看时为逆时针方向。

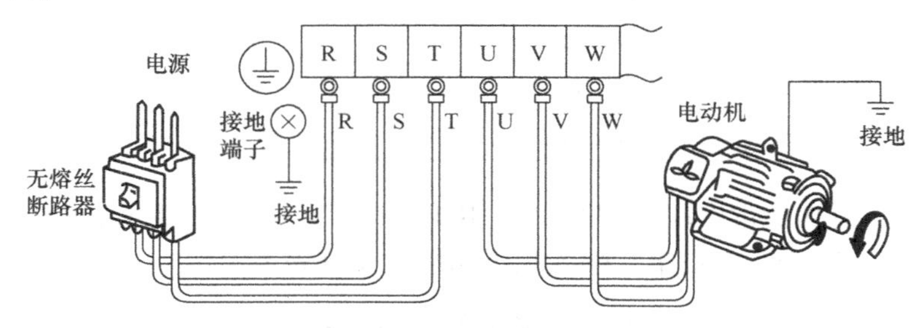

图1-8　电源和电动机的连接

(2) 控制回路接线

控制回路端子主要有输入和输出信号，外加通信功能接口。其中端子SD、SE和5为I/O信号的公共端子，在接线时不能将这些端子互相连接或接地。

1) 控制回路输入信号接线端子简介。输入信号出厂设定为漏型逻辑。在这种逻辑中，信号端子接通时，电流是从相应输入端子流出，可以防止因外部电流造成的误码动作。端子SD是触点输入信号的公共端。其结构如图1-9所示。输入信号功能见表1-2。

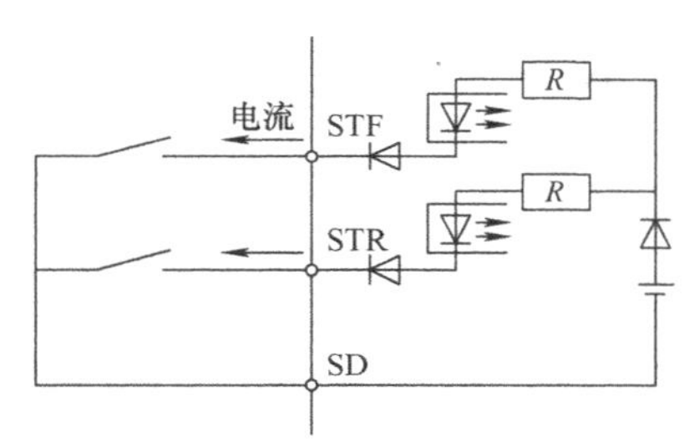

图1-9　控制回路输入信号结构图

表1-2　接点输入信号功能表

种类	端子标号	端子名称	端子功能使用说明
接点输入	STF	正转起动	STF信号为ON时正转，为OFF时停止。STF和STR不能同时ON
	STR	反转起动	STR信号为ON时反转，为OFF时停止。STF和STR不能同时ON
	STOP	起动自保持选择	当STOP信号为ON时，可以使起动信号自保持
	RH	高速信号	高速、中速、低速并非实际速度的高低，只是在名称上的区分而已 用RH、RM、RL组合可以选择多段速度的控制
	RM	中速信号	
	RL	低速信号	
	JOG	点动模式选择	JOG信号为ON时选择点动运行，起动信号用STF或STR，以Pr. 15设定的频率运行，具有优先功能
		脉冲列输入	可作为脉冲列输入端子运行，最大输入脉冲数为100k脉冲/秒
	RT	第2功能选择	信号为ON时，第2功能被选择
	MRS	输出停止	MRS信号为ON（20ms以上）时，变频器输出停止
	RES	复位	在保护电路动作时、报警输出复位时使用
	AU	端子4输入选择	只有把AU信号置为ON时端子4才有效（频率设定信号在DC 4～20mA时可用），此时端子2（电压输入）功能无效
	CS	瞬停再起动选择	CS信号预先处于ON时，瞬时停电再恢复时变频器可自动起动
	SD	公共输入端	接点输入公共端（漏型）

（续）

种类	端子标号	端子名称	端子功能使用说明
频率设定	10E	频率设定用电源	按出厂状态连接频率设定电位器时，与端子10连接。当连接到10E时，请改变端子2的规格，须设定Pr. 73的模拟输入规格
	10		
	2	电压设定	Pr. 73为0、2时为0～10V；Pr. 73为1、3时为0～5V
	4	电流设定	输入电流为4～20mA并且只有AU端子信号有效时才有效
	1	辅助频率设定	输入0～5V或0～10V时，端子2或4设定频率信号与此信号相加
	5	频率设定公共端	设定信号的公共端

输入信号中具有功能设定端子的有RL、RM、RH、RT、AU、JOG、CS，这些端子功能选择通过Pr. 178～ Pr. 189来设定。输入端子功能意义见表1-3。

表1-3 输入端子功能意义表

参数号	端子符号	出厂设定	出厂设定端子功能	设定范围
Pr. 178	STF	60	正转运行起动	0～20，22～28，37，42～44，62，64～71，9999，若正转可设60，反转可设61
Pr. 179	STR	61	反转运行起动	
Pr. 180	RL	0	低速运行指令	0～20，22～28，37，42～44，62，64～71，9999
Pr. 181	RM	1	中速运行指令	
Pr. 182	RH	2	高速运行指令	
Pr. 183	RT	3	第2功能选择	
Pr. 184	AU	4	电流输入选择	0～20，22～28，37，42～44，62～71，9999
Pr. 185	JOG	5	点动运行选择	0～20，22～28，37，42～44，62，64～71，9999
Pr. 186	CS	6	瞬时掉电自动再起动	
Pr. 187	MRS	24	变频器输出停止	
Pr. 188	STOP	25	变频器自保持	
Pr. 189	RES	62	变频器复位	

2）控制回路输出信号端子简介。变频器的输出信号端子为晶体管结构。如变频器RUN、FU输出信号结构如图1-10所示，端子SE是集电极开路输出信号的公共端。输出端子信号功能见表1-4。

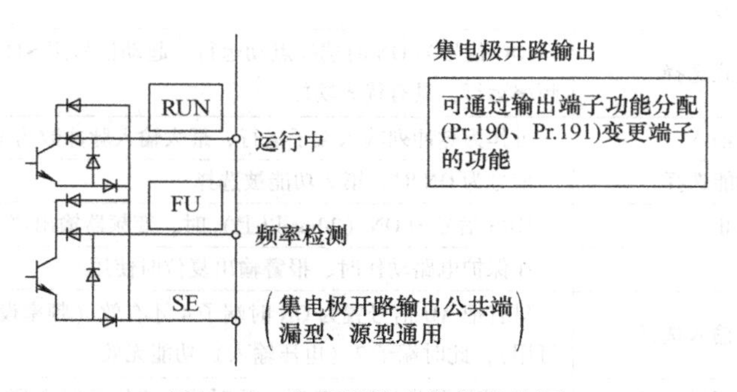

图1-10 变频器输出信号结构图

表1-4　输出端子信号功能表

种　类	端子标号	端 子 名 称	端子功能说明
接点	A1，B1，C1	继电器输出1（异常输出）	指示变频器因保护功能动作时输出停止的转换接点。故障时B－C不导通（A－C导通），正常时B－C导通（A－C不导通）
	A2，B2，C2	继电器输出2	一个继电器输出
集电极开路	RUN	变频器正在运行	变频器输出为起动频率以上时为低电平，正在停止或直流制动时为高电平。低电平表示集电极开路输出时晶体管处于ON（导通状态）
	SU	频率达到	输出频率达到设定频率时为低电平，正在加/减速或停止为高电平
	OL	过负载报警	当失速保护功能动作时为低电平，否则为高电平
	IPF	瞬时停电	瞬时停电，电压不足保护功能动作时为低电平
	FU	频率检测	输出频率为任意设定的检测频率以上时为低电平，未达到时为高电平
	SE	集电极开路输出公共端	端子RUN、SU、OL、IPF、FU的公共端子
脉冲数	CA	模拟电流输出	可以从多种监视项目中选一种作为输出（变频器复位中不输出），输出信号与监视项目的大小成比例
模拟	AM	模拟信号输出	

表1-4中输出信号端子功能可以变更，设定见表1-5。

表1-5　输出端子信号功能设定意义

参数号	端 子 符 号	出 厂 设 定	初 始 功 能	设 定 范 围
Pr. 190	RUN	0	变频器运行	0～8，10～20，25～28，30～36，39，41～47，64，70，84，85，90～99，9999
Pr. 191	SU	1	频率到达	
Pr. 192	IPF	2	瞬时掉电/低电压	
Pr. 193	OL	3	过负荷报警	
Pr. 194	FU	4	输出频率检测	
Pr. 195	ABC1端子功能	99	ALM异常输出	0～8，10～20，25～28，30～36，39，41～47，64，70，84，85，90～91，94～99，9999
Pr. 196	ABC2端子功能	9998	无功能	

3）变频器的通信端子简介。变频器可以实现变频器与变频器、PLC、计算机等设备的通信，变频器通信端子功能见表1-6。

表1-6　变频器通信端子功能表

种　类	端 子 标 号	端 子 名 称	端子功能说明
RS－485	—	PU接口	通过PU接口，进行RS－485通信（仅限1对1连接）。标准：EIA－485通信方式：多站点通信；速率：4800～38400bit/s。最长距离500m
	TXD＋TXD－	传输端子	通过RS－485端子，进行RS－485通信。标准：EIA－485 通信方式：多站点通信；速率：300～38400bit/s。最长距离500m
	RXD＋RXD－	接收端子	
	SG	接地	
USB	—	USB连接器	与PC通过USB连接后，实现FR－Configurator操作

3. 变频器的运行操作模式

FR－A700 变频器共有 8 种操作模式，各种操作模式功能见表 1-7。

表 1-7 变频器操作模式

Pr. 79 设定值	功　能
0	PU 或外部操作可切换
1	PU 操作模式：起动信号和运行频率均由 PU 面板设定
2	外部操作模式：起动信号和运行频率均由外部输入（可以切换外部操作和网络运行模式）
3	外部/PU 组合操作模式 1： 运行频率：从 PU 设定或外部输入信号（仅限多段速度设定） 起动信号：外部输入信号（端子 STF、STR）
4	外部/PU 组合操作模式 2： 运行频率：外部输入（端子 2、4、1、点动、多段速度选择） 起动信号：从 PU 输入（FWD键、REV键）
6	切换模式：运行时可进行 PU 操作、外部操作和网络操作切换
7	外部运行模式（PU 操作互锁），X12 信号 ON 时可切换到 PU 运行模式

4. 变频器参数

FR－A700 变频器的参数有近千个，按功能分类有基本功能、标准运行功能、输出端子功能、第二功能、显示功能、通信功能等几种。这里仅介绍常用的几个参数。变频器常用参数参见附录 A。

（1）与频率相关的参数

1）输出频率范围（Pr. 1、Pr. 2、Pr. 18）。为保证变频器所带负载的正常运行，在运行前必须设定其上、下限频率，用 Pr. 1“上限频率”（出厂设定为 120Hz，设定范围为 0～120Hz）和 Pr. 2“下限频率”（出厂设定为 0Hz，设定范围为 0～120Hz）来设定，可将输出频率的上、下限钳位。

Pr. 18 为“高速上限频率”，出厂设定 120Hz，设定范围为 120～400Hz。如需用在 120Hz 以上运行时，用参数 Pr. 18 设定输出频率的上限。当 Pr. 18 被设定时，Pr. 1 自动地变为 Pr. 18 的设定值。输出频率和设定值关系如图 1-11 所示。

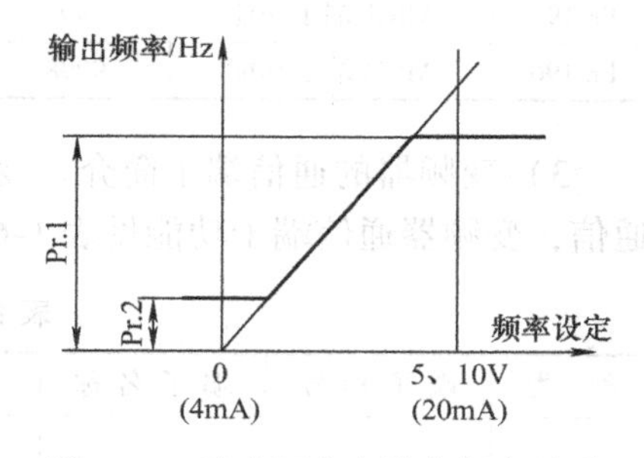

图 1-11 输出频率和设定频率关系

2）基底频率（Pr. 3）和基底频率电压（Pr. 19）。这两个参数用于调整变频器输出频率、电压到额定值。当用标准电动机时，通常设定为电动机的额定频率；如果需要电动机在工频电源与变频器切换时，要设定基底频率与电源频率相同。如使用三菱恒转矩电动机时则要使基底频率设定为 50Hz。

基底频率（Pr. 3）：出厂设定值为 50Hz，设定范围为 0～400Hz。

基底频率电压（Pr. 19）：出厂设定值为 9999，设定范围为 0～1000V、8888、9999。设定为 8888 时为电源电压的 95%，设定为 9999 时为与电源电压相同。

3）起动频率（Pr. 13）。设定在起动信号为 ON 时的开始频率。起动频率设定范围为 0～60Hz，出厂设定为 0. 5Hz。起动频率输出信号如图 1-12 所示。

如果变频器的设定频率小于 Pr. 13“起动频率”的设定值，变频器将不能起动。

如果起动频率的设定值小于 Pr. 2 的设定值，即使没有指令频率输入，只要起动信号为 ON 时，电动机也在设定频率下运转。

4）点动频率（Pr. 15）和点动加/减速时间（Pr. 16）。外部操作模式时，点动运行用输入端子功能选择点动操作功能，当点动信号 ON 时，可用起动信号（STF，STR）进行起动和停止。PU 操作模式切换到 JOG 时用 PU（FR－DU04）面板可实行点动。

点动频率（Pr. 15）出厂设定为 5Hz，设定范围为 0～400Hz。点动加/减速时间（Pr. 16）出厂设定为 0. 5s，设定范围为 0～3600s（Pr. 21 = 0 时）或 0～360s（Pr. 21 = 1 时）。其输出信号如图 1-13 所示。

注意：点动频率的设定值必须大于起动频率。

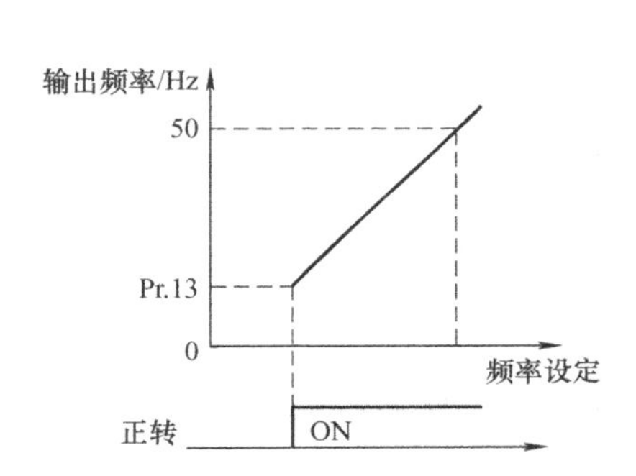

图 1-12 起动频率输出信号图

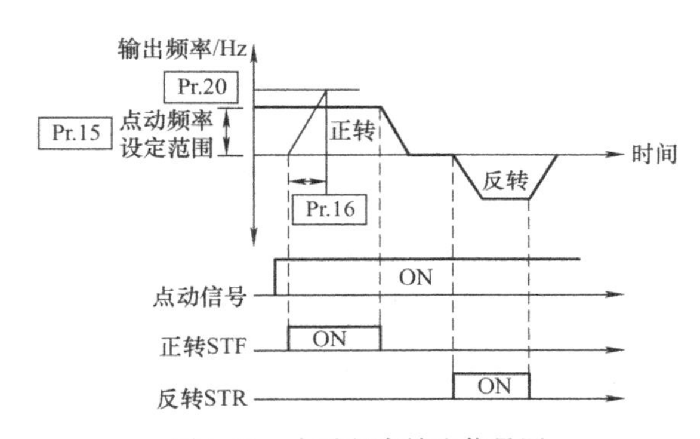

图 1-13 点动频率输出信号图

（2）与时间有关的参数

加速时间（Pr. 7）：出厂设定为 5s，设定范围为 0～3600s/0～360s。

减速时间（Pr. 8）：出厂设定为 5s，设定范围为 0～3600s/0～360s。

加/减速时间基准频率的设定参数为 Pr. 20。

加/减速时间单位（Pr. 21）：设定值为 0 时（出厂设定），设定范围为 0～3600s（最小设定单位为 0. 1s）；设定值为 1 时，设定范围为 0～360s（最小设定单位为 0. 1s）。

加速时间输出信号如图 1-14 所示。

（3）与变频器保护相关的参数

1）电子过电流保护（Pr. 9）。电子过电流保护的设定可用于防止电动机过热，可以使电动机得到最优保护特性，通常设定为电动机在额定运行频率时的额定电流值。设定为 0 时，电子过电流保护功能无效。其出厂设定为变频器额定电流的 85%。

当变频器连接 2 台或 3 台电动机时，电子过电流保护不起作用，必须在每台电动机上安装外部热继电器。

2）输出欠相保护（Pr. 251）。这种保护指的是变频器输出侧的 U、V、W 三相中，有一相欠相，变频器停止输出。但也可以将输出欠相保护（故障代码：E. LF）功能设定为无效。

Pr. 251 设定为 0 时，输出欠相保护功能无效；Pr. 251 设定为 1 时，输入欠相保护功能有效。

3）变频器输出停止（Pr. 17）。这种保护主要用于工频—变频切换时，可避免输出侧短路造成对变频器的输出侧冲击。用 Pr. 17 可选择 MRS 设定输入信号的逻辑。

当 Pr. 17 设定为 0 时（出厂设定值），MRS 信号为常开输入，MRS 信号 ON 时，变频器停止输出；当 Pr. 17 设定为 2 时，MRS 为常闭输入（N/C 接点输入规格）。

对于漏型逻辑输入的接线方法如图 1-15 所示。当通过 SB1 开关给变频器一个起动信号（STF）电动机开始工作，此时如果将 MRS 接通，变频器停止输出，电动机停止工作，但变频器仍有指示。

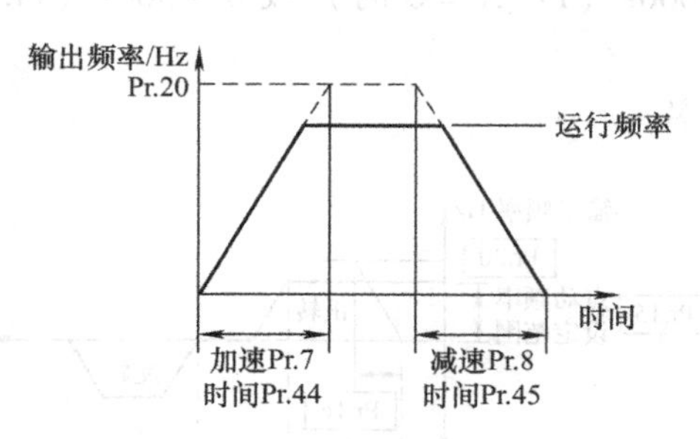

图 1-14 加减速时间输出信号

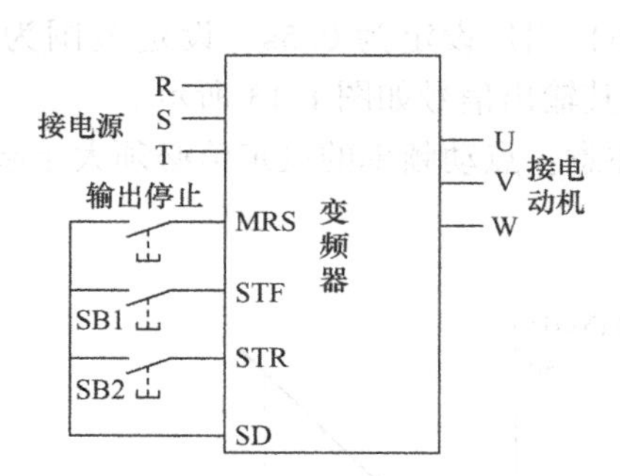

图 1-15 MRS 输入接线方法

（4）运行相关参数

1）参数写入选择（Pr. 77）。防止参数被意外修改，可以通过此参数进行设定。其设定见表 1-8。

表 1-8 Pr. 77 设定意义说明表

设定值	设定意义说明
0	仅在停止中可以写入参数（出厂设定值为 0）
1	无法写参数和清除操作，但 Pr. 72、Pr. 75、Pr. 77、Pr. 79、Pr. 160 是能写入的
2	运行中也可以写入参数，但 Pr. 19、Pr. 79、Pr. 81、Pr. 291 等 20 几个参数是不可以写入的

2）反转防止选择（Pr. 78）。防止起动信号的误动作产生的反转事故。设定意义见表 1-9。

表 1-9 Pr. 78 设定意义说明表

设定值	设定意义说明
0	正转与反转都允许操作
1	不允许反转，尽管反转的各种信号给到变频器，变频器始终只能控制电动机正转
2	不允许正转，尽管正转的各种信号给到变频器，变频器始终只能控制电动机反转

3）用户参数组读出选择（Pr. 160）。可以限制能在操作面板或是参数单元读出的参数。设定意义见表 1-10。

表1-10　Pr.160设定意义说明表

设定值	设定意义说明
0	能够显示简单模式参数+扩展模式参数（出厂设定值为0）
1	仅能显示在用户参数组登记的参数
2	仅能显示简单模式参数

任务1　变频器参数设置及运行控制

任务要求

（1）使用FR－A740变频器或其他三菱FR系列变频器进行基本操作，分别操作变频器的参数设定模式、监视模式、频率设定模式、帮助模式。

（2）在帮助模式下，实现下列基本操作：

1）查看变频器发生的报警记录。

2）清除变频器所有报警记录。

3）将用户以前所设参数全部清除。

4）将参数恢复到出厂值。

（3）设置基本参数Pr.1＝50.0Hz、Pr.7＝3.0s、Pr.8＝2.0s。设定PU运行频率，按设定频率运行电动机，并在运行中读取运行电流、频率、电压值。

1）在PU面板上分别以f_1＝35Hz、f_2＝48Hz运行。

2）在PU面板上分别以点动频率6Hz、15Hz实现PU点动运行。

（4）运行完成上述1～3步后，将参数恢复到出厂值。

（5）将变频器面板锁定。

任务指引

1. FR－A740变频器基本操作

（1）FR－A740变频器的基本操作如图1-16所示。

（2）锁定操作。FR－A740变频器的锁定操作可以防止参数变更或防止电动机意外起动或停止，使操作面板的M旋钮、键盘操作无效化。操作步骤如图1-17所示。

Pr.161设置为“10”或“11”，然后按[MODE]键2s左右，此时M旋钮与键盘操作均无效。M旋钮与键盘操作无效化后操作面板会显示[HOLd]字样。在此状态下操作M旋钮或键盘时也会显示[HOLd]字样。如果想使M旋钮与键盘操作有效，可按住[MODE]键2s左右。

注意：操作锁定未解除时，无法通过按键操作来实现PU停止的解除。

（3）参数清除和全部清除操作。通过设定[Pr. CL]参数清除，[ALLC]参数全部清除，使参数恢复为初始值（如果设定 Pr. 77 参数写入选择“1”，则无法清除）。参数清除和全部清除操作如图 1-18 所示。

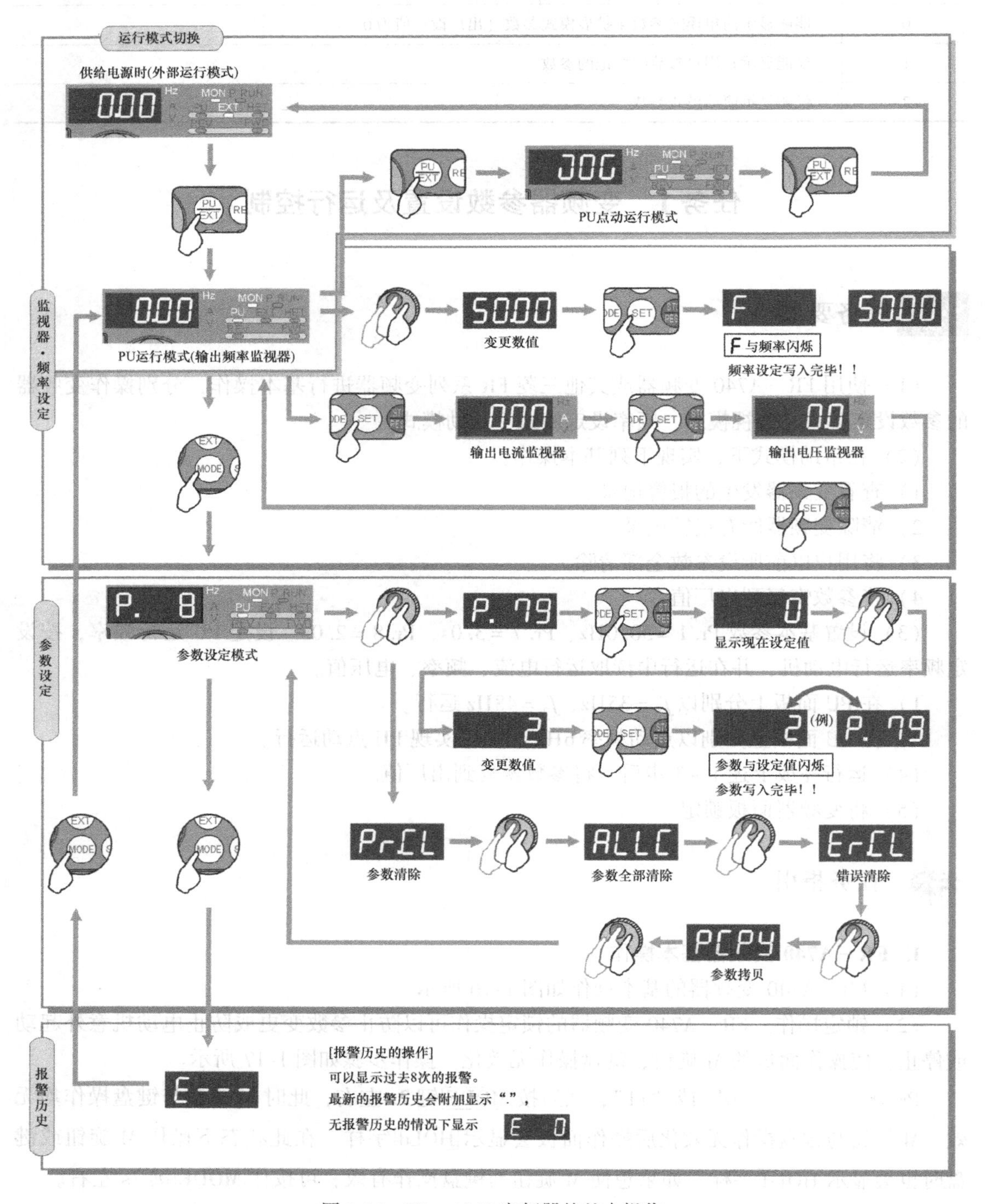

图 1-16 FR－A740 变频器的基本操作

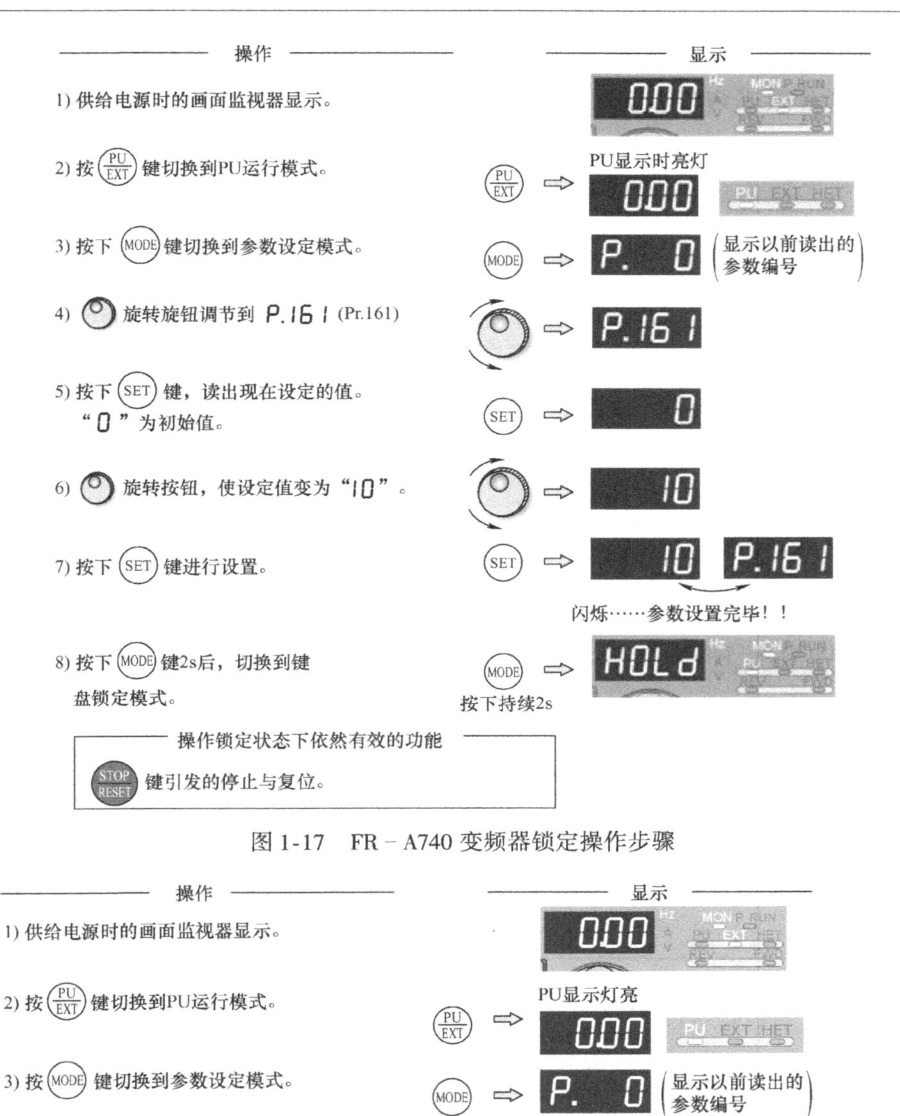

图1-17　FR-A740变频器锁定操作步骤

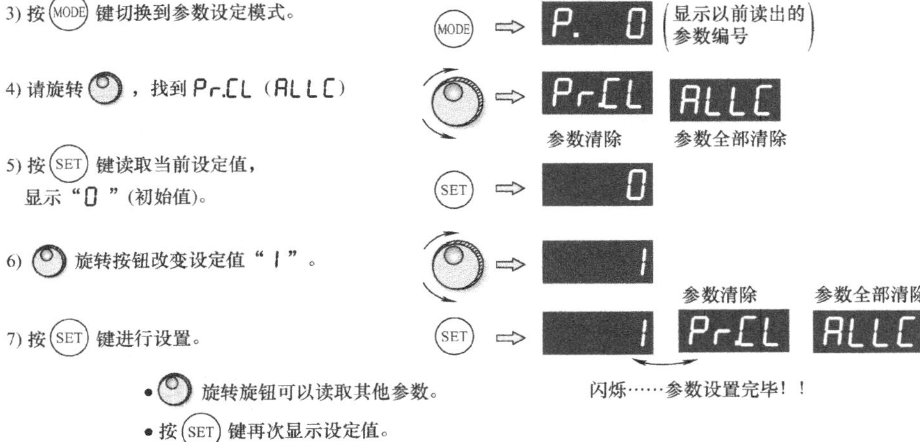

图1-18　参数清除和全部清除操作

2. 参数设定方法及步骤

（1）设定操作模式 Pr. 79 = 1，并设定 Pr. 7 = 10、Pr. 8 = 5。设定参数步骤参考表 1-11。

表 1-11　设定参数步骤（以设定 Pr. 7 为例）

序　号	操 作 步 骤	显 示 结 果
1	按 PU/EXT 键，选择 PU 操作模式	0.0　RUN PU EXT
2	按 MODE 键，进入参数设定模式	P 0
3	拨动 ◯ 设定用旋钮，选择参数号码 Pr. 7	P 7
4	按 SET 键，读出当前的设定值	5.0
5	拨动 ◯ 设定用旋钮，把设定值变为 10	10.0
6	按 SET 键，完成设定	10.0　P 7　闪烁

（2）用操作面板设定频率运行，设定运行频率为 30Hz。设定方法见表 1-12。

表 1-12　设定 PU 频率方法

序　号	操 作 步 骤	显 示 结 果
1	按 PU/EXT 键，选择 PU 操作模式	0.0　RUN PU EXT
2	旋转 ◯ 设定用旋钮，把频率改为设定值	30.0　约5s闪灭
3	按 SET 键，设定频率值	30.0　F　闪烁

（3）按面板上的 FWD 键或 REV 键运行，按 STOP/REST 键停止运行。

（4）查看输出电流、频率的方法见表 1-13。

表 1-13　查看输出电流、频率的操作方法

序　号	操作步骤	显示结果
1	按(MODE)键，显示输出频率	50.0
2	按住(SET)键，显示输出电流	10.A (1.0A)
3	放开(SET)键，回到输出频率显示模式	50.0

（5）参数清零（恢复出厂值）的操作方法见表 1-14。

表 1-14　参数清零（恢复出厂值）的操作方法

序　号	操作步骤	显示结果
1	按(PU/EXT)键，选择 PU 操作模式	0.0 RUN PU EXT
2	按(MODE)键，进入参数设定模式	P 0
3	拨动设定用旋钮，找到 Pr. CL（ALLC）	Pr.CL 参数清除　ALLC 参数全部清除
4	按(SET)键，读出当前的设定值	0
5	拨动设定用旋钮，把设定值变为 1	1
6	按(SET)键，完成设定	1　CLr 闪烁

任务评价

变频器参数设置及控制运行任务评价见表 1-15。

表 1-15 变频器参数设置及控制运行任务评价表

项目	考核内容	评分标准	配分	得分
专业技能	变频器基本操作	不会操作到指定模式的一项扣2分	10	
	在帮助模式下的各项操作	不会查看变频器发生的报警记录扣5分 不会清除变频器所有报警记录扣5分 不会将用户所设参数初始到出厂值扣5分 不会将用户以前所设参数全部清除扣5分	20	
	变频器基本参数设定	基本参数设置少一个或不正确每项扣2分	10	
	变频器PU运行	不能以指定频率运行扣10分，不能在运行中修改运行频率扣5分	15	
	运行监视	不会运行监视电流、电压、频率中的任一项扣5分	15	
	变频器PU点动运行	不会运行操作不得分	5	
	变频器面板锁定	不会锁定操作不得分	5	
安全文明生产	安全操作规定	违反安全文明操作或岗位6S不达标，视情况扣分。违反安全操作规定不得分	10	
创新能力	提出独特可行方案	视情况进行加分	10	

知识拓展

一、变频器节能运行控制技术

1. 概述

对变频器进行简单参数设定时，变频器就能自动进行节能控制。选择节能运行模式适用于风机、泵等，变频器的节能效果能更好地体现出来。

在节能运行模式下，为使恒速运行中的变频器输出功率降至最小，变频器自动控制输出电压。选择节能运行模式后，减速时间可能会比设定值长。另外，与恒转矩负荷特性相比容易产生过电压异常，故须将减速时间设定得稍长一些。

对变频器的节能运行，需要说明以下几点：

1）节能运行模式仅在 v/f 控制时有效。在先进磁通矢量控制、实时无传感器矢量控制时，节能运行模式功能无效。

2）节能运行模式因为控制了输出电压，但此时往往会增加若干输出电流。

3）在施加较大负荷转矩的用途下或是用于频繁进行加减速的机械时，节能效果可能不会太好。

2. 节能运行模式参数设定

选择节能运行模式必须将 Pr. 60 设置为 4（默认值 0 为通常运行模式，设定为 4 为节能运行模式）。与变频器节能运行模式有关的参数见表 1-16。

表1-16　与变频器节能运行模式有关的参数表

参数号	名　称	初始值	设定范围	内　容
Pr. 52	DU/PU 主显示数据选择	0（输出频率）	0，5～14，17～20，22～25，32～35，50～57，100	50：省电监视器 51：累计省电值监视器
Pr. 54	CA 端子功能选择	1（输出频率）	1～3，5～14，17，18，21，24，32～34，50，52，53	50：省电监视器
Pr. 158	AM 端子功能选择			
Pr. 891	累计电量监视位切换次数	9999	0～4	设定切换电量累计监视位的次数，监视值固定在上限
			9999	无切换监视值如果超出上限则清除
Pr. 892	负载率	100%	30%～150%	设定工频运行时的负载率，计算工频运行时的消耗功率
Pr. 893	节能监视器基准（电动机容量）	变频器额定容量	55kW 以下：0.1～55kW	设定电动机容量（水泵容量），计算工频运行负载时进行设定
			75kW 以上：0～3600kW	
Pr. 894	工频时控制选择	0	0	输出侧风门控制（风扇）
			1	吸入侧风门控制（风扇）
			2	阀门控制（泵）
			3	工频驱动（固定值）
Pr. 895	节能率标准值	9999	0	工频运行时为100%
			1	Pr. 893 为100%
			9999	无功能
Pr. 896	电价	9999	0～500	设定电价，节能监视器显示节省电能费用
			9999	无功能
Pr. 897	节能监视器平均时间	9999	0	30min 的平均值
			1～1000h	设定时间的平均值
			9999	无功能
Pr. 898	清除节能累计值监视器	9999	0	清除累计监视器值
			1	累计监视器值保持
			10	继续累计（通信数据上限9999）
			9999	继续累计（通信数据上限65535）
Pr. 899	运行时间率（推算值）	9999	0～100%	计算年度省电量时使用，设定年度运行的比例（365日×24h为100%）
			9999	无功能

3. 节能监视与相关数据计算

节能监视项目和计算、有关参数设定见表1-17。

表1-17　节能监视项目和计算、有关参数设定表

序号	节能监视器项目	内容和计算式	单位	参数设定			
				Pr. 895	Pr. 896	Pr. 897	Pr. 899
1	省电	工频运行时，输入电能监视器的值等于根据必要的功率和参数计算值减去工频时运行的电能	0.01kW/0.1kW③	9999	—	9999	—
2	省电率	工频运行时为100%的省电的比例 $\frac{省电}{工频运行电力}\times 100$	0.1%	0			
		以Pr. 893为100%的省电的比例 $\frac{省电}{Pr.\ 893}\times 100$		1			
3	节能平均值	一定时间（Pr. 897）中的省电量的时间的平均值 $\frac{\sum(省电\times\Delta t)}{Pr.\ 897}$	0.01kW·h/0.1kW·h③	9999	9999	0～1000h	
4	节能率平均值	以工频运行时为100%的省电平均值的比例 $\frac{\sum(省电率\times\Delta t)}{Pr.\ 897}\times 100$	0.1%	0			
		以Pr. 893为100%的省电平均值的比例 $\frac{节能平均值}{Pr.\ 893}\times 100$		1			
5	节能费平均值	省电平均值的费用换算值 节能平均值 × Pr. 896	0.01/0.1③	—	0～500	—	
6	节能量	累计省电 $\sum(省电\times\Delta t)$	0.01kW·h/0.1kW·h①②③	—	9999		9999
7	节能量费用	省电量的费用换算值 节能量 × Pr. 896	0.01/0.1①③	—	0～500		
8	年度省电量	年度省电量的推算值 $\frac{节能量}{省电力累计中的运行时间}\times 24\times 365\times\frac{Pr.\ 899}{100}$	0.01kW·h/0.1kW·h①②③	—	9999		0～100%
9	年节能量费用	年度省电量的费用换算 年度省电量 × Pr. 896	0.01/0.1①③	—	0～500		

① 进行通信（RS-485通信，通信选件）时，显示单位为1单位。例如“10.00kW·h”时通信数据为“10”。

② 参数单元（FR-PU04-CH）的情况下，显示为“kW”。

③ 根据容量不同而不同（55kW以下/75kW以上）。

二、变频器选择技术

变频器在工业、农业、交通以及居民生活领域中都已普遍采用，其优点主要表现在节能、提高生产率、提高产品性能、提高生产线的自动化程度和改善使用环境等方面。

目前各厂家的各类型变频器的功能基本类似，选择功能齐全的变频器，只要改变变频器的参数就能满足不同的要求，不过建议用户还是从实际出发，选择满足要求的变频器即可。用户不需要追求性能完美、功能齐全、价格昂贵的变频器。

1. 类型选择

变频器可按使用用途或使用电压进行选择，见表1-18。

表1-18　变频器类型选择方法

分类方法	具体说明	变频器类型
用途目的	水泵、风机空载时达到节能控制	简易型变频器
	产品质量要求动态响应快的系统	具有矢量控制功能的变频器
	使用环境中存在危险气体	防爆变频器
使用电压	低压变频器	单相220V，三相380V、660V、1140V
	高压变频器	3kV、6kV、10kV
	采用共用直流母线逆变器	24V、48V、110V、200V、500V、1000V

2. 变频器容量选择

变频器的容量应该与其驱动的电动机容量相匹配，另外变频器容量的选择还要依据负载特性、操作方法等情况来决定。

（1）电动机容量

变频器驱动的电动机，其v/f控制的输出扭矩，在低频区时要比工频驱动电动机的扭矩小，同时也会使电动机的温度升高。因此，变频器的容量要大于电动机的容量。

根据电动机的容量或驱动电动机的数量进行变频器容量选择时，首先要满足所有电动机总电流的大小不大于变频器的额定电流大小，见式(1-3)。

$$I_F \geqslant \sum I_D \tag{1-3}$$

式中　I_F——变频器额定电流；

I_D——电动机的额定电流。

（2）操作方法

单台变频器可以驱动两台以上的电动机，但由于操作方法的不同，可能会需要较大容量的变频器，这样做很不经济，而且由于操作类型的变化，会使容量选择出错。对于磁通矢量控制方式，单台变频器只能驱动1台电动机，如要求变频器驱动多台电动机，必须选择v/f控制方式。

通常的操作方法有以下几种：单台变频器驱动单台电动机；单台变频器同时驱动两台以上电动机；单台变频器顺次起动两台以上电动机；在电动机的输出轴带有起停离合器。

1）当仅驱动1台电动机时

$$I_F \geqslant 1.1 I_D \tag{1-4}$$

式中 1.1——考虑畸波影响的增加系数。

注意：①不要仅根据电动机的容量（kW）来选择变频器的容量，还要根据式(1-4）来选择，该式是基于电动机的额定电流而确定的；②大于变频器容量的电动机是不能与变频器相连使用的。

2）当单台变频器并联操作两台及两台以上电动机时（见图1-19）：

$$I_F \geqslant 1.1 \sum I_D \tag{1-5}$$

注意：当两台或两台以上电动机并联运行时，变频器的电子过电流保护功能不能用来保护电动机。变频器输出侧的各电动机要安装热保护继电器。而且当电动机继续低速运转时，热继电器也不能很好地保护电动机，应在各电动机上安装温度检测器，用它来保护电动机。

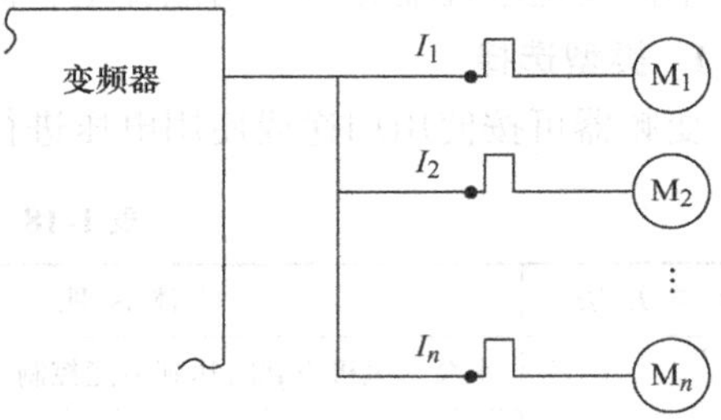

图1-19 变频器并联操作两台及两台以上电动机

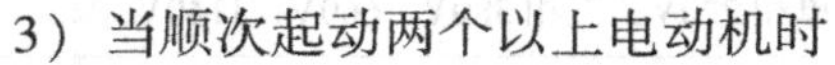

3）当顺次起动两个以上电动机时

$$I_F \geqslant 1.1 \sum_{n-1} I_D + I_{DM} \tag{1-6}$$

式中 I_{DM}——最后一台电动机的最大起动电流。

假设有4台电动机顺次起动，如图1-20所示，当最后一台电动机（M_4）起动（MC_4接通）的同时，其他3台电动机已经起动运行，此时，电动机的起动电流为最大。电动机起动时，电动机起动电流是其额定电流的6~8倍多。

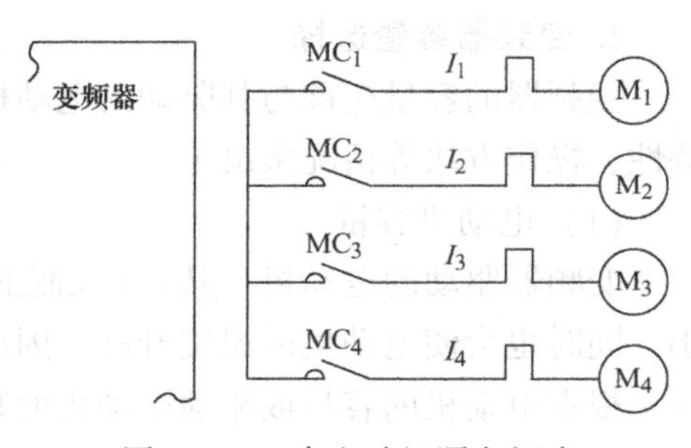

图1-20 4台电动机顺次起动

注意：当变频器的输出侧有1台电动机通断时，或有1台电动机的输出轴由离合器开关时，变频器的容量选择可按上述顺次起动操作的公式来进行，即把电动机运行电流当作零，仅用电动机通断的起动电流来确定变频器的容量。

任务2 变频器速度调节控制运行

任务要求

1. 外部操作模式控制变频器运行

1）利用外部开关、电位器将外部操作信号传送到变频器，实现变频器运行速度平滑可调；用开关控制电动机正、反转运行和按钮自保持运行。

2）利用外部点动信号控制电动机以点动频率10Hz运行。

2. 组合运行操作模式下控制变频器

1）组合运行操作模式1（Pr. 79 =3），外部输入起动信号（开关、继电器等），用 PU 设定运行频率，不接受外部的频率设定信号和 PU 的正转、反转、停止键的操作。

2）组合运行操作模式2（Pr. 79 =4），即由 PU 面板给定起动信号（FWD 或 REV），由外部电位器调节运行频率。

3. 变频器控制电动机多段速运行

某电动机在生产过程中要求用变频器驱动，并且按 45Hz、40Hz、35Hz、30Hz、25Hz、20Hz、15Hz 的多种速度运行，请设置参数、接线并正确运行。

任务指引

1. 外部操作模式控制变频器运行

（1）设定变频器运行参数

Pr. 1 =50. 00Hz；Pr. 73 =1（等于1时为0 ~5V 输入）；Pr. 15 =10. 00Hz；Pr. 160 =0。

（2）接线

按图1-21所示的控制接线图接线，接线时需注意以下几点：

1）通过端子10输入的是 DC 0 ~5V，如果将10改到10E端子，则输入的是 DC 0 ~10V。

2）频率设定电位器接线长度不能超过30m。

3）也可以通过图1-22所示电流输入方式调节，此时需要 AU 端子为 ON，便可以通过4 ~20mA 的电流进行频率调节。

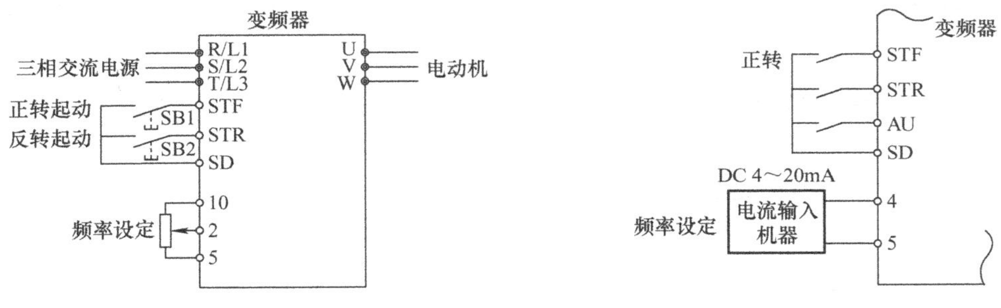

图1-21　外部电位器调节频率　　图1-22　电位器调节频率

（3）电动机正转运行

按 SB1 变频器起动，电动机正转，调节电位器，变频器运行速度平滑可调。断开 SB1 电动机停止工作。

（4）电动机反转运行

按 SB2 变频器起动，电动机反转，调节电位器，变频器运行速度平滑可调。断开 SB2 电动机停止工作。

（5）外部点动信号控制运行

1）按图1-23所示接线，并设置变频器参数。

2）按 SB1 同时接通 JOG 信号，电动机便以10Hz 的频率（点动频率）正转运行。

3）按 SB2 同时接通 JOG 信号，电动机便以10Hz 的频率（点动频率）反转运行。

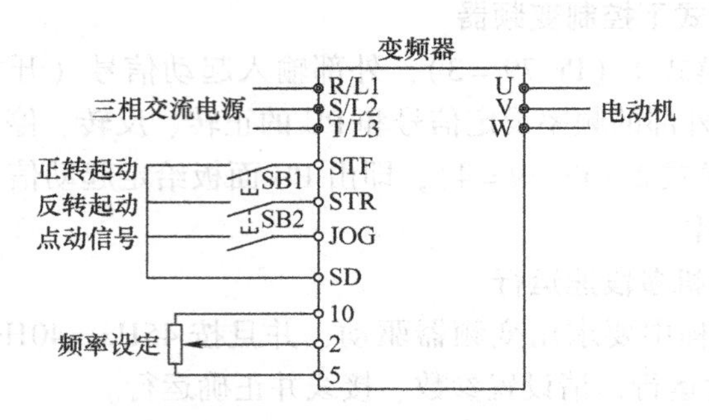

图1-23 外部正反转点动控制

2. 组合操作模式下控制变频器运行

(1) 组合运行操作模式1运行操作步骤

1) 变频器上电，确认PU灯亮。

2) 将操作模式Pr. 79设定为“3”，选择组合操作模式，运行状态“EXT”和“PU”指示灯都亮。

3) 参照图1-24a接线，按SB1或SB2使STF或STR中的一个信号接通。

4) 用PU面板设定运行频率为45Hz。运行状态显示“REV”或“FWD”。

5) 停止：断开SB1或SB2，电动机停止运行。

(2) 组合运行操作模式2运行操作步骤

1) 变频器上电，确认PU灯亮。

2) 将操作模式Pr. 79设定为“4”，选择组合操作模式，运行状态“EXT”和“PU”指示灯都亮。

3) 参照图1-24b接线，按面板上的正转FWD或REV按钮，用外部电位器调节运行频率至50Hz。运行状态显示“FWD”或“REV”。

4) 按面板上的STOP键，电动机停止运行。

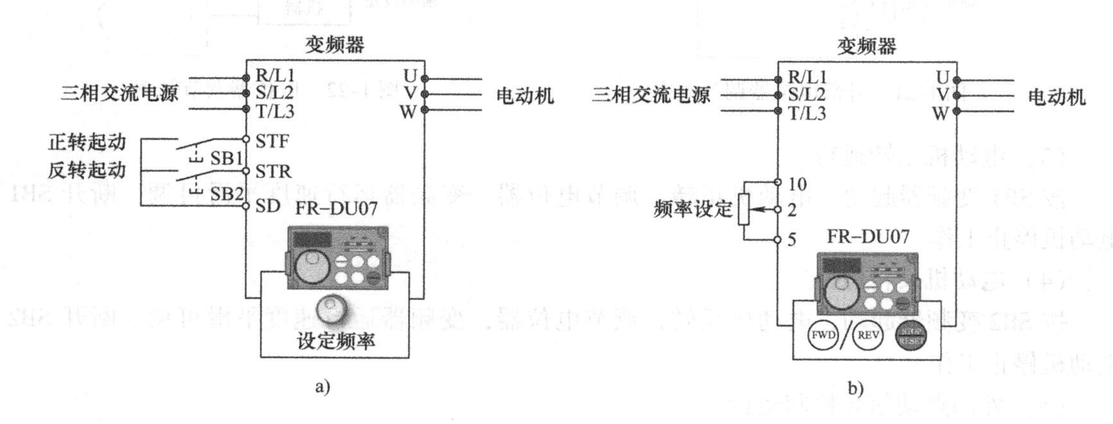

图1-24 组合模式接线图

a) 组合模式1 b) 组合模式2

3. 变频器控制电动机多段速运行

(1) 设定变频器运行参数

1) 基本参数：Pr. 1 =50Hz；Pr. 7 =2s；Pr. 8 =3s；Pr. 9（电动机额定电流，根据实际情况设置）；Pr. 160 =0。

2) 操作模式：Pr. 79 =3。

3) 设置各段速度参数：

Pr. 4 =45Hz（1段）；Pr. 5 =40Hz（2段）；Pr. 6 =35Hz（3段）；Pr. 24 =30Hz（4段）；Pr. 25 =25Hz（5段）；Pr. 26 =20Hz（6段）；Pr. 27 =15Hz（7段）。

(2) 接线

按图1-25所示接好控制线路。

(3) 运行

按SB1、SB2，则电动机按速度1（45Hz）运转，按SB1、SB3，则电动机按速度2（40Hz）运转，……按SB1、SB2、SB3、SB4，则电动机按速度7（15Hz）运转。通过DU面板监视频率的变化，运转速度段对应接点接通及参数见表1-19。7段速度随时间变化的曲线及对应接点ON的情况如图1-26所示。

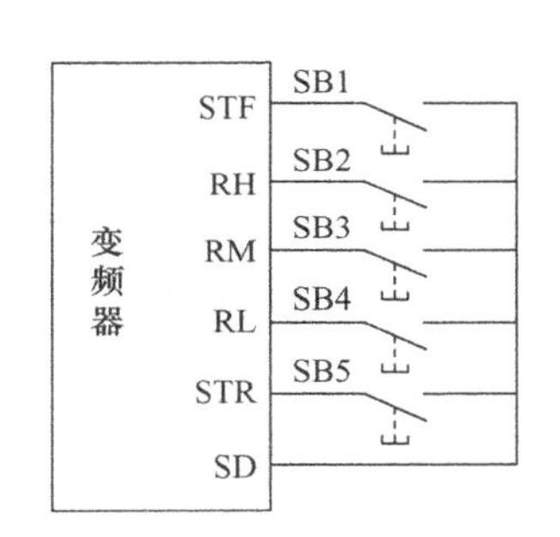

图1-25　7段速度运行接线图

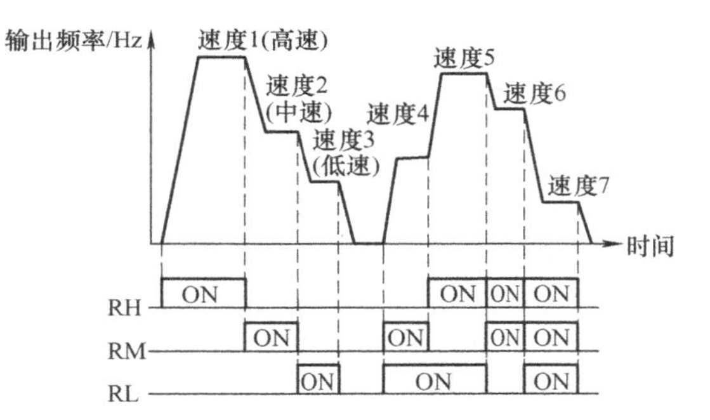

图1-26　7段速度运行接点接通情况

表1-19　运转速度段对应接点及参数表

速　度　段	频率/Hz	接点（ON）	对应参数号
速度1	45	RH	Pr. 4
速度2	40	RM	Pr. 5
速度3	35	RL	Pr. 6
速度4	30	RM、RL	Pr. 24
速度5	25	RH、RL	Pr. 25
速度6	20	RH、RM	Pr. 26
速度7	15	RH、RM、RL	Pr. 27

任务评价

变频器速度调节控制运行任务评价见表1-20。

表1-20　变频器速度调节控制运行任务评价表

项　目	考核内容	评分标准	配分	得分
专业技能	外部操作	不会设定参数扣5分 不能正确连续运行扣5分 不能点动运行扣5分	15	
	组合操作	不会组合模式1操作运行扣10分 不会组合模式2操作运行扣10分	20	
	多段速度运行	不能正确接线扣5分 不会运行扣5分 七段速度运行不正确每处扣5分	45	
安全文明生产	安全操作规定	违反安全文明操作或岗位6S不达标，视情况扣分。违反安全操作规定不得分	10	
创新能力	提出独特可行方案	视情况进行评分	10	

知识拓展

一、变频器多段速度控制技术

在相关控制应用中，经常用到变频器多段速度控制技术控制实际生产设备，这需要用参数将多种速度预先设定，用输入端子进行转换。如恒压供水控制、电梯速度控制、洗衣机速度控制等。

利用变频器的多段速度控制功能最高可以设定18段速度［借助于主速度、点动频率（Pr. 15）、上限频率（Pr. 1）］。

1. 变频器多段速度的参数

用参数将多种运行速度预先设定，用输入端子进行转换。可通过开启、关闭外部触点信号（RH、RM、RL、REX信号）选择各种速度。多段速度参数设定见表1-21。

表1-21　多段速度参数表

参数号	功　能	出厂设定	设定范围	备　注
Pr. 1	上限频率	120Hz	0～120Hz	实际50Hz
Pr. 2	下限频率	0Hz	0～120Hz	0
Pr. 15	点动频率（JOG信号频率）	5Hz	0～400Hz	根据实际情况设定
Pr. 4	多段速度设定（RH高速信号）	60Hz	0～400Hz	根据实际情况设定
Pr. 5	多段速度设定（RM中速信号）	30Hz	0～400Hz	根据实际情况设定
Pr. 6	多段速度设定（RL低速信号）	10Hz	0～400Hz	根据实际情况设定
Pr. 24～Pr. 27	多段速度设定（4～7段速度设定）	9999	0～400Hz，9999	9999：未选择
Pr. 232～Pr. 239	多段速度设定（8～15段速度设定）	9999	0～400Hz，9999	9999：未选择

2. 多段速度的信号

（1）操作模式

多段速度在外部操作模式（Pr. 79 = 2）或PU/外部组合操作模式（Pr. 79 = 3、4）中有效。

（2）速度信号

RH：高速信号设定（高速信号只是一个名称，不表示速度就高）。

RM：中速信号设定（中速信号也只是一个名称）。

RL：高速信号设定（高速信号只是一个名称，不表示速度就低）。

多段速度可通过开启、关闭外部触点信号RH、RM、RL进行组合，选择各种7段速度。

另外，有时候经常用到两段速度的情况，如电梯运行和检修时要用到两段速度，洗衣机的脱水和洗衣旋转也要用两段速度，这时可以用基准速度［Pr. 1 = 50Hz（上限速度）］和RH、RM或RL任意接点组成两段调速。

3. 15段速度相关知识

如果需设置的速度超过7段，则需使用REX信号并按图1-27所示接线。

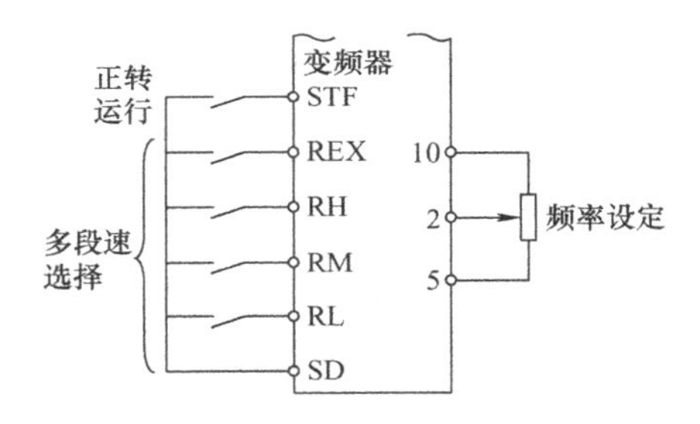

图1-27　15段速度接线图

先设Pr. 184 = 8，即将AU端作为REX端子使用。分别设置Pr. 4 ~ Pr. 6、Pr. 24 ~ Pr. 27、Pr. 232 ~ Pr. 239的参数，分别为5Hz、8Hz、10Hz、15Hz、18Hz、20Hz、25Hz、28Hz、30Hz、35Hz、38Hz、40Hz、45Hz、48Hz、50Hz，合上相应开关，则电动机即可按相应的速度运行。运转速度段对应接点及参数见表1-22。运转速度信号时序如图1-28所示。

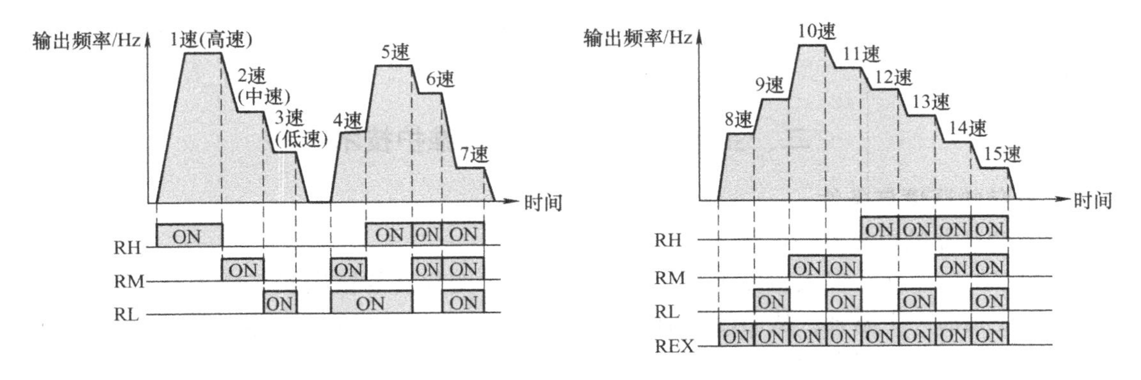

图1-28　15段速度信号图

表 1-22 运转速度段对应接点及参数表

速 度 段	频率/Hz	接点（ON）	参 数
速度1	5	RH	Pr. 4
速度2	8	RM	Pr. 5
速度3	10	RL	Pr. 6
速度4	15	RM、RL	Pr. 24
速度5	18	RH、RL	Pr. 25
速度6	20	RH、RM	Pr. 26
速度7	25	RH、RM、RL	Pr. 27
速度8	28	REX	Pr. 184、Pr. 232
速度9	30	REX、RL	Pr. 184、Pr. 233
速度10	35	REX、RM	Pr. 184、Pr. 234
速度11	38	REX、RM、RL	Pr. 184、Pr. 235
速度12	40	REX、RH	Pr. 184、Pr. 236
速度13	45	REX、RH、RL	Pr. 184、Pr. 237
速度14	48	REX、RH、RM	Pr. 184、Pr. 238
速度15	50	REX、RH、RM、RL	Pr. 184、Pr. 239

4. 对多段速度的几点说明

1）当多段速度信号接通时，其优先级别高于主速度。在图 1-25 中，假定设定了 PU 频率为 50Hz 时，在起动信号 STF（或 STR）合上后，而 RH、RM、RL 都没有合上时，变频器则以 50Hz 速度运行。

2）只有 3 段速度设定的场合，2 段速度以上同时被选择时，低速信号的设定频率优先，即以低速设定的信号频率运行。

3）运行期间参数值可以被改变。

4）多段速度比主速度（端子 2－5，4－5）优先。

5）多段速度在 PU 和外部运行中均可设定。

6）Pr. 24 ~ Pr. 27 和 Pr. 232 ~ Pr. 239 之间的设定没有优先级。

7）当用 Pr. 180 ~ Pr. 186 改变端子分配时，其他功能可能受影响。设定前要检查相应的端子功能。

二、变频器安装、调试与维护技术

1. 安装的环境与条件

（1）变频器的可靠性与温度

变频器的可靠性在很大程度上取决于温度，由于变频器的错误安装或不合适的安放方式，会使变频器产生温升，从而使周围温度升高，这可能导致变频器出现故障或损坏等意外事故。产生事故的原因有如下几点：

1）周围温度升高：配电柜内变频器发热、配电柜内散热效果不好（配电柜尺寸小、通风不足等）、变频器通风路径狭窄、变频器安放位置不对、变频器附近装有热源。

2）变频器温度升高：变频器安放方向不对、变频器风扇出现故障、变频器上方空间过小。

（2）周围温度

变频器的周围温度指的是变频器端面附近的温度。

1）测量温度的位置如图1-29所示。

2）允许温度范围在－10～50℃之间（温度过高或过低将产生故障）。

3）配电柜内的温度小于50℃时，对于全封闭的变频器，其周围温度要小于40℃。

（3）变频器产生的热量

变频器产生的热量取决于变频器的容量及其驱动电动机的负载。把变频器散热器安装在配电柜外面，会使柜内产生的热量大大减少。

（4）配电柜的散热及通风情况

在配电柜内安装变频器时，要注意通风扇的位置。配电柜中的两个以上的变频器安放位置不正确时，会使通风效果变差，从而导致周围温度升高。

图1-30所示为外部散热器安装示意图；图1-31所示为配电柜中安装两个变频器时的注意要点；图1-32所示为通风扇的正确安装位置。

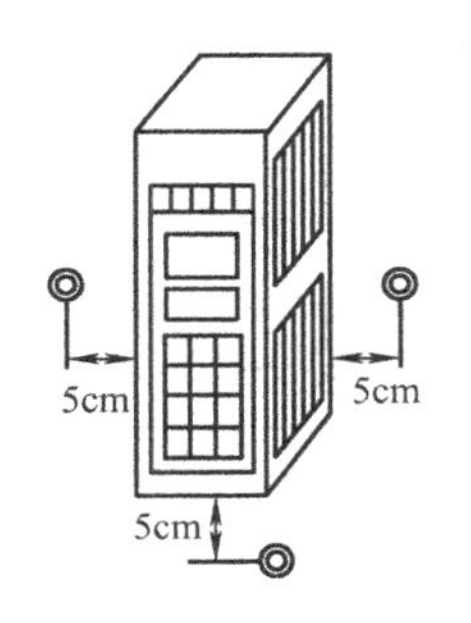

图1-29　测量温度的位置

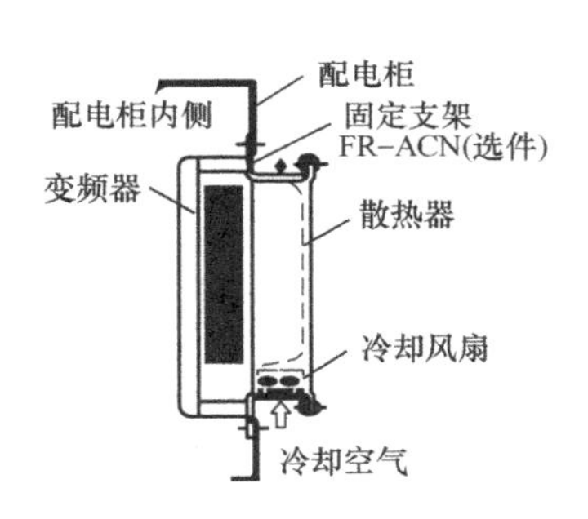

图1-30　外部散热器安装示意图

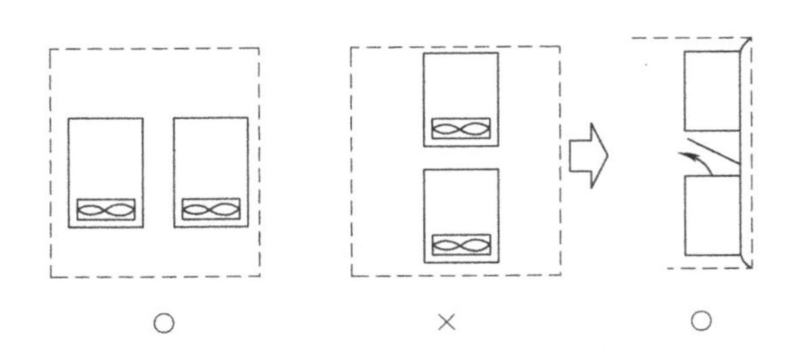

图1-31　配电柜内安装两个变频器的例子
○—正确　×—错误

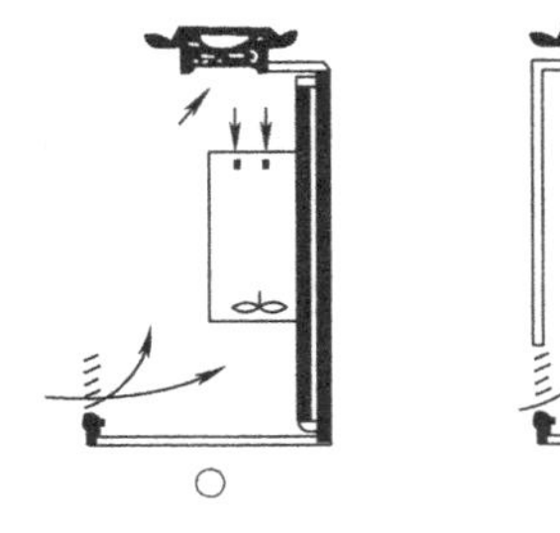

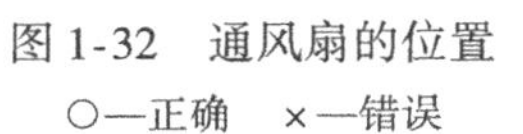

图1-32　通风扇的位置
○—正确　×—错误

（5）变频器的安装方向

如果变频器安装方向不正确，其热量不能很好地散去，会使变频器温度升高（控制电路印制线路板部分没有冷却风扇冷却）。变频器的安装方向可参考图1-31。

2. 变频器配线

（1）控制输入端电路配线的连接

1）触点或集电极开路输入端（与变频器内部线路隔离）：每个功能端同公共端SD相

连，如图1-33所示。由于其流过的电流为低电流（DC 4～6mA），低电流的开关或继电器（双触点等）的使用可防止触点故障。

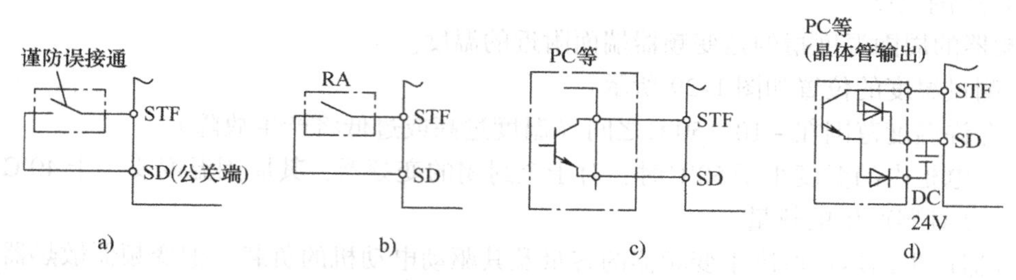

图1-33 输入信号的连接

a）触点输入（开关） b）触点输入（继电器） c）集电极开路输入 d）集电极开路（外接电源）

2）模拟信号输入端（与变频器内部线路隔离）：该端电缆必须要充分和200V（400V）功率电路电缆分离，不要把它们捆扎在一起，如图1-34所示。连接屏蔽电缆，以消除从外部来的噪声影响。

3）正确连接频率设定电位器：频率设定电位器必须要根据其端子号进行正确连接，如图1-35所示，否则变频器将不能正确工作。电阻值也是很重要的选择项目。

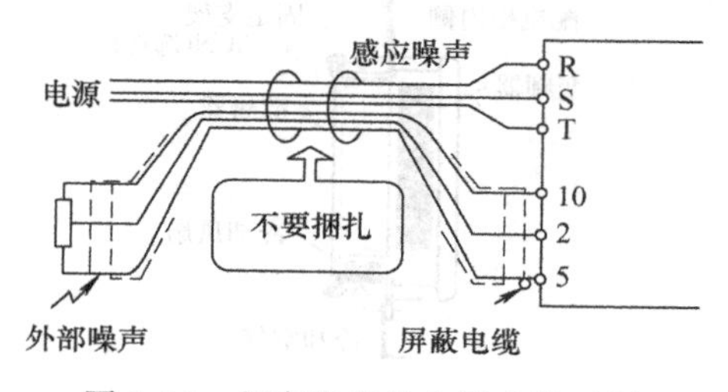

图1-34 频率设定输入端连接示例

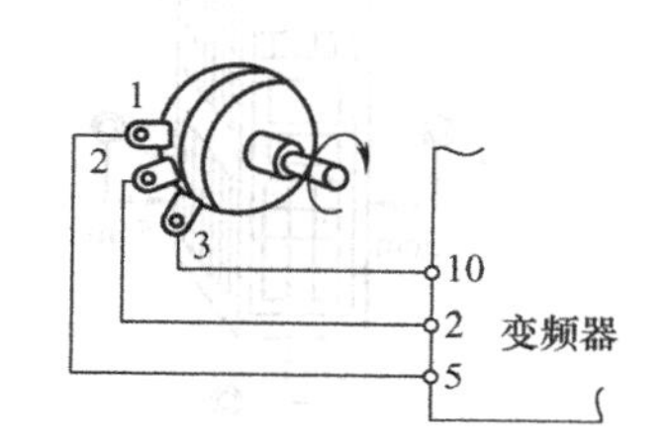

图1-35 频率设定电位器的连接

（2）主电路配线

由于主电路为功率电路，不正确的接线不仅会损坏变频器，而且会给操作者造成危险，故严禁将输入和输出接反。

（3）I/O电缆的配线长度

电缆长度由于I/O端子的不同而受到限制。控制信号为光电隔离的输入信号，可改善噪声阻抗，但模拟输入没有隔离。因此，频率设定信号应该小心配线，且提供对应测量参数，从而使配线最大限度地缩短，以使它们不受外部噪声的影响。

3. 变频器调试前的检查

（1）根据接线图检查

以运转程序的设计为基础，在正确地实施接线后，在通电前进行下列外观、结构检查：

1）变频器的型号是否有误。

2）安装环境有无问题（如是否存在有害气体、温度高低、有无粉尘等）。

3）装置有无脱落、破损的情况。

4）螺钉、螺母是否松动，插接件的插入是否到位。

5）电缆直径、种类是否合适。

6）主回路、控制回路和其他的电气连接有无松动的情况。

7）接地是否可靠。

8）有无下列接线错误：

① 输出端子（U、V、W）是否误接了电源线。

② 制动单元用端子（P、Q、N）是否误接了制动单元放电电阻以外的线。

③ 屏蔽线的屏蔽部分是否按使用说明书所述进行了正确的连接。

（2）绝缘电阻表检查

全部外部端子与接地端子间应用500V绝缘电阻表测量是否在10MΩ以上，如图1-36所示。图中“×”表示应把电源线和电动机引线拆除后才允许测量。

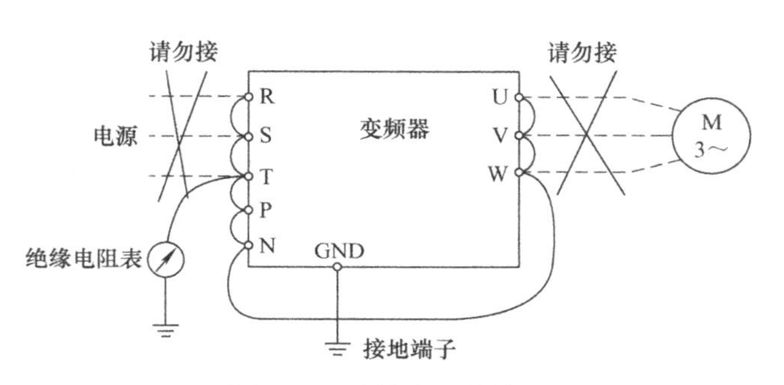

图1-36　绝缘电阻表检查

4. 单个变频器运行的调试

单个变频器通电前检查结束，先不接电动机，在给定各项数据后进行运转。单个变频器调试步骤：

1）将速度给定器左旋到底。

2）投入主回路电源，变频器电源确认灯（POWER）应点亮。

3）如无异常，将正转信号开关接通。慢慢向右转动速度给定器，转到底时应为最高频率。

4）频率表的校正。调整频率校正电位器，使频率指令信号电压为DC 5V时频率表指示最高频率。

采取以上操作步骤，如不能正常工作，可根据使用说明检查。单个变频器运转无问题后，再连接电动机。

5. 负载运行的检查

1）确认电动机及其他机械装置的状态并保证安全后，投入主回路电源，看有无异常现象。

2）接通正转信号开关。慢慢向右转动速度给定器，在给定3Hz处电动机开始以3Hz的频率转动（此时应检查电动机的旋转方向，判断是否正确，如果有错则要更改）。再向右转动，频率（转速）就逐渐上升，右旋到底即达最高频率。在加速期间要特别注意电动机及其他机械装置有无异常响声、振动等。接下来将速度给定器向左返回，电动机转速下降，给定信号在3Hz以下则输出停止，电动机自由停车。

3）速度给定器右旋到底保持不变，接通正转信号开关，电动机以加速度时间给定标度盘上给定的时间提升转速，并在最高频率保持转速不变。此时，加速过程中如果过载指示灯闪亮，则说明存在相对于负载的大小，加减速时间给定过短的情况，此时可把加减速时间重新给定长些。

4）在电动机旋转中关断正转信号开关，则电动机以加减速时间给定标度盘上给定的时间降低转速，最后停止。此时，在减速过程中如果过载指示灯闪亮，或者再生过电压指示灯亮，则说明相对于负载的大小加减速时间给定过短，可将加减速时间重新给定长些。

5）在电动机运行中即使改变加减速时间的给定，由于之前的给定状态被记忆，给定也不能变更，所以要在电动机停止后改变给定值。

任务3 变频器运行速度检测控制

任务要求

某供水系统有两台水泵，正常工作时采用一台泵变频器进行节能控制，当变频水泵的工作频率上升至45Hz时起动另一台水泵，当变频水泵的工作频率下降至15Hz时停止另一台水泵。请设定变频器的参数、设计控制接线图并接线调试运行。

任务指引

1. 相关知识

（1）参数

有关变频器输出频率检测参数见表1-23。各信号接通时的动作如图1-37所示。

表1-23 变频器输出频率检测参数表

参数号	名　称	出厂值	设定范围	说　明
Pr. 41	频率到达动作范围	10%	0～100%	设定SU信号置于ON时的水平
Pr. 42	输出频率检测	6Hz	0～400Hz	设定FU(FB)信号置于ON时的频率
Pr. 43	反转输出频率检测	9999	0～400Hz，9999	0～400Hz 反转时FU(FB)信号置于ON时的频率 9999：与Pr. 42设定值相同
Pr. 50	第2输出频率检测	30Hz	0～400Hz	设定FU2(FB2)信号置于ON时的频率
Pr. 116	第3输出频率检测	50Hz	0～400Hz	设定FU3(FB3)信号置于ON时的频率
Pr. 865	低速度检测	1.5Hz	0～400Hz	设定LS信号为ON时的频率

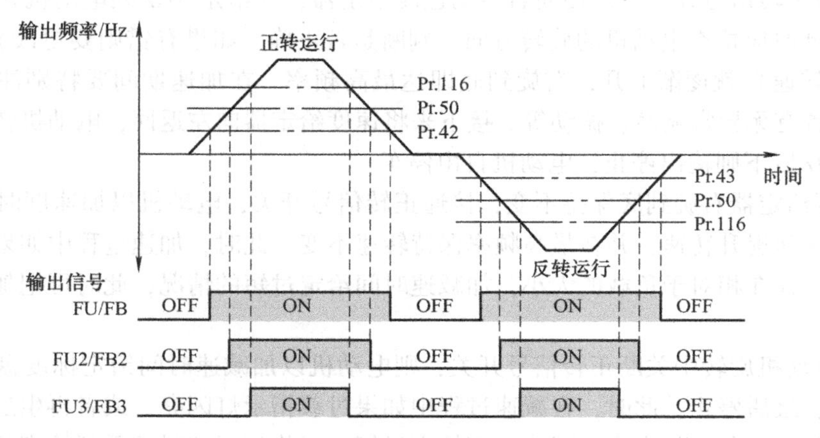

图1-37 信号接通时动作时序图

(2) 信号

各个信号可在 Pr. 190 ~ Pr. 196（输出端子功能选择）中进行端子功能的分配，设定情况见表 1-24。

表 1-24　信号设定

参数号	输出信号	Pr. 190 ~ Pr. 196 设定值	
Pr. 42，Pr. 43	FU/FB	4/41（正逻辑）	104/141（负逻辑）
Pr. 50	FU2/FB2	5/42	105/142
Pr. 116	FU3/FB3	6/43	106/143

2. 技能操作指引

(1) 设定变频器下列参数

Pr. 76 = 2；Pr. 79 = 2；Pr. 42 = 45Hz（上限切换频率 FU 信号）；Pr. 50 = 15Hz（下限切换频率 FU2 信号）；Pr. 191 = 5（标注 SU 端子的功能为 FU2）。

需要注意的是，变频器的输出端子本没有第二输出频率检测端，也没有 FU2 端子，在设定 Pr. 191 = 5 后，SU 端子的功能设为第二输出频率检测，同时 SU 端子默认的频率到达功能就变成了第二输出频率检测。

(2) 设计接线图

如图 1-38 所示设计接线图，并按图接线。

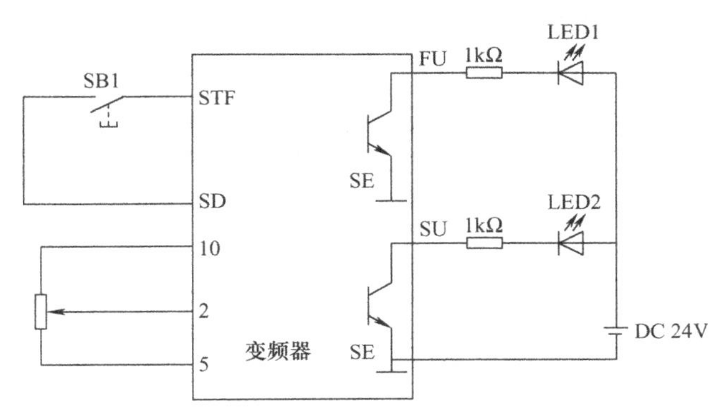

图 1-38　输出频率检测控制接线图

(3) 调试运行

用电位器调节变频器输出频率达到 15Hz 时，发光二极管 LED2 就发光。再调节频率到 45Hz 时 LED1 也会发光。反之当频率低于 45Hz 时 LED1 会熄灭，低于 15Hz 时 LED2 会熄灭。

请读者自行设计主电路接线图。

任务评价

变频器运行速度检测控制任务评价见表 1-25。

表 1-25　变频器运行速度检测控制任务评价表

项　目	考核内容	评分标准	配分	得分
专业技能	参数设定	不能正确设定参数每个扣5分	20	
	控制接线图	控制接线设计不正确一处扣5分 接线不正确每处扣5分	20	
	检测运行	不能检测上限扣10分 不能检测下限扣10分 上限不能起动另一台泵扣10分 下限不能停止另一台泵扣10分	40	
安全文明生产	安全操作规定	违反安全文明操作或岗位6S不达标，视情况扣分。违反安全操作规定不得分	10	
创新能力	提出独特可行方案	视情况进行评分	10	

知识拓展

一、变频器远程遥控技术

变频器遥控功能是指操作柜和控制柜的距离较远，不使用模拟信号，通过接点信号也能够进行连续变速运行。该功能是通过对参数 Pr. 59 进行设定，并通过 RH、RM、RL 信号来实现的。Pr. 59 的参数设定意义见表 1-26。遥控功能设定接线如图 1-39 所示。信号时序如图 1-40 所示。

表 1-26　Pr. 59 参数设定意义表

参数号	名　称	初　值	设定值	设定内容说明	
				RH、RM、RL 信号功能	频率设定记忆功能
Pr. 59	遥控功能	0	0	多段速设定	—
			1	遥控设定	有
			2	遥控设定	无
			3	遥控设定	无（通过 STF/STR - OFF，清除遥控设定频率）

使用遥控功能时，变频器的输出频率能够进行如下补偿：

外部运行时：通过 RH、RM 操作设定的频率 + 多段速以外的外部运行（Pr. 79 = 3）时的 PU 运行频率与输入端子 4 进行模拟输入补偿时，设定为 Pr. 28 = 1（多段速度输入补偿选择）。

PU 运行时：通过 RH、RM 操作设定的频率 + PU 运行频率。

变频器具有频率设定值记忆功能，频率设定值记忆功能是将遥控设定频率（通过 RH、RM 操作设定的频

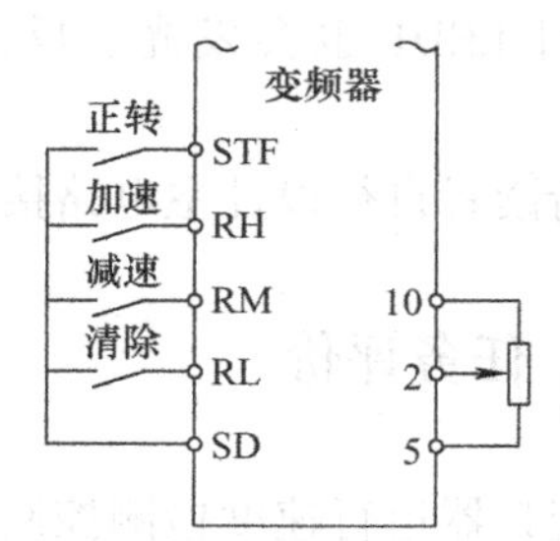

图 1-39　变频器遥控功能设定接线图

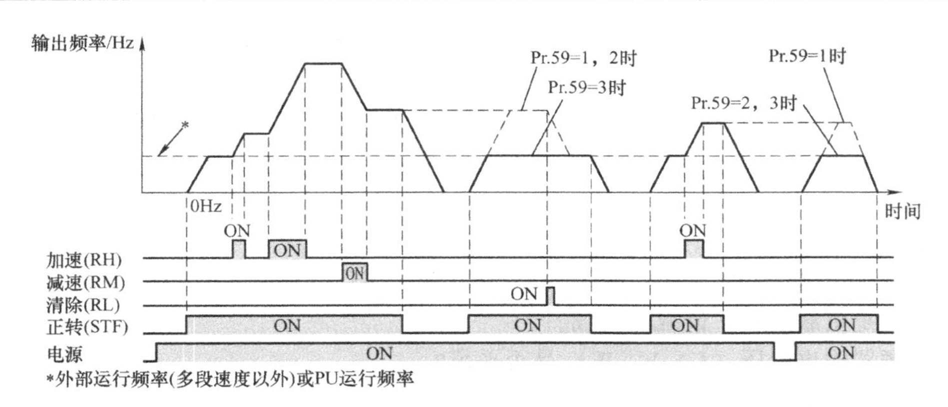

图 1-40　信号时序图

率）记忆到存储器中（E^2PROM）。一旦切断电源，再接通时的输出频率通过该设定值可以重新开始运行（Pr. 59 =1）。

频率设定值记忆条件：起动信号（STF 或 STR）处于 OFF 时的频率；RH（加速），RM（减速）信号同时在 OFF（ON）状态下每分钟记忆遥控设定频率（每分钟比较当前的频率设定值和过去的频率设定值，如有不同则写入存储器。RL 信号下不进行写入）。

二、变频器故障处理技术

1. 电动机不起动

（1）V/F 控制时，请确认 Pr. 0（转矩提升）的设定值

（2）检查主电路

1）检查主电路使用的是否为适当的电源电压（可显示在操作面板单元上）。

2）检查电动机是否正确连接。

3）检查 P1 与 P/ + 间的短路片是否脱落。

（3）检查输入信号

1）检查起动信号是否输入。

2）检查正转和反转起动信号是否已经从两个方向输入。

3）检查频率设定信号是否为零（频率指令为 0Hz 时输入起动指令时，操作面板的 FWD 或 REV 的 LED 将闪烁）。

4）使用端子 4 进行频率设定时，AU 信号是否为 ON。

5）检查输出停止信号（MRS）或复位信号（RES）是否为 ON。

6）当选择瞬时停电后再起动时（Pr. 57 ≠9999），检查 CS 信号是否为 OFF。

（4）检查参数的设定

（5）检查负载

1）检查负载是否过重。

2）检查电动机轴是否被锁定。

3）Pr. 78（反转防止选择）是否已设定。

4）Pr. 79（运行模式选择）的设定是否正确。

5）检查偏置、增益（校正参数 C2 ~ C7）设定是否正确。

6）Pr. 13（起动频率）的设定值是否大于运行频率。

7）各种运行频率（3速运行等）的频率设定是否为零。特别是Pr. 1（上限频率）的设定值是否为零。

8）点动运行时，Pr. 15（点动频率）的值是否设定为比Pr. 13（起动频率）还低。

9）对于模拟输入信号（0~5V/0~10V、4~20mA），电压/电流输入切换开关的设定是否正确。

2. 电动机异常发热

1）电动机风扇动作正常吗？（是否有异物、灰尘堵住网格？）

2）是否是负载过重？请减轻负载。

3）变频器输出电压（U，V，W）是否平衡？

4）Pr. 0（转矩提升）的设定适当吗？

5）是否设定了电动机的种类？请确认Pr. 71（适用电动机）中的设定值。

3. 电动机旋转方向相反

1）检查输出端子（U，V，W）相序是否正确。

2）检查起动信号（正转，反转）连接是否正确。

4. 速度与设定值相差很大

1）检查频率设定信号是否正确。（测量输入信号水平）

2）检查相关参数设定是否合适。（Pr. 1，Pr. 2，Pr. 19，校正参数C2~C7）

3）检查输入信号是否受到外部噪声的干扰。（请使用屏蔽电缆）

4）检查负载是否过重。

5）Pr. 31~Pr. 36（频率跳变）的设定恰当吗？

5. 速度不能增加

1）检查上限频率（Pr. 1）设定是否正确。[超过120Hz的情况下有必要设定Pr. 18（高速上限频率）]

2）检查负载是否过重（搅拌器等，在冬季时负载可能过重）。

3）制动电阻器是否错误连接了端子P/+-P1？

4）*v/f*控制时，是否由于转矩提升（Pr. 0，Pr. 46，Pr. 112）的设定值过大使失速功能（转矩限制）动作？

6. 运行时的速度波动

（1）检查负载

检查负载是否有变化。

（2）检查输入信号

1）检查频率设定信号是否有变化。

2）频率设定信号是否受到感应噪声的影响？请通过Pr. 74（输入滤波时间常数）设定。

3）连接晶体管输出单元时，漏电流是否引起误动作。

7. 无法正常进行运行模式的切换

（1）负荷的点检

确认STF或STR信号是否处于OFF的状态。STF或STR信号如果为ON时，无法进行运行模式的切换。

（2）参数设定：Pr. 79的设定值的确认

Pr. 79（运行模式选择）的设定值为“0”（初始值）时，在接通输入电源的同时成为外部运行模式，通过按下操作面板的模式切换键可以切换为PU运行模式。其他的设定值（1~4，6，7）根据各自操作内容的不同，运行模式也被限定。

8. 参数不能写入

1）是否是运行中（信号STF、STR处于ON）。

2）请确认Pr.77（参数写入选择）的值。

3）是否在外部操作模式下进行的参数设定。

4）请确认Pr.161（频率设定/键盘锁定操作选择）的值。

任务4　变频器PID调速运行控制

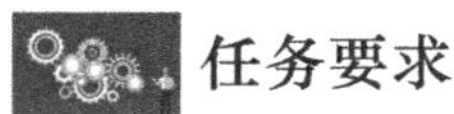

任务要求

某变频供水系统采用PID控制，使用传感器调节水泵的供水压力（传感器4mA对应0MPa，20mA对应0.5MPa），设定值通过变频器的2和5端子（0~5V）给定。在水泵出口侧安装有压力传感器用来检测水压，压力传感器采集的信号为4~20mA，系统要求管网的压力在运行时保持0.1MPa，设定值通过变频器端子2-5所连接的电位器来设定。请设计系统控制接线原理图，设置变频器参数并正常运行。

任务指引

1. 设计接线图

设计系统控制接线原理图如图1-41所示。

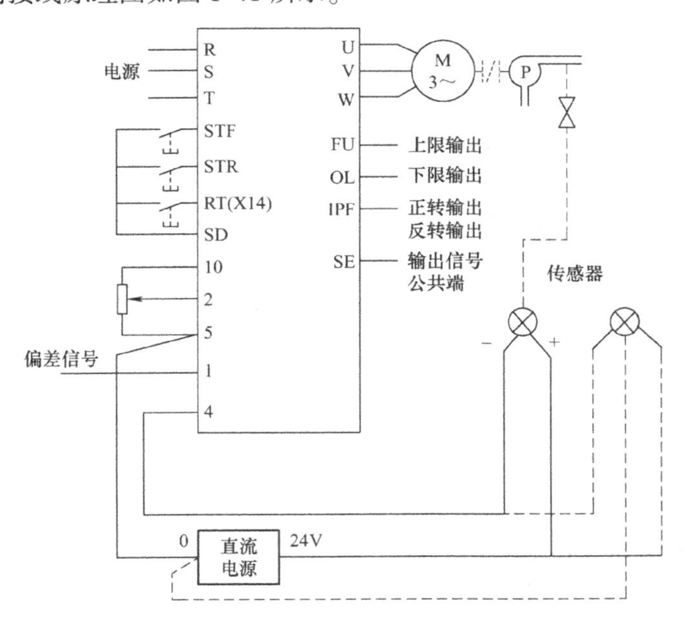

图1-41　恒压供水PID控制接线图

注：24V直流电源根据所使用的传感器规格进行选择。

图中输出信号 FU、OL、IPF 端子由 Pr. 191 ~ Pr. 194 设定。输入信号 RT 端子由 Pr. 180 ~ Pr. 186 设定。本任务中 Pr. 183 = 14，即将 RT 端子用 PID 控制选择。

2. 设定参数

参考知识拓展中相关知识点设置变频器参数，参数设置见表 1-27。

表 1-27 变频器参数设置表（PID 实例）

参数号	设定值	设定值意义
Pr. 128	20	PID 控制为检测端子 4 的输入，PID 负作用
Pr. 129		PID 比例常数，根据系统调节情况进行修改
Pr. 130		PID 积分常数时间（出厂设定值为 1s），根据系统调节情况进行修改
Pr. 131	100	上限值
Pr. 132	0	下限值
Pr. 133	—	用 PU 设定的 PID 控制设定值，本方案中采用外部控制，所以不设参数
Pr. 134		PID 微分时间常数，根据系统调节情况进行修改
Pr. 183	14	RT 端子功能设为“PID 控制有效端”
Pr. 192	16	PID 正-反向输出
Pr. 193	14	PID 上限输出，FUP 信号，指示反馈量信号已超过上限值
Pr. 194	15	PID 下限输出，FDN 信号，指示反馈量信号已超过下限值
Pr. 902	0	输入校正，下限
Pr. 903	100	输入校正，上限
Pr. 904	0	输出校正，下限
Pr. 905	100	输出校正，上限

3. 运行

按图 1-42 所示变频器 PID 设置流程图进行操作，并调整 Pr. 129、Pr. 130、Pr. 134 到合适的参数值，使系统压力在运行时保持 0. 1MPa，从而达到恒压供水的作用。

4. 需注意事项

1）如果多段速度（RH，RM，RL）信号和点动运行（JOG）信号在 X14 信号接通的情况下输入，将停止 PID 控制并开始执行多段速度或点动运行。

2）当 Pr. 128 设定为“20”或“21”时，注意，变频器端子 1 - 5 之间的输入信号将叠加到设定值 2 ~ 5 之间。

3）当 Pr. 79 设定为“5”（程序运行模式），则 PID 控制不能执行，只能执行程序运行模式。

4）当 Pr. 79 设定为“6”（切换模式），则 PID 无效。

5）当 Pr. 22 设定为“9999”时，端子 1 的输入值作为失速防止动作水平，当要用端子 1 的输入作为 PID 控制的修正时，请将 Pr. 22 设定为“9999”以外的值。

6）当 Pr. 905 设定为“1”（在线自动调整）时，则 PID 控制无效。

7）当用 Pr. 180 ~ Pr. 186 和/或 Pr. 190 ~ Pr. 195 改变端子的功能时，其他功能可能会受到影响，在改变设定前请确认相应端子的功能。

8）选择 PID 控制时，下限频率为 Pr. 902 的频率，上限频率为 Pr. 903 的频率。

[Pr. 1（上限频率）、Pr. 2（下限频率）的设定也有效]

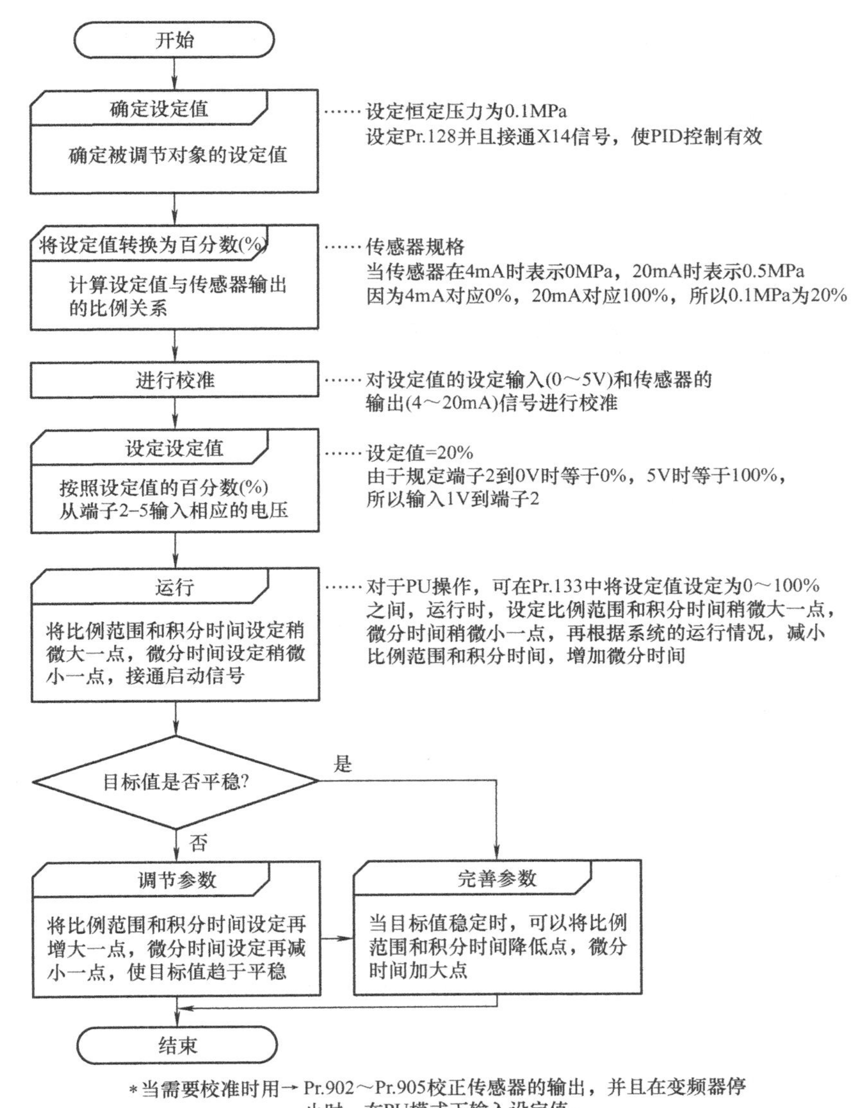

图1-42 变频器PID设置流程图

5. 设定值输入校正

1）在端子2-5间输入电压（如0V），使设定值的设定为0%。

2）用Pr.902校正，此时，输入的频率将作为偏差值=0%（如10Hz）时变频器的输出频率（即设定Pr.902=0）。

3）在端子2-5间输入电压（如5V），使设定值的设定为100%。

4）用Pr.903校正，此时，输入的频率将作为偏差值=100%（如50Hz）时变频器的输出频率（即设定Pr.903=100）。

6. 传感器的输出校正

1）在端子4-5间输入电流（如4mA）相当于传感器输出值为0%。

2）用Pr.904进行校正（即设定Pr.904=0）。

3）在端子4－5间输入电流（如20mA）相当于传感器输出值为100%。

4）用Pr. 905进行校正（即设定Pr. 905＝100）。

注意：Pr. 904和Pr. 905所设定的频率必须与Pr. 902和Pr. 903所设定的一致。

任务评价

变频器PID调速运行控制任务评价见表1-28。

表1-28 变频器PID调速运行控制任务评价表

项　　目	考核内容	评分标准	配分	得分
专业技能	控制电路设计	电路设计不正确不得分	10	
	系统接线	接线每错误一处扣5分	10	
	变频器参数设定	参数错误一个扣2分	10	
	系统运行	不会调整PID参数扣10分	50	
		压力不能恒定扣10分		
		压力不能快速调整扣15分		
		压力误差超过5%扣15分		
安全文明生产	安全操作规定	违反安全文明操作或岗位6S不达标，视情况扣分。违反安全操作规定不得分	10	
创新能力	提出独特可行方案	视情况进行评分	10	

知识拓展

变频器PID控制技术

变频器的PID控制功能可实现与传感器元件构成一个闭环控制系统，从而可对被控量进行自动调节，在对温度、压力、风量和流量等参数要求恒定的场合应用十分广泛，这也是变频器在节能控制应用中的常用方法。由变频器端子2输入信号或参数设定值作为目标值和端子4输入信号作为反馈量可组成PID控制的反馈系统。

1. PID控制原理

（1）基本PID控制

基本PID控制框图如图1-43所示，系统运行示意图如图1-44所示。

（2）PID控制方式

1）PI控制。PI控制由比例控制（P）和积分控制（I）组合而成，根据偏差及时间变化，产生一个执行量。PI运算是P和I运算之和。

2）PD控制。PD控制由比例控制（P）和微分控制（D）组合而成，根据改变动态特性的偏差速率，产生一个执行量。PD运算是P和D运算之和。

3）PID控制。利用PI控制和PD控制的优点组合成的控制。PID运算是P、I和D三个运算的总和。偏差与执行量（输出频率）之间的关系：

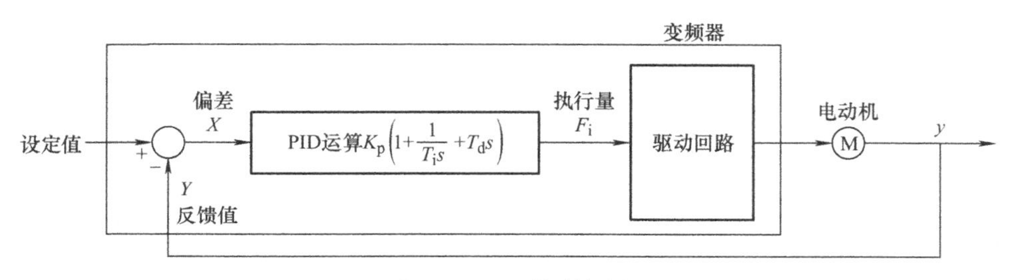

图1-43 PID控制框图

K_p—比例常数 T_i—积分时间 s—演算子 T_d—微分时间

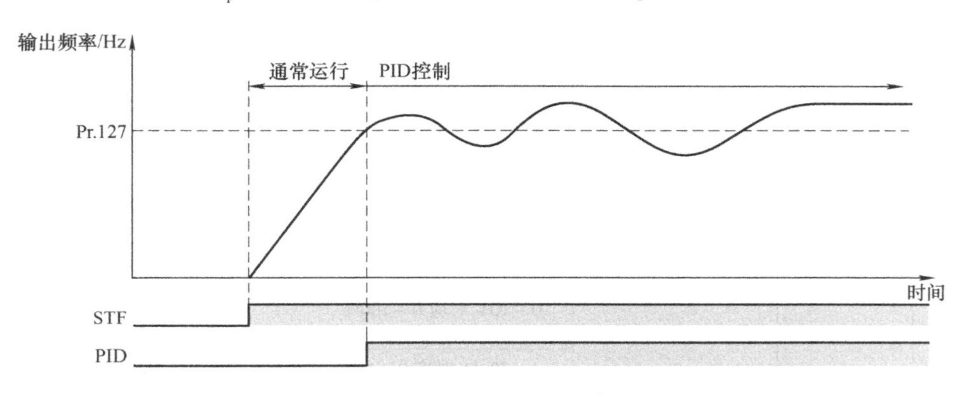

图1-44 PID系统运行示意图

① 负作用。当偏差x（设定值-反馈量）为正时，增加执行量（输出频率），如果偏差为负，则减小执行量。PID负作用如图1-45所示。

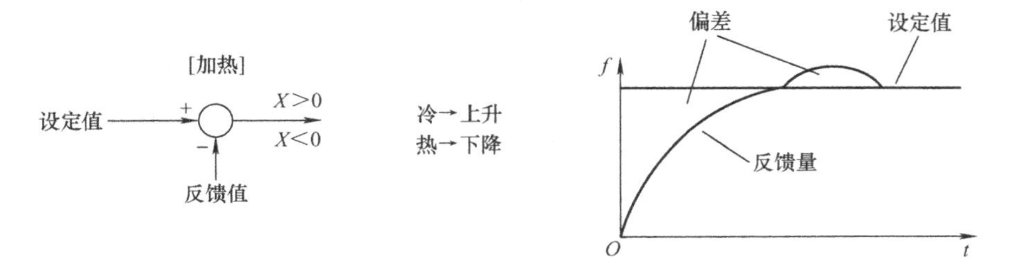

图1-45 PID负作用示意图

② 正作用。当偏差x（设定值-反馈量）为负时，增加执行量（输出频率），如果偏差为正，则减小执行量。PID正作用如图1-46所示。

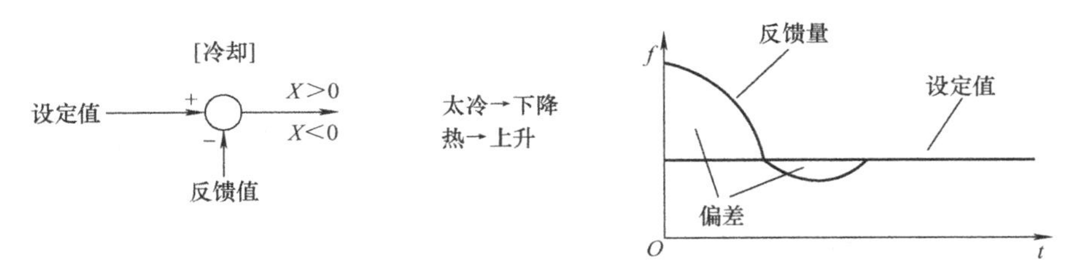

图1-46 PID正作用示意图

2. 输入/输出信号

输入/输出信号功能使用见表1-29。

表1-29　输入/输出信号功能使用表

信号		使用端子	功能	说明	备注
输入	X14	通过Pr. 178 ~ Pr. 189设定	PID控制选择	进行PID控制时X14置ON	Pr. 178 ~ Pr. 189中的任意一个设定为14
	X64		PID正负作用切换	将X64置于ON，PID负作用时(Pr. 128 = 10，20)能够切换到正作用，正作用时(Pr. 128 = 11，21)能够切换到负作用	Pr. 178 ~ Pr. 189中的任意一个设定为64
	2	2	目标值输入	输入PID控制的目标值	Pr. 128 = 20，21 Pr. 133 = 9999
				0 ~ 5V对应0 ~ 100%	Pr. 73 = 1，3，5，11，13，15
				0 ~ 10V对应0 ~ 100%	Pr. 73 = 0，2，4，10，12，14
				4 ~ 20mA对应0 ~ 100%	Pr. 73 = 6，7
	1	1	偏差信号输入	输入外部计算的偏差信号	Pr. 128 = 10，11
				-5V ~ 5V：-100% ~ 100%	Pr. 73 = 2，3，5，7，12，13，15，17
				-10V ~ 10V：-100% ~ 100%	Pr. 73 = 0，1，4，6，10，11，14，16
	4	4	测量值输入	输入检测器发出的信号(测量值信号)	Pr. 128 = 20，21
				4 ~ 20mA对应0 ~ 100%	Pr. 267 = 0
				0 ~ 5V对应0 ~ 100%	Pr. 267 = 1
				0 ~ 10V对应0 ~ 100%	Pr. 267 = 2
输出	FUP	通过Pr. 190 ~ Pr. 196设定	上限输出	测量信号超出上限值(Pr. 131)时输出	Pr. 128 = 20，21，60，61；Pr. 131≠9999； Pr. 190 ~ Pr. 196中的任意一个设定为15或者115
	FDN		下限输出	测量信号超出下限值(Pr. 132)时输出	
	RL		正转(反转)方向信号输出	参数单元显示"Hi"表示正转(FWD)，显示"Low"表示反转(REV)或停止(STOP)	Pr. 190 ~ Pr. 196中的任意一个设定为16或者116
	PID		PID控制动作中	PID控制中置于ON	Pr. 190 ~ Pr. 196中的任意一个设定为47或者147
	SE	SE	输出公共端子	FUP、FDN和RL的公共端子	

X14信号接通，开始PID控制，当信号关断时，变频器的运行不含PID的作用。设定值通过变频器端子2－5或在Pr.33中设定，反馈值信号通过变频器端子4－5输入。当输入外部计算偏差信号时，通过端子1－5输入，同时，在Pr.128中设定“10”或“11”。

输入端子设定说明见表1-30。

表1-30　输入端子设定说明表

项　目	输　入	说　明	
设定值	通过端子2－5	设定0V为0%，5V为100%	当Pr.73设定为“1，3，5，11，13或15”时（端子2选择为5V）
		设定0V为0%，10V为100%	当Pr.73设定为“0，2，4，10，12或14”时（端子2选择为10V）
设定值	Pr.133	在Pr.133中设定PID目标值（0.1%）	
偏差信号	通过端子1－5	设定－5V为－100%，0V为0%，5V为100%	当Pr.73设定为“2，3，5，12，13或15”时（端子1选择为5V）
		设定－10V为－100%，0V为0%，10V为100%	当Pr.73选择为“0，1，4，10，11或14”时（端子1选择为10V）
反馈值	通过端子4－5	4mA相当于0%，20mA相当于100%	

3. 与PID控制有关的参数

（1）PID参数设定分析（见表1-31）

表1-31　PID参数设定表

参数号	设定范围	参数名称	说　明	
Pr.127	0～400Hz，9999	PID控制自动切换频率	0～400Hz：设定自动切换到PID控制的频率 9999：无PID控制自动切换功能	
Pr.128	10	选择PID控制	偏差量信号输入（端子1）	PID负作用
	11			PID正作用
	20		测定值输入（端子4），目标值（端子2或Pr.133）	PID负作用
	21			PID正作用
	50		偏差量信号输入（LonWorks，CC－Link通信）	PID负作用
	51			PID正作用
	60		测定值、目标值输入（LonWorks，CC－Link通信）	PID负作用
	61			PID正作用
Pr.129	0.1～1000%	PID比例带	如果比例常数范围较窄（参数设定值较小），反馈量的微小变化会引起执行量的很大改变。因此，随着比例范围变窄，响应的灵敏性（增益）得到改善，但稳定性变差，例如发生振荡。增益K_p＝1/比例常数	
	9999		无比例控制	
Pr.130	0.1～3600s	PID积分时间常数	指在偏差步进输入时，仅在积分（I）动作中得到与比例（P）动作相同的操作量所需要的时间（T_i）。随着积分时间的减少到达设定值就越快，但也容易发生振荡	
	9999		无积分控制	

（续）

参数号	设定范围	参数名称	说明
Pr. 131	0～100%	PID 上限	设定上限。如果反馈量超过此设定，就输出 FUP 信号。测定值（端子4）的最大输入（20mA/5V/10V）等于100%
	9999		功能无效
Pr. 132	0～100%	PID 下限	设定下限。如果检测值超过此设定，就输出 FDN 信号。测定值（端子4）的最大输入（20mA/5V/10V）等于100%
	9999		功能无效
Pr. 133	0～100%	PID 目标设定	设定 PID 控制时的设定值
	9999		端子2输入为目标值
Pr. 134	0.01～10.0s	PID 微分时间常数	仅要求向微分作用提供一个与比例作用相同的检测值（T_d）。随着微分时间的增大，对偏差的变化的反应也加大
	9999		无微分控制

（2）PID 自动切换控制（Pr. 127）

为了减小运行开始时系统的起动时间，可以仅在起动时以通常运行模式起动。

Pr. 127 PID 控制自动切换频率在 0～400Hz 的范围内设定频率，从起动到到达 Pr. 127 设定值，以通常运行转为起动 PID 控制运行。变为 PID 控制运行后，即使输出频率在 Pr. 127 的设定值以下，也继续进行 PID 控制。

（3）Pr. 128 设定说明（见图 1-47、图 1-48）

Pr. 128 = “10，11”（偏差值信号输入）

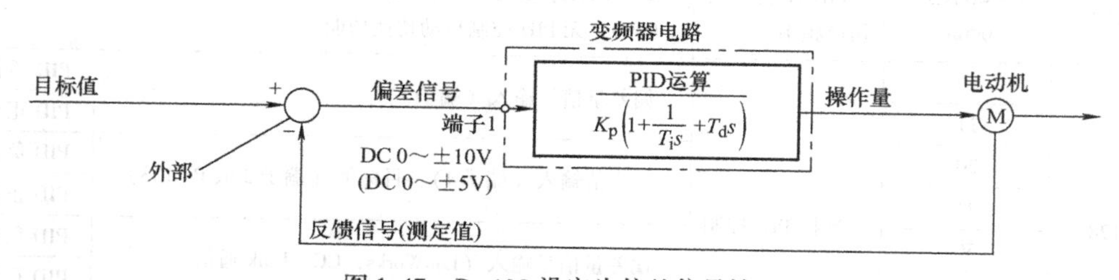

图 1-47 Pr. 128 设定为偏差信号输入

K_p—比例常数 T_i—积分时间 s—演算子 T_d—微分时间

Pr. 128 = “20，21”（测定值输入）

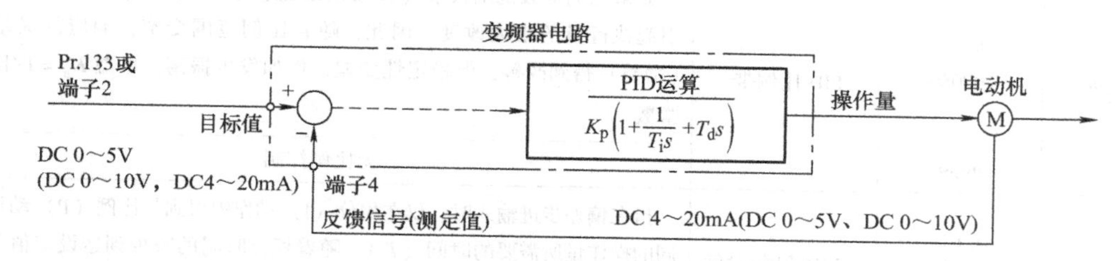

图 1-48 Pr. 128 设定为测定值输入

K_p—比例常数 T_i—积分时间 s—演算子 T_d—微分时间

模块 2　FX 系列 PLC 应用设计技术（入门篇）

项目目标

知识点：
1）掌握 PLC 的定义、工作原理及工作方式。
2）掌握 PLC 的基本逻辑指令的使用方法。
3）掌握 PLC 编程控制的基本思路。
4）掌握 PLC 内部定时器、计数器、辅助继电器的用法。
5）掌握 PLC 编程的基本原则。
技能点：
1）能分析项目任务要求，并可根据要求进行 PLC 的 I/O 口分配。
2）会设计 PLC 控制电路。
3）会 PLC 外部控制线路正确接线。
4）能根据控制要求进行程序设计并下载调试运行。
5）能进行 PLC 控制系统的安装调试。
6）掌握 PLC 控制系统故障处理的方法和技巧。

任务设备

三菱 FX 系列 PLC、计算机、通信电缆（SC－09）、连接导线、电动机、螺钉旋具、指示灯、按钮、万用表、控制台等。

知识准备

FX 系列 PLC 基本指令使用技巧

FX 系列 PLC 的基本指令包括触点指令、结合指令、线圈输出类指令、主控指令、其他指令等五类，分别见表 2-1～表 2-5。

表 2-1　触点指令

助记符	名　称	功　能	梯形图表现形式	适用对象软元件
LD	取	常开触点运算开始	├┤├──○┤	X、Y、M、S、T、C
LDI	取反	常闭触点运算开始	├┤/├──○┤	X、Y、M、S、T、C

（续）

助记符	名　　称	功　　能	梯形图表现形式	适用对象软元件
LDP	取脉冲	上升沿检测运算开始	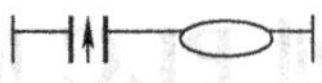	X、Y、M、S、T、C
LDF	取脉冲	下降沿检测运算开始		X、Y、M、S、T、C
AND	与	常开触点串联连接	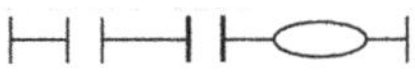	X、Y、M、S、T、C
ANI	与非	常闭触点串联连接		X、Y、M、S、T、C
ANDP	与脉冲	上升沿检测串联连接	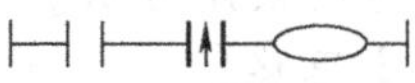	X、Y、M、S、T、C
ANDF	与脉冲	下降沿检测串联连接		X、Y、M、S、T、C
OR	或	常开触点并联连接	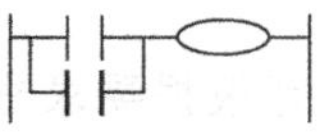	X、Y、M、S、T、C
ORI	或非	常闭触点并联连接	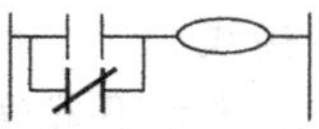	X、Y、M、S、T、C
ORP	或脉冲	上升沿检测并联连接	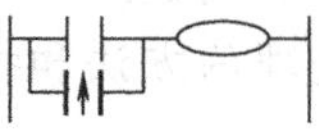	X、Y、M、S、T、C
ORF	或脉冲	下降沿检测并联连接	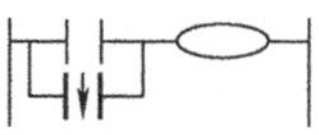	X、Y、M、S、T、C

表 2-2　结合指令

助记符	名　　称	功　　能	梯形图表现形式	适用对象软元件
ANB	电路块或	触点块串联连接	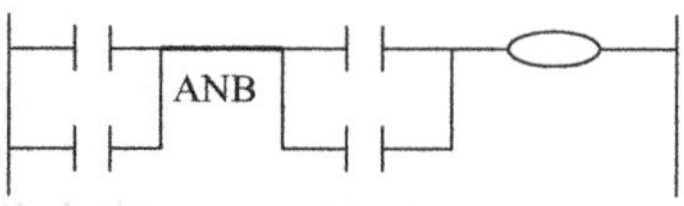 ANB	—
ORB	电路块与	触点块并联连接	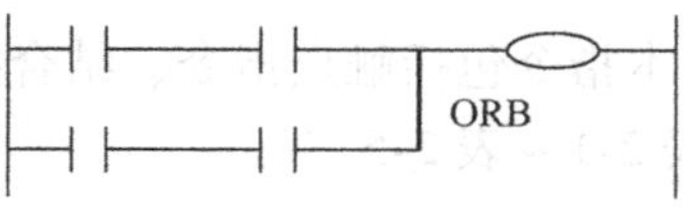 ORB	—
MPS	进栈	运算存储	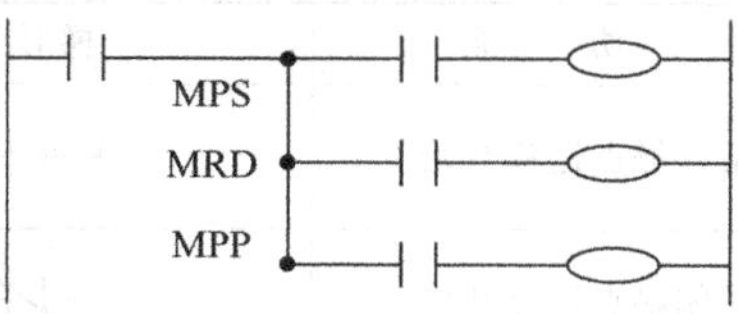 MPS MRD MPP	—
MRD	读栈	存储读出		
MPP	出栈	存储读出与复位		

（续）

助记符	名　称	功　能	梯形图表现形式	适用对象软元件
INV	反转	运算结果取反	INV	—
MEP	上升沿脉冲化	运算结果上升沿时输出脉冲		—
MEF	下降沿脉冲化	运算结果下降沿时输出脉冲		—

注：MEP、MEF指令只适用于FX3U系列PLC。

表2-3　线圈输出类指令

助记符	名　称	功　能	梯形图表现形式	适用对象软元件
OUT	输出	用于线圈输出	对象软元件	Y、M、S、T、C
SET	置位	用于线圈接通保持	[SET　对象软元件]	Y、M、S
RST	复位	用于线圈复位	[RST　对象软元件]	Y、M、S、T、C、D、R、V、Z
PLS	脉冲检出	上升沿微分检出指令	[PLS　对象软元件]	Y、M
PLF	脉冲检出	下降沿微分检出指令	[PLF　对象软元件]	Y、M

表2-4　主控指令

助记符	名　称	功　能	梯形图表现形式	适用对象软元件
MC	主控	连接到公共触点	[MC　N]	—
MCR	主控复位	解除主控指令	[MCR　N]	

表2-5　其他指令

助记符	名　称	功　能	梯形图表现形式	适用对象软元件
NOP	空操作	变更程序中替代某些指令	[NOP]	—
END	结束	顺控程序结束	[END]	—

1. LD、LDI 指令

LD（LOAD）/LDI（LOAD INVERSE）指令用于软元件的常开/常闭触点与母线、临时母线、分支起点的连接，或者说是表示母线运算开始的触点。

LD/LDI 指令可用的软元件有：X、Y、M、S、T、C。LD/LDI 指令编程及时序图如图 2-1、图 2-2 所示。

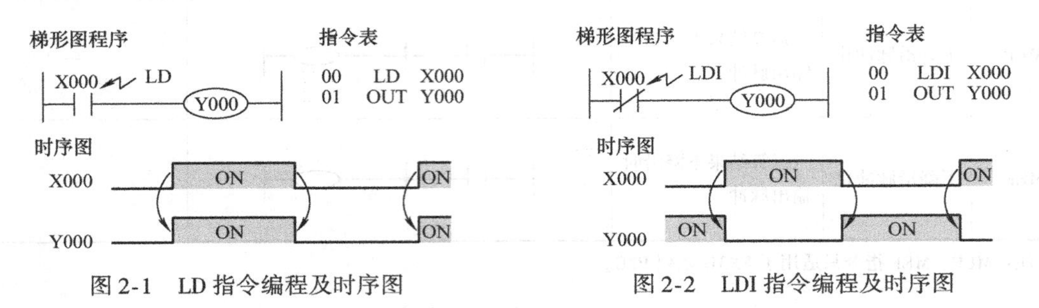

图 2-1　LD 指令编程及时序图　　图 2-2　LDI 指令编程及时序图

在 FX3U 系列 PLC 中，LD 和 LDI 指令可以通过变址（V、Z）进行修饰，如图 2-3 所示。

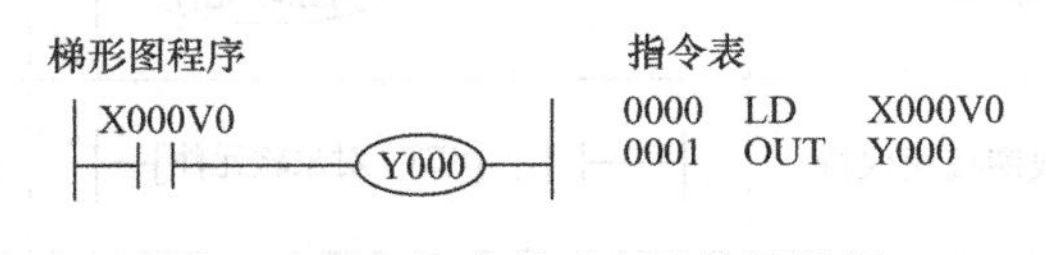

图 2-3　LD 指令通过变址修饰情况

图 2-3 中，当 V0 = K11 时，由 X013 决定 Y000 的输出情况。

2. OUT 指令

OUT 指令也叫作线圈驱动指令，用于线圈的连接。OUT 指令可多次连续使用（这叫作并联输出）。OUT 指令可使用的软元件有 Y、M、S、T、C。

OUT 指令编程示例如图 2-4 所示。

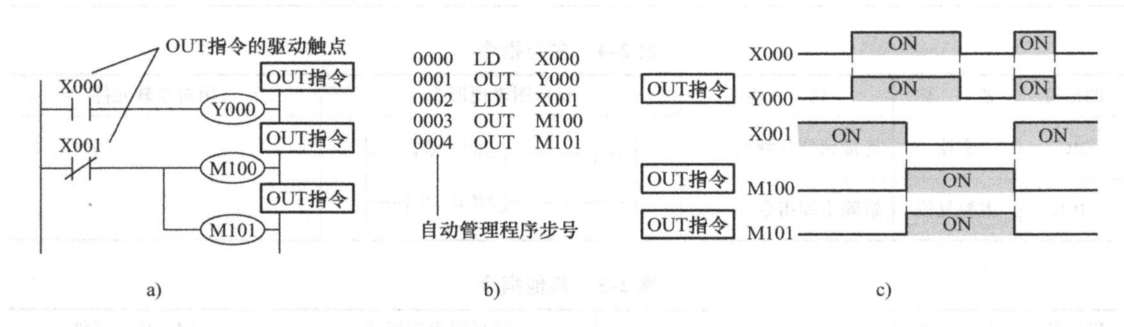

图 2-4　OUT 指令编程示例

a）梯形图程序　b）指令表　c）时序图

定时器和计数器的线圈设定时，在 OUT 指令后要加上设定值，设定值以十进制数直接指定，也可以通过数据寄存器（D）或文件寄存器（R）间接指定，如图 2-5、图 2-6 所示。

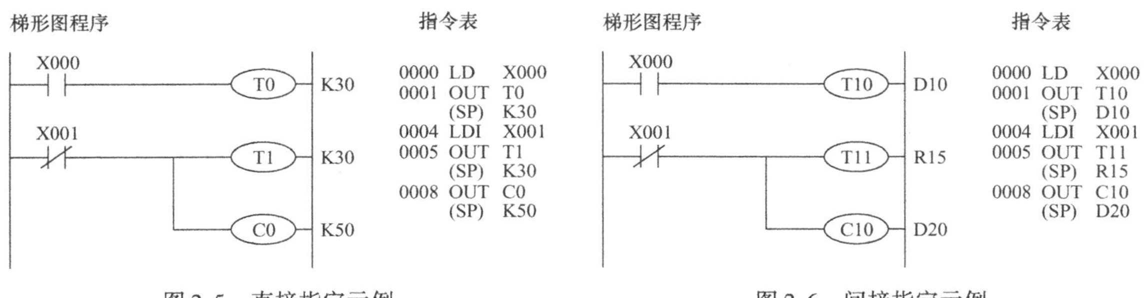

图2-5　直接指定示例　　　　图2-6　间接指定示例

3. AND/ANI（与/与非）指令

AND/ANI指令用于一个常开/常闭触点与其前面电路的串联连接（做“逻辑与”运算），串联触点的数量不限，该指令可多次使用。AND/ANI指令可用的软元件为X、Y、M、S、T、C等。使用参考如图2-7、图2-8示例所示。

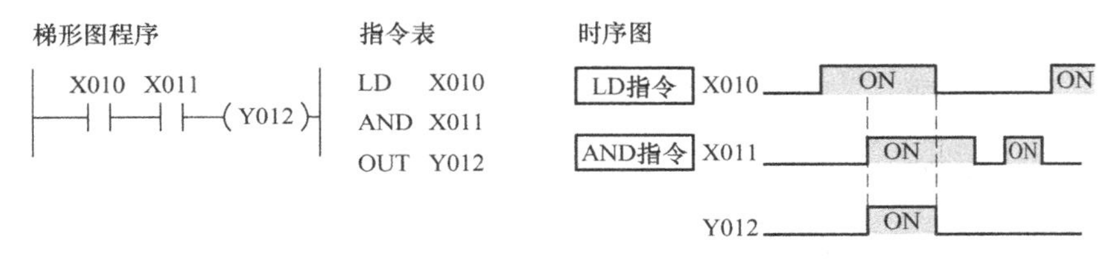

图2-7　AND指令使用示例

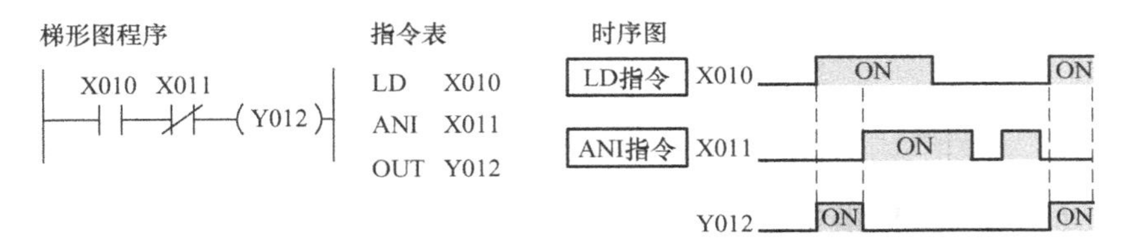

图2-8　ANI指令使用示例

4. OR/ORI（或/或非）指令

OR/ORI指令用于一个常开/常闭触点与上面电路的并联连接（做“逻辑或”运算）。并联触点的数量不限，该指令可多次使用，但当使用打印机打印程序时，并联列数不要超过24行。OR/ORI指令可用的软元件为X、Y、M、S、T、C。使用参考如图2-9示例所示。

5. LDP、LDF、ANDP、ANDF、ORP、ORF指令

LDP、LDF、ANDP、ANDF、ORP、ORF指令是触点指令。这些指令表达的触点在梯形图中的位置与LD、AND、OR指令表达的触点在梯形图中的位置相同，只是两种指令表达的触点的功能有所不同。

LDP、ANDP、ORP指令是上升沿检测的触点指令。在指定软元件的触点状态由OFF→ON时刻（上升沿），其驱动的软元件接通1个扫描周期。

LDF、ANDF、ORF指令是下降沿检测的触点指令。在指定软元件的触点由ON→OFF时刻（下降沿），其驱动的软元件接通1个扫描周期。

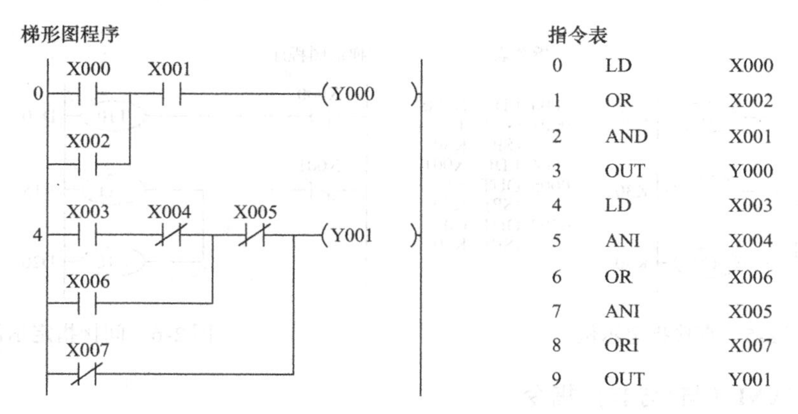

图 2-9　OR、ORI 使用示例

LDP、LDF、ANDP、ANDF、ORP、ORF 指令可用的软元件为 X、Y、M、S、T、C。上升沿指令使用示例如图 2-10 所示。

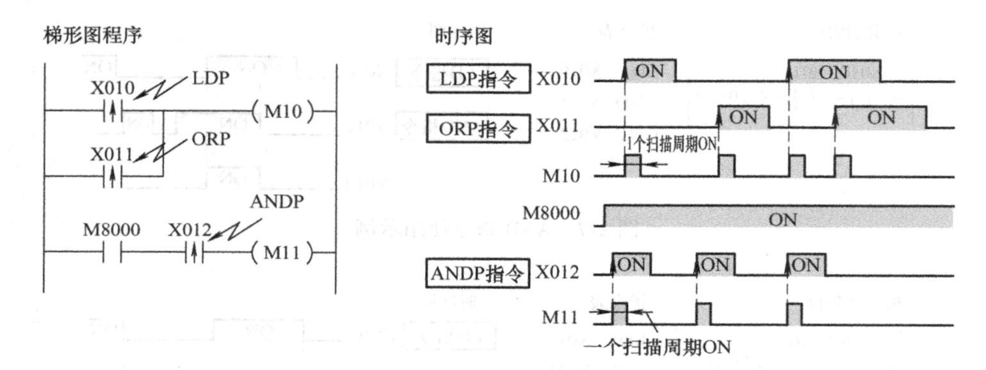

图 2-10　上升沿指令使用示例

6. ORB（电路块或）指令

电路块：电路块是指由两个或两个以上的触点连接构成的电路。

ORB 指令用于串联电路块的并联连接。ORB 指令的用法和编程示例如图 2-11 所示。

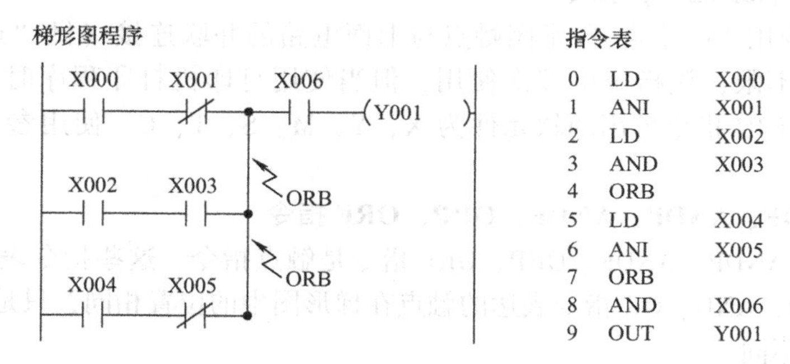

图 2-11　ORB 指令的用法和编程示例

使用 ORB 指令要点如下：

1）编程时，每一个电路块单独进行编程，即每个电路块都起始于 LD/LDI 指令。

2）ORB 指令是块连接指令，编程时，指令后面没有软元件。

3）编写多个电路块的并联程序时，ORB 指令可写于每个电路块后（见图 2-11 指令表），这样可并联无限多的电路块，ORB 的使用次数没有限制，也可将所有电路块程序写完后，连续写多个 ORB 指令，但采取这种编程方式时，最多可连续写 8 次 ORB 指令。

7. ANB（电路块与）指令

ANB 指令用于并联电路块的串联连接。ANB 指令的用法和编程示例如图 2-12 所示。使用 ANB 指令要点如下：

1）每一个电路块要单独编程，即每一个电路块都起始于 LD/LDI 指令。

2）ANB 指令是块连接指令，编程时，指令后面没有软元件。

3）编写多个电路块串联程序时，ANB 指令可写于每个电路块后，这样可串联无限多的电路块，也可将所有电路块程序写完后，连续写多个 ANB 指令。但采取这种编程方式时，最多可连续写 8 次 ANB 指令。

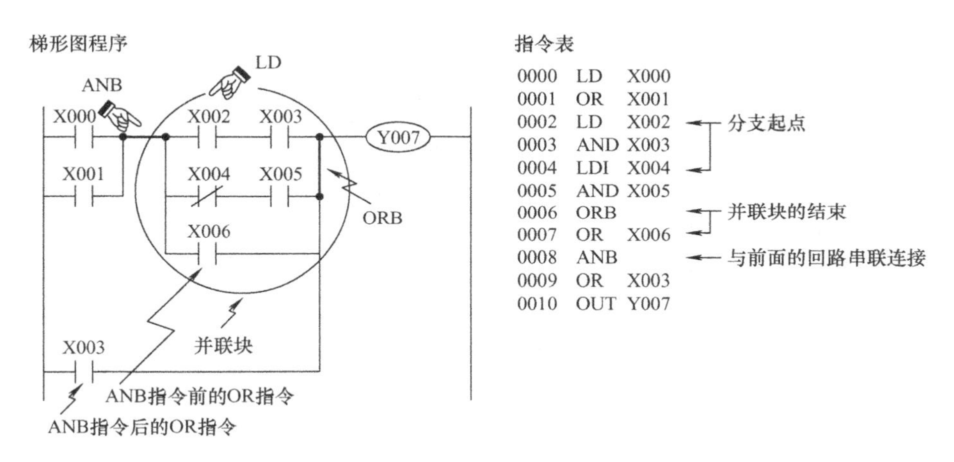

图 2-12　ANB 指令用法编程示例

8. MPS、MRD、MPP（运算结果进栈、读栈、出栈）指令

FX 系列可编程序控制器中有 11 个被称为堆栈的内存，用于记忆运算的中间结果。MPS、MRD、MPP 指令用于多重分支输出电路的编程。MPS、MRD、MPP 指令基本结构如图 2-13 所示。

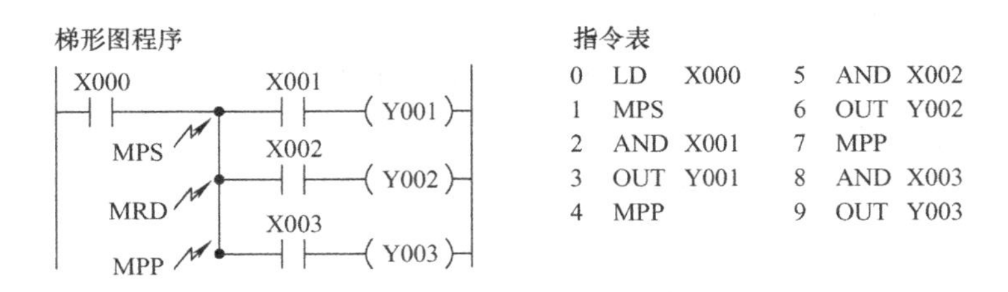

图 2-13　栈指令基本结构

MPS（PUSH）为进栈指令，该指令将当前的运算结果送入栈存储器。

MRD（READ）为读栈指令，该指令用于读出栈内由 MPS 指令存储的运算结果。栈内数据不改变。

MPP（POP）为出栈指令，该指令用于取出栈内由MPS指令存储的运算结果，同时该数据在栈内消失。

使用栈指令基本要点如下：

1）栈起点相当于电路的串联连接，写指令时使用AND、ANI指令。

2）MPS、MPP指令必须成对使用。

3）编程时，在MPS、MRD、MPP指令后没有软元件。

4）MPS指令可以重复使用，但使用次数不允许超过11次（或者说，最多可做11个分支点记忆），这在实际中被称为多层栈，如图2-14、图2-15所示。

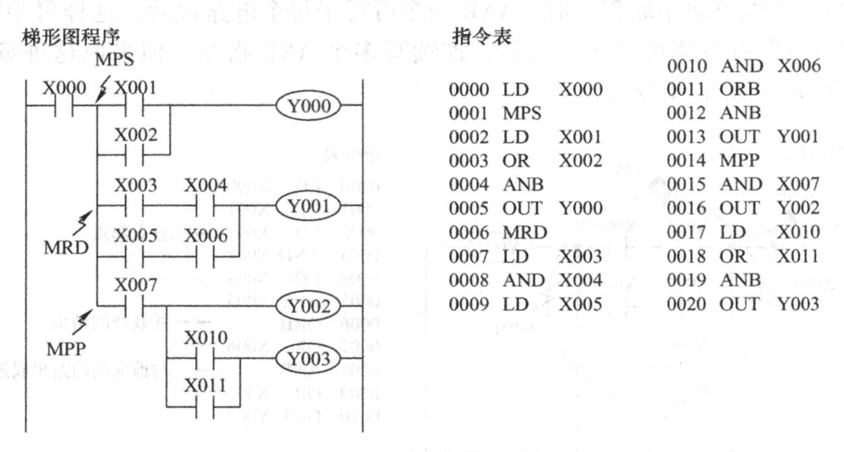

图2-14　二层栈编程示例

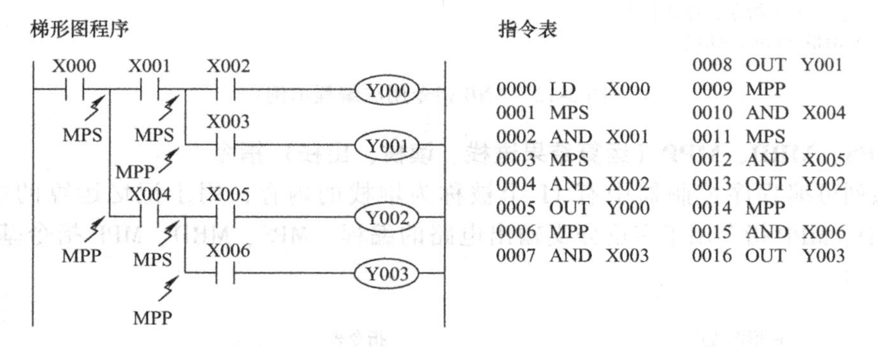

图2-15　三层栈编程示例

9. MC、MCR主控指令

MC（Master Control）：主控指令或公共触点串联连接指令（MC的意义是将母线转移到条件触点后面）。

MCR（Master Control Reset）：主控复位指令（MCR的意义是将母线还原回来）。

MC、MCR指令用于一个或多个触点控制多条分支电路的编程。每一个主控程序均以MC指令开始，以MCR指令结束，它们必须成对使用。当执行指令的条件满足时，直接执行从MC到MCR的程序。例如，在图2-16中，当X001为ON时，执行MC到MCR间的程序，否则不执行这段程序。当X001为OFF时，即使此时X002为ON，Y001也为OFF。

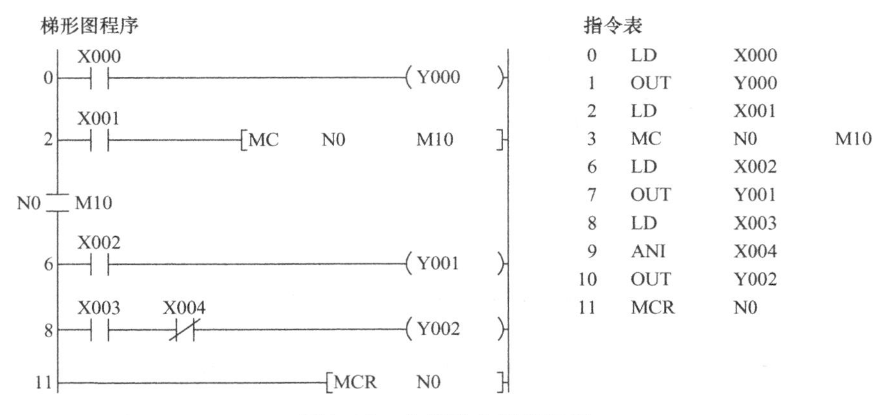

图2-16　主控指令编程示例

主控指令编程要点如下：

1）使用主控指令的触点称为主控触点，在梯形图中与一般触点相垂直。

2）使用主控触点后，相当于将母线移到主控触点的后面。

3）MC指令的输入触点断开时，积算定时器/计数器和用复位/置位指令驱动的软元件保持其当前的状态；非积算定时器和用OUT驱动的软元件变为OFF。

4）在MC指令与MCR指令之间可再次使用MC/MCR指令，这叫作嵌套。主控触点回路内最多可有8层嵌套。嵌套次数可按顺序分为0～7级，嵌套层数为0～7层，用N0～N7表示（其嵌套编号须依序加大：N0→N1→N2→N3→N4→N5→N6→N7）。主控结束按N7～N0顺序表示（其嵌套编号须依次减小：N7→N6→N5→N4→N3→N2→N1→N0）。多重主控指令使用编程如图2-17所示。

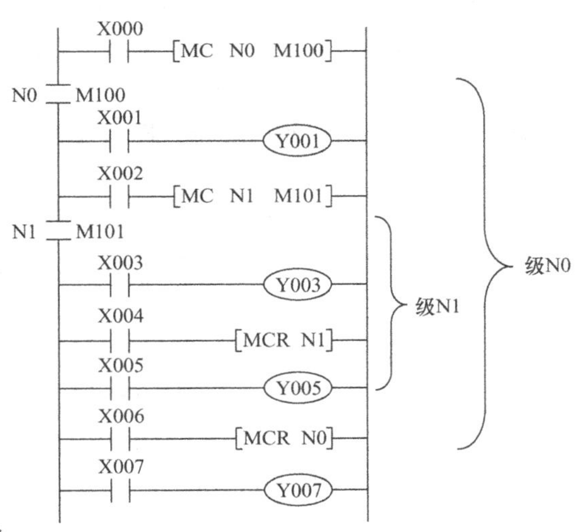

图2-17　多重主控指令编程示例

5）主控指令MC可使用的软元件为Y、M。

10. PLS、PLF（脉冲沿微分输出）指令

PLS指令将指定信号上升沿进行微分后，输出一个脉冲宽度为一个扫描周期的脉冲信号。如图2-18所示，当X000的状态由OFF→ON时，M10接通一个扫描周期。

PLF指令将指定信号的下降沿进行微分后，输出一个脉冲宽度为一个扫描周期的脉冲信号。如图2-19所示，当X001的状态由ON→OFF时，M11接通一个扫描周期。

通常使用PLS/PLF指令将脉宽较宽的输入信号变成脉宽为一个扫描周期的触发信号，用该信号可对计数器进行初始化或复位。

PLS/PLF指令可使用的软元件为Y、M（特殊M除外）。

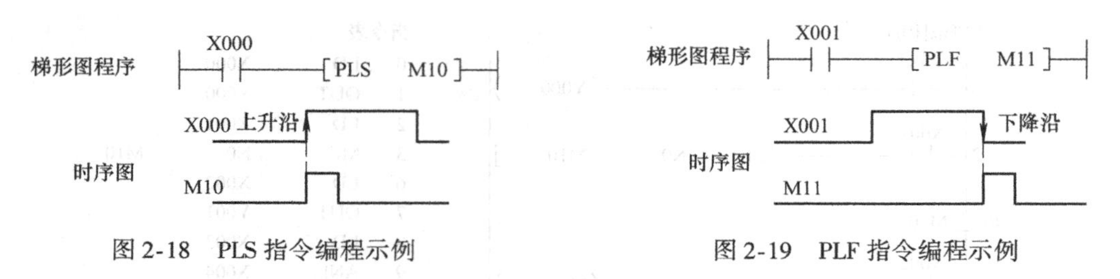

图2-18　PLS 指令编程示例　　图2-19　PLF 指令编程示例

另外，图2-20中，使用OUT指令和PLS指令的功能是一样的。

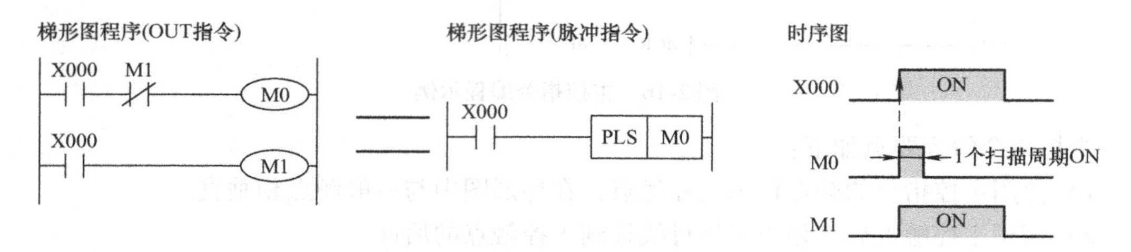

图2-20　OUT 指令和 PLS 指令等效程序

11. SET（置位）、RST（复位）指令

SET指令用于对软元件置位，即将受控组件设定为ON并保持受控组件的状态。SET指令可使用的软元件为Y、M、S。

RST指令用于对软元件复位，即将受控组件设定为OFF，也就是解除受控组件的状态。RST指令可使用的软元件为Y、M、S、T、C、D、V、Z。

积算定时器T246～T255的当前值要复位，也必须使用RST指令。

将数据寄存器D、V、Z中的内容清0，除了可用RST指令外，还可使用MOV指令将K0传送到D、V、Z中。

SET、RST指令的用法如图2-21所示，当X000为ON时，执行SET指令，Y000置位为ON状态，并保持ON状态，即使X000变为OFF，Y000仍然为ON的状态。当X001为ON时，执行RST指令，Y000复位为OFF状态。若X000、X001均为ON时，则后执行的指令优先，图2-21中复位指令优先。

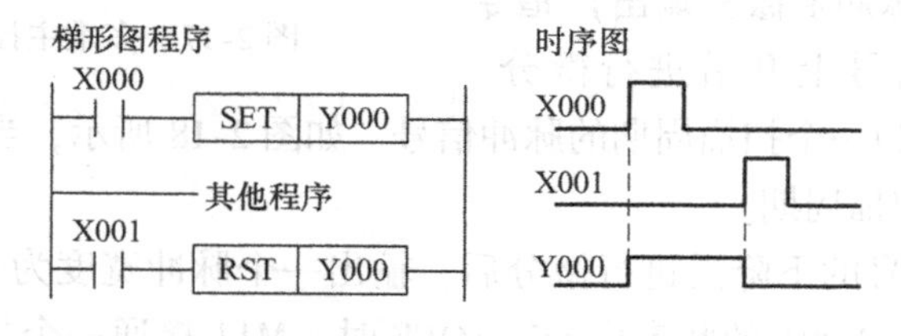

图2-21　SET、RST 指令的用法

12. NOP（空操作）指令

NOP指令是空操作指令，指令后没有软元件。执行NOP指令不做任何操作，但占用步

序。编写程序时，加入一些 NOP 指令，可减少修改程序时步序号的变化。若用 NOP 指令替换程序中的某一指令，会改变电路的结构，使用时一定要注意。

13. END（程序结束）指令

END 指令用于程序的结束，指令后没有软元件。

PLC 以扫描方式执行程序，执行到 END 指令时，扫描周期结束，再进行下一个周期的扫描。END 指令后面的程序不执行。

调试程序时，常常在程序中插入 END 指令，将程序进行分段调试。

14. INV 指令

INV 指令用于将执行 INV 指令之前的运算结果取反，INV 指令后无软元件。INV 指令只能在与 AND、ANI、ANDP、ANDF 指令相同位置处编程。

INV 指令的用法编程示例如图 2-22 所示。

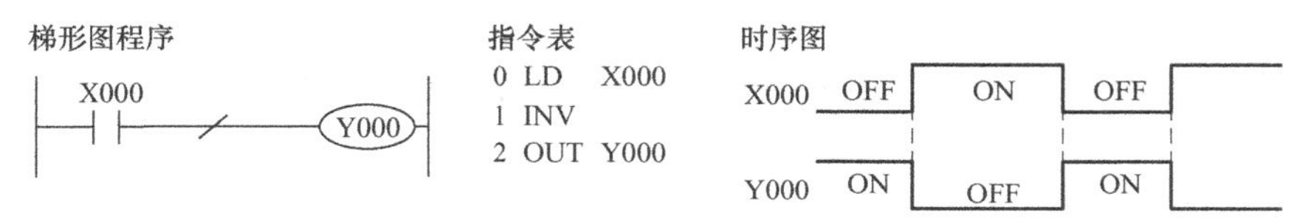

图 2-22　INV 指令的用法编程示例

任务 5　电动机正反转控制系统安装与调试

任务要求

用 PLC 基本逻辑指令编程控制电动机循环正反转（三相交流异步电动机，容量为 180W）。

1）电动机正转 3s，停 2s，之后反转 3s，停 2s，如此循环 5 个周期，然后自动停止。

2）运行中按停止按钮时须停止，热继电器动作时应停止。

根据以上要求，设计主电路、控制电路，分配 I/O、编写 PLC 控制程序，接线安装并调试运行。

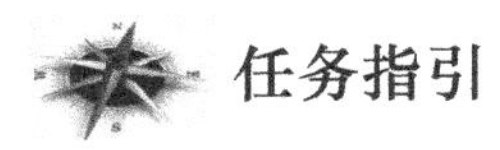

任务指引

1. I/O 分配

根据控制要求，进行系统 I/O 分配。

输入：X0——停止按钮；X1——起动按钮；X2——热继电器常开触点。

输出：Y1——电动机正转（KM1）；Y2——电动机反转（KM2）。

2. 接线

输入、输出接线图如图 2-23 所示。

0V
SB1
SB2
FR
24V
S/S
X0
X1
X2
FX3U-16MR
COM1
Y1
Y2
FU
KM1
KM2
AC 220V
KM2
KM1

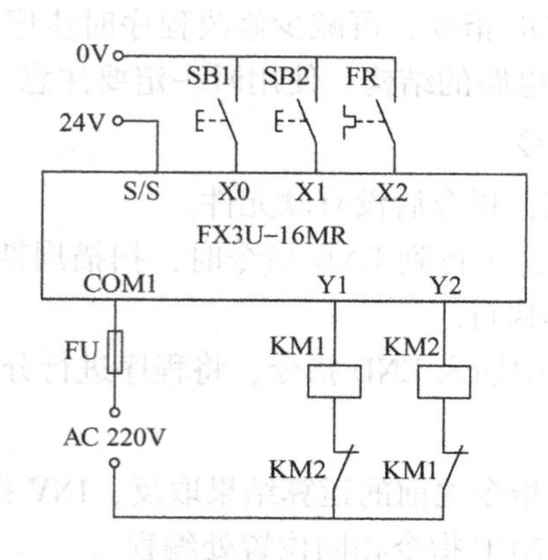

图 2-23 输入、输出接线图

3. 程序编制

根据控制要求编写梯形图，采用两种方法编写，分别如图 2-24、图 2-25 所示。

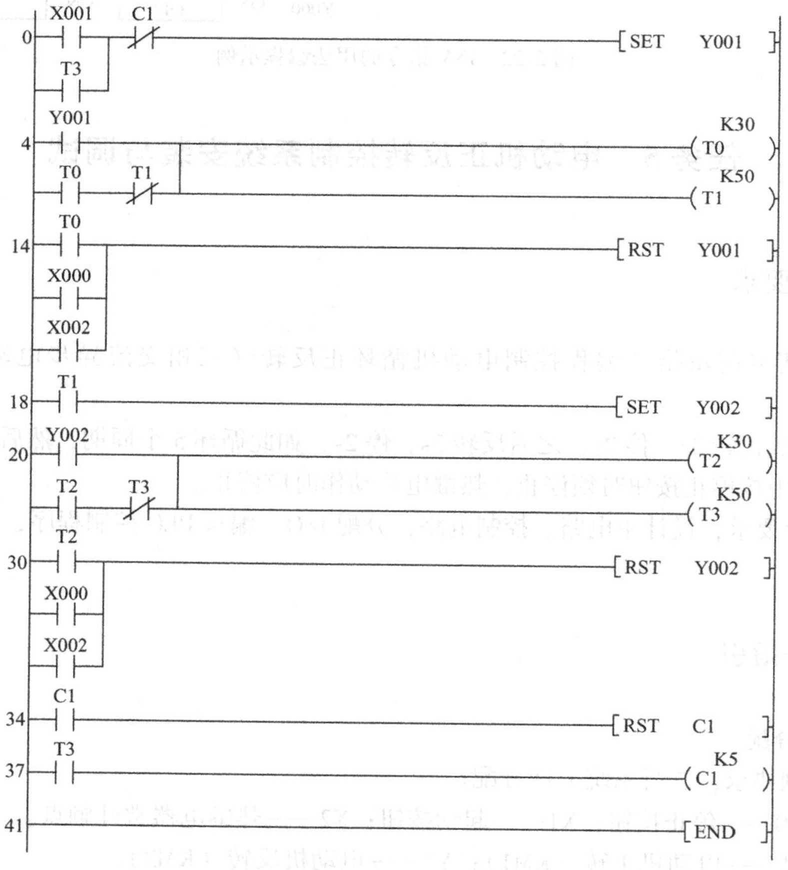

0
X001
C1
SET Y001
T3
4
Y001
K30
T0
T0
T1
K50
T1
14
T0
RST Y001
X000
X002
18
T1
SET Y002
20
Y002
K30
T2
T2
T3
K50
T3
30
T2
RST Y002
X000
X002
34
C1
RST C1
37
T3
K5
C1
41
END

图 2-24 任务参考梯形图程序（方法一）

```
 0  X001  X000  X002  C1                [MC  N0  M0]
    M0
N0  M0
 8  M0  T1                              (T0  K30)
13  T0                                  (T1  K20)
17  T0                                  (M1)
19  M0  T3                              (T2  K50)
24  T2                                  (T3  K50)
28  T2                                  (M2)
30  M1  M2  Y002                        (Y001)
34  M1  M2  Y001                        (Y000)
38  M2                                  (C1  K5)
42                                      [MCR  N0]
44  M0                                  [RST  C1]
47                                      [END]
```

图2-25　任务参考梯形图程序（方法二）

任务评价

任务评价见表2-6。

表2-6　PLC控制电动机循环正反转运行任务评价表

项　目	考核内容	评分标准	配分	得分
专业技能	输入、输出端口分配	分配错误一处扣1分	5	
	画出控制接线图	错误一处扣1分	5	
	编写梯形图程序	编写错误一处扣5分	15	
	写出指令表	编写错误一处扣5分	15	
	PLC控制系统接线正确	可依据实际情况评定	10	
	程序运行调试	正反转不能自动运行扣10分 运行周期不对扣5分 没有停止功能的扣5分 没有热保护功能的扣5分 停止后不能重新起动的扣5分	30	
安全文明生产	安全操作规定	违反安全文明操作或岗位6S不达标，视情况扣分。违反安全操作规定不得分	10	
创新能力	提出独特可行方案	视情况进行评分	10	

知识拓展

巧用PLC定时器（T）

1. 定时器概述

PLC内有许多定时器，属于字元件，定时器的地址编号用十进制表示。定时器的作用相当于一个时间继电器，有设定值、当前值和无数个常开/常闭触点供用户编程时使用。当定时器的线圈被驱动时，定时器以增计数方式对PLC内的时钟脉冲（1ms、10ms、100ms）进行累积，当累积时间达到设定值时，其触点动作。

定时器可用常数K作为设定值，也可用数据寄存器（D）的内容作为设定值。

2. 定时器特性

FX系列PLC的定时器特性见表2-7。

表2-7　FX系列PLC的定时器特性

编号范围	定时单位	属　性	计时范围/s	备　注
T0～T199	100ms	普通定时器	0.1～3276.7	T192～T199定时器用于子程序和中断程序中
T200～T245	10ms	普通定时器	0.01～327.67	
T246～T249	1ms	积算定时器	0.001～32.767	
T250～T255	100ms	积算定时器	0.1～3276.7	

（1）普通定时器

当PLC停电后，定时器当前值数据清零，再上电后定时器从当前值0开始计时直到设定值。100ms定时器示例如图2-26所示，T1、T2是100ms（0.1s）普通定时器。10ms定时器示例如图2-27所示，T200是10ms（0.01s）普通定时器。

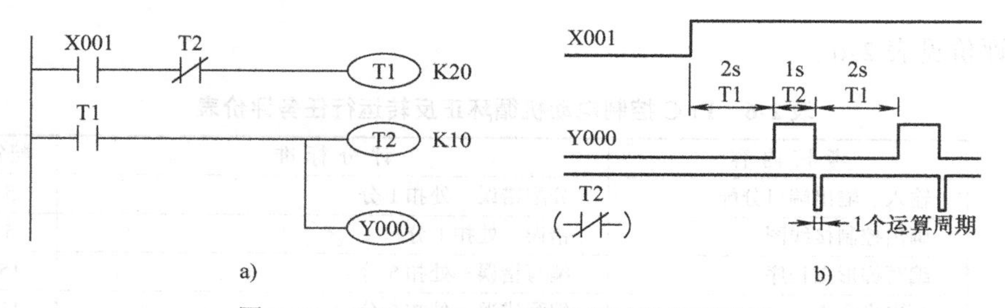

图2-26　100ms（0.1s）普通定时器应用示例
a）梯形图程序　b）时序图

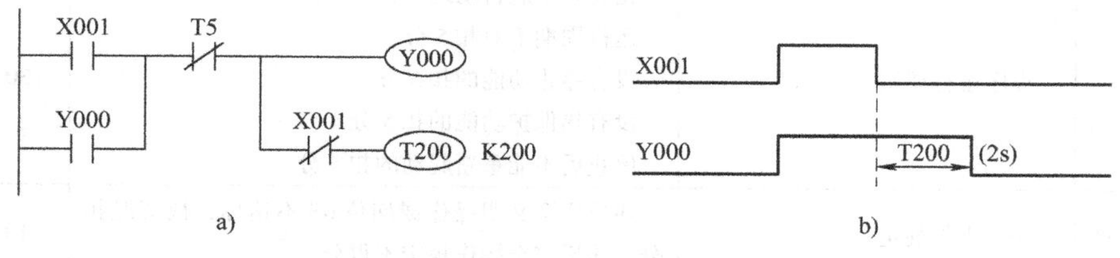

图2-27　10ms（0.01s）普通定时器应用示例
a）梯形图程序　b）时序图

（2）积算定时器

积算定时器的特点是PLC停电后，定时器当前值数据会被保持，再上电后定时器从当前值开始计时直到设定值。积算定时器的使用如图2-28所示，当X000为ON时，积算定时器线圈被驱动，定时器T255以0.1s为单位增计时方式计时，当计时值等于设定值25.6s（256×0.1s）时，定时器的触点动作（常开触点闭合，常闭触点断开）。在计时过程中，若X000断开（或停电），定时器T255停止计时，X000再次为ON（或再上电）时，积算定时器T255会继续累积计时到设定值25.6s，之后定时器的触点动作。若复位输入X001为ON时，定时器复位，其触点也复位。

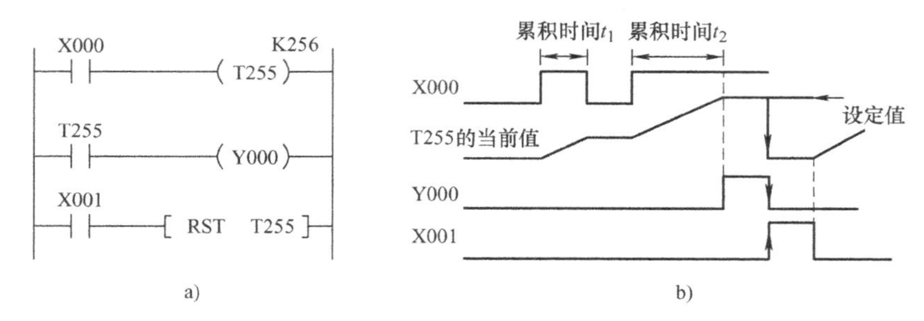

图2-28　100ms（0.1秒）积算定时器T255应用示例

a）梯形图程序　b）时序图

定时器在使用时必须有一个设定值，运行过程中有其经过值，图2-29所示的程序说明了各相关值的意义。

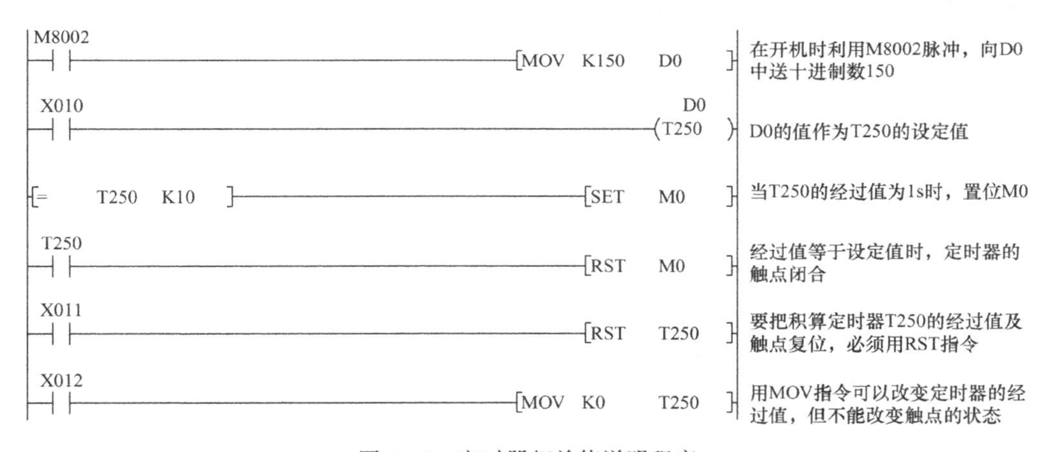

图2-29　定时器相关值说明程序

3. 定时器应用编程

（1）延时电路

1）失电延时定时器。PLC的定时器一般多为接通延时定时器，即输入条件为ON，定时器线圈通电，定时器的设定值开始运算，计时累积到设定值时，其常开触点闭合，常闭触点断开。当定时器的输入断开时，即复位时，其常开触点断开，常闭触点闭合。有时我们需要另一种定时器，即失电延时定时器，如图2-30所示。

当X002为ON时，其常开触点闭合，输出继电器Y002接通并自保持，但定时器T2却

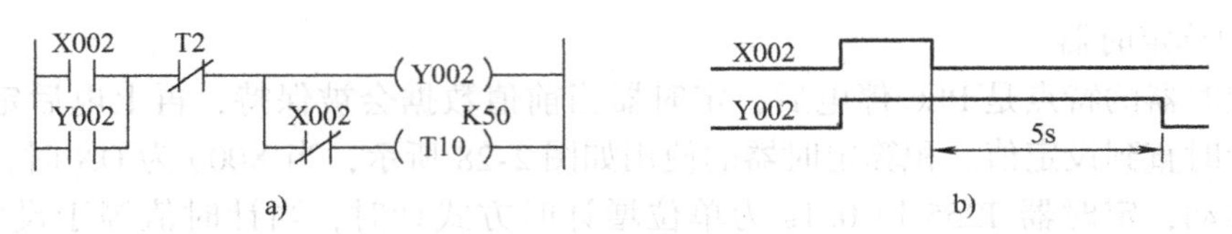

图 2-30　失电延时定时器电路示例

a）梯形图程序　b）时序图

无法接通。只有 X002 断开，且断开时间达到设定值（5s）时，Y002 才由 ON 变为 OFF，实现了失电延时。

2）双延时定时器。双延时定时器是指通电和失电均延时的定时器，用两个普通定时器可完成双延时控制，如图 2-31 所示。

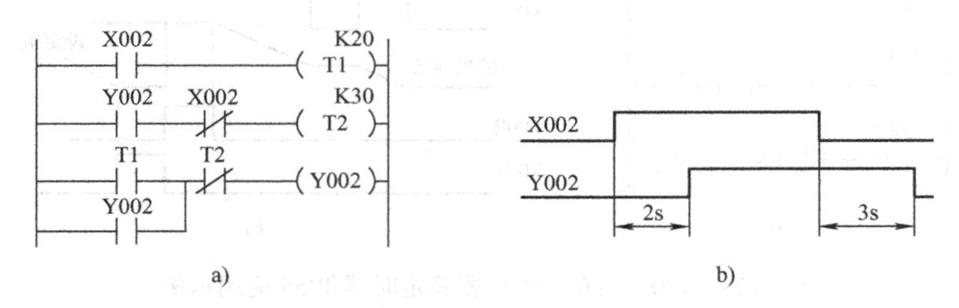

图 2-31　双延时定时器

a）梯形图程序　b）时序图

当输入 X002 为 ON 时，T1 开始计时，2s 后接通 Y002 并自保持。当输入 X002 由 ON 变 OFF 时，T2 开始计时，3s 后，T2 常闭触点断开 Y002，实现了输出线圈 Y002 在通电和失电时均产生延时控制的效果。

3）长延时定时器。FX 系列 PLC 单个定时器最大计时时间为 999s，为产生更长的计时时间，可将多个定时器、计数器联合使用，扩大其延时时间范围。

方法一：如图 2-32 所示，输入 X000 导通后，输出 Y000 在延时 t_1+t_2 后接通，延时时间为两个定时器设定值 t_1、t_2 之和。

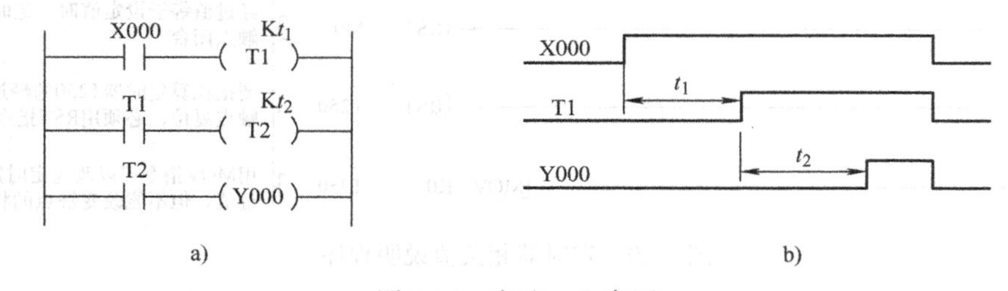

图 2-32　方法一程序图

a）梯形图程序　b）时序图

方法二：可用一个定时器和一个计数器连接构成一个等效倍乘的定时器，如图 2-33 所示。

（2）闪光电路

闪光电路是应用广泛的一种实用控制电路，它既可以控制灯的闪烁频率，又可以控制灯的通断时间比。同样的电路也可控制不同的负载，如电铃、蜂鸣器等。实现灯光控制的方法很多，常用的方法有三种。

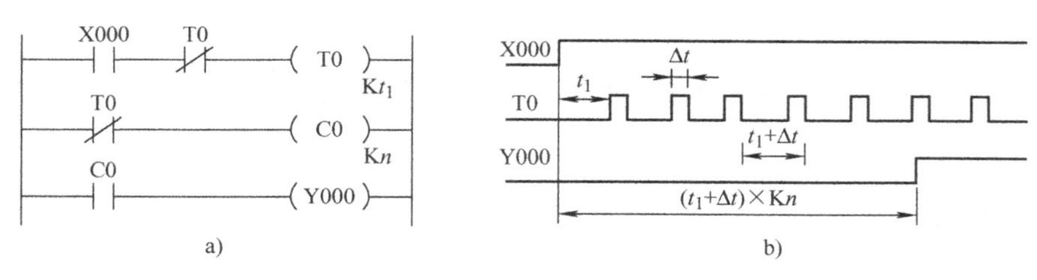

图2-33　方法二程序图

a）梯形图程序　b）时序图

方法一：闪光电路之一

用M8013（PLC内部1s脉冲）编程如图2-34所示，当M8000为ON时，则输出继电器Y000 0.5s为ON、0.5s为OFF反复交替运行。如果用Y000点控制一个灯的话，则该灯亮0.5s、灭0.5s循环不止。

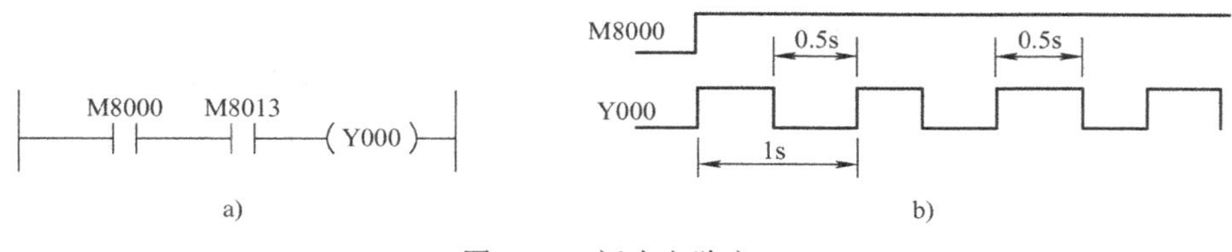

图2-34　闪光电路之一

a）梯形图程序　b）时序图

方法二：闪光电路之二

图2-35所示为亮、暗时间分别固定不变的参考程序，若要求亮、暗时间均不相等的话则要采用图2-36所示的电路才能实现。

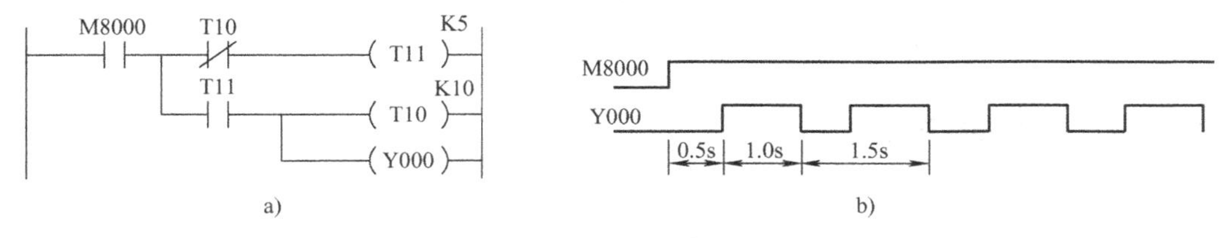

图2-35　闪光电路之二

a）梯形图程序　b）时序图

方法三：闪光电路之三

如图2-36，当M8000为ON时，由于T1定时时间未到，其常闭触点闭合，Y000为ON。当T1定时时间到，Y0为OFF，T1的常开触点闭合使T0开始计时，当T0定时时间到，其常闭触点闭合使T1开始计时，同时Y0也为ON，如此循环。

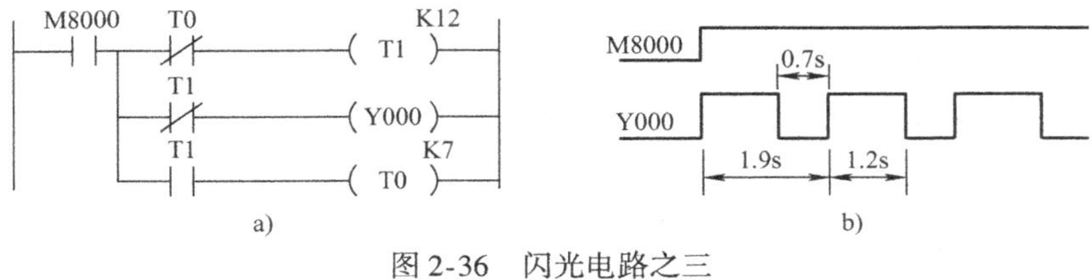

图2-36　闪光电路之三

a）梯形图程序　b）时序图

任务6 给水泵电动机控制系统安装与调试

任务要求

某水厂因负载增加，需增加一台给水泵，根据水泵负载的要求选用37kW的三相交流异步电动机，系统要求用PLC控制。为保证水泵起动期间不影响系统电压波动，要求用Y-△起动的控制方式，要求如下：

1）星形接触器先闭合，主接触器再闭合；延时3s电动机控制电路由星形转换为三角形运行。

2）Y-△起动转换期间，要有指示灯闪烁指示，闪烁周期为1s，闪烁次数为3。

3）系统有热保护和急停功能。

根据以上要求选用电器设备，设计主电路和控制电路，分配I/O，编写控制程序并安装调试运行。

任务指引

1. I/O分配

根据控制要求进行I/O分配如下。

输入：停止按钮（X0），起动按钮（X1），热继电器常开触点（X2）。

输出：KM1（Y0），KM2（Y1），KM3（Y2），信号指示灯（Y3）。

2. 主电路接线图设计

设计主电路接线图，如图2-37所示。

3. 输入、输出接线图设计

设计输入、输出接线图，如图2-38所示。

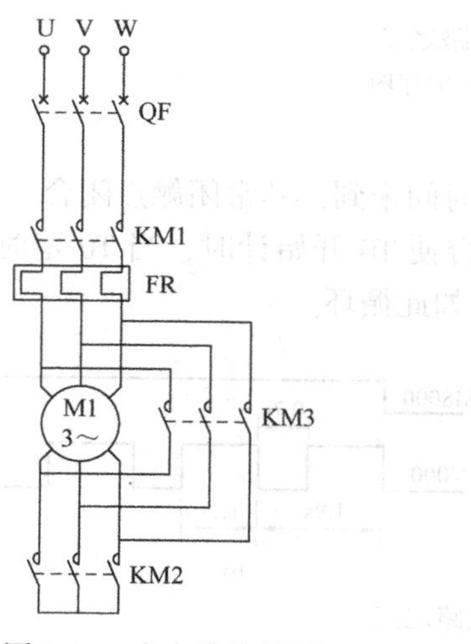

图2-37 主电路接线图

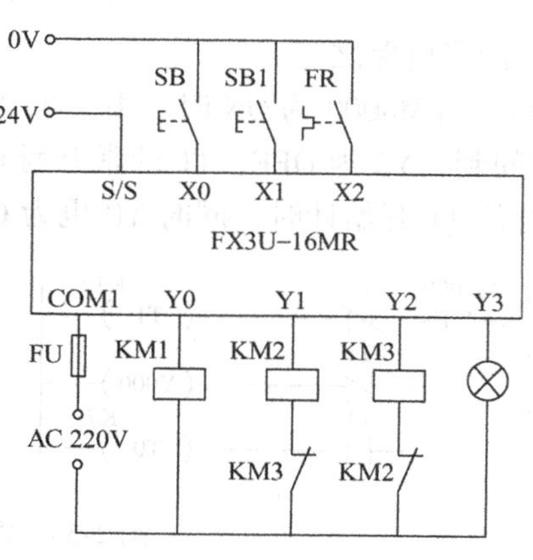

图2-38 输入、输出接线图

4. 编制程序

采用两种方法编程，参考程序分别如图2-39、图2-40所示。

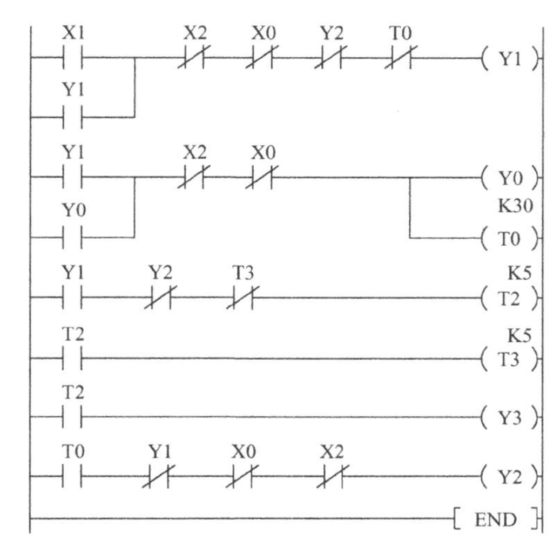

图2-39　任务参考梯形图程序（方法一）

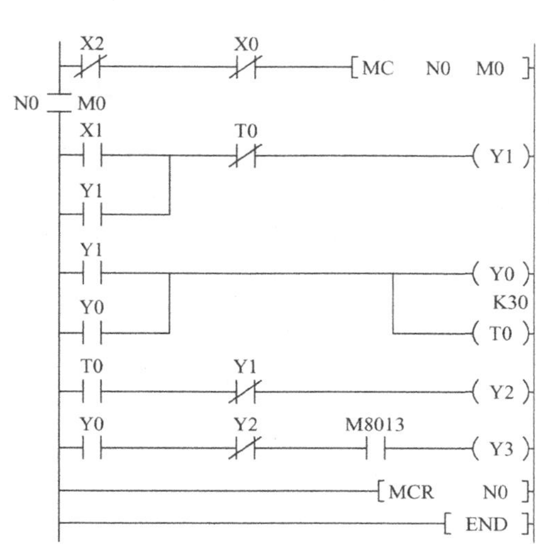

图2-40　任务参考梯形图程序（方法二）

5. 调试步骤

首先空载调试，接触器按控制要求动作，即按起动按钮SB1（X1）时，KM2（Y1）、KM1（Y0）闭合，3s后KM2断开，KM3（Y2）闭合，起动期间指示灯（Y3）闪烁三次，当按停止按钮SB（X0）或热继电器FR（X2）动作，则KM1、KM3断开。然后再按图2-37所示连接电动机，进行动态调试。

任务评价

给水泵电动机控制系统安装与调试任务评价见表2-8。

表2-8　给水泵电动机控制系统安装与调试任务评价表

项　目	考核内容	评分标准	配分	得分
专业技能	输入、输出端口分配	分配错误一处扣1分	5	
	设计控制主电路	错误一处扣1分	5	
	设计控制接线图	错误一处扣1分	5	
	编写控制程序	编写错误一处扣5分	20	
	PLC控制系统接线正确	可依据实际情况评定	10	
	程序运行调试	Y-△不能转换的扣10分 转换闪烁频率不对扣5分 急停功能不正确扣5分 热保护功能不正确的扣5分 急停后不能重新起动扣10分	35	
安全文明生产	安全操作规定	违反安全文明操作或岗位6S不达标，视情况扣分。违反安全操作规定不得分	10	
创新能力	提出独特可行方案	视情况进行评分	10	

知识拓展

PLC 编程规定与技巧

1）梯形图中每一逻辑行从左到右排列，以触点与左母线连接开始，以线圈与右母线连接结束（有些梯形图也可省去右母线）。

2）触点使用次数不限，可以用于串行线路，也可用于并行线路。所有输出元件的线圈也都可以作为辅助继电器使用。

3）输出线圈不能重复使用。

4）输出线圈右边不能再画触点，如图2-41所示。

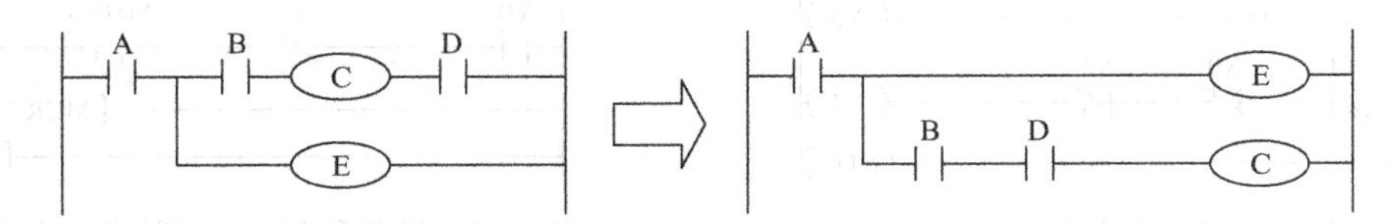

图2-41　输出线圈使用规定

5）编程时触点只能画在水平线上，不能画在垂直线上。

6）改变触点位置，将并联多的电路移近左母线，将串联触点多的电路放在上部。如图2-42、图2-43所示。

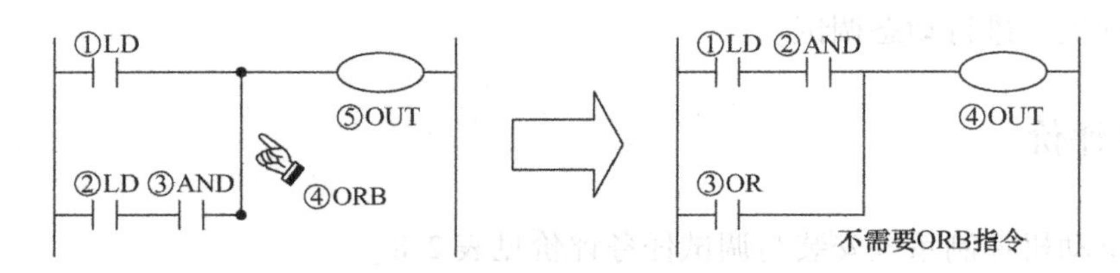

图2-42　串联触点编程规定

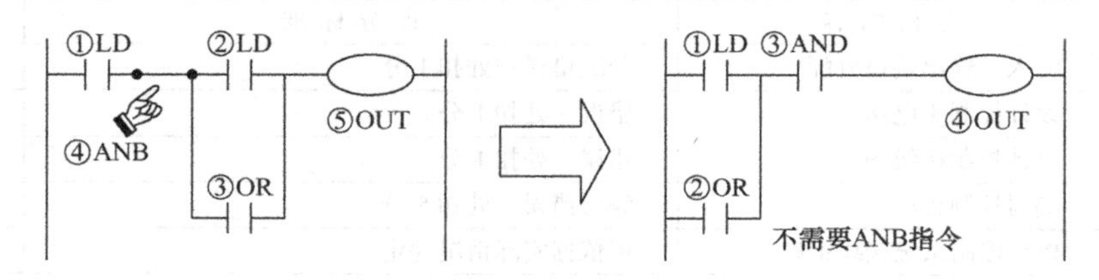

图2-43　并联触点编程规定

7）PLC的运行是按照从左至右、自上而下的顺序执行的，而继电器控制线路是并行的，电源一接通，并联支路都有相同电压。因此在PLC编程中应注意，程序的顺序不同，其执行结果不同。图2-44a中当X0为ON时，Y0、Y2为ON，Y1为OFF；图2-44b中当XO为ON时，Y1、Y2为ON，Y0为OFF。

8）对于不能编程的电路，应该对其进行优化，使其能为PLC所识别。图2-45a为一桥

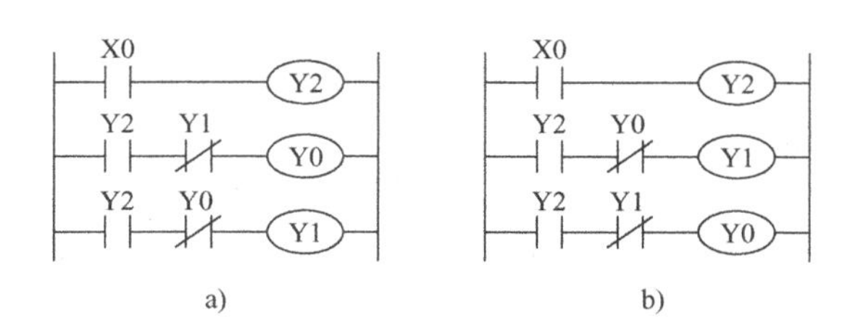

图 2-44　程序顺序不同执行结果不同的梯形图

式电路，从继电器电路来说是允许的，但是不进行优化，是不能为 PLC 所识别的，只有变换成图 2-45b 才可以使 PLC 识别。变换时应按能流的方向进行。

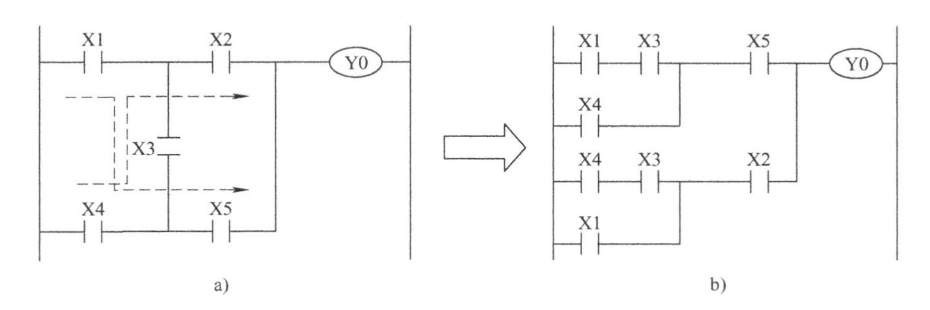

图 2-45　桥式电路变换

任务 7　带式输送线控制系统安装与调试

任务要求

某带式输送线有三台电动机，分别为 M1、M2、M3，容量均为 7.5kW，生产线结构如图 2-46 所示。因工艺的需要按如下要求进行控制。

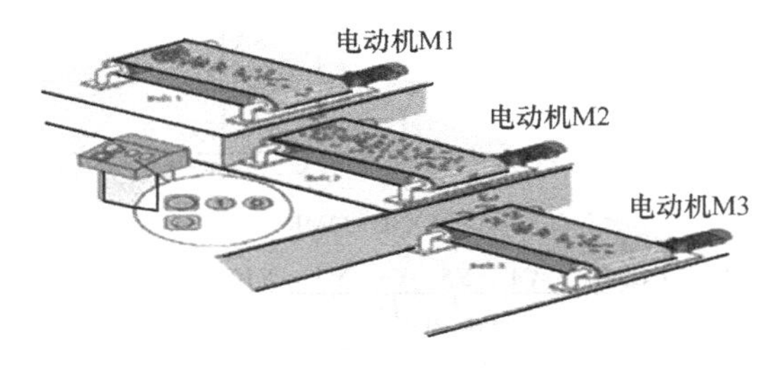

图 2-46　带式输送线结构示意图

1）手动起动顺序：按一下起动按钮，倒计时 T1s，电动机 M1 低速起动；电动机 M1 起动后，再按一下起动按钮，倒计时 T1s，电动机 M2 起动；电动机 M2 起动后，再按一下起动按钮，倒计时 T1s，电动机 M3 以指定变频起动并运行。

2）手动停止顺序：按一下停止按钮，倒计时 T2s，电动机 M3 停止；电动机 M3 停止后，再按一下停止按钮，倒计时 T2s，电动机 M2 停止；电动机 M2 停止后，再按一下停止按钮，倒计时 T2s，电动机 M1 停止。

3）自动起动顺序：按一下起动按钮，电动机 M1 ~ M3 按顺序每隔 T3s 依次起动，直到电动机全部起动完成（运行速度与手动起动时相同）；起动过程中若前级未起动，则后级无法起动（如 M1 未起动，M2 无法起动）。

4）自动停止顺序：按一下停止按钮，电动机 M3 ~ M1 按顺序每隔 T4s 依次停止，直到电动机全部停止；停止过程中若后级电动机没有停止，则前级无法停止（如 M3 未停止，M2 不能停止）。

5）系统要求有手动、自动、停止运行方式指示灯。

6）系统要求有急停功能，紧急停止时，所有电动机全部停止。

根据以上要求采用 PLC 控制，设计电路，编写程序，并安装调试运行。

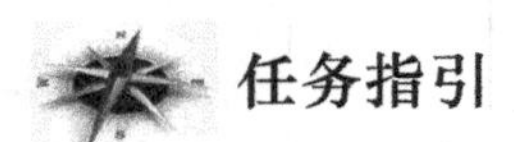

任务指引

1. I/O 分配

根据控制要求进行 I/O 分配，见表 2-9。

表 2-9　I/O 分配表

输　　入		输　　出			
X0	急停	Y4	手动起动指示	Y10	第一台电动机
X1	起动	Y5	自动起动指示	Y11	第二台电动机
X2	停止	Y6	手动停止指示	Y12	第三台电动机
X3	手动/自动	Y7	自动停止指示		

2. 设计控制电路（见图 2-47）

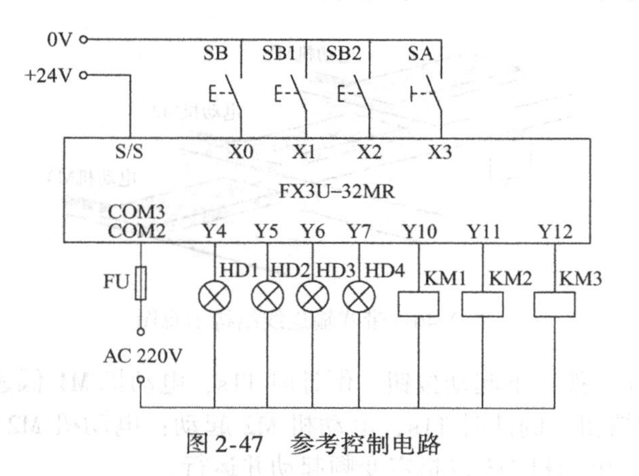

图 2-47　参考控制电路

3. 编写控制程序（见图 2-48）

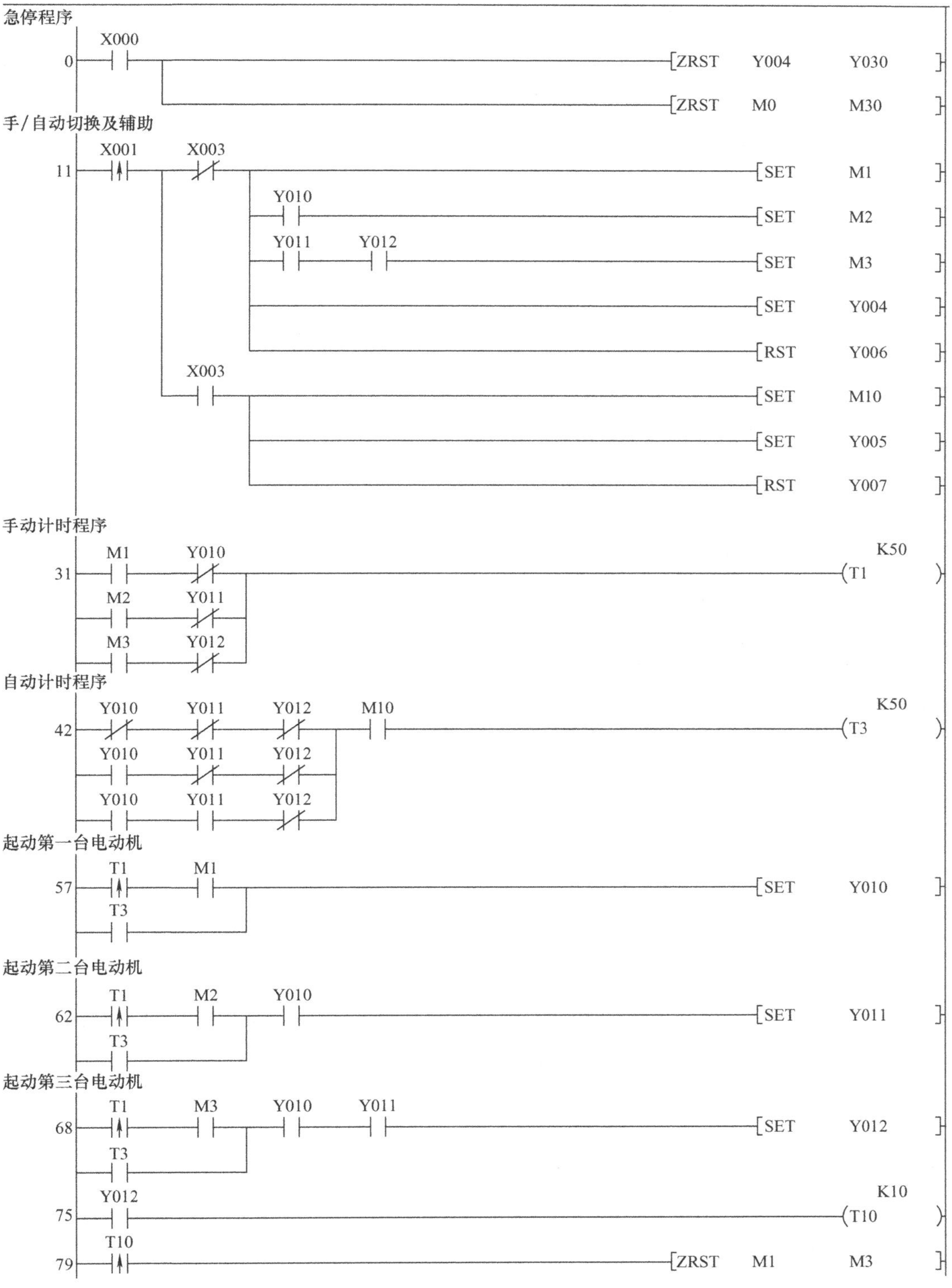

急停程序

0　X000　[ZRST　Y004　Y030]

[ZRST　M0　M30]

手/自动切换及辅助

11　X001　X003　[SET　M1]

Y010　[SET　M2]

Y011　Y012　[SET　M3]

[SET　Y004]

[RST　Y006]

X003　[SET　M10]

[SET　Y005]

[RST　Y007]

手动计时程序

31　M1　Y010　(T1　K50)

M2　Y011

M3　Y012

自动计时程序

42　Y010　Y011　Y012　M10　(T3　K50)

Y010　Y011　Y012

Y010　Y011　Y012

起动第一台电动机

57　T1　M1　[SET　Y010]

T3

起动第二台电动机

62　T1　M2　Y010　[SET　Y011]

T3

起动第三台电动机

68　T1　M3　Y010　Y011　[SET　Y012]

T3

75　Y012　(T10　K10)

79　T10　[ZRST　M1　M3]

图 2-48　参考控制程序

```
自动停止辅助
86   X002(↑)  X003(/)  Y010  Y011  Y012          [SET  M4]
                       Y012(/) Y011              [SET  M5]
                       Y012(/) Y011(/)           [SET  M6]
                                                 [SET  Y006]
                                                 [RST  Y004]
              X003     Y010  Y011  Y012          [SET  M11]
                                                 [SET  Y007]
                                                 [RST  Y005]
手动停止延时
116  M4   Y012                                   (T2   K50)
     M5   Y011
     M6   Y010
自动停止延时
127  Y012     Y011     Y010     M11              (T4   K50)
     Y012(/)  Y011     Y010
     Y012(/)  Y011(/)  Y010
停止电动机程序
142  M4   T2    Y011   Y010                      [RST  Y012]
     T4   M11
150  M5   T2    Y010   Y011(/)                   [RST  Y011]
     T4   M11
158  M6   T2    Y011(/) Y012(/)                  [RST  Y010]
     T4   M11
166  Y010(↑)                                     [ZRST  M4  M6]
                                                 [RST  M11]
174                                              [END]
```

图2-48　参考控制程序（续）

任务评价

带式输送线控制系统安装与调试任务评价见表2-10。

表2-10 带式输送线控制系统安装与调试任务评价表

项 目	考核内容	评分标准	配分	得分
专业技能	输入、输出端口分配	分配错误一处扣1分	5	
	画出控制接线图	错误一处扣1分	5	
	编写梯形图程序	编写错误一处扣5分	15	
	PLC控制系统接线正确	可依据实际情况评定	10	
	程序运行调试	手动顺序起动不正确扣10分 手动停止功能不正确扣10分 手动状态下急停功能不正确扣5分 自动顺序起动不正确扣10分 自动停止功能不正确扣5分 自动状态下急停功能不正确扣5分	45	
安全文明生产	安全操作规定	违反安全文明操作或岗位6S不达标，视情况扣分。违反安全操作规定不得分	10	
创新能力	提出独特可行方案	视情况进行评分	10	

知识拓展

巧用PLC计数器（C）

1. 计数器基本知识

PLC的计数器是按十进制编号分配的，属于字元件，计数器可用常数K作为设定值，也可用数据寄存器（D）的内容作为设定值。计数器拥有无数对常开/常闭触点供用户编程时使用，当计数器的线圈被驱动时，计数器以增或减计数方式计数，当计数值达到设定值时，计数器触点动作。计数器按信号频率分为内部信号计数器和高速计数器，以下阐述内部信号计数器的特点。

内部信号计数器是对PLC的软元件X、Y、M、S、T、C等的触点的周期性动作进行计数。比如，X000由OFF→ON变化时，计数器计一次数，当X000再由OFF→ON变化一次时，计数器再计一次数。X000的ON和OFF的持续时间必须比PLC的扫描时间要长。计数输入信号的频率一般小于10Hz。计数器有16位和32位计数器之分，16位和32位计数器的性能比较见表2-11。

表2-11 16位计数器和32位计数器的性能比较

项 目	16位计数器		32位计数器	
编 号	C0～C99	C100～C199	C200～C219	C220～C234
属 性	普通型	停电保持型	普通型	停电保持型
设定值范围	1～32767		-2147483648～2147483647	
设定值的指定	常数K或数据寄存器		常数K或数据寄存器，但是数据寄存器需要成对（2个）	

（续）

项　目	16位计数器	32位计数器
当前值的变化	计数值到后不变化	计数值到后仍然变化（环形计数）
输出触点	计数值到后保持动作	增计数时保持，减计数时复位
复位动作	执行RST指令时计数器的当前值为0，输出触点也复位	
计数方向	增计数	增/减计数：可由M82□□动作情况决定对应的C2□□计数器计数增/减方向

（1）16位增计数器的工作过程及工作原理

图2-49所示为16位普通型计数器C0的程序及时序图，当复位输入X001为OFF时，计数输入X002每接通一次，C0计数器计数一次，即当前计数值增加1。计数当前值等于设定值5时，计数器C0的触点动作（常开触点闭合/常闭触点断开）。此时即使仍然有计数输入，计数器的当前值也不改变。当复位输入X001为ON时，计数器C0的当前值被复位为0，其触点状态也被复位。

16位增计数器在计数过程中，切断电源时，普通型计数器的计数当前值被清除，计数器触点状态复位；而停电保持型计数器的计数当前值、触点状态被保持。若PLC再次通电，停电保持型计数器的计数值从停电前计数当前值开始增计数，触点为停电前状态，直到计数当前值等于设定值。当复位输入为ON时，计数器不能计数或者计数器当前值清零，触点状态复位。

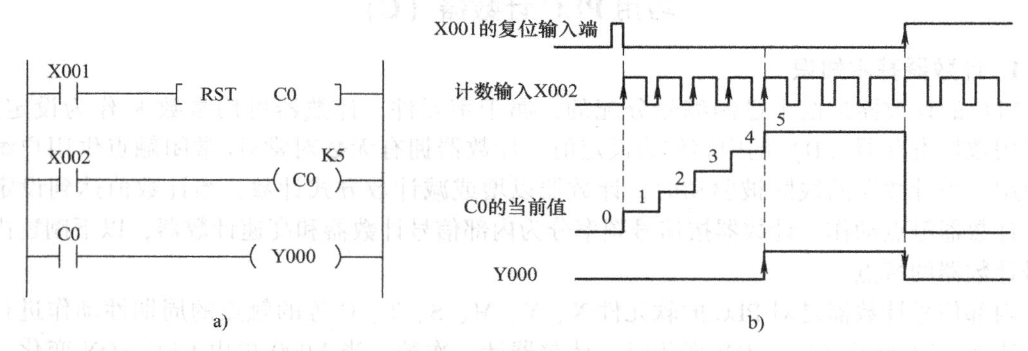

图2-49　16位普通型计数器C0应用示例

a）梯形图程序　b）时序图

（2）32位增/减计数器的工作过程及工作原理

在计数过程中，32位增/减计数器的当前值在-2147483648～2147483647间循环变化。即从-2147483648变化到2147483647，然后再从2147483647变化到-2147483648。当计数当前值等于设定值时，计数器的触点动作，但计数器仍在计数，计数当前值仍在变化，直到执行了复位指令时，计数当前值才为0。换句话说，计数器当前值的增/减与其触点的动作无关。

32位增/减计数器由特殊辅助继电器M8200～M8234设定对应计数器C200～C234的计数方式是增计数方式还是减计数方式。若M82□□为ON状态，则C2□□以减计数方式计数；若M82□□为OFF状态，则C2□□以增计数方式计数。

32位增/减计数器计数过程中，当切断电源时，普通型计数器的计数当前值被清除，计数器触点状态复位，而停电保持型计数器的计数当前值和触点状态被保持。若PLC再次通电，停电保持型计数器的计数值从停电前的计数当前值继续计数，触点状态为停电前状态。

图2-50所示为32位普通型增/减计数器C210的梯形图示例程序及时序图。

X020
M8210
X021
RST C210
X022
K-3
C210
C210
Y000
a)
X020
增计数
减计数
增计数
X021
X022
C210
当前值
C210接通时
C210
b)

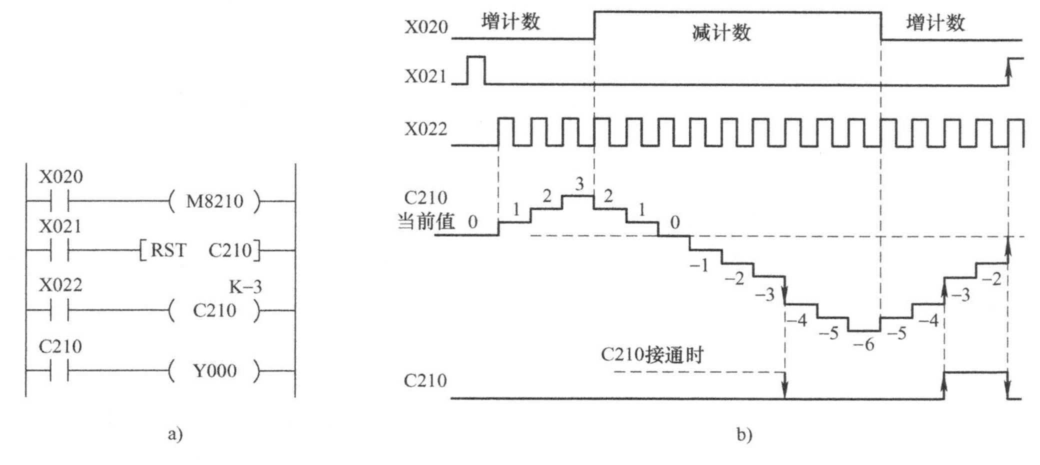

图2-50　32位普通型计数器C210应用示例

a）梯形图程序　b）时序图

当复位输入X021为OFF时，计数输入X022每接通一次，计数器C210计一次数。

当X020为OFF，即M8210为“OFF”时，C210以增计数方式计数，C210每计数一次，当前值加1。如图2-50b所示，当计数器的当前值由 -4 增加到 -3 时，C210常开触点接通（置1）。

当X020为ON，即M8210为“ON”时，C210为减计数方式，C210每计数一次，当前值减1。当计数器的当前值由 -3 减少到 -4 时，C210常开触点置0（假设C210常开触点原来为“1”状态）。

当复位输入X021为ON时，计数器被复位，当前值为0，计数器触点也复位。

(3）计数器设定值的设定方法

图2-51和图2-52所示为计数器设定值的设定方法。

X001
K200
C1
常数(十进制)K200，表示计数200次

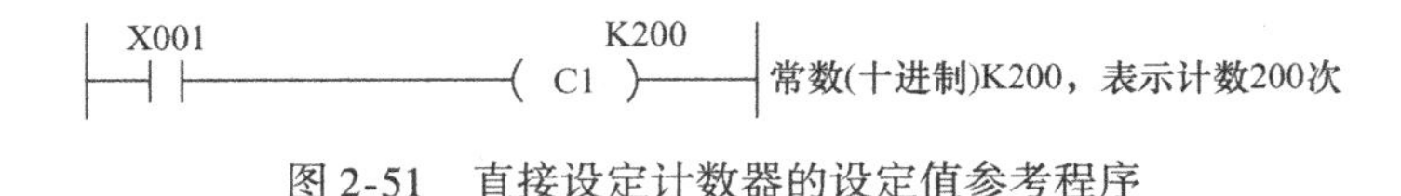

图2-51　直接设定计数器的设定值参考程序

X010
MOV K100 D10
间接指定数据寄存器的内容，或在程序中预先写入，或通过数字式开关写入
X011
D10
C1
D10=K100，表示计数100次

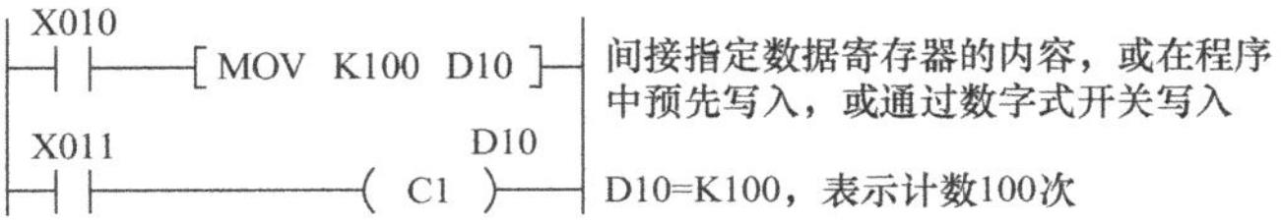

图2-52　间接设定计数器的设定值参考程序

(4）计数器使用时的注意事项

在使用计数器时一定要注意16位计数器和32位计数器的区别，如图2-53所示。

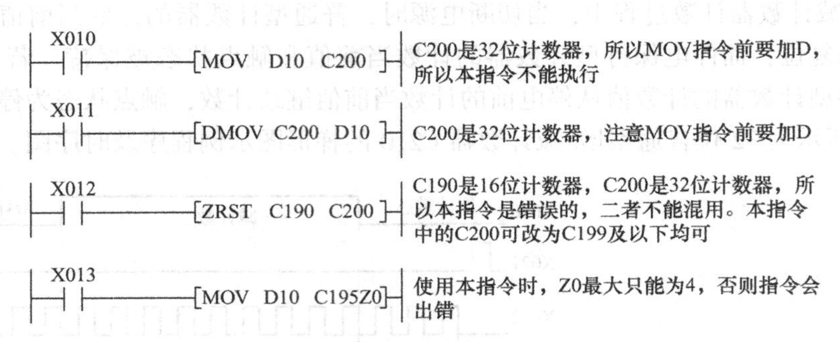

图2-53 计数器使用注意事项

2. 使用计数器时的编程技巧

1）技巧1：使用计数器编写闪光电路程序，图2-54所示是实现闪光灯闪动5次就自动停止的梯形图程序及时序图。

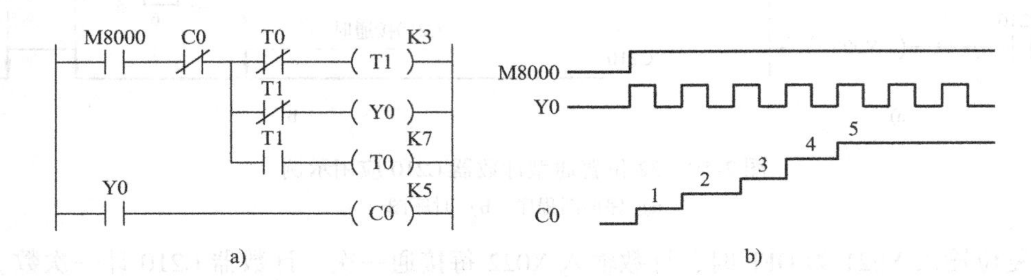

图2-54 闪光电路程序

a）梯形图程序 b）时序图

2）技巧2：用计数器编程实现单数次计数起动、双数次计数停止的控制

如图2-55所示，当按一下按钮X0时，脉冲微分指令使M100产生一个扫描周期的脉冲，该脉冲使Y0起动并自保持，同时起动计数器C0计数一次。当再次按一下按钮X0时，M100又产生一个脉冲，由于此时计数器C0的计数值达到设定值，计数器C0动作，其常开触点使C0复位，为下次计数做准备。同时，其常闭触点断开Y0回路，实现了用一只按钮完成单数次计数起动、双数次计数停止的控制。

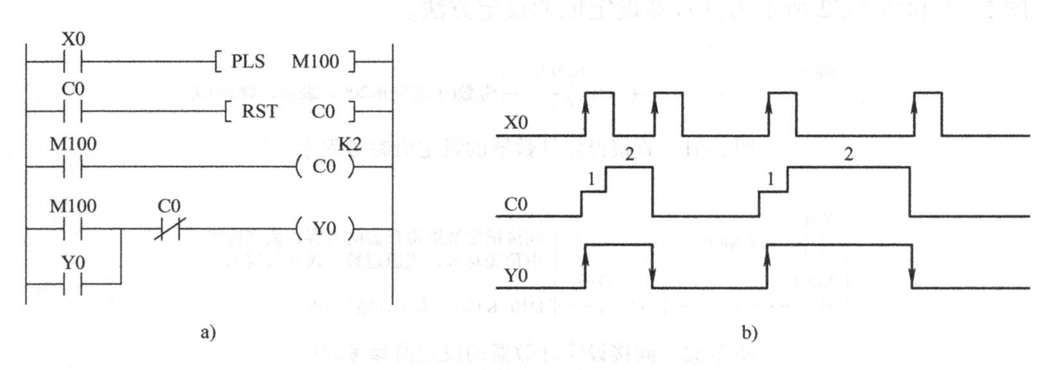

图2-55 计数器电路编程示例

a）梯形图程序 b）时序图

3）技巧3：PLC运行累计时间控制程序

PLC运行累计时间控制程序如图2-56所示。它通过M8000（运行常开触点）、M8013（秒脉冲触点）和计数器结合组成秒、分、时、天、年的显示程序。

为保证每次开机的时间累计计时，必须采用停电保持型计数器。程序中采用C101～C104。

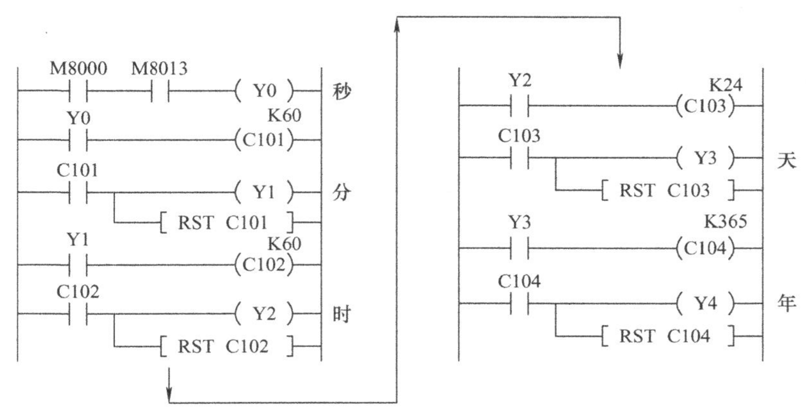

图2-56　PLC运行累计时间控制程序

任务8　简易三层电梯控制系统安装与调试

任务要求

某工厂原有一台三层电梯，操作示意如图2-57所示。原采用继电器控制，因年代久远故障多，要求改用PLC控制。请按下列控制要求设计控制电路、编写程序并安装调试运行。

1）电梯停在一层或二层时，按3AX则电梯上行至3LS停止。

2）电梯停在三层或二层时，按1AS则电梯下行至1LS停止。

3）电梯停在一层时，按2AS则电梯上行至2LS停止。

4）电梯停在三层时，按2AX则电梯下行至2LS停止。

5）电梯停在一层时，按2AS、3AX则电梯上行至2LS停止T s，然后继续自动上行至3LS停止。

6）电梯停在三层时，按2AX、1AS则电梯运行至2LS停止T s，然后继续自动下行至1LS停止。

7）电梯上行途中，下降招呼无效；电梯下行途中，上行招呼无效。

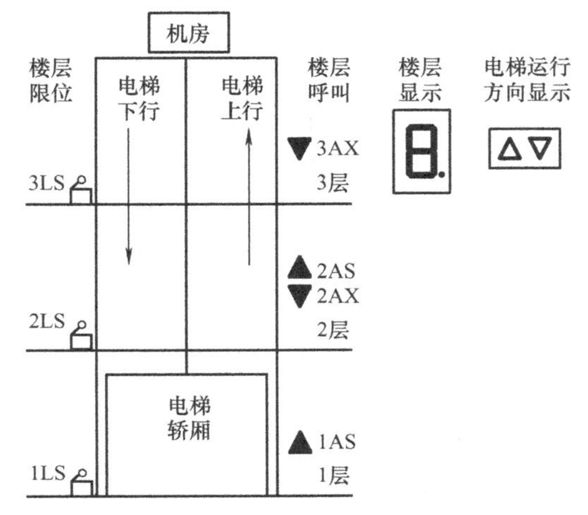

图2-57　三层电梯操作示意图

8）轿箱位置要求用七段数码管显示，上行、下行用上下箭头指示显示。

9）电梯曳引机经变频器进行驱动，运行时主频率为50Hz，加减速时间2s。

各符号意义如下：1AS、2AS、2AX、3AX分别为一、二、三层招呼信号；1LS、2LS、3LS分别为一、二、三层磁感应位置开关（可用位置开关代替）。

任务指引

1. I/O分配

根据控制要求进行I/O分配，见表2-12。

表2-12　三层电梯控制I/O分配表

输入		输出	
X0	二层下呼按钮	Y0	上行信号（STF）
X1	一层上呼按钮	Y1	下行信号（STR）
X2	二层上呼按钮	Y10	上行显示▲
X3	三层下呼按钮	Y11	下行显示▼
X11、X12、X13	一、二、三层限位	Y30～Y36	数码管a～g段

2. 变频器参数设置

Pr. 1 =50. 00Hz；Pr. 7 =2. 0s；Pr. 8 =2. 0s；Pr. 79 =3；PU运行频率f=50. 00Hz。

3. 设计控制接线图

三层电梯控制接线如图2-58所示。

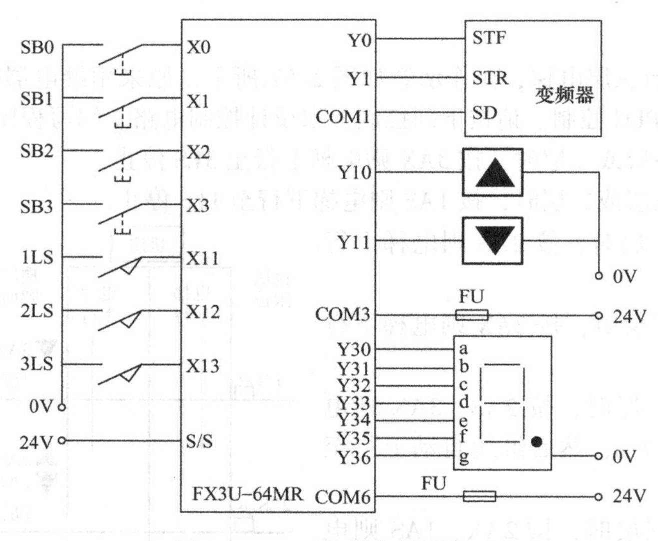

图2-58　三层电梯控制接线图

4. 编制程序

按控制要求编写参考梯形图程序，如图2-59所示。

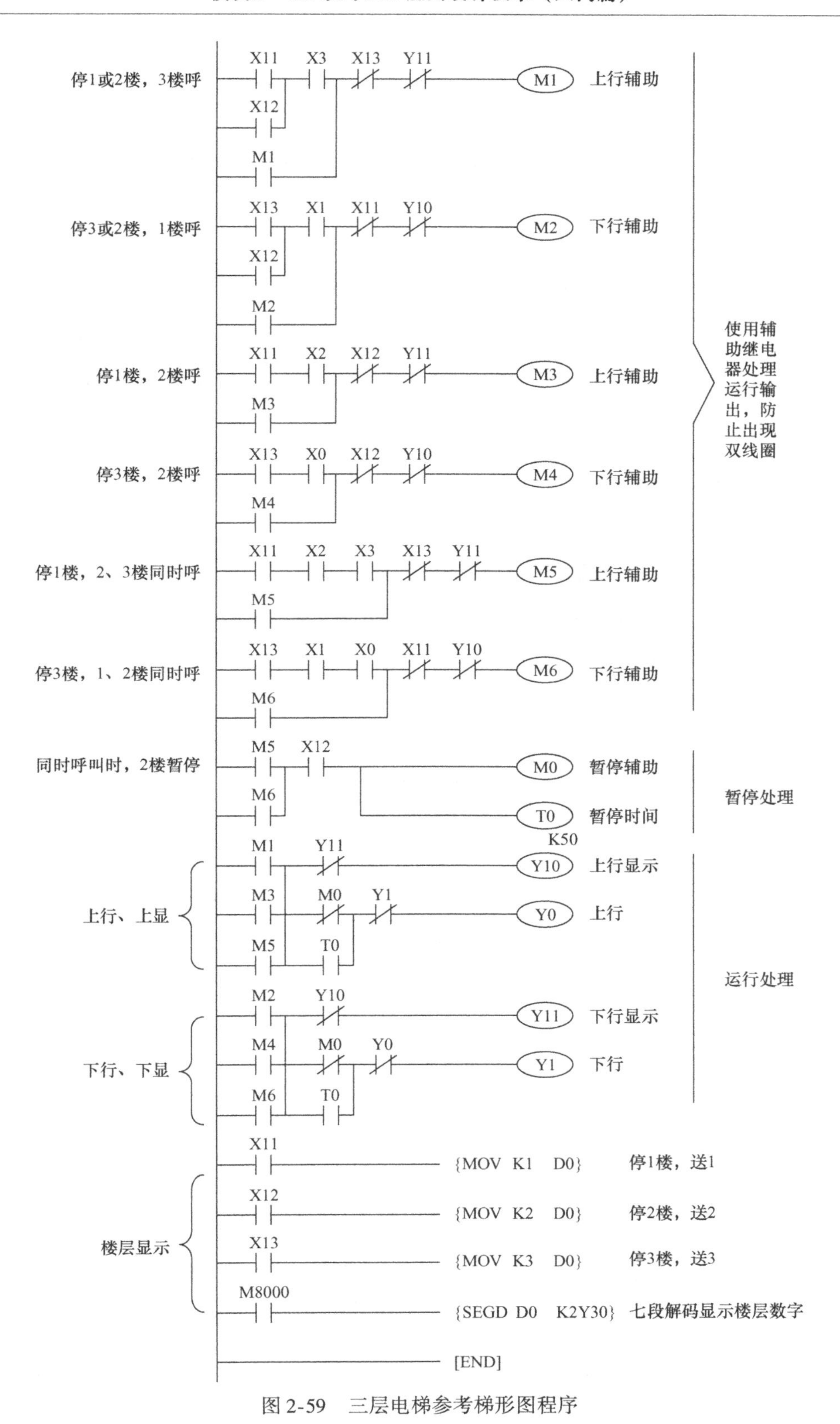

图2-59　三层电梯参考梯形图程序

注意事项：

1）编程时仔细分析并抓住控制要求1）~6）点中的呼叫和位置信号是本任务编程的关键。

2）图2-59中“楼层显示”段程序也可用图2-60或图2-61的程序代替。

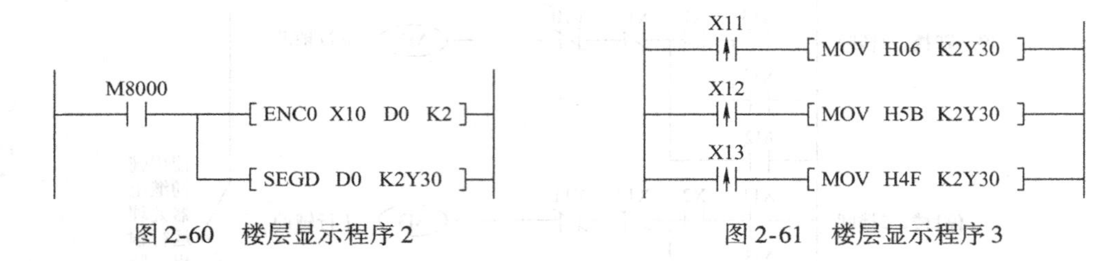

图2-60 楼层显示程序2　　　图2-61 楼层显示程序3

任务评价

简易三层电梯控制系统安装与调试任务评价见表2-13。

表2-13 简易三层电梯控制系统安装与调试任务评价表

项目	考核内容	评分标准	配分	得分
专业技能	输入、输出端口分配	分配错误一处扣1分	5	
	画出控制接线图	错误一处扣1分	5	
	编写梯形图程序	编写错误一处扣5分	15	
	PLC控制系统接线正确	可依据实际情况评定	10	
	程序运行调试	电梯停在一层或二层时，不能到三楼扣5分	45	
		电梯停在三层或二层时，不能到一楼扣5分		
		电梯停在一层时，不能到二楼扣5分		
		电梯停在三层时，不能到二楼扣5分		
		电梯停在一层时，二、三楼同呼时，不能在二楼停 T s扣5分，不能到三楼扣5分		
		电梯停在三层时，二、一楼同呼时，不能在二楼停 T s扣5分，不能到一楼扣5分		
		电梯上行途中，下降招呼有效扣5分 电梯下行途中，上行招呼有效扣5分		
安全文明生产	安全操作规定	违反安全文明操作或岗位6S不达标，视情况扣分。违反安全操作规定不得分	10	
创新能力	提出独特可行方案	视情况进行评分	10	

知识拓展

一、巧用PLC辅助继电器（M）

PLC内有许多辅助继电器（M），辅助继电器的线圈与输出继电器一样，由PLC内各软元件的触点驱动。这些继电器在PLC内部只起传递信号的作用，不与PLC外部发生联系。辅助继电器有无数常开和常闭触点供用户编程时使用。该触点不能驱动外部负载，外部负载的驱动必须由输出继电器驱动。

辅助继电器的地址编号是按十进制数分配的，编号及属性见表2-14。

表2-14　辅助继电器的编号及属性

用　途	编　号	点　数	备　注
普通型（一般用途）	M0～M499	500	停电后，再上电时状态不能保持
停电保持用（默认）	M500～M1023	524	停电后，再上电时状态保持停电前的状态。可编程修改为非停电保持用
停电保持专用	M1024～M3071	2048	停电后，再上电时状态保持停电前的状态。不能改属性
特殊用途	M8000～M8255	256	完成特定功能

1. 停电保持用辅助继电器

停电保持用辅助继电器实际可分为两类，其中M500～M1023虽然具有停电保持性，但可以编程改变为非停电保持性。M1024～M3071不可以编程改变为非停电保持性。图2-62所示为停电保持专用M的用途示例，当X000触点接通后，M1024线圈得电，M1024触点闭合。这时X000再断开，M1024能保持闭合状态；若PLC掉电后再上电（X000是断开的），而停电保持继电器M1024则能保持掉电前的闭合状态。

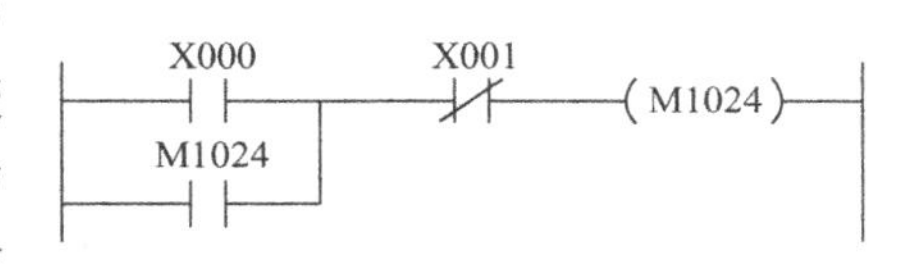

图2-62　特殊M用途示例

2. 特殊辅助继电器

特殊用途的辅助继电器按其使用效能分为PLC状态、时钟、标志、PLC的方式、步进专用等，现将常用的特殊辅助继电器列于表2-15、表2-16中。

表2-15　特殊辅助继电器用法（PLC状态、时钟、标志）

类别	元件号	名称（功能）	动作/功能
PLC的状态	M8000※	RUN监控常开触点	RUN信号、M8000、M8001波形；RUN信号、M8002、M8003波形（一个扫描周期）
	M8001※	RUN监控常闭触点	
	M8002※	初始脉冲常开触点	
	M8003※	初始脉冲常闭触点	
	M8004※	出错	M8060～M8067中任一个接通时为ON
	M8005※	电池电压低下	电池电压异常低下时动作
	M8006※	电池电压低下锁存	检出低电压后置ON，同时将其值锁存

（续）

类别	元件号	名称（功能）	动作/功能
PLC的状态	M8007	电池检出	M8007 ON 的时间比 D8008 中数据短，则 PLC 将继续运行
	M8008	停电检出	检查瞬时停电置位
	M8009	DC 24V 关断	基本单元、扩展单元、扩展块的任一 DC 24V 电源关断则接通
时钟	M8011	10ms 时钟	每 10ms 发一脉冲（ON：5ms，OFF：5ms）
	M8012	100ms 时钟	每 100ms 发一脉冲
	M8013	1s 时钟	每 1s 发一脉冲（ON：500ms，OFF：500ms）
	M8014	1min 时钟	每 1min 发一脉冲
运算标志位	M8020	零标志	加减运算结果为“0”时置位，M8020 接通
	M8021	借位标志	减法运算，结果小于最小负数值时置位，M8021 接通
	M8022	进位标志	加法运算，有进位时或结果溢出时置位，M8022 接通

注：1. 用户程序不能驱动标有※的元件。
2. 如要产生输出周期为 1s 不停闪烁的指示灯，建议用 M8013，但要特别注意不能使用 M8011 或 8012，因为会引起输出继电器 Y 的硬触点烧坏。

表 2-16　特殊辅助继电器用法（PLC 方式）

元件号	名　　称	动作/功能
M8030	电池欠压 LED 灯灭	M8030 接通后，即使电池电压过低，PLC 面板上的 LED 也不亮
M8031	全清非保持存储器	当 M8031 和 M8032 为 ON 时，Y、M、S、T、C 的映像寄存器及 T、D、C 的当前值寄存器全部清 0。由系统 ROM 置预置值的数据寄存器的文件寄存器中的内容不受影响
M8032	全清保持存储器	
M8033	存储器保持	M8033 为 ON 时，即使 PLC 由“RUN”变为“STOP”，其存储器的内容仍能保持为 PLC 在“RUN”状态时的内容
M8034	禁止所有输出	M8034 为 ON 时，禁止所有输出继电器输出。尽管程序在运行，但所有输出继电器的输出仍为 OFF
M8035	强制 RUN 方式	用 M8035、M8036、M8037 可实现双开关控制 PLC 启/停。无论 RUN 输入是否为 ON，当 M8035 或 M8036 由编程器强制为 ON 时，PLC 运行。在 PLC 运行时，若 M8037 强制为 OFF，则 PLC 停止运行
M8036	强制 RUN 信号	
M8037	强制 STOP 信号	
M8038	通信参数设置标志	设定通信参数用的标志位
M8039	定时扫描方式	M8039 接通后，PLC 以定时扫描方式运行，扫描时间由 D8039 设定
M8040	禁止状态转移	M8040 为 ON 时，即使状态转移条件有效，状态也不能转移

注：当 PLC 由 RUN→STOP 时，M8035、M8036、M8037 关断。

二、巧用 PLC 数据寄存器（D）

1. 数据寄存器（D）

数据寄存器（D）是 PLC 中用来存储数据的字软元件，其地址按十进数分配，供数据传送、比较和运算等操作使用。每一个数据寄存器的字长为 16 位，最高位为符号位（1 为负，0 为正）。16 位数据寄存器存储的数值范围是 -32768 ~ 32767，如图 2-63 所示。

两个地址号相邻的数据寄存器组合可用于处理32位数据，通常指定低位，高位自动占有。例如指定了D20，则高位自动分配为D21。考虑到编程习惯和外围设备的监控功能，建议在构成32位数据寄存器时低位用偶数地址编号。32位数据寄存器存储的数值范围是－2147483648～2147483647。32位数据寄存器结构如图2-64所示。

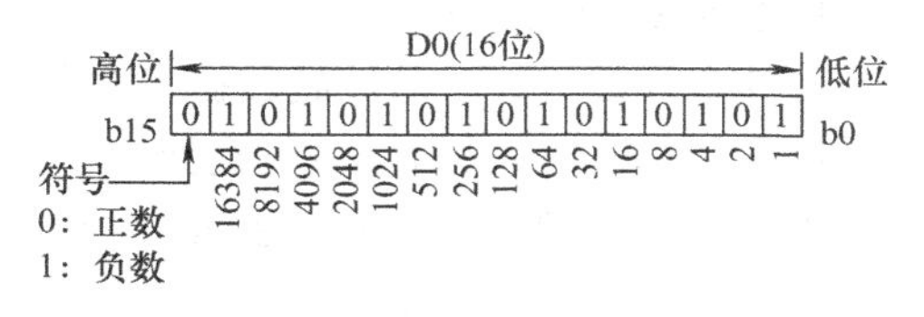

图2-63 16位数据寄存器结构

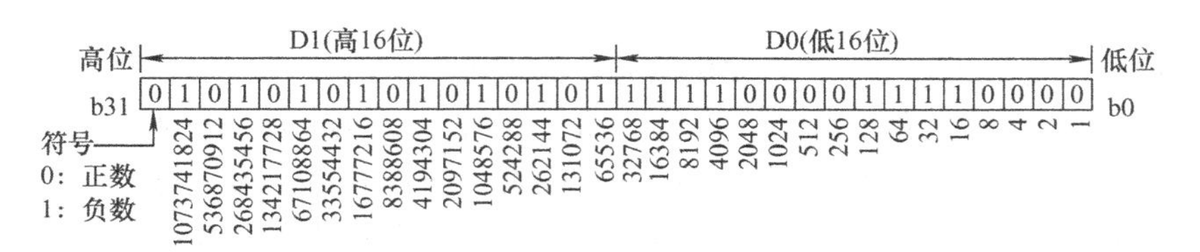

图2-64 32位数据寄存器结构

程序运行时，只要不对数据寄存器写入新数据，数据寄存器中的内容就不会变化。通常可通过编程或通过外部设备对数据寄存器的内容进行读/写。数据寄存器分类及属性见表2-17。

表2-17 数据寄存器分类及属性

编　号	点　数	用　途	相关说明
D0～D199	200	普通型	当PLC由RUN→STOP或停电时，该寄存器中的数据即被清零
D200～D511	312	停电保持型	当PLC由RUN→STOP或停电时，该寄存器中的数据被保持
D512～D7999	7488	停电保持专用型	D1000以后的数据寄存器可通过参数设定，以每500点为单位用作文件寄存器。不作文件寄存器用时，与通常的停电保持型数据寄存器一样，可用程序与外部设备进行数据的读/写
D8000～D8255	256	特殊专用	该寄存器是写入特定目的数据或事先写入特定内容的数据寄存器，其内容在电源接通时置初始值

数据寄存器的应用示例如图2-65所示。

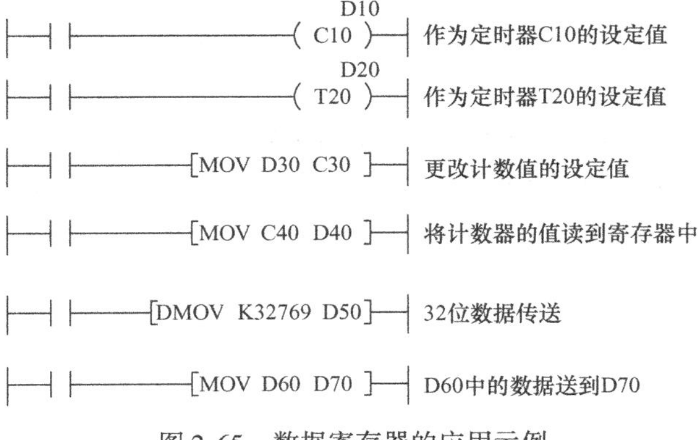

图2-65 数据寄存器的应用示例

2. 文件寄存器（R）

文件寄存器（R）是扩展数据寄存器的软元件，文件寄存器中的内容也可保存在扩展文件寄存器（ER）中，但是只有在使用了存储器的情况下，才可以使用扩展文件寄存器。

文件寄存器编号是R0～R32767，扩展文件寄存器编号是ER0～ER32767。

3. 变址寄存器V、Z

变址寄存器是字长为16位的数据寄存器，与通用数据寄存器一样可进行数据的读写。把V与Z组合使用，可用于处理32位数据，并规定Z为低16位。变址寄存器编号为V0～V7、Z0～Z7。

以下阐述应用变址寄存器V、Z改变软元件的地址。

1）修饰十进制数软元件、数值。可修饰M、S、T、C、D、R、KnM、KnS、P、K。

例：V0=K8，执行D20V0时，对应的软元件编号则为D28（20+8）。

例：V1=K8，执行K30V1时，被执行指令是作为十进制的数值K38（30+8）。

例：利用变址寄存器编写显示定时器T当前值的程序，如图2-66所示。

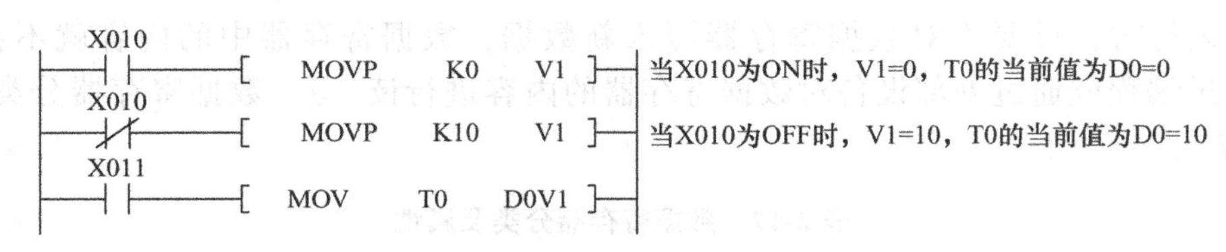

图2-66　变址寄存器修饰定时器

2）修饰八进制软元件。对软元件编号为八进制数的软元件进行变址修饰时，V、Z的内容也会被换算成八进制后进行加法运算。可修饰X、Y、KnX、KnY。

例：Z1=K10，执行X0Z1时，对象软元件编号被指定为X12（请注意此时不是X10）。

例：Z1=K8，执行X0Z1时，对象软元件编号被指定为X10（请注意此时不是X8）。

例：若用外接数字开关通过X000～X003设置定时器地址，定时当前值由Y017～Y000输出驱动外接七段数码管显示，图2-67所示程序中对应Z0=0～9，T0Z0=T0～T9。

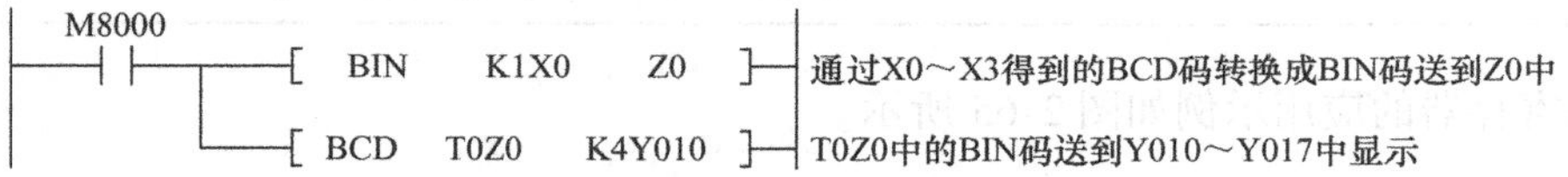

M8000
BIN　K1X0　Z0　　通过X0～X3得到的BCD码转换成BIN码送到Z0中
BCD　T0Z0　K4Y010　　T0Z0中的BIN码送到Y010～Y017中显示

图2-67　变址寄存器修饰八进制软元件参考示例

3）修饰16进制数值：

例：V2=K30，指定常数H30V2时，则常数H30V2为H4E（H30+K30）。

例：V1=H30，指定常数H30V1时，则常数H30V1为H60（30H+30H）。

模块3　FX系列PLC应用设计技术（提高篇）

项目目标

知识点：

1）掌握PLC的步进顺控指令的使用方法。
2）掌握PLC步进顺控编程控制的基本思路。
3）掌握PLC步进顺控多流程结构形式。
4）掌握PLC基本指令和步进顺控指令混合编程控制的基本思路。
5）掌握PLC步进顺控编程的原则。

技能点：

1）能分析项目任务要求，并熟练掌握PLC的I/O端口分配。
2）会设计PLC控制电路。
3）会PLC外部控制线路正确接线。
4）能根据控制要求进行程序设计并下载调试运行。
5）能进行PLC控制系统安装调试。
6）掌握PLC控制系统故障处理的方法和技巧。

任务设备

三菱FX系列PLC、计算机、通信电缆（SC－09）、连接导线、电动机、螺钉旋具、指示灯、按钮、万用表、控制台等。

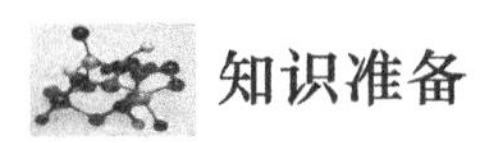

知识准备

FX系列PLC步进控制设计技术

步进控制实际是将复杂的顺控过程分解为小的“状态”分别编程，再组合成整体程序的编程思想。步进控制可使编程工作程式化、规范化，是PLC程序编制的重要方法。

1. 步进顺控指令

步进顺控指令是专门用于步进控制的指令。所谓步进控制是指控制过程按“上一个动作完成后，紧接着做下一个动作”的顺序动作的控制。

步进顺控指令共有两条，即步进指令（STL）和步进返回指令（RET）。它们专门用于步进控制程序的编写。FX系列PLC两条专用的步进指令见表3-1。

表 3-1 步进顺控指令功能及梯形图符号

指令助记符、名称	功 能	梯形图符号	程序步
STL（步进接点指令）	步进接点驱动	S	1
RET（步进返回指令）	步进程序结束返回	RET	1

（1）STL 指令

STL 指令称为步进接点指令，其功能是将步进接点接到左母线，形成副母线。步进接点只有常开触点，没有常闭触点。步进指令在使用时，需要使用 SET 指令将其置位。

（2）RET 指令

RET 指令称作步进返回指令，其作用是使副母线返回原来的位置。

在使用 SFC 方式编程时，最后应使用 RET 指令。但是使用 GX Developer 编程软件编程时，不需要输入 RET 指令，系统会自动生成。

（3）使用步进指令注意事项

1）STL、RET 指令与状态继电器 S0 ~ S899 结合使用，才能形成步进控制，状态继电器 S0 ~ S899 只有使用 SET 指令才具有步进控制功能，提供步接点。

2）使用 STL、RET 指令时，不必在每条 STL 指令后都加一条 RET 指令，但程序最后必须有 RET 指令，即在一系列的 STL 指令最后加一条 RET 指令。

2. 步进指令软元件

（1）步进指令编程元件

步进指令须配合状态继电器进行编程，只能使用 S0 ~ S899，FX2N 系列 PLC 状态元件的分类及编号见表 3-2。

表 3-2 FX2N 系列 PLC 的状态元件

类 别	元 件 编 号	点 数	用途及特点
初始状态	S0 ~ S9	10	用于状态转移图（SFC）的初始状态
返回原点	S10 ~ S19	10	多运行模式控制当中，用作返回原点的状态
一般状态	S20 ~ S499	480	用作状态转移图（SFC）的中间状态
掉电保持状态	S500 ~ S899	400	具有停电保持功能，用于停电恢复后需继续执行停电前状态的场合
信号报警状态	S900 ~ S999	100	用作报警元件使用

使用状态软元件注意事项如下：

1）步进状态的编号必须在指定用途范围内选择。

2）步进软元件在使用时，可以按从小到大的顺序使用，也可以以不按编号的顺序任意使用，但不能重复使用，也不能超过用途范围。如自动状态下，可以第一个状态使用 S20，第二个状态使用 S22（就是说不一定使用 S21），但不能使用 S0 ~ S9（因这类状态是用作初始状态的）。

3）各状态元件的触点在 PLC 内部可自由使用，次数不限。

4）在不用步进顺控指令时，状态元件可作为辅助继电器在程序中使用。其功能相当于前文所讲的辅助继电器M。

（2）特殊辅助继电器

在步进顺控编程时，为了能更有效地编写步进梯形图，经常会使用表3-3中的特殊辅助继电器。

表3-3 步进编程常用的特殊辅助继电器

元件号	名　称	操作/功能
M8000	RUN 监控	可作为一直需要驱动的程序的输入条件，或作为PLC的运行状态监控用
M8002	初始脉冲	用作程序的初始设定和初始状态的脉冲
M8034	禁止所有输出	虽然PLC程序在运行，但是PLC的输出端子全部为OFF
M8040	禁止状态转移	M8040接通时，所有的状态之间禁止转移。但是，所有状态之间虽然不能转移，状态程序中已经动作的输出线圈不会自动断开
M8041	状态转移开始	自动方式时从初始状态开始转移
M8042	起动脉冲	起动输入时的脉冲输入
M8043	回原点完成	原点返回方式结束后接通
M8044	原点条件	检测到机械回到原点时动作
M8045	禁止输出复位	模式切换时，不执行所有输出的复位
M8046	STL状态置ON	即使只有一个状态为ON，M8046就会自动置ON
M8047	STL状态监控	M8047为ON时，将状态S0～S89，S1000～S1045中正在动作（ON）的状态最新编号保存在D8040中，依次保存，最大到D8047（最大8点），M8047接通后D8040～D8047有效。执行END指令时处理
M8048	报警器接通	M8049接通后，S900～S999中任一状态为ON时M8048接通
M8049	报警器有效	M8049驱动后，D8049的操作有效

注：PLC由RUN→STOP时M8041、M8043、M8044关断。执行END指令时所有与STL状态相连的数据寄存器都被刷新。

3. 步进顺控编程方法

（1）状态转移图

步进顺控编程通常采用状态转移图编程。状态转移图是用来描述被控对象每一步动作的状态以及下一步动作状态出现时的条件的。即它是用“状态”描述的工艺流程图。被控对象各个动作工序（状态），可分配到S20～S899状态寄存器中。在状态转移图中，定时器、计数器、辅助继电器等元件可任意使用。状态转移图的画法如图3-1所示。

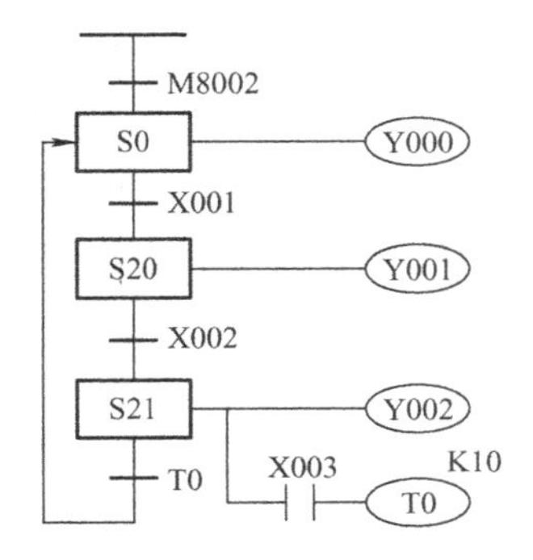

图3-1 状态转移图

从图3-1可以看出，状态转移图中的每一状态要完成以下三个功能：

1）状态转移条件的指定，如图中X001、X002。

2）驱动线圈（负载），如图中 Y000、Y001、Y002、T0。

3）指定转移目标（置位下一状态），如图中 S20、S21 等被置位。

当从上一状态转移到下一状态时，上一状态自动复位。若用 SET 指令置位 M、Y，则状态转移后，该元件不能复位，直到执行 RST 指令后才复位。

状态转移图是状态编程的工具，图 3-1 中包含了程序所需用的全部状态及状态间的关联。对具体状态来说，状态转移图给出该状态的任务及状态转移的条件及方向。

需要注意的是，图 3-1 所示的状态转移图，只能在纸上表达，不能直接输入编程软件。状态转移图可转化为功能块图（SFC）或步进梯形图、指令表三种形式，这三种表达方式可以通过编程软件互相转换。

（2）步进梯形图

图 3-1 所示的状态转移图可转换成如图 3-2 所示的步进梯形图。与步进接点相连的接点要用 LD/LDI 指令编程，就好像母线移到了步进接点的后面成了副母线。用 SET 指令表示状态的转移，用 RET 指令表示步进控制结束，即相应指令的输入又返回到主母线上。

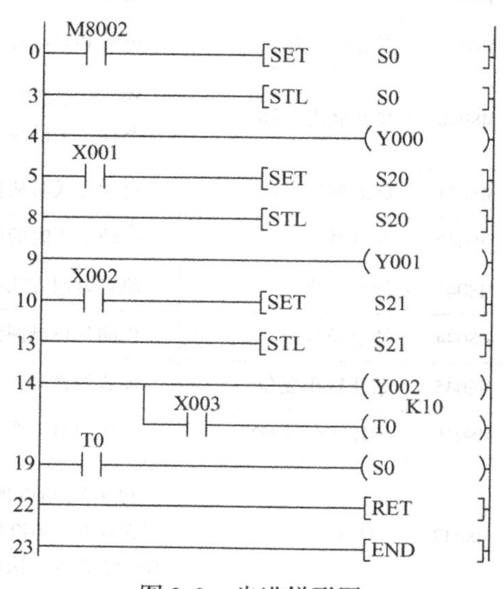

图 3-2 步进梯形图

（3）STL 指令编程要点

使用 STL 指令编写梯形图时，要注意以下事项：

1）关于顺序。状态三要素的表达要按先任务再转移的方式编程，顺序不得颠倒。

2）关于母线。STL 指令有建立子（新）母线的功能，其后进行的输出及状态转移操作都在子母线上进行。这些操作可以有较复杂的条件。

3）栈操作指令 MPS/MRD/MPP 在状态内不能直接与步进接点指令后的新母线连接，应接在 LD 或 LDI 指令之后，如图 3-3 所示。

4）步进触点之后的电路块中，不能使用主控指令 MC/MCR。虽然在 STL 母线后可使用 CJ 指令，但动作复杂，厂家建议不使用。

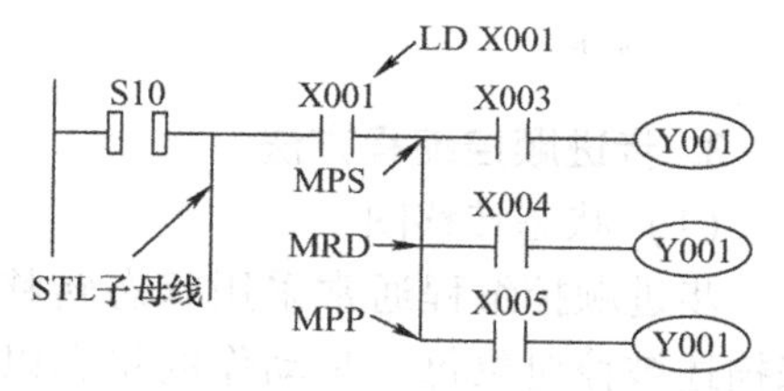

图 3-3 栈操作指令在状态内的使用

5）中断程序和子程序中不可以使用 STL 指令。这并非禁止在状态中使用跳转指令，而是由于使用了会生复杂的操作，厂家建议最好不要使用。

6）关于元器件的使用。允许同一元件的线圈在不同的 STL 接点后多次使用。但要注意，同一定时器不要用在相邻的状态中。在同一程序段中，同一状态继电器也只能使用一次。如图 3-4 所示。

7）步进控制系统中，在状态转移过程中会出现一个扫描周期内两个状态同时接通工作的可能，因此在两个状态中不允许同时动作的线圈之间应有必要的互锁，如图 3-5 所示。

8）在为程序安排状态继电器元件时，要注意状态继电器的分类和功用，初始状态要从

S0～S9中选择，S10～S19是为需设置动作原位的控制安排的，在不需设置原位的控制中不要使用。在一个较长的程序中可能有状态编程程序段及非状态编程程序段。

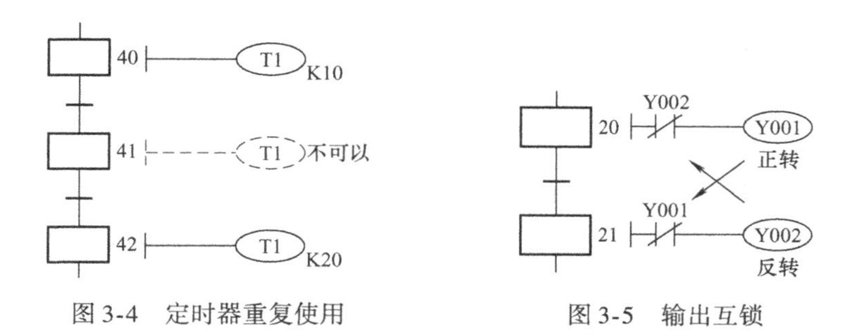

图3-4 定时器重复使用　　图3-5 输出互锁

9）图3-1中S0称为程序的初始状态，在程序运行开始时需要预先通过其他手段来驱动。程序进入状态编程区间可以使用M8002作为进入初始状态的信号（也可用M8000驱动）。在状态编程程序段转入非状态编程程序段时必须使用RET指令。

10）同一信号作为多个状态之间转移条件的处理方法如下：

在某些应用中，流程中各个状态之间的转移条件是同一信号。编程者的意图是当这一信号来时流程向下走一步，信号再来时再走一步。但若编程时写成如图3-6所示的例子，当M0信号来时整个流程会“走通”，即一次通过全部状态。对这种情况可采用以下两种方法处理。

方法1：在每个状态中设置一个阻挡元件，以防止“走通”现象。如图3-7所示，进入S30时，M1脉冲阻止进一步转移；在M0再次接通时，阻挡脉冲消失，可顺利向下转移。这样，在每个状态中都设一个阻挡元件，可保证M0接通一次向下走一步。

方法2：利用脉冲触点指令（LDP、LDF、ANP等）与M2800～M3071辅助继电器配合可得到与方法1同样的结果，如图3-8所示。

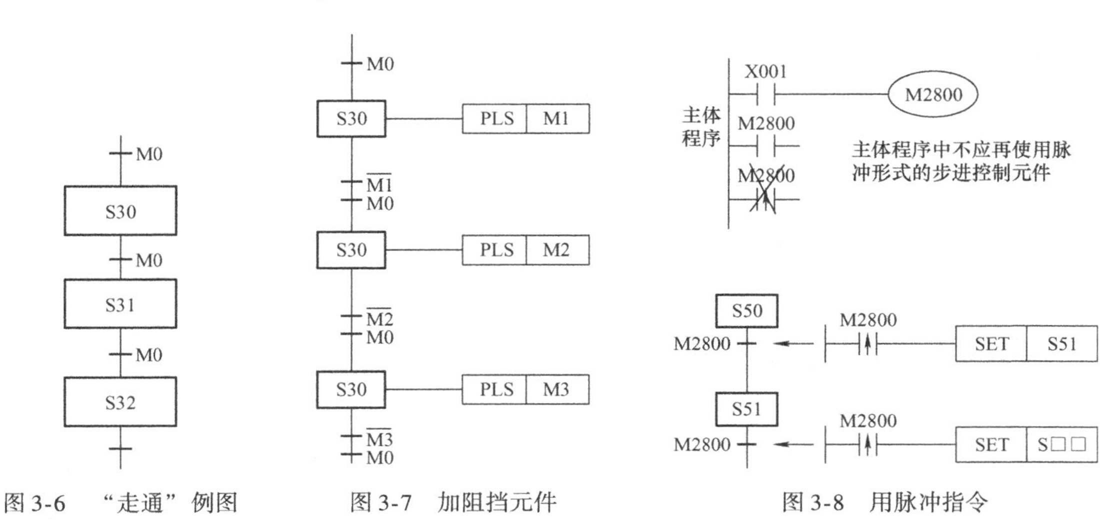

图3-6 “走通”例图　　图3-7 加阻挡元件　　图3-8 用脉冲指令

4. SFC编程示范

在FX系列可编程序控制器中，可以用顺序功能图块（Sequential Function Chart，SFC）

实现顺控编程。用 SFC 编程可以实现状态转移图所实现的各项功能，它能使机械动作的各工序和控制流程设计变得更为简单。下面以喷泉控制系统为例来说明 SFC 的编程方法。

某花园中心广场有一喷泉控制系统，要求如下：

1）单周期运行，按下起动按钮（X0）后，按照 Y0（待机显示）→Y1（中央指示灯）→Y2（中央喷水）→Y3（环状线指示灯）→Y4（环状线喷水）→Y0（待机显示）的顺序动作，然后返回到待机状态。

2）当 X1 为 ON 时连续运行，重复 Y1 ~ Y4 动作。

3）当 X2 为 ON 时按步进方式运行，每次按起动按钮一次，各输出依次动作一次。

SFC 程序设计方法步骤如下：

1）分析控制要求中的动作情况。

2）创建工序图。本例的工序图如图 3-9 所示。

① 将控制要求中的动作分解成各个工序，按照从上至下的动作顺序用矩形框表示。

② 用纵线连接各个工序，写明各工序推进的条件。执行重复动作的情况下，在一连串的动作结束时，须用箭头表示返回到哪个工序。

③ 在表示工序的矩形框的右边写各个工序中所执行的动作。

3）软元件的分配。

① 给各矩形框分配状态元件 S。

② 给转移条件分配软元件。

③ 列出各工序动作的软元件。

④ 执行重复动作和跳转时使用“→”，并指明要跳转的状态编号。

分配软元件后的状态图如图 3-10 所示。

4）要使 SFC 程序运行，还需要编写初始状态置 ON 的程序。本例初始化程序如图 3-11 所示。

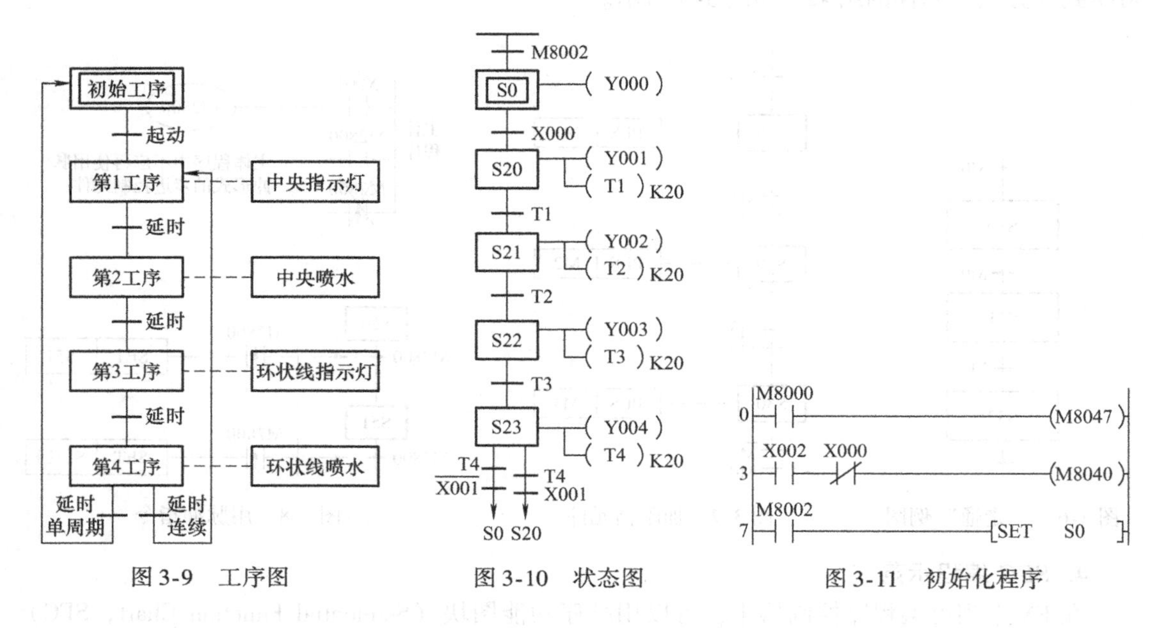

图 3-9　工序图

图 3-10　状态图

图 3-11　初始化程序

根据以上分析我们可编写控制程序，编写SFC程序如图3-12所示，并可转化成如图3-13所示步进梯形图。

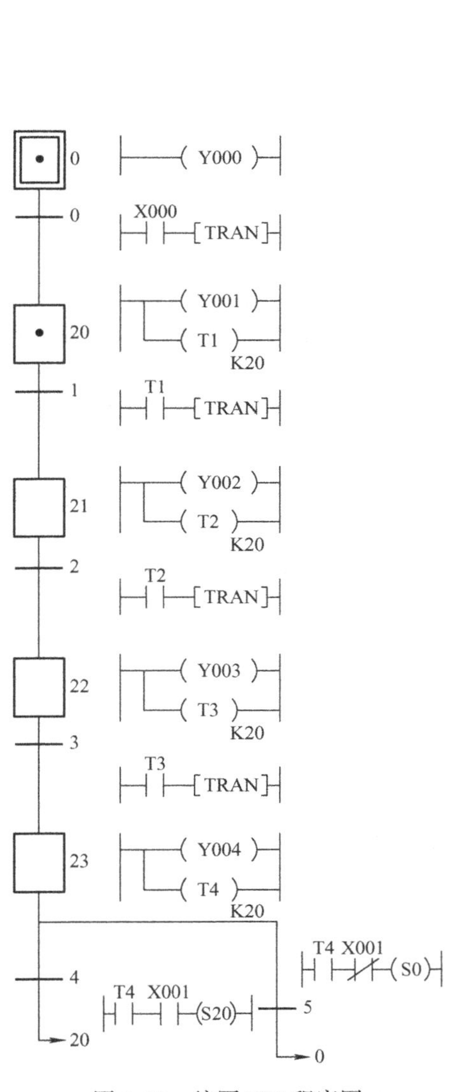

图3-12　编写SFC程序图

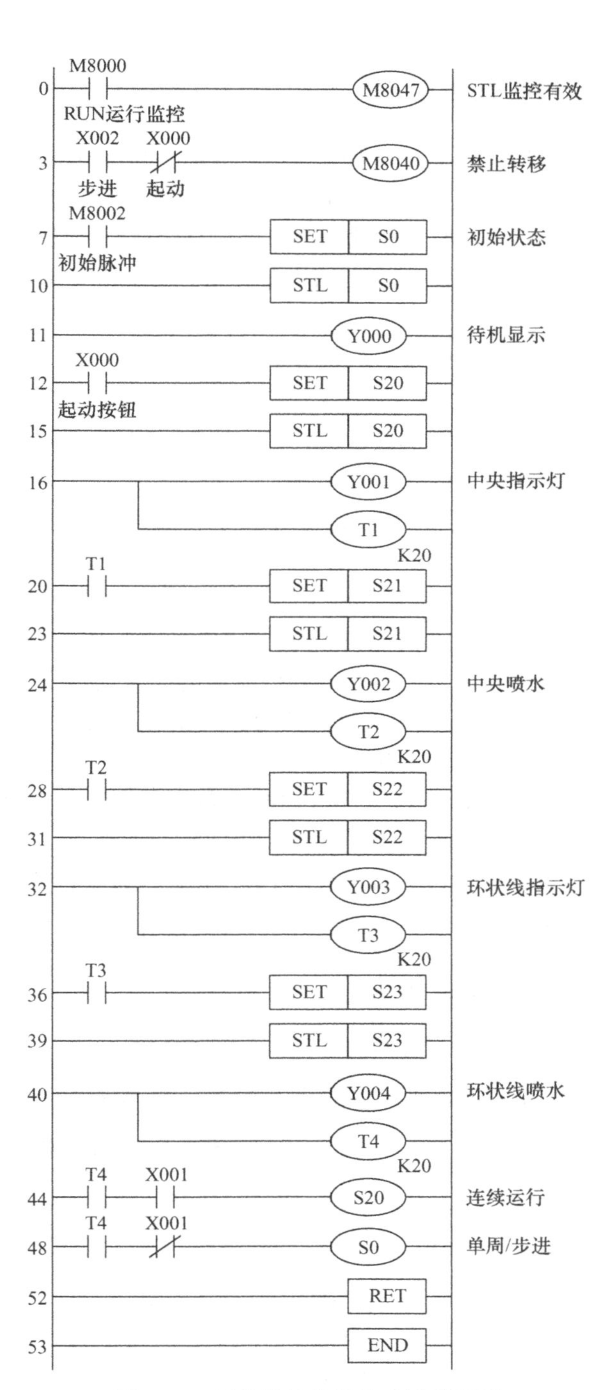

图3-13　经软件转化后的步进梯形图

任务9　简易机械手控制系统安装与调试

任务要求

某机械手工作如图3-14所示，机械手的工作是从A点将工件移到B点并有搬运计数功能。

1）在原点位置机械夹钳处于夹紧位，机械手处于左上角位；机械夹钳为有电放松，无电夹紧。

2）手动运行时，气缸动作将机械手复归至原点位置，原点灯红灯亮。

3）单周期运行时，在原点时按起动按钮，按工作循环图连续工作一个周期；连续运行时，则不断重复搬运工件工作。

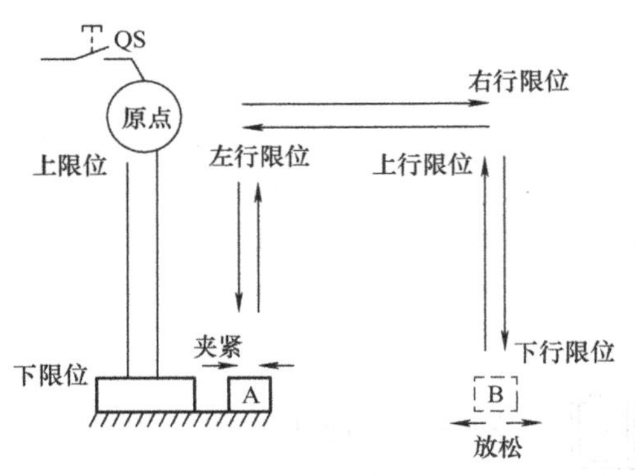

图3-14　控制要求示意图

4）一个周期工艺过程如下：原点→下降→夹紧（T）→上升→右移→下降→放松（T）→上升→左移到原点。

5）系统要求有停止、暂停、急停功能，并且急停时工件不脱落。各功能如下。

① 停止：按停止按钮，完成当前工作任务后自动停止。正在运行时绿灯亮，按停止时工作任务未完成时红灯和绿灯同时亮，完成任务后红灯亮。

② 暂停：按暂停按钮时，当前工作任务暂停，再按暂停按钮，继续运行。暂停时绿灯闪烁，闪烁频率为5Hz。

③ 急停：按急停按钮时，黄灯闪烁，闪烁频率为5Hz。所有运行设备停止，但机械手扣夹工件不能脱落。按复位按钮后，回原点，黄灯熄灭。

根据以上要求，采用PLC控制，选取合适的设备，设计控制电路、分配I/O并编写控制程序，安装系统调试运行。

任务指引

1. I/O分配

根据控制要求进行I/O分配，见表3-4。

表3-4　机械手控制系统I/O分配表

输入				输出	
X0	手动/自动转换	X10	手动松手	Y0	松手/夹紧
X1	上行限位	X11	手动上行	Y1	上行
X2	下行限位	X12	手动下行	Y2	下行
X3	左行限位	X13	手动左行	Y3	左行
X4	右行限位	X14	手动右行	Y4	右行
X5	起动	X20	暂停	Y5	原点
X6	停止	X21	急停		

2. 设计机械手控制接线图（见图 3-15）

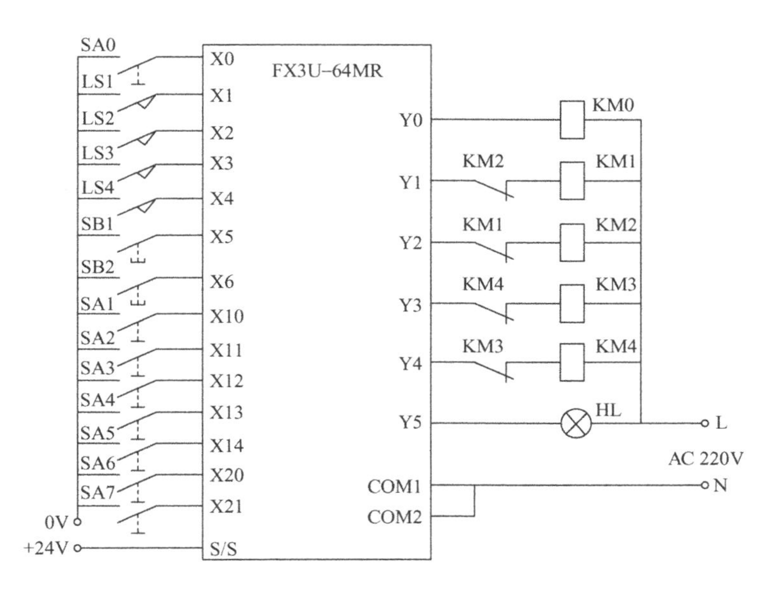

图 3-15　机械手控制接线图

3. 根据控制要求编制状态转移图（见图 3-16）

请读者在图 3-16 所示程序中完善暂停、急停、各指示灯和计数功能。

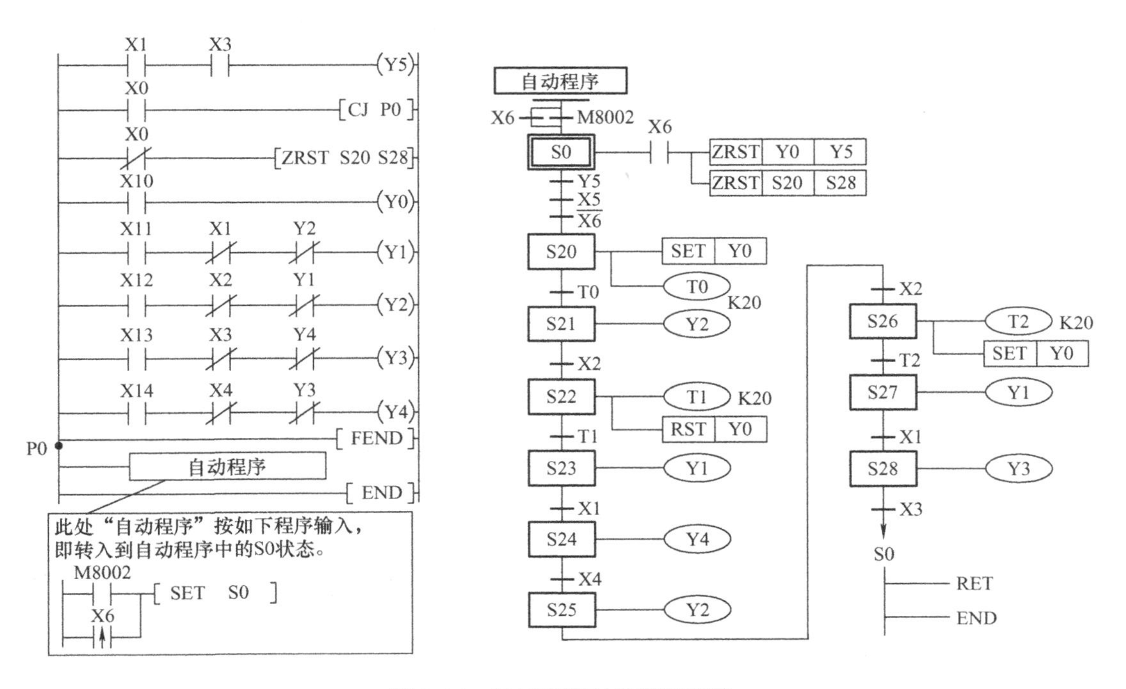

图 3-16　机械手控制状态转移图

任务评价

简易机械手控制系统安装与调试任务评价见表3-5。

表3-5　简易机械手控制系统安装与调试任务评价表

项　目	考核内容	评分标准	配分	得分
专业技能	输入、输出端口分配	分配错误一处扣1分	5	
	设计控制接线图	错误一处扣1分	5	
	编写程序	编写错误一处扣5分	15	
	PLC控制系统接线正确	可依据实际情况评定	10	
	程序运行调试	手动功能不正确扣5分 自动运行功能不正确扣10分 暂停功能不正确扣10分 停止功能不正确扣10分 急停功能不正确扣5分 搬运计数功能不正确扣5分 指示灯功能每项不正确扣2分（原点、暂停、运行、停止、急停）	55	
安全文明生产	安全操作规定	违反安全文明操作或岗位6S不达标，视情况扣分。违反安全操作规定不得分	5	
创新能力	提出独特可行方案	视情况进行评分	5	

知识拓展

IST指令编程技巧

IST（FNC60）指令是初始化状态指令，可以用最少的顺控程序实现复杂的控制程序。在步进梯形图控制程序中，该指令可对初始状态和特殊辅助继电器进行自动设置。指令表现形式如图3-17所示。

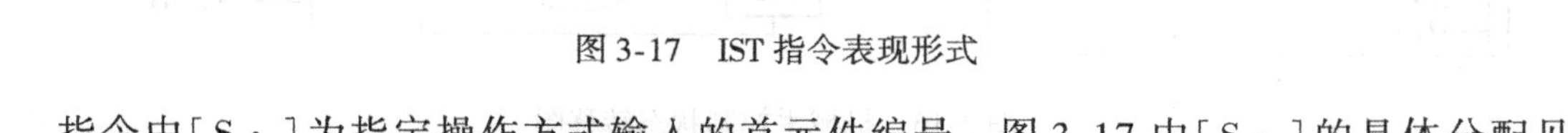

图3-17　IST指令表现形式

指令中[S·]为指定操作方式输入的首元件编号，图3-17中[S·]的具体分配见表3-6。

表 3-6　操作方式分配表

源地址	元件号	开关功能	源地址	元件号	开关功能
[S·]	X0	手动各个操作	[S·]+4	X4	全自动运行
[S·]+1	X1	回原点	[S·]+5	X5	回原点起动
[S·]+2	X2	单步运行	[S·]+6	X6	自动操作起动
[S·]+3	X3	单周期运行（半自动）	[S·]+7	X7	停止

注：1. 表中这些地址分配是自动分配。
2. 输入 X0 ~ X4 必须用旋转选择开关，以保证这组输入中不可能有两个输入同时为 ON。
3. 选择模式开关不需要全部使用，但不使用的开关，应设置为空号（不能作其他用途）。

IST 指令使用注意事项：

1）本指令只能使用 1 次。

2）当 IST 指令有效后，它自动将 S0 定义为手动初态、S1 定义为回原点初态、S2 定义为自动方式初态。

3）若不用 IST 指令，状态 S10 ~ S19（用于回原点）可作通用状态。只是在这种情况下，仍需将 S0 ~ S9 作为初始化状态，只是 S0 ~ S2 的用途是自由的。

4）编程时，IST 指令必须写在 STL 指令之前，即在 S0 ~ S2 出现之前。

IST 指令涉及设备的操作方式，大致分为手动和自动方式，它们各自的运行方式如下：

手动
- 各个操作：用单个按钮接通或切断各负载的工作模式。
- 原点复归：按下原点复归按钮，使机械手自动复归到原点的模式。

自动
- 单步：每次按起动按钮，前进一个工序。
- 循环运行一周：在原点位置上按起动按钮时，进行一次自动循环运行并在原点停止。如中途按停止按钮，工序停止，如再按起动按钮，在停止处继续动作到原点自动停止。
- 连续运行：在原点位置上按起动按钮时，开始连续运行。如中途按停止按钮，则运转到原点位置后停止。

任务 9 控制要求中的程序用 IST 指令编程方案如下。

1）I/O 分配见表 3-7。

表 3-7　机械手控制系统 I/O 分配表

输入								输出	
X0	手动	X5	回原点起动	X12	手动上升	X30	下限	Y0	下降
X1	回原点	X6	自动起动	X13	手动下降	X31	上限	Y1	松手/夹紧
X2	单步运行	X7	停止	X14	手动左移	X32	右限	Y2	上升
X3	单周期运行	X10	手动夹紧	X15	手动右移	X33	右下限	Y3	右移
X4	自动运行	X11	手动松开			X34	左限	Y4	左移

2）用 IST 指令编写机械手参考程序如图 3-18 所示。

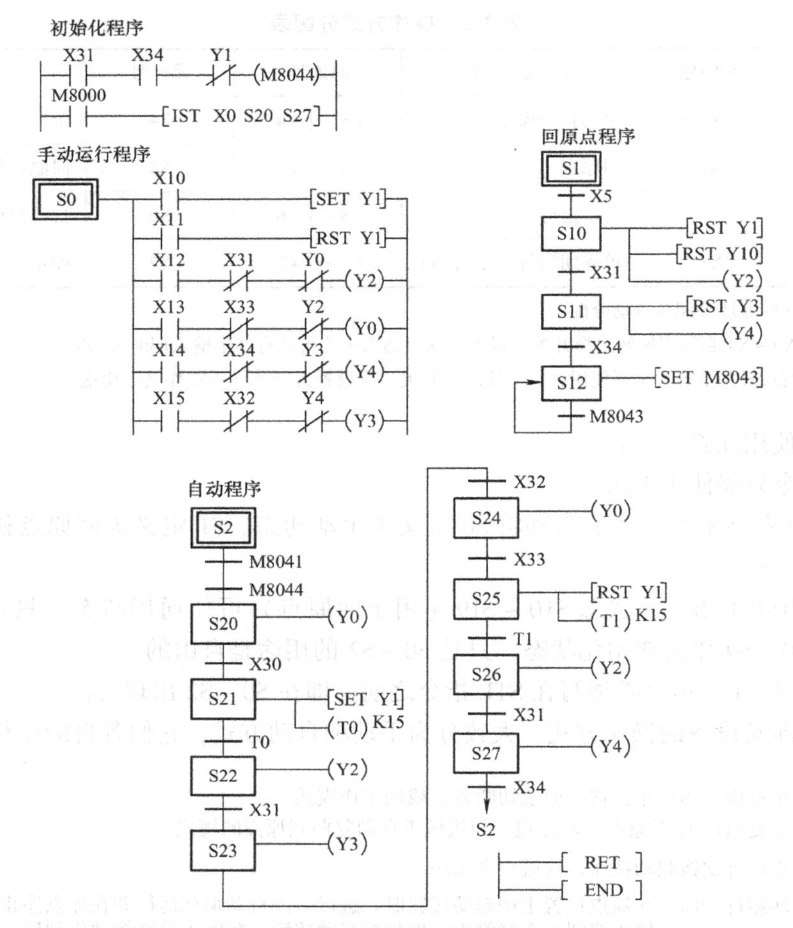

图3-18　应用IST指令编写机械手控制系统参考程序

任务10　中央空调冷却水泵节能控制系统安装与调试

任务要求

某中央空调有3台冷却水泵，采用一台变频器的方案进行节能控制，控制要求如下：

1）先合KM1起动1号泵，单台变频运行。

2）当1号泵的工作频率上升到48Hz上限切换频率时，1号泵将切换到KM2工频运行，然后再合KM3将变频器与2号泵相接，并进行软起动，此时1号泵工频运行，2号泵变频运行。

3）当2号泵的工作频率下降到设定的下限切换频率15Hz时，则将KM2断开，1号泵停机，此时由2号泵单台变频运行。

4）当2号泵的工作频率上升到48Hz上限切换频率时，2号泵将切换到KM4工频运行，然后再合KM5将变频器与3号泵相接，并进行软起动，此时2号泵工频运行，3号泵变频运行。

5）当3号泵的工作频率下降到设定的下限切换频率15Hz时，则将KM4断开，2号泵停机，此时由3号泵单台变频运行。

6）当3号泵的工作频率上升到48Hz上限切换频率时，3号泵将切换到KM6工频运行，然后再合KM1将变频器与1号泵相接，并进行软起动，此时3号泵工频运行，1号泵变频运行。

7）当1号泵的工作频率下降到设定的下限切换频率15Hz时，则将KM6断开，3号泵停机，此时由1号泵单台变频运行，如此循环运行。

8）水泵投入工频运行时，电动机的过载由热继电器保护，并有报警信号指示。

9）每台泵的变频接触器和工频接触器外部电气互锁及机械联锁。

10）切换过程：首先MRS接通（变频器输出停止）→延时0.2s后，断开变频接触器→延时0.5s后，合工频接触器，再延时合下一台变频接触器并断开MRS接点，实现从变频到工频的切换。

11）变频与工频的切换，是由冷却水的温度上限、下限控制，或由变频器的上限切换频率（FU）和下限切换频率（SU）控制，可以用外部电位器调速方式模拟以上频率进行自动切换。

12）变频器的其余参数自行设定。

13）操作时KM1、KM3、KM5可并联接变频器与电动机，KM2、KM4、KM6不接，用指示灯代替。其主电路接线图如图3-19所示。

根据以上要求，采用PLC控制，选取合适的设备，设计控制电路、分配I/O并编写控制程序，安装系统调试运行。

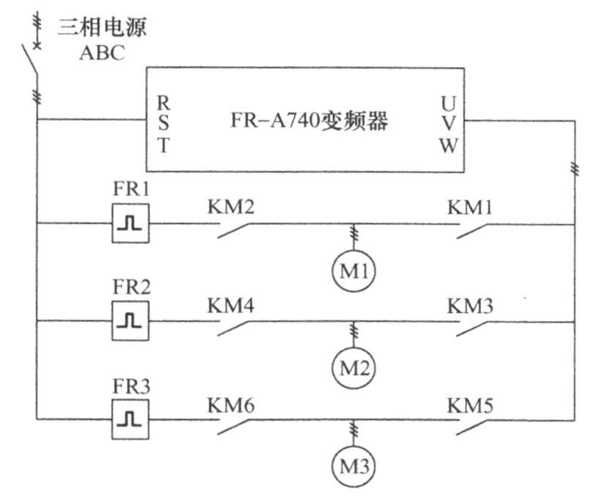

图3-19　冷却水泵节能循环运行控制主电路接线图

任务指引

1. I/O分配

根据控制要求分配I/O端口，见表3-8。

表3-8　I/O端口分配表

输入				输出	
端子	功　能	端子	功　能	端子	功　能
X0	起动	X5～X7	FR1～FR3	Y0	热保护报警灯
X1	FU信号（48Hz）	X10	KM1常开辅助触点	Y1～Y6	KM1～KM6
X2	SU信号（15Hz）	X11	KM3常开辅助触点	Y10	STF信号
X3	停止	X12	KM5常开辅助触点	Y11	MRS信号

2. 变频器参数设置

Pr.7=1s；Pr.8=1s；Pr.160=0；Pr.42=48Hz（上限切换频率FU信号）；Pr.50=15Hz（下限切换频率FU2信号）；Pr.191=5（标记为SU端子的功能为FU2信号）；Pr.76=2（报警代码选择）；Pr.79=2（操作模式为外部操作，须外接电位器）。

3. 接线

冷却水泵节能循环运行控制综合接线如图 3-20 所示。

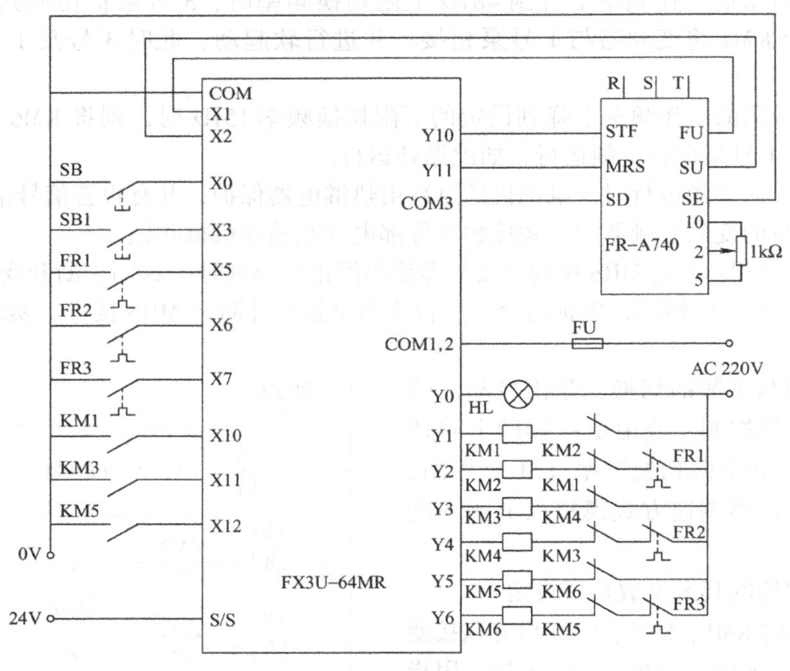

图 3-20 冷却水泵节能循环运行控制综合接线图

4. 程序控制流程图编制

编制程序控制流程图。根据控制要求绘制如图 3-21 所示的控制流程图，根据流程图编制程序就方便多了。

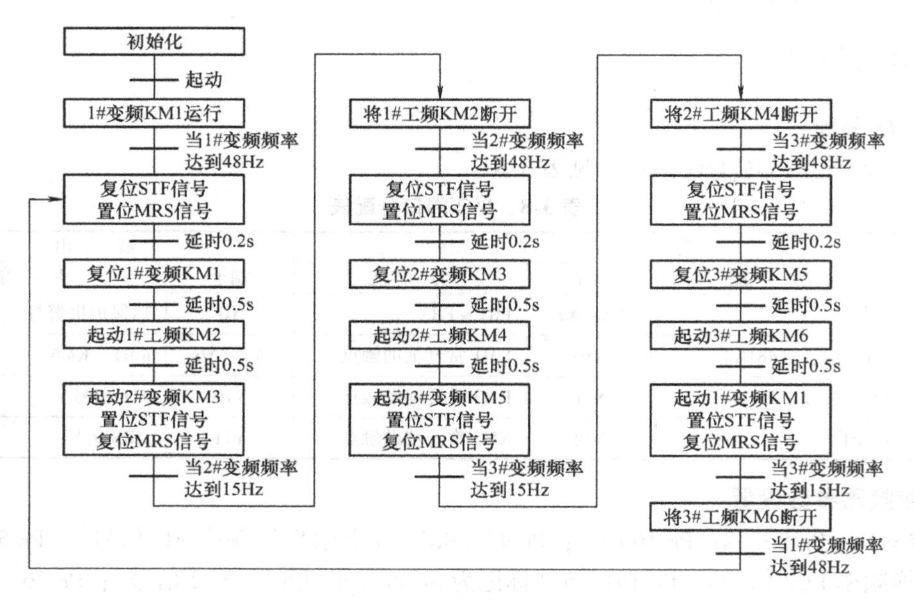

图 3-21 控制流程图

5. 参考程序

冷却水泵节能循环运行控制参考程序如图3-22所示。

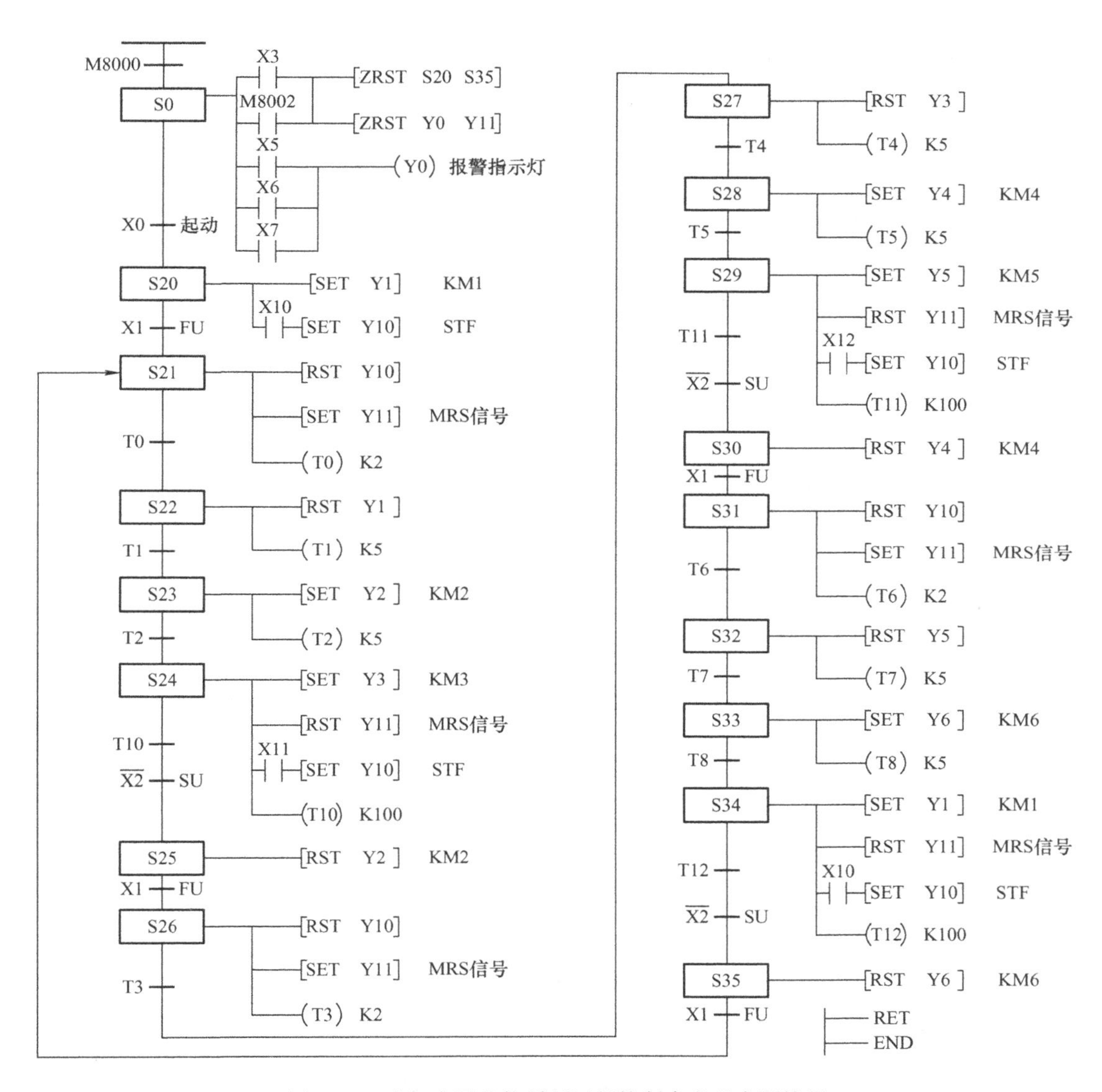

图3-22 冷却水泵节能循环运行控制参考程序顺控图

6. 调试过程中的注意事项

1）程序在调试过程中，改变电位器的频率，及时观察工、变频切换过程。

2）编制程序时，T10、T11、T12的定时时间应大于变频器的加速时间，否则变频器在起动过程中SU信号会有输出，导致程序运行出错。

3）如果变频器FU和SU端子出故障，应进行变频器参数修改，外部接线要根据参数修改后所对应的输出端子进行更改。

任务评价

中央空调冷却水泵节能控制系统安装与调试任务评价见表3-9。

表3-9 中央空调冷却水泵节能控制系统安装与调试任务评价表

项　目	考核内容	评分标准	配分	得分
专业技能	输入、输出端口分配	分配错误一处扣1分	5	
	设计控制接线图	错误一处扣1分	5	
	编写程序	编写错误一处扣5分	15	
	PLC控制系统接线正确	可依据实际情况评定	5	
	运行结果（项目按1～6的顺序验收，如该项不正确则该项后面所有项目不得分）	1. 1#变频单独运行状态。不正确不得分	5	
		2. 1#工频运行，2#变频运行状态。不正确不得分	5	
		3. 2#变频单独运行状态。不正确不得分	5	
		4. 2#工频运行，3#变频运行状态。不正确不得分	5	
		5. 3#变频单独运行状态。不正确不得分	5	
		6. 3#工频运行，1#变频运行状态。不正确不得分	5	
		7. 系统不能循环运行不得分	10	
		8. 系统不能正常停止不得分	5	
		9. 没有过载停止工频功能不得分	5	
安全文明生产	安全操作规定	违反安全文明操作或岗位6S不达标，视情况扣分。违反安全操作规定不得分	10	
创新能力	提出独特可行方案	视情况进行评分	10	

知识拓展

SFC多流程编程技巧

1. 流程的形式

SFC的流程形式表示流程的动作模式，可分为单流程动作模式、选择分支、并行分支以及组合式的动作模式。

（1）跳转、重复流程

直接转移到下方的状态以及转移到流程外的状态，称为跳转。转移到上方的状态称为重复（或称循环），如图3-23所示。

（2）多流程控制

步进控制过程从开始到结束，其动作都是按单一方式顺序进行，这样的流程叫作单一流程。实际的控制往往比较复杂，动作顺序也往往是多种形式同时存在，即步进控制过程有两个以上顺序动作的过程，其状态转移图有两条以上的转移支路。这样的步进过程叫作多流程步进控制。多流程步进控制主要有以下三种结构：

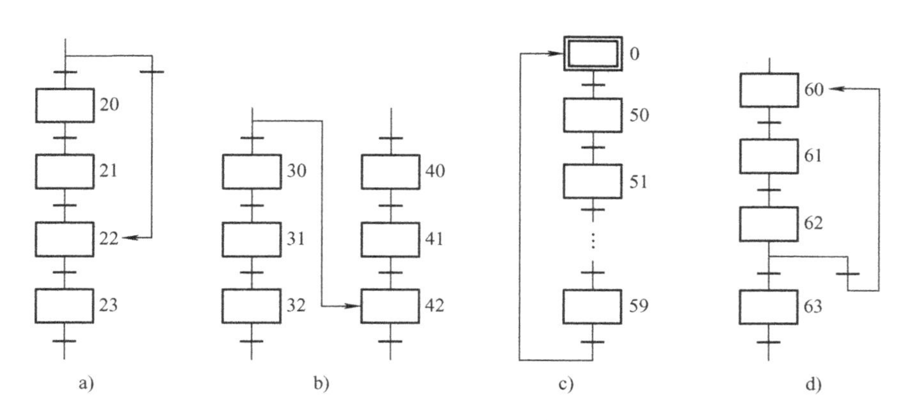

图3-23　跳转与循环流程图

a）流程内跳转　b）流程外跳转　c）单流程循环　d）多流程循环

1）选择性分支与汇合。从多个分支中选择执行一条分支流程，多条分支结束后汇于一点。其特点是同一时刻只允许选择一条分支，即几条分支的状态不能同时转移。当任意分支流程结束时，如果转移条件满足，状态转移到汇合点的状态，如图3-24所示，其转换指令表如图3-26所示。

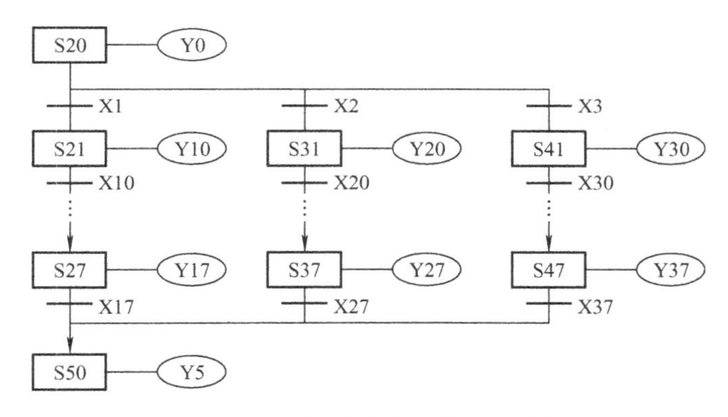

图3-24　选择性分支与汇合流程分析图

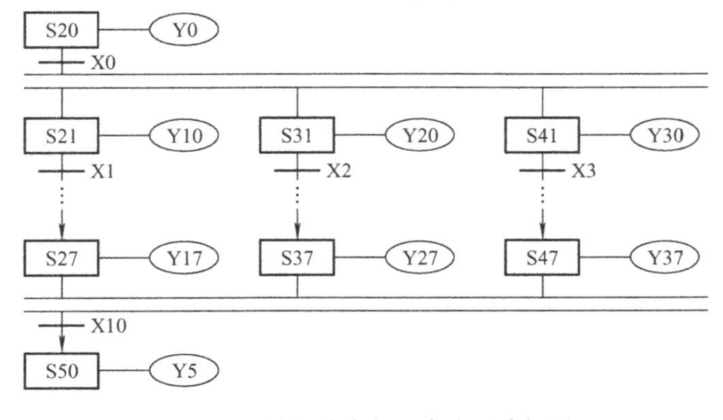

图3-25　并行分支与汇合流程分析图

2）并行分支与汇合。当转移条件满足时，同时执行几条分支，分支结束后，汇于一点。待所有分支执行结束后，若转移条件满足时，状态向汇合点后的状态转移，如图3-25所示，其转换指令表如图3-27所示。

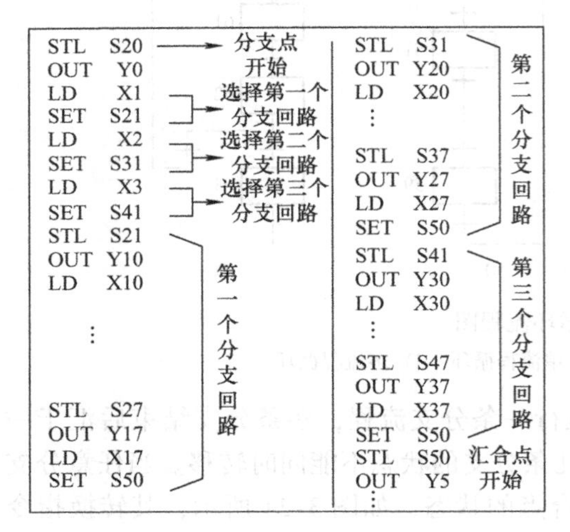

图3-26　图3-24 转换指令表

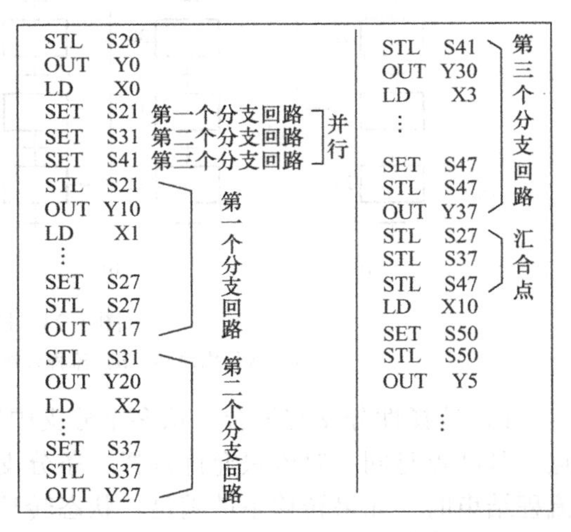

图3-27　图3-25 转换指令表

2. SFC流程分支回路的规则

（1）分支回路的限制

对所有的初始状态（S0～S9）而言，每一状态下的分支回路数总和不能大于16，并且在每一分支点分支数不能大于8，如图3-28所示。

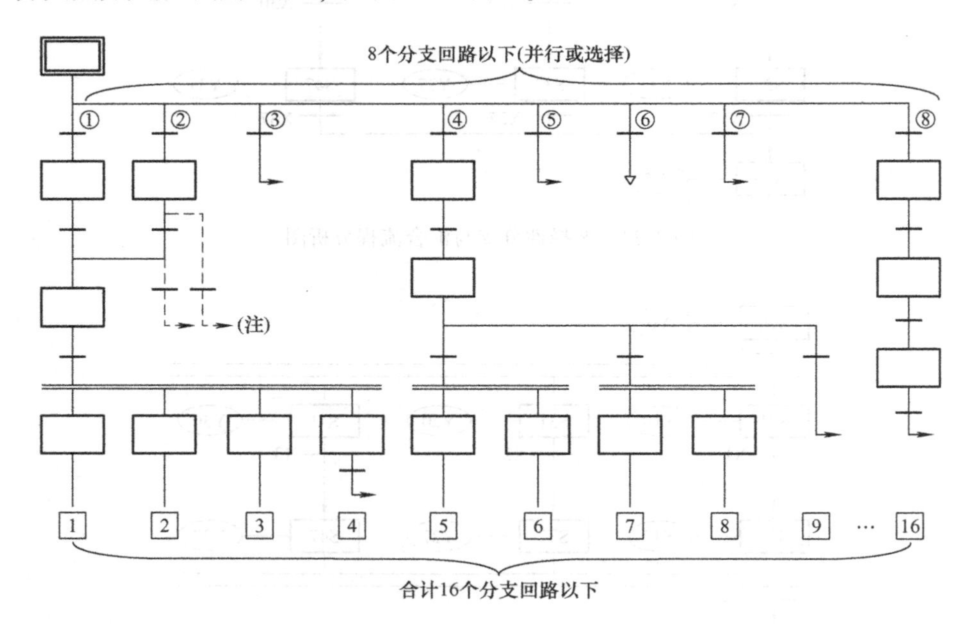

图3-28　分支回路数的限定

注：直接从汇合线或汇合前状态向其他远处状态的跳转处理或复位处理是不允许的，此时，必须设定虚拟状态以执行上述状态转移（远距离跳转或复位）。

（2）分支、汇合状态的处理办法

1）汇合与分支线直接连接，中间没有状态，如图3-29所示。建议使用中间状态，状态中没有空状态专用的编号，可以使用没有使用的状态编号作为空状态。

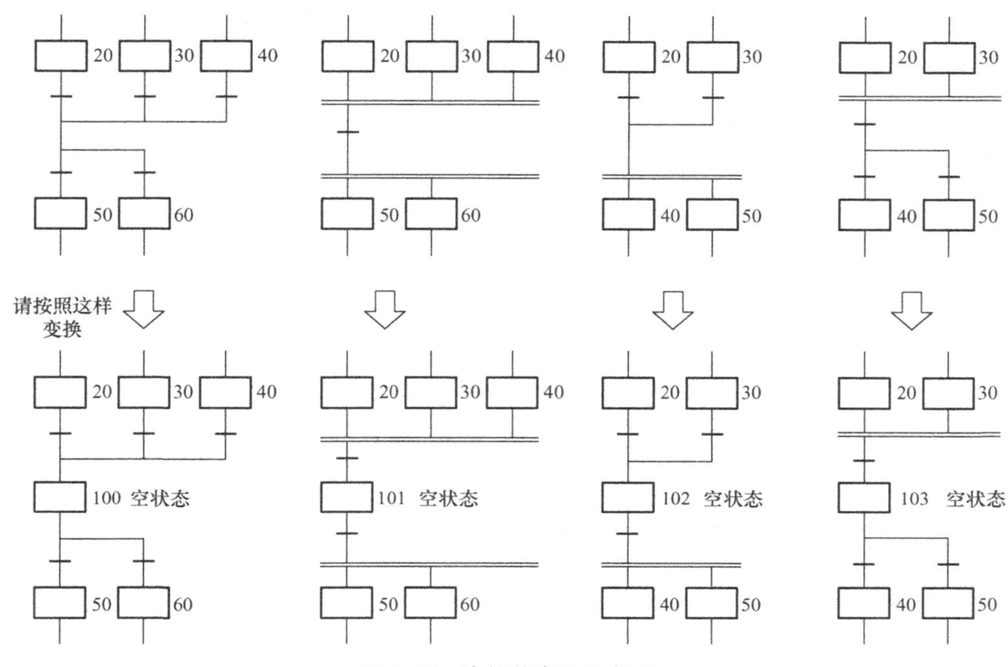

图3-29　中间状态处理方法

2）连续的选择分支，如图3-30所示，可将其变换成分支数较少的回路，如图3-31所示。

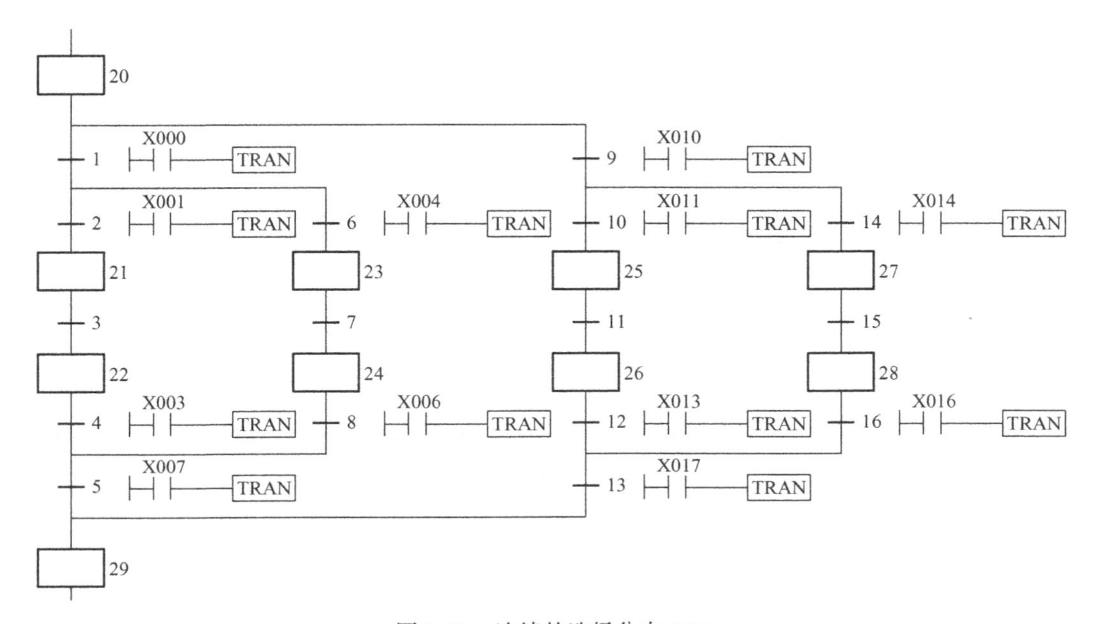

图3-30　连续的选择分支SFC

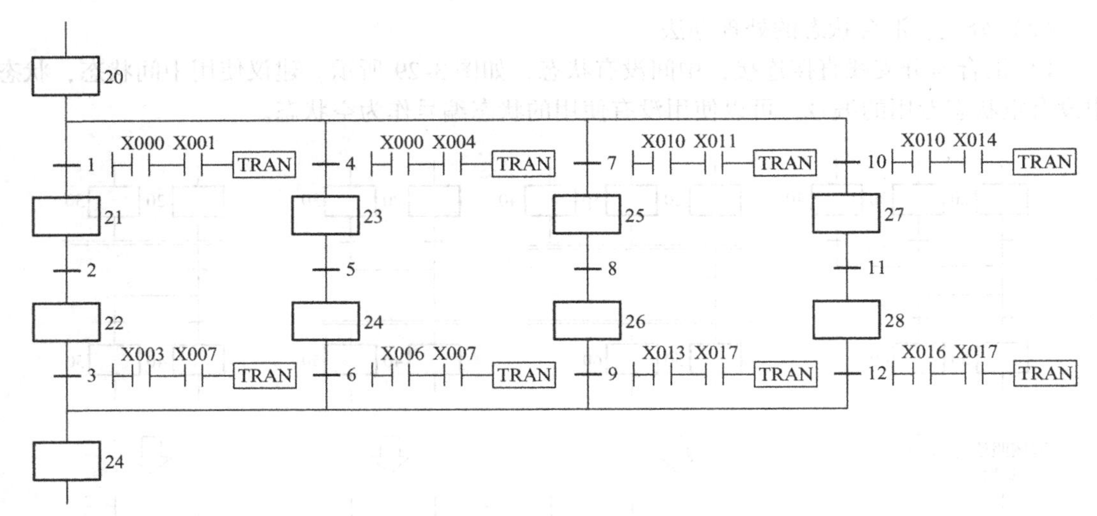

图3-31　变换成分支回路数较少的SFC

3）并行分支后有选择转移条件（标“※”处），转移条件（标“*”处）后的并行汇合不能被执行，如图3-32所示。

4）不能画流程交叉的SFC程序，如图3-33所示，必须进行变换。

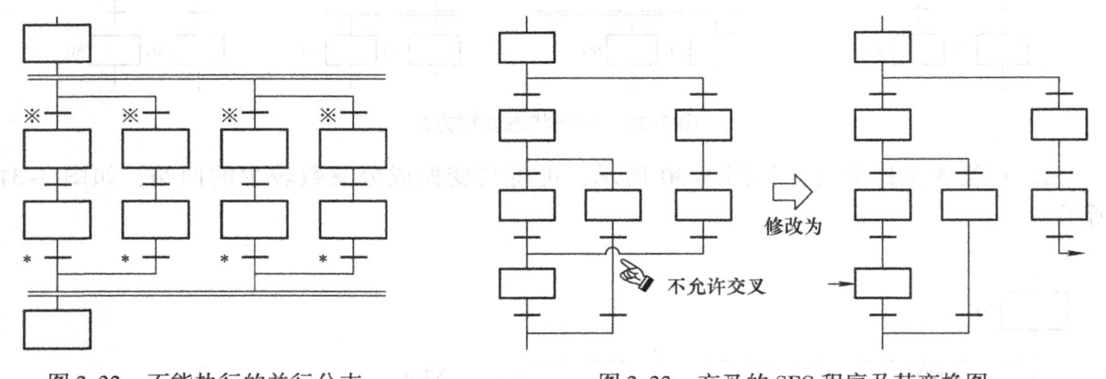

图3-32　不能执行的并行分支　　　　图3-33　交叉的SFC程序及其变换图

任务11　带式运输系统安装与调试

任务要求

在建材、化工、机械、冶金、矿山等工业生产中广泛使用皮带运输系统运送原料或物品。供料由电磁阀DT控制，电动机M1、M2、M3、M4分别用于驱动带式输送线PD1、PD2、PD3、PD4。储料仓设有空仓和满仓信号。运输线动作如图3-34所示。

1）正常起动：仓空或按起动按钮的起动顺序为M1、DT、M2、M3、M4，间隔时间5s。

2）正常停止：为使皮带上不留物料，要求顺物料流动方向按一定时间间隔顺序停止，即停止顺序为DT、M1、M2、M3、M4，间隔时间5s。

3）紧急停止时，无条件将所有电动机和电磁阀全部停止。

4）故障后的起动：为避免前段皮带上造成物料堆积，要求按物料流动相反方向按一定时间间隔顺序起动。故障后的顺序起动为M4、M3、M2、M1、DT，时间间隔10s。

5）系统应具有点动功能。

根据以上要求采用PLC控制，编写程序、设计电路并安装调试运行。

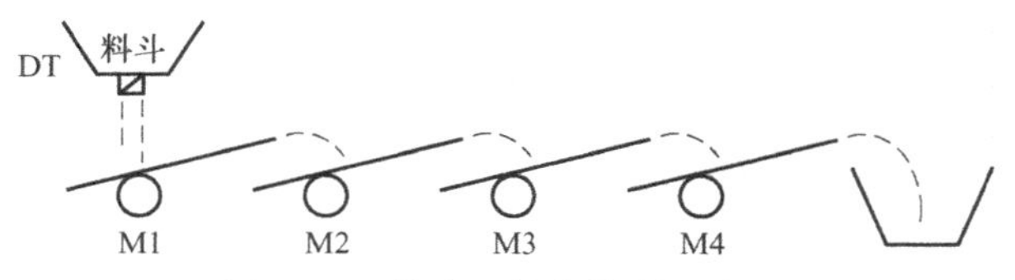

图3-34　带式运输线控制示意图

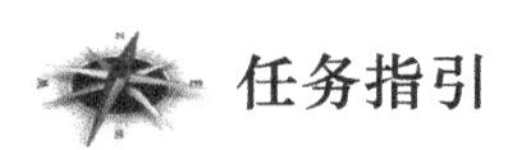

任务指引

1. I/O分配

根据控制要求进行I/O口分配，见表3-10。

表3-10　带式运输线控制I/O口分配表

输入						输出	
X0	手动/自动	X3	急停	X6	满仓	Y0	电磁阀DT
X1	起动	X4	热继电器	X10	点动DT	Y1 ~ Y4	电动机M1 ~ M4
X2	停止	X5	空仓	X11 ~ X14	点动M1 ~ M4		

2. 输入/输出控制接线（见图3-35）

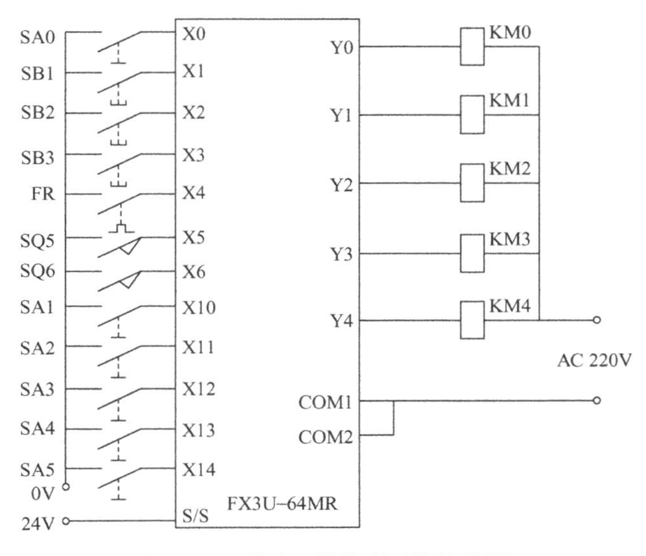

图3-35　带式运输控制系统接线图

3. 编写控制程序（见图3-36）

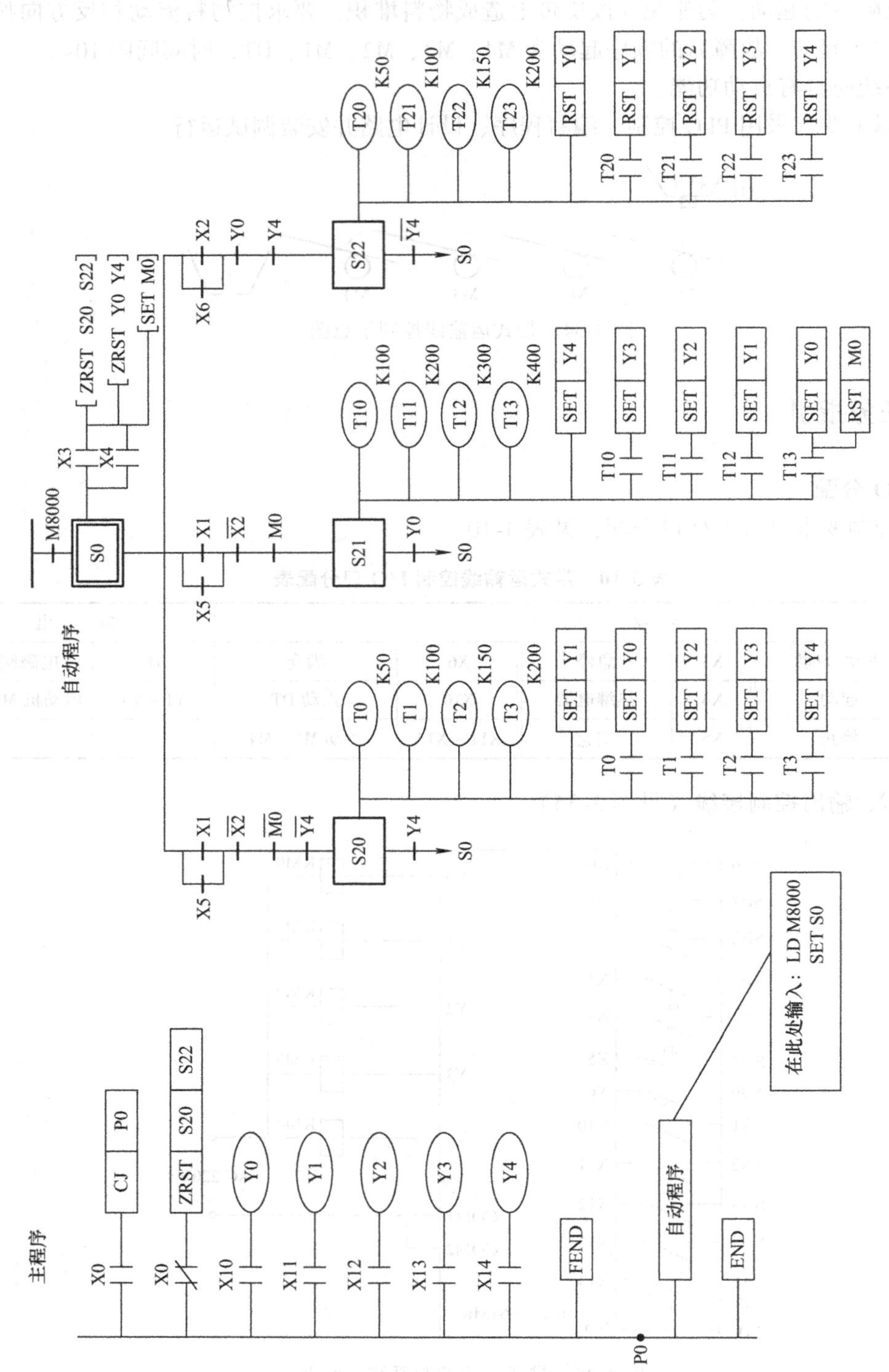

图3-36　带式输送线控制参考程序

任务评价

带式输送线控制系统安装与调试任务评价见表 3-11。

表 3-11　带式输送线控制系统安装与调试任务评价表

项　目	考核内容	扣分标准	配分	得分
专业技能	输入、输出端口分配	分配错误一处扣 1 分	5	
	画出控制接线图	错误一处扣 1 分	5	
	编写梯形图程序	编写错误一处扣 5 分	10	
	PLC 控制系统接线正确	可依据实际情况评定	10	
	程序运行调试	正常起动功能不正确扣 10 分	60	
		正常停止功能不正确扣 10 分		
		紧急停止功能不正确扣 10 分		
		故障后起动功能不正确扣 10 分		
		点动功能错一处扣 2 分，共 10 分		
		空仓不能起动扣 5 分		
		满仓不能自动停止扣 5 分		
安全文明生产	安全操作规定	违反安全文明操作，或岗位 6S 不达标，视情况扣分。违反安全操作规定不得分	5	
创新能力	提出独特可行方案	视情况进行评分	5	

知识拓展

程序流控制指令编程技巧

程序流控制指令（FNC00 ~ FNC09）共 10 条，这一类指令提供了程序的条件执行、优先处理等与顺序控制程序控制流程相关的指令。这里主要讲述条件跳转指令和子程序调用指令。

1. 条件跳转

条件跳转指令 CJ（FNC00）和主程序结束指令 FEND（FNC06）的使用说明如下：

（1）指令概述

条件跳转指令（CJ）用于跳过顺序程序中的某一部分，这样可以减少扫描时间，并使“双线圈操作”成为可能。跳转时，被跳过的那部分指令不执行。指令的执行形式有连续执行和脉冲执行两种。

FEND 为主程序结束指令。执行到 FEND 指令时机器进行输出处理、输入处理、警戒时钟刷新，完成后返回到第 0 步。

CJ 和 FEND 指令使用时的编程结构及动作执行情况如图 3-37 所示。

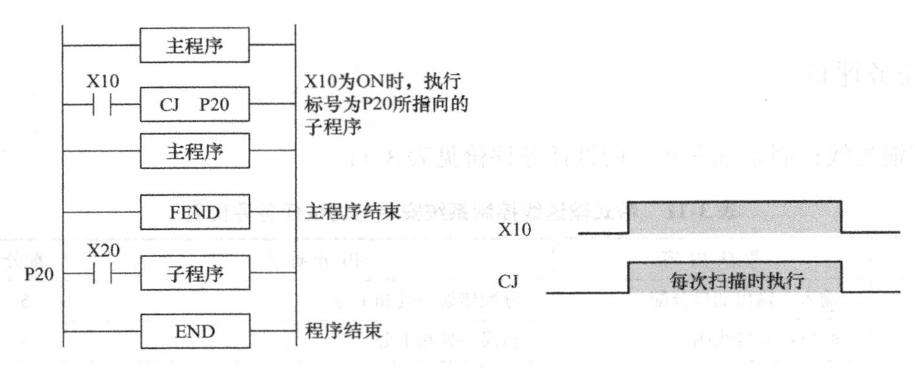

图3-37　CJ指令动作执行情况

（2）指令使用要点

1）CJ和FEND指令成对使用。标号P*n*的子程序应放在主程序结束指令FEND的后面。

2）图3-37中P20指的是跳转的指针编号，编号范围为P1～P4095，但是P63为END步指针，不能使用。对标记P63进行编程时，PLC会显示出错代码6057并停止运行，如图3-38所示。

3）标记输入位置。编写梯形图程序时，将光标移动到梯形图的母线左侧，在回路块起始处输入标记P20即可，如图3-39所示。

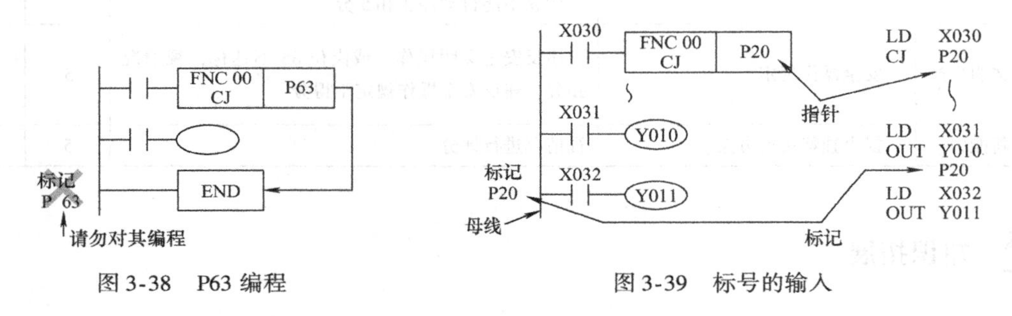

图3-38　P63编程　　　　图3-39　标号的输入

4）标记P的重复使用。多个跳转程序可以向同一个标号P*n*的子程序跳转，但不可以有两个相同标号P*n*的子程序跳转，如图3-40所示。

CJ指令也不能和CALL指令（子程序调用）共用相同的标号，如图3-41所示。

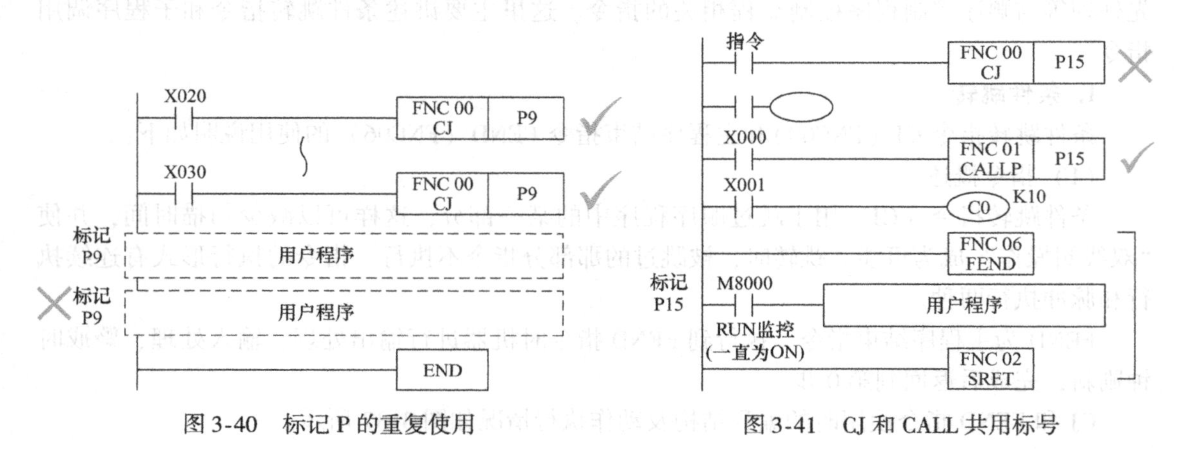

图3-40　标记P的重复使用　　　　图3-41　CJ和CALL共用标号

5）无条件跳转的问题。如图3-42所示，M8000为运行监控，程序无条件执行到标号为P5所指向的程序。

6）有多个子程序时，则需多次使用FEND指令，在最后的END和FEND指令之间编写子程序和中断子程序，如图3-43所示。

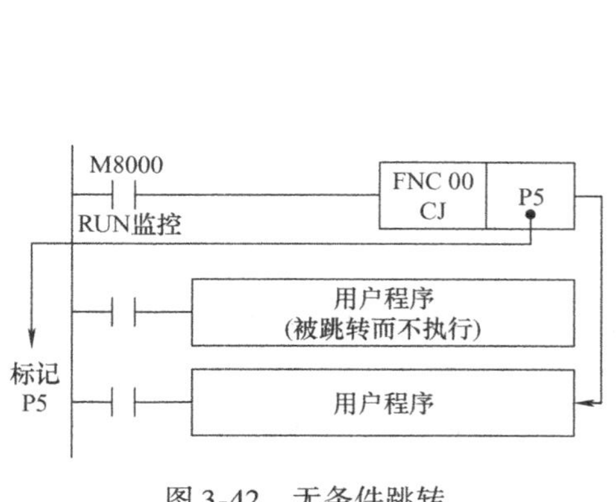

图3-42　无条件跳转

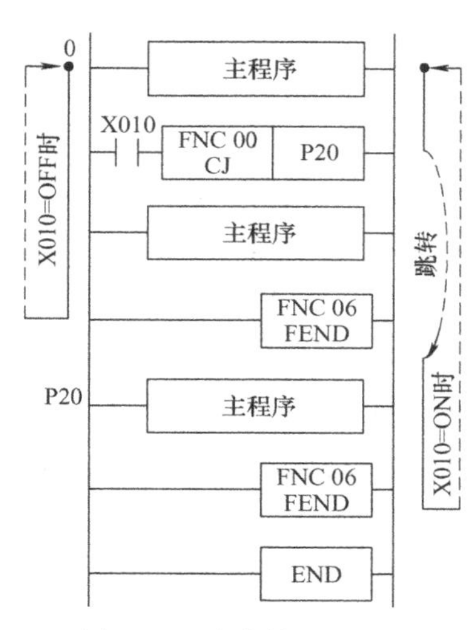

图3-43　多次使用FEND

7）跳转程序中触点线圈动作情况。在跳转程序中涉及PLC的软元件的动作情况，不同的软元件会因跳转指令的执行而产生不同的结果。如图3-44所示，跳转前后触点、线圈状态见表3-12。

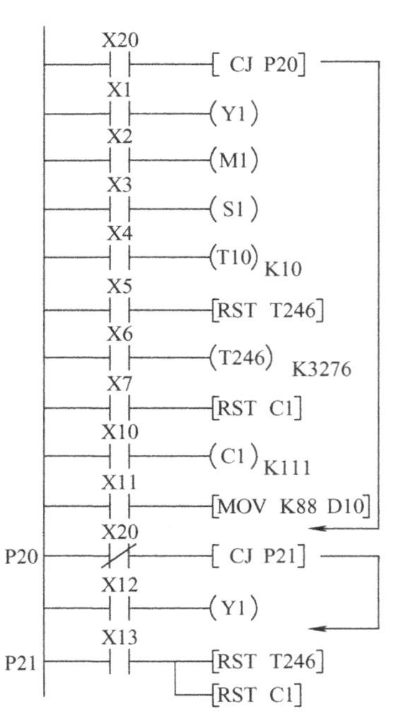

图3-44　跳转程序中触点线圈动作情况

表 3-12　图 3-44 跳转前后触点、线圈状态表

软元件	跳转前触点状态	跳转后触点状态	跳转后线圈状态
Y，M，S	X1，X2，X3 OFF	X1，X2，X3 ON	Y1、M1、S1 为 OFF
	X1，X2，X3 ON	X1，X2，X3 OFF	Y1、M1、S1 为 OFF
10ms/100ms 定时器	X4 OFF	X4 ON	定时器不动作
	X4 ON	X4 OFF	定时器停止（X20 OFF 后重新计时）
1ms 定时器	X5 OFF　X6 OFF	X6 ON	定时器不动作
	X5 OFF　X6 ON	X6 OFF	定时器停止（X20 OFF 后重新计时）
计数器	X7 OFF　X10 OFF	X10 ON	计数器不动作
	X7 OFF　X10 ON	X10 OFF	计数器停止（X20 OFF 后重新计数）
应用指令	X11 OFF	X11 ON	除 FNC52 ~ FNC58 之外的其他功能指令不执行
	X11 ON	X11 OFF	

2. 子程序

调用子程序指令 CALL（FNC01）和子程序返回指令 SRET（FNC02）的使用说明如下：

（1）指令概述

CALL 指令是在顺控程序中，对想要共同处理的子程序进行调用的指令。使用该指令可以减少程序的步数，更加方便有效地设计程序。

当输入指令为 ON 时，执行 CALL 指令，向标号为 P*n* 的子程序跳转（调用标号为 P*n* 的子程序），使用 SRET 指令则返回到主程序。

编写子程序时，必须使用子程序返回指令（SRET），二者配套使用。

子程序应写在 FEND 之后，即 CALL、CALL（P）指令对应的标号应写在 FEND 指令之后。CALL、CALL（P）指令调用的子程序必须以 SRET 指令作为结束。程序结构如图 3-45 所示。

（2）指令使用要点

1）指针标号 P*n* 可以使用的范围为 P0 ~ P4095，其中 P63 为 END 步指针，不能使用。

2）调用子程序可以使用多重 CALL 指令进行嵌套，其嵌套子程序可达 5 级（CALL 指令可用 4 次）。程序结构如图 3-46 所示。

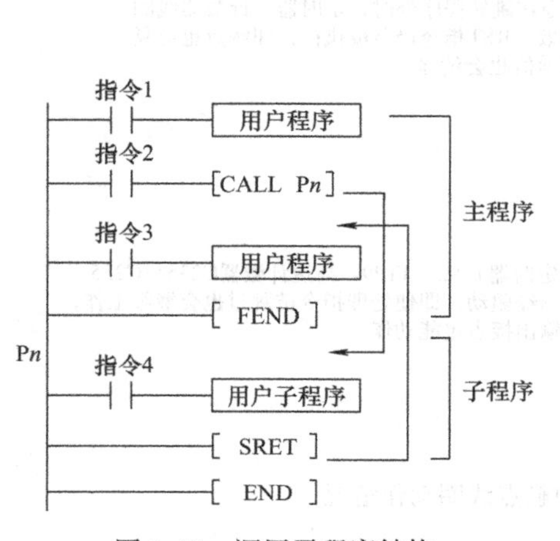

图 3-45　调用子程序结构

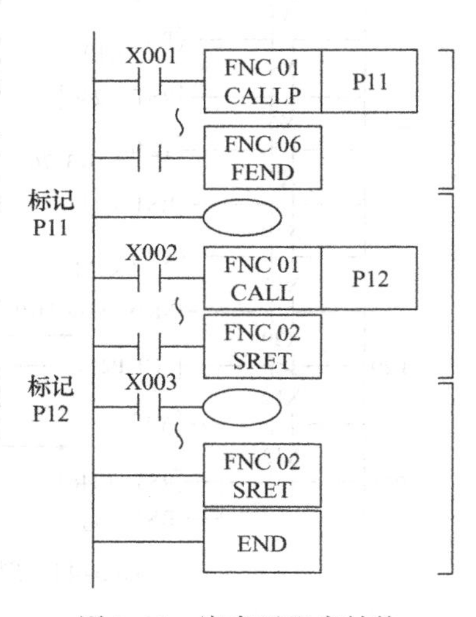

图 3-46　嵌套子程序结构

3）在调用子程序和中断子程序中，可采用T192～T199或T246～T249作为定时器。

4）CALL指令调用子程序时，对应的两个或两个以上子程序之间用SRET隔开。

5）若FEND指令在CALL或CALL（P）指令执行之后、SRET指令执行之前出现，则程序被认为是错误的。另一个类似的错误是使FEND指令处于FOR－NEXT循环中。

6）若有多个FEND指令，则子程序必须在最后一个FEND指令与END指令之间，即程序最后必须有一个END指令。

任务12 十字路口交通灯控制安装与调试

任务要求

某十字路口要按如下要求进行交通灯控制，请设计控制电路、编写程序并模拟调试运行。

1）行向红灯亮30s，绿灯亮20s，绿灯以1s周期闪烁5s，黄灯亮5s。

2）列向红灯亮30s，绿灯亮20s，绿灯以1s周期闪烁5s，黄灯亮5s。

3）手动控制时，行、列向黄灯均要求闪烁（周期1s）；自动运行时按图3-47运行。

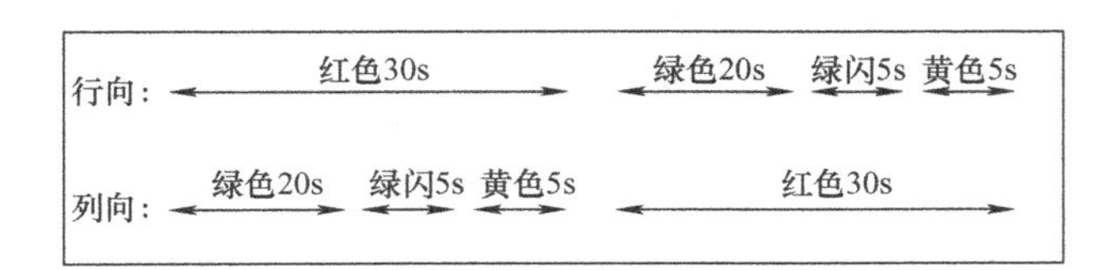

图3-47 交通灯自动控制运行时间图

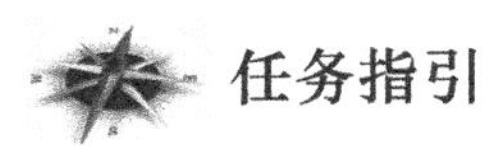

任务指引

1. I/O分配

根据控制要求进行I/O分配，见表3-13。

图3-13 十字路口交通灯I/O分配表

输入		输出			
X0	手动	Y0	行向红灯	Y3	列向红灯
X1	起动	Y1	行向绿灯	Y4	列向绿灯
X2	停止	Y2	行向黄灯	Y5	列向黄灯

2. 设计十字路口交通灯输入、输出控制接线图（见图3-48）

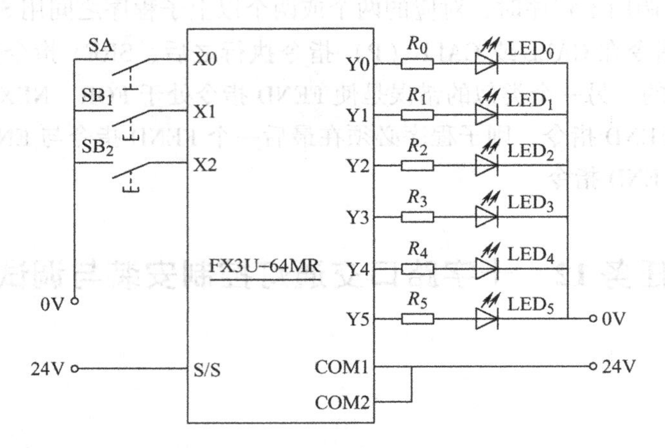

图3-48 十字路口交通灯控制接线图

3. 根据控制要求编制控制程序（见图3-49）

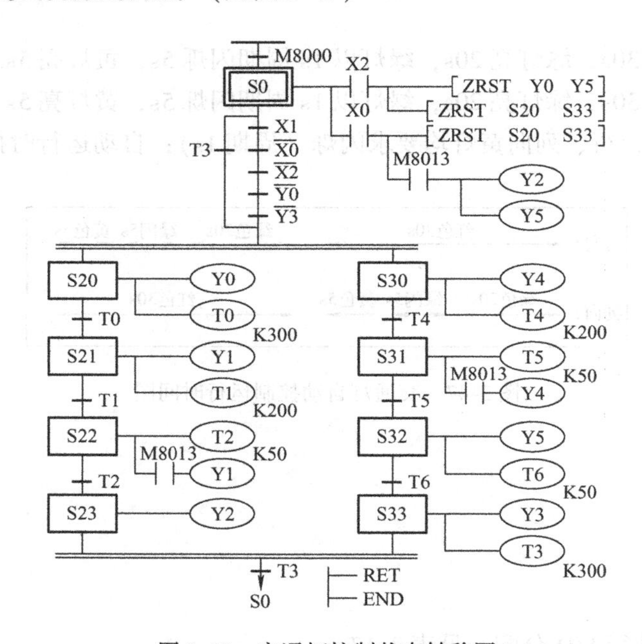

图3-49 交通灯控制状态转移图

请读者参考知识拓展中相关知识，采用其他方法编写此任务控制程序。

任务评价

十字路口交通灯控制安装与调试任务评价见表3-14。

表 3-14　十字路口交通灯控制安装与调试任务评价表

项　　目	考 核 内 容	评 分 标 准	配分	得分
专业技能	输入、输出端口分配	分配错误一处扣 1 分	5	
	画出控制接线图	错误一处扣 1 分	5	
	编写程序	编写错误一处扣 5 分	10	
	PLC 控制系统接线正确	可依据实际情况评定	10	
	程序运行调试	手动黄灯工作不正常扣 5 分 行向运行不正确扣 10 分 列向运行不正确扣 10 分 无停止功能扣 5 分 停止、重起功能不正常扣 5 分 各指示灯不正常一处扣 5 分	50	
安全文明生产	安全操作规定	违反安全文明操作或岗位 6S 不达标，视情况扣分。违反安全操作规定不得分	10	
创新能力	提出独特可行方案	视情况进行评分	10	

知识拓展

触点式比较指令编程技巧

1. 指令使用介绍

触点式比较指令（FNC220 ~ FNC249）取决于触点的通/断比较条件是否成立。如果比较条件成立则触点就导通，反之则断开。这样，这些比较指令就可像普通触点一样放在程序的横线上，故又称为线上比较指令，按指令在线上的位置可分为以下三大类，见表 3-15。

触点式比较指令的操作数[S1·]、[S2·]可使用的对象软元件有 KnX、KnY、KnM、KnS、T、C、D、R、V、Z、K、H。

表 3-15　触点式比较指令表

类　　别	功能号	16 位指令	32 位指令	导 通 条 件	不导通条件	备　　注
LD□类 比较触点	224	LD =	LDD =	[S1·] = [S2·]	[S1·] ≠ [S2·]	比较触点接到起始总线上的指令
	225	LD >	LDD >	[S1·] > [S2·]	[S1·] <= [S2·]	
	226	LD <	LDD <	[S1·] < [S2·]	[S1·] >= [S2·]	
	228	LD < >	LDD < >	[S1·] ≠ [S2·]	[S1·] = [S2·]	
	229	LD <=	LDD <=	[S1·] <= [S2·]	[S1·] > [S2·]	
	230	LD >=	LDD >=	[S1·] >= [S2·]	[S1·] < [S2·]	
AND□类 比较触点	232	AND =	ANDD =	[S1·] = [S2·]	[S1·] ≠ [S2·]	比较触点作串联连接的指令
	233	AND >	ANDD >	[S1·] > [S2·]	[S1·] <= [S2·]	
	234	AND <	ANDD <	[S1·] < [S2·]	[S1·] >= [S2·]	
	236	AND < >	ANDD < >	[S1·] ≠ [S2·]	[S1·] = [S2·]	
	237	AND <=	ANDD <=	[S1·] <= [S2·]	[S1·] > [S2·]	
	238	AND >=	ANDD >=	[S1·] >= [S2·]	[S1·] < [S2·]	

（续）

类　别	功能号	16位指令	32位指令	导 通 条 件	不导通条件	备　注
OR□类比较触点	240	OR =	ORD =	[S1·] = [S2·]	[S1·] ≠ [S2·]	比较触点作并联连接的指令
	241	OR >	ORD >	[S1·] > [S2·]	[S1·] <= [S2·]	
	242	OR <	ORD <	[S1·] < [S2·]	[S1·] >= [S2·]	
	244	OR < >	ORD < >	[S1·] ≠ [S2·]	[S1·] = [S2·]	
	245	OR <=	ORD <=	[S1·] <= [S2·]	[S1·] > [S2·]	
	246	OR >=	ORD >=	[S1·] >= [S2·]	[S1·] < [S2·]	

2. 应用示例

1）触点式比较指令应用示例分别如图3-50～图3-52所示。

[= K300 C30]
(Y000)
当计数器C30的当前值等于300时，Y000为ON
[> D100 K-100]
(Y001)
当D100的当前值大于-100时，Y001为ON
X010
[<= D10 K 50]
[SET Y003]
当D0的当前值小于或等于50且X010为ON时，Y003被置位
[D< > K32768 C235]
(Y004)
当高速计数器C235的当前值不等于32768或M20为ON时，Y004为ON
M20

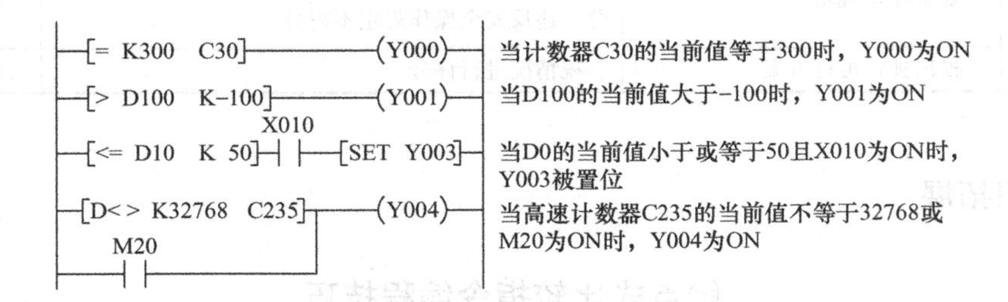

图3-50　LD比较触点指令示例

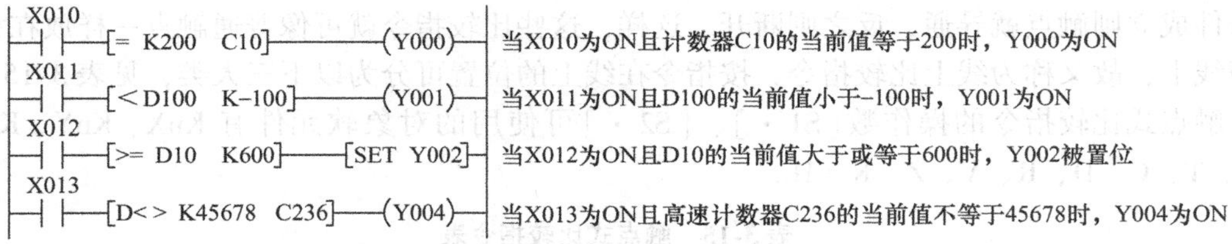

X010
[= K200 C10]
(Y000)
当X010为ON且计数器C10的当前值等于200时，Y000为ON
X011
[< D100 K-100]
(Y001)
当X011为ON且D100的当前值小于-100时，Y001为ON
X012
[>= D10 K600]
[SET Y002]
当X012为ON且D10的当前值大于或等于600时，Y002被置位
X013
[D< > K45678 C236]
(Y004)
当X013为ON且高速计数器C236的当前值不等于45678时，Y004为ON

图3-51　AND比较触点指令示例

X001
(Y000)
[= K120 C20]
当X001为ON或计数器C20的当前值等于120时，Y000为ON
X002
M10
(Y010)
[D<= D150 K201108]
当X002为ON且M10为OFF或者数据寄存器(D151，D150)的内容小于或等于201108时，Y010为ON

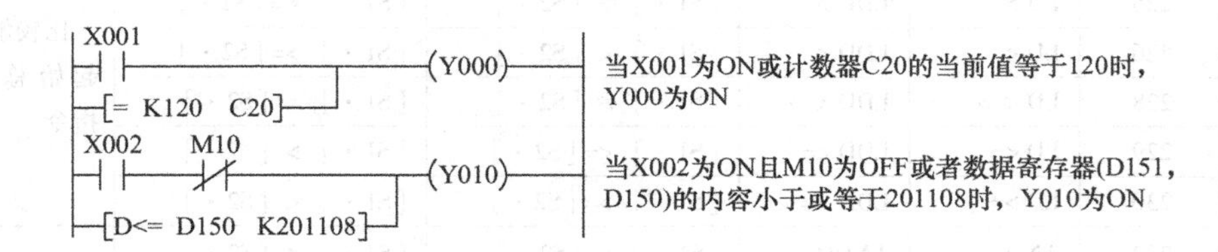

图3-52　OR比较触点指令示例

2）十字路口交通灯控制参考程序。任务12中十字路口交通灯控制也可用触点式比较指令编写控制程序，如图3-53所示。

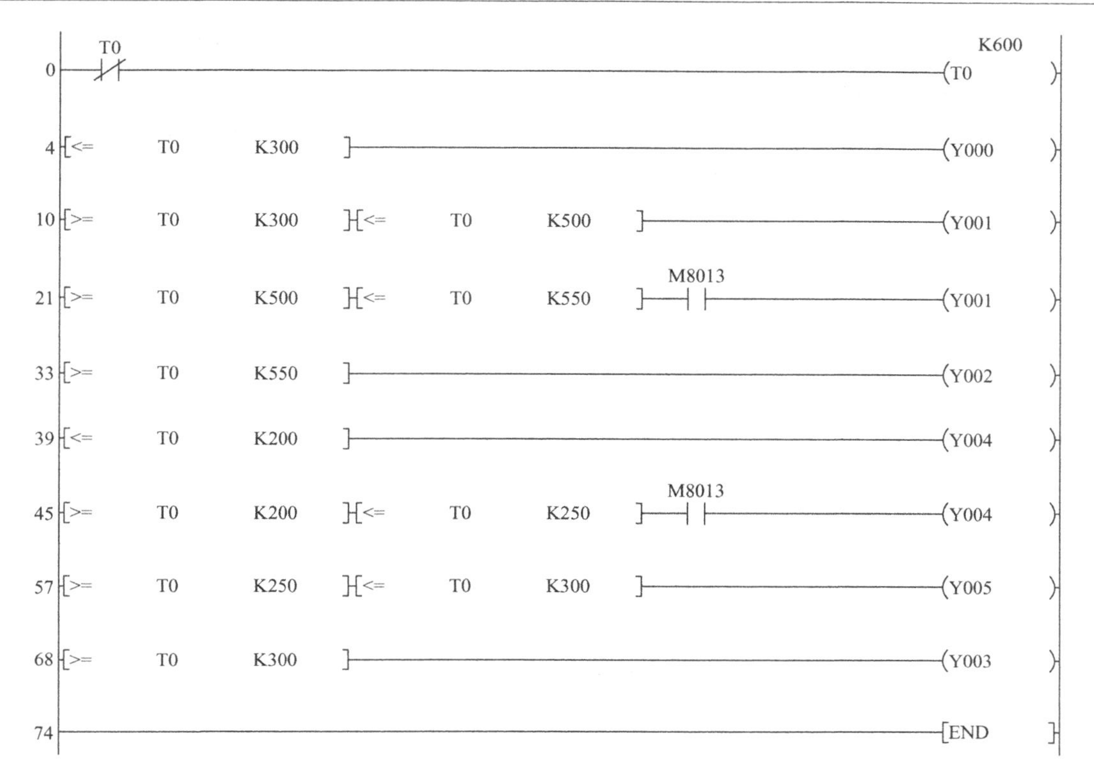

图 3-53　用触点式比较指令编写的十字路口交通灯参考程序

任务 13　恒压供水（多段速度）控制系统安装与调试

任务要求

某供水系统采用 PLC 控制，请按下列要求设计电路、编写程序并调试运行。

1）共有 3 台水泵，按设计要求 2 台运行，1 台备用，运行与备用 10 天轮换一次。

2）用水高峰时 1 台工频全速运行，1 台变频运行；用水低谷时，1 台变频运行。

3）3 台水泵分别由 M1、M2、M3 电动机拖动，3 台电动机由 KM1、KM3、KM5 变频控制；KM2、KM4、KM6 全速控制。

4）变速控制由供水压力上限触点与下限触点控制。

5）变频调速采用七段调速，见表 3-16。

表 3-16　变频调速七段调速表

速度	1	2	3	4	5	6	7
触点	RH				RH	RH	RH
触点		RM		RM		RM	RM
触点			RL	RL	RL		RL
频率	15	20	25	30	35	40	45

6）水泵投入工频运行时，电动机的过载由热继电器保护，并有报警信号指示。

7）变频器的其余参数自行设定。

8）试验时KM1、KM3、KM5可并联接变频器与电动机，KM2、KM4、KM6不接，用指示灯代替。主电路接线如图3-54所示。

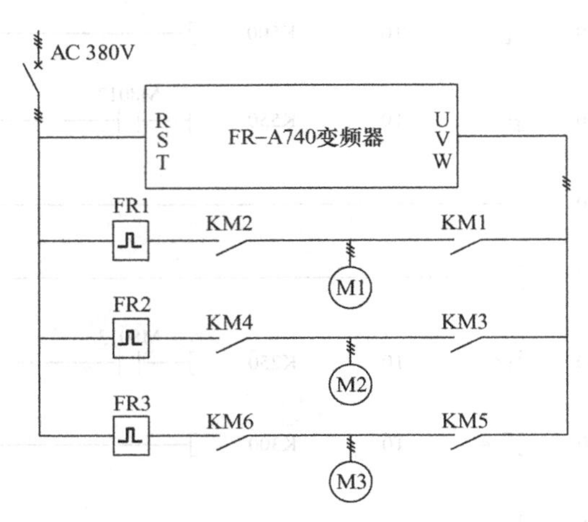

图3-54　主电路接线图

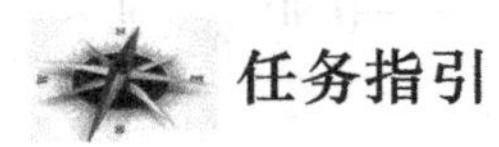

任务指引

1. I/O分配

I/O端口分配见表3-17。

表3-17　I/O端口分配表

输入端子	功　能	输出端子	功　能	输出端子	功　能
X0	起动按钮	Y0	STF信号	Y10	KM5
X1	水压下限开关	Y1	RH信号	Y11	KM6
X2	水压上限开关	Y2	RM信号	Y12	FR报警灯
X5	停止	Y3	RL信号	Y37	MRS信号
X6～X7	FR1～FR2	Y4～Y7	KM1～KM4		
X10	FR3				

2. 变频器多段速度参数设定

1速：Pr. 4 = 15Hz；2速：Pr. 5 = 20Hz；3速：Pr. 6 = 25Hz；4速：Pr. 24 = 30Hz；5速：Pr. 25 = 35Hz；6速：Pr. 26 = 40Hz；7速：Pr. 27 = 45Hz；加速时间：Pr. 7；减速时间：Pr. 8（根据系统情况进行设定）；

操作模式：Pr. 79 = 3；Pr. 160 = 0。

3. 恒压供水控制综合接线（见图3-55）

4. 控制流程图编制

编制控制流程图以方便更好地编写程序。控制流程图如图3-56所示。

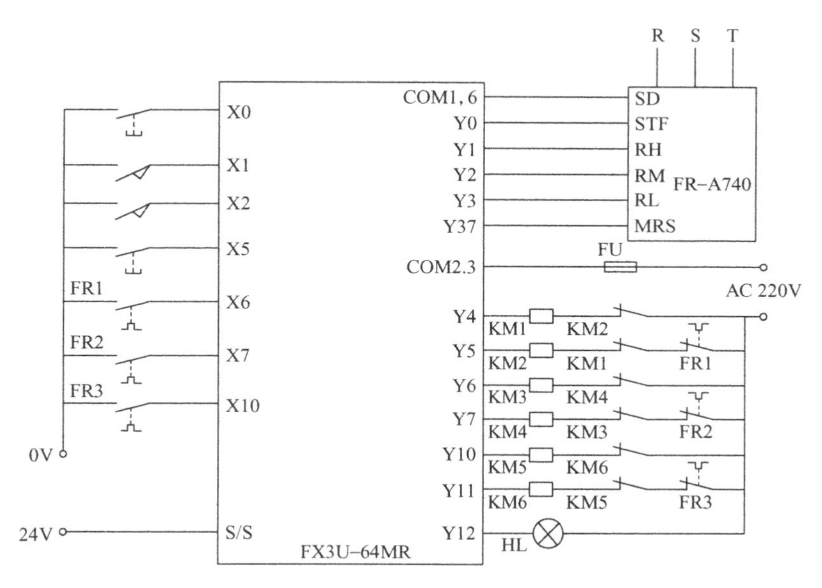

图3-55　恒压供水控制综合接线图

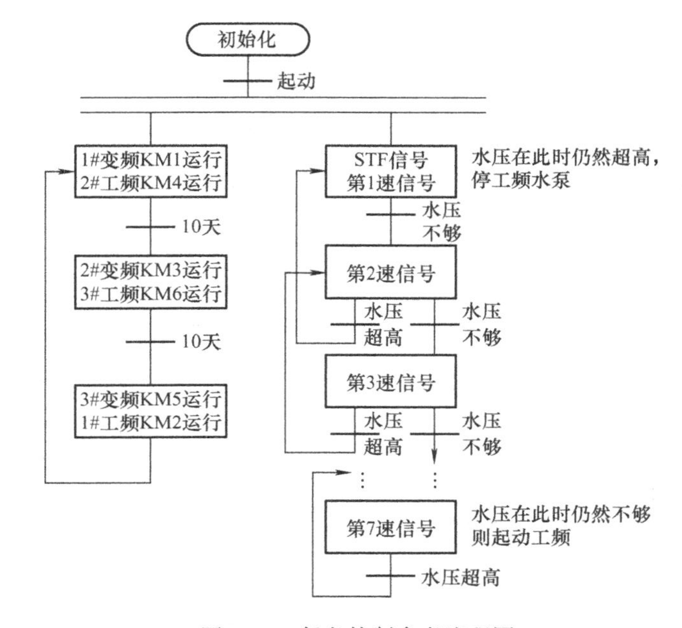

图3-56　任务控制参考流程图

5. 编制参考程序（见图3-57）

此程序中时间是按控制要求编制，读者在实验室实训时，应将程序的M8014（1min的脉冲）改为M8013（1s的脉冲），同时将C0 K14400的值适当改小（如C0 K20），则能看出工频与变频切换的效果，否则10天工变频切换一次，在实验室无法实现控制要求的效果。

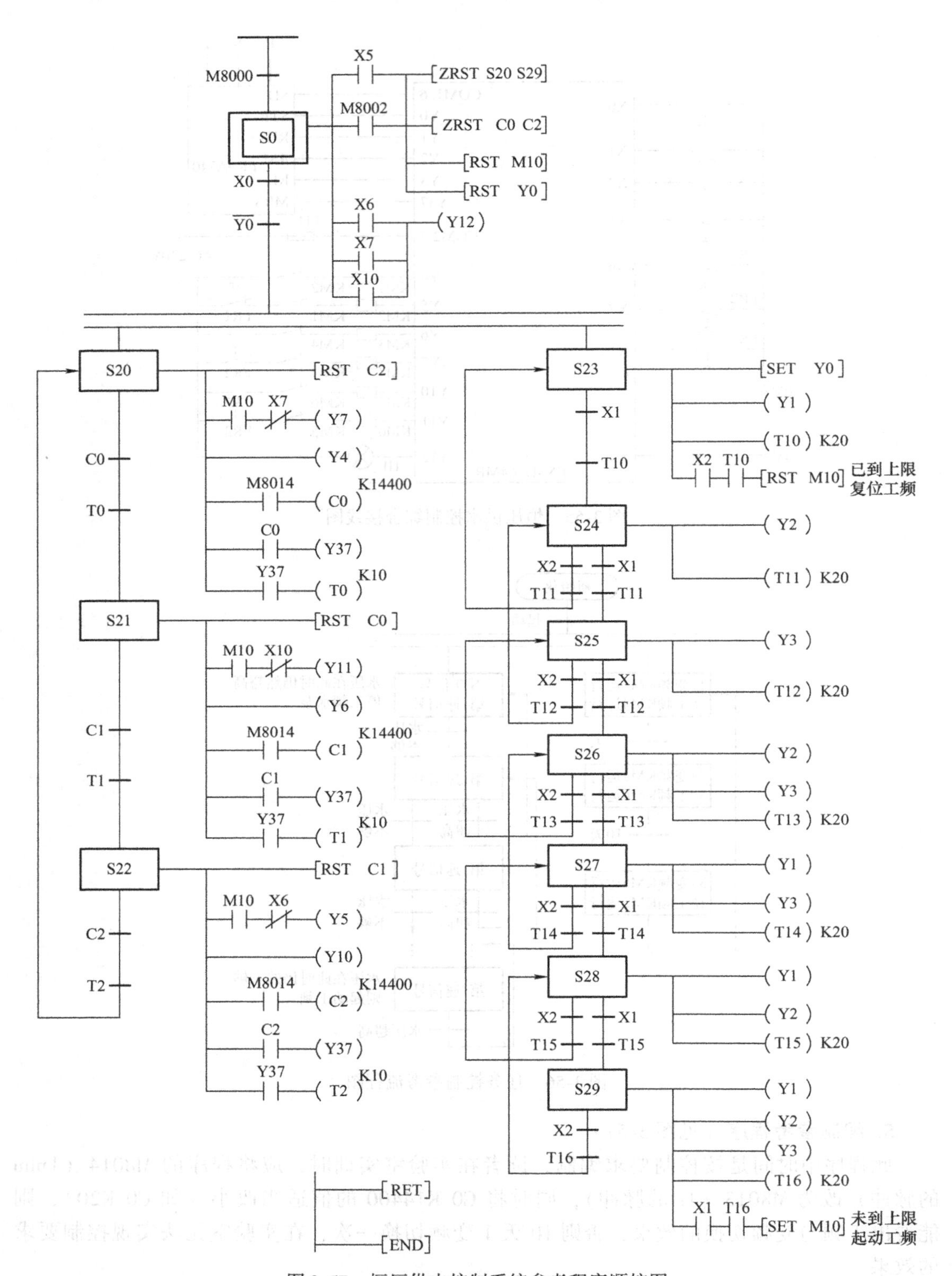

图3-57 恒压供水控制系统参考程序顺控图

任务评价

恒压供水控制系统安装与调试任务评价见表 3-18。

表 3-18　恒压供水控制系统安装与调试任务评价表

项　目	考核内容	评分标准	配分	得分
专业技能	变频器参数设置	每错一个扣 1 分	5	
	主电路绘制	错误一处扣 1 分	5	
	输入、输出端口分配	分配错误一处扣 1 分	5	
	画出控制接线图	错误一处扣 1 分	5	
	编写控制程序	编写错误一处扣 2 分	10	
	PLC 控制系统接线正确	可依据实际情况评定	10	
	系统调试运行	1. 不能切换到工频的扣 10 分 2. 不能切换到变频的扣 10 分 3. 用水高峰时（1 台工频全速运行，1 台变频运行）不正确扣 10 分 4. 用水低谷时（1 台变频运行）不正确扣 10 分 5. 变频调速采用七段调速控制，每少一段速度扣 5 分，少于三段速度以上本项不得分 6. 运行与备用切换时间不对扣 5 分 7. 运行频率不对，每处扣 3 分	50	
安全文明生产	安全操作规定	违反安全文明操作或岗位 6S 不达标，视情况扣分。违反安全操作规定不得分	5	
创新能力	提出独特可行方案	视情况进行评分	5	

知识拓展

变频—工频切换技术

在变频器中内置工频运行—变频运行切换的控制功能。因此，仅输入起动、停止、自动切换选择信号，就能简单地实现切换用的电磁接触器的互锁。

1. 参数

（1）基本参数

与工频电源切换相关的基本参数见表 3-19。

表 3-19　变频—工频切换选择基本参数表

参数号	意　义	出厂设定	设定范围
Pr. 135	工频电源切换输出端子选择	0	0：无工频切换顺序；1：有工频切换顺序
Pr. 136	接触器（MC）切换互锁时间	0. 1s	0 ~ 100. 0s。设定 MC2 和 MC3 动作互锁时间
Pr. 137	起动开始等待时间	0. 5s	0 ~ 100. 0s

（续）

参数号	意　义	出厂设定	设定范围
Pr. 138	异常进工频变频切换选择	0	0：变频器发生故障时，变频器停止输出；1：变频器发生故障时，自动切换到工频运行
Pr. 139	变频—工频自动切换选择	9999	0～60.0Hz：设定切换到工频运行频率；9999：无自动切换

（2）相关参数

Pr. 11（直流制动动作时间）；Pr. 57（再起动自动运行时间）；Pr. 58（再起动起步时间）；Pr. 180～Pr. 168（输入端子功能选择）；Pr. 190～Pr. 195（输出端子功能选择）。

2. 接线

（1）工频电源切换接线（见图3-58）

（2）接线说明

1）输入输出端子设置：漏型逻辑时，Pr. 185＝7，Pr. 186＝6，Pr. 192＝17，Pr. 193＝18，Pr. 194＝19。

2）电磁接触器（MC1、MC2、MC3）的作用见表3-20。

表3-20　电磁接触器的作用

电磁接触器	安装位置	作　用
MC1	在电源与变频器之间	正常时闭合，变频器发生故障时断开（复合后再闭合）
MC2	在电源与电动机之间	工频运行时闭合，变频器运行时断开。当变频器发生故障时闭合（通过参数设定选择，除非外部热继电器动作）
MC3	在变频器输出与电动机之间	变频器运行时闭合，工频运行时断开。当变频器发生故障时断开

3）当使用此功能（Pr. 135＝1）时，各输入点的信号功能关系见表3-21。

表3-21　I/O信号

信　号	使用的端子	功　能	开、关状态	MC动作		
				MC1	MC2	MC3
MRS	MRS	操作是否有效	运行切换可以—ON 运行切换不可以—OFF	○ ○	— ×	— 不变
CS	由 Pr. 180～Pr. 186确定	变频—工频切换	变频运行—ON 工频运行—OFF	○ ○	× ○	○ ×
STF（STR）	STF（STR）	变频器运行指令（对于工频运行无效）	正（反）转—ON 停止—OFF	○ ○	× ×	○ ○
OH	由 Pr. 180～Pr. 18确定	外部热继电器	电动机正常—ON 电动机故障—OFF	○ ×	— ×	— ×
RES	RES	运行状态 初始化	初始化—ON 正常运行—OFF	不变 ○	× —	不变 —

注：1. 在上面MC栏中，“—”表示在变频运行时MC1闭合，MC2断开和MC3闭合；在工频运行时MC1闭合，MC2断开和MC3断开。“不变”表示保持信号动作前的状态。

2. “○”表示ON，“×”表示OFF。

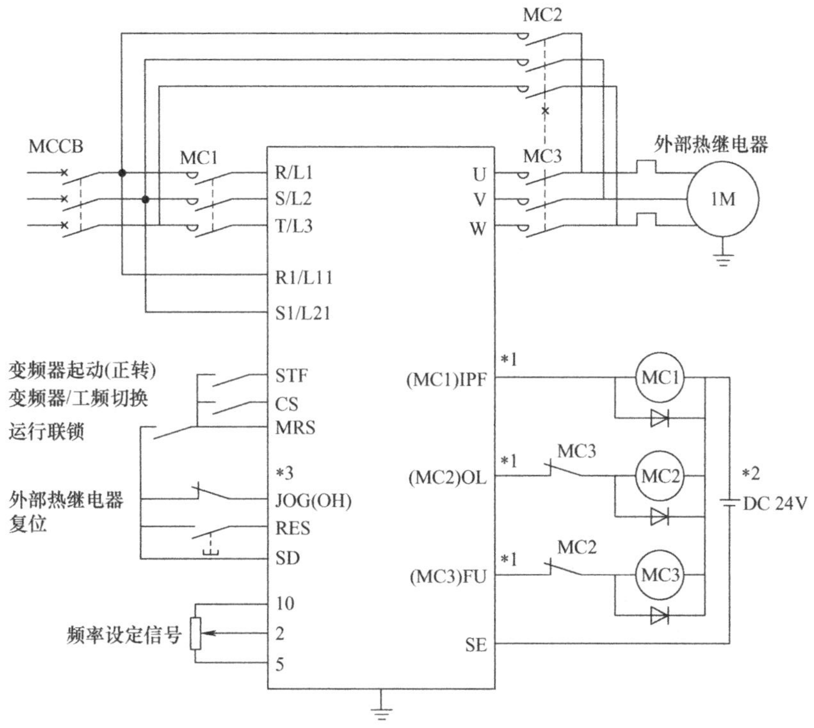

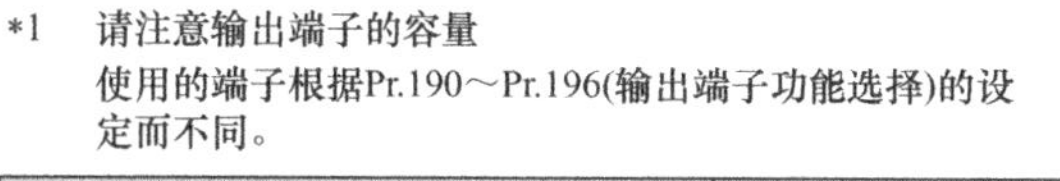

图3-58　工频电源切换接线图

*1　请注意输出端子的容量
使用的端子根据Pr.190～Pr.196(输出端子功能选择)的设定而不同。

输出端子容量	输出端子允许负载
主机集电极开路输出 (RUN，SU，IPF，OL，FU)	DC 24V 0.1A
主机继电器输出 (A1–C1，B1–C1，A2–B2，B2–C2) 继电器输出选件 (FR–A7AR)	AC 230V 0.3A DC 30V 0.3A

*2　连接DC电源时，请加入保护二极管。
连接AC电源时，请连接继电器输出选件(FR–A7AR)，外部热继电器使用接点输出。

*3　使用的端子根据Pr.180～Pr.189(输入端子功能选择)而不同。

当 MRS 信号接通时，CS 信号才动作。当 MRS 和 CS 同时接通时，STF（STR）才能动作。变频器发生故障时 MC1 断开。

如果 MRS 信号没有接通，既不能进行工频电源运行也不能进行变频器运行。RES 信号可以根据复位选择（Pr. 75）来选择复位输入接受与否。

4）输出信号说明见表 3-22。

表 3-22 输出信号

信　号	使用的端子	说　明
MC1	由 Pr. 190 ~ Pr. 195 确定	输出 MC1 动作信号
MC2		输出 MC2 动作信号
MC3		输出 MC3 动作信号

3. 动作过程（见图 3-59）

进行运行的操作过程如下：

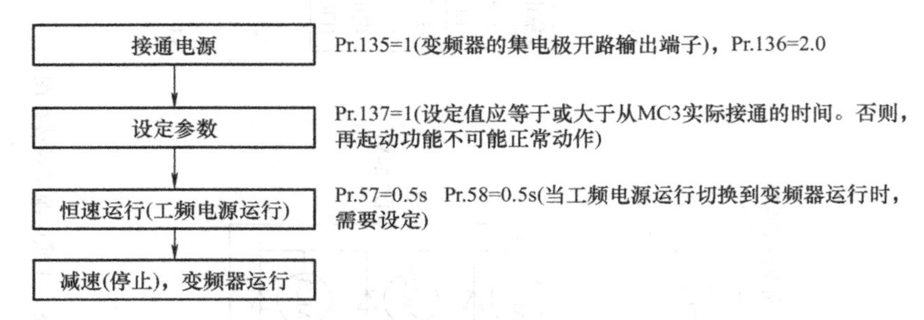

图 3-59 变频器工频电源切换操作图

参数设定后的信号状态见表 3-23。

表 3-23 参数设定后的信号状态

功能＼信号	MRS	CS	STF	MC1	MC2	MC3	备　注
电源接通	OFF	OFF （OFF）	OFF （OFF）	OFF→ON OFF→ON	OFF （OFF）	OFF→ON （OFF→ON）	外部运行模式 （PU 运行模式）
起动（变频器）	OFF→ON	OFF→ON	OFF→ON	ON	OFF	ON	
恒速（工频电源）	ON	ON→OFF	ON	ON	OFF→ON	ON→OFF	MC3 断开后，电动机自由运行 2s 后，MC2 闭合
切换到变频器运行进行减速	ON	OFF→ON	ON	ON	ON→OFF	OFF→ON	MC2 断开后，电动机自由运行 4s 后，MC3 闭合
停止	ON	ON	ON→OFF	ON	OFF	ON	

变频器工频电源切换技术使用注意事项：

1）此功能只在 R1 和 S1 独立供电时（不是由 MC1 供电）可使用。

2）当 Pr. 135 设定为“0”以外的值时，此功能只在外部运行或 PU（速度指令）+外部（运行指令）运行模式时才有效。当 Pr. 135 设定为“0”以外的值时，在其他模式下 MC1 和 MC3 闭合。

3）当 MRS 和 CS 信号接通和 STR 断开时 MC3 闭合，但最后电动机在工频电源运行下自由滑行到停止时，在 Pr. 137 设定时间过后变频器会再起动。

4）当 MRS、STF 和 CS 信号闭合时可进行变频器运行。在其他情况下（MRS 闭合），进行工频电源运行。

5）当 CS 信号关断时，电动机切换到工频电源运行。需注意的是，当 STF（STR）信号关断时，电动机由变频器减速到停止。

6）当 MC2 和 MC3 均处于关断，然后 MC2 或 MC3 中有一个接通，在 Pr. 136 中设定的等待时间过后电动机重新再起动。

7）如果 Pr. 135 设定为“0”以外的值，Pr. 136 和 Pr. 137 在 PU 操作模式中将被忽略。并且，变频器的输入端子（STF、CS、MRS、OH）恢复到普通功能。

8）当选择了工频电源—变频器顺序切换时，如果设定了 PU 互锁功能（Pr. 79 = 7），则此功能无效。

9）当用 Pr. 180 ~ Pr. 186 和/或 Pr. 190 ~ Pr. 195 改变端子功能时，其他功能可能会受到影响，设置前请确认相应端子的功能。

模块4　三菱触摸屏应用控制技术

项目目标

知识点：

1）掌握触摸屏的工作原理。

2）掌握各种类型触摸屏的特点。

3）掌握触摸屏选用知识。

4）掌握触摸屏内部软元件使用相关知识。

技能点：

1）熟练使用画面设计软件制作工程画面。

2）熟练使用画面仿真软件进行工程仿真运行。

3）会进行触摸屏通信连接及操作。

4）能根据控制要求进行工程画面调试。

5）能进行触摸屏控制系统安装调试运行。

6）掌握触摸屏控制系统故障处理的方法和技巧。

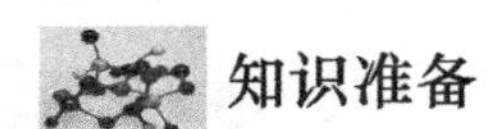

任务设备

三菱触摸屏（GOT1000系列）、FX系列PLC（FX3U－64MR）、FR系列变频器（FR－A740或FR－D700）、计算机、通信电缆三条（计算机与触摸屏、计算机与PLC、触摸屏与PLC）、连接导线、电动机、螺钉旋具、指示灯、按钮、万用表、控制台等。

知识准备

GT Designer 3画面设计软件的使用

GT Designer 3是由三菱电机有限公司开发设计的，用于图形终端显示屏幕制作的Windows系统平台软件，支持三菱全系列图形终端。

该软件功能完善，图形、对象工具丰富，窗口界面直观形象，操作简单易用，可以方便地改变所接PLC的类型，实时读取、写入显示屏幕，还可以设置保护密码。同时，还可以实现仿真运行，可及时地了解画面设计的合理性等。

下面以GT1155QSBDC、FX3U－64MR PLC、FR－A700变频器为例，简要地介绍软件使用、工程制作、屏幕构成和部分工具的使用操作、画面的制作以及数据的读取、传送等。

1. 触摸屏工程创建

1）依次单击“开始”→“程序”→MELSOFT应用程序→“GT Designer 3”，选择“新建”，新建一个工程，出现如图4-1所示“工程选择”对话框。

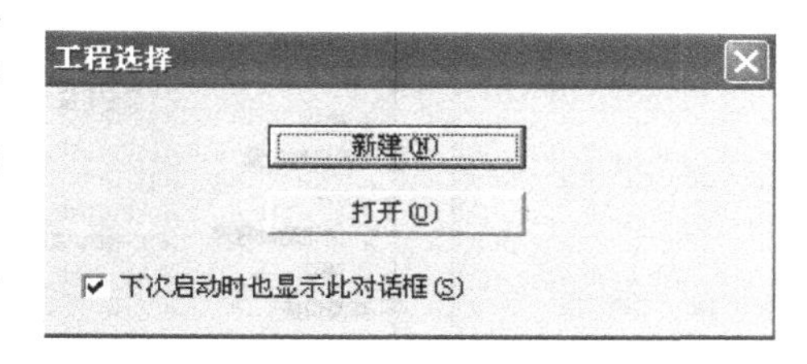

图4-1　“工程选择”对话框

2）单击“新建”按钮，出现如图4-2所示“新建工程向导”对话框，单击“下一步”按钮，出现如图4-3所示的画面，可进行触摸屏的系统设置，包括触摸屏的类型和颜色设置。

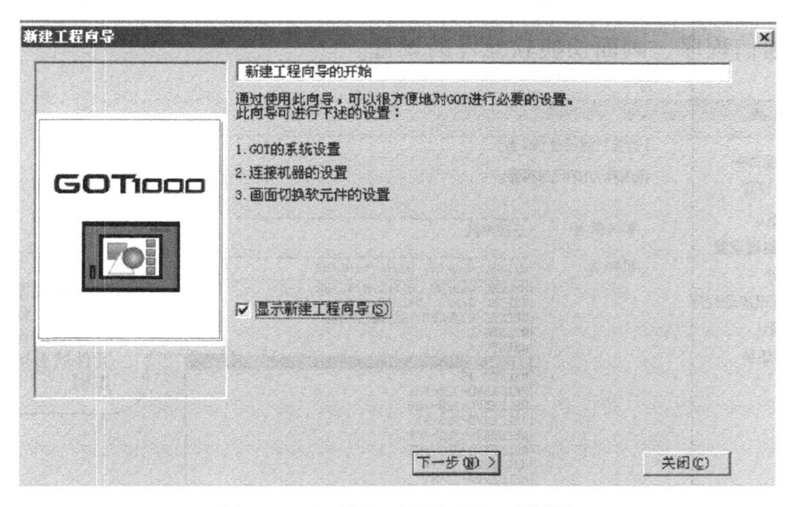

图4-2　“新建工程向导”对话框

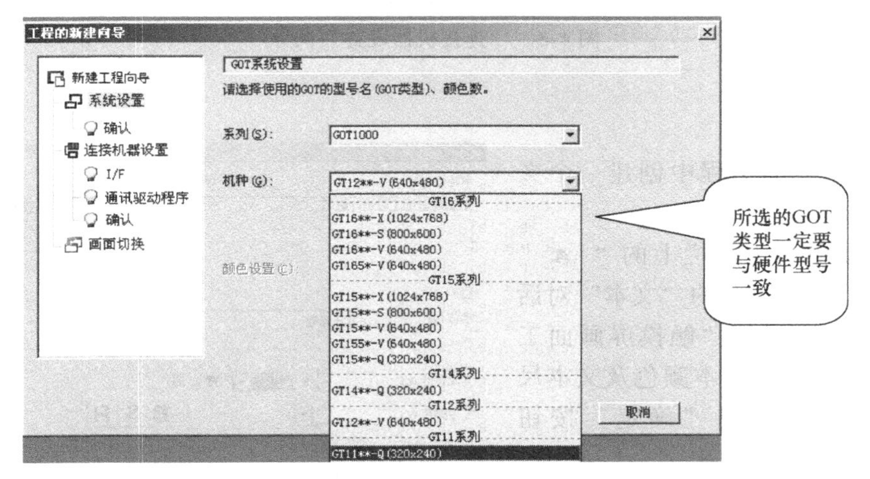

图4-3　“GOT系统设置”向导

3）触摸屏的系统设置完成后，单击“下一步”按钮，出现如图4-4所示的“GOT系统设置的确认向导”，并进行确认。

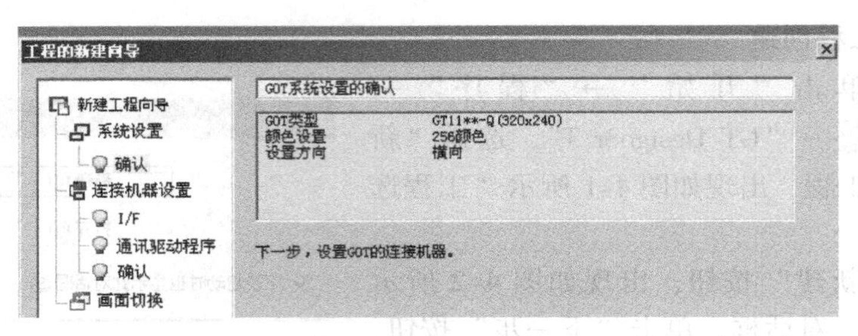

图4-4　“GOT系统设置的确认”向导

4）在触摸屏系统确认设置完成后，单击“下一步”按钮，出现图4-5所示的“连接机器设置”向导。选择与触摸屏所连接的设备，单击“下一步”按钮，依次根据向导提示完成新建工程的通信程序、画面切换软元件的设置。

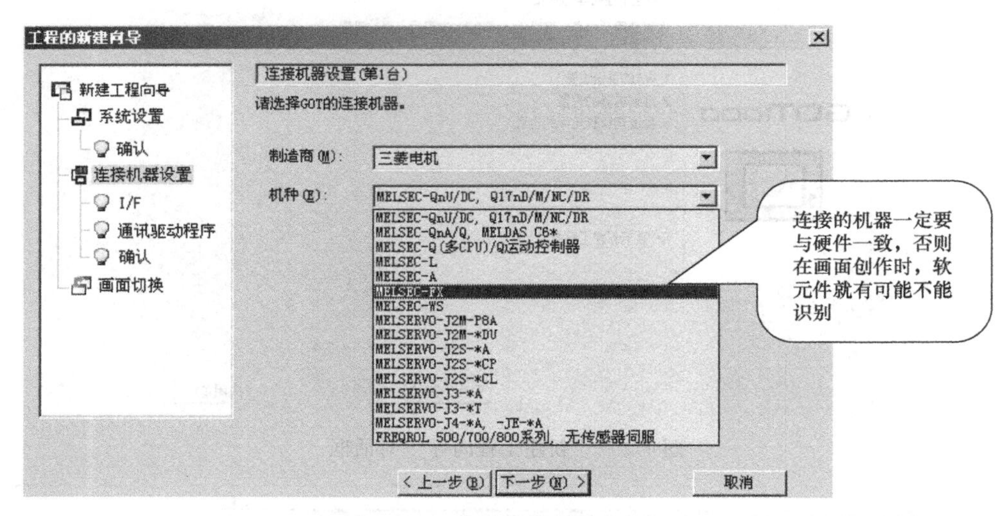

图4-5　“连接机器设置”向导

2. 工具的使用

（1）文本的创建

在上述新建的工程中创建一个文本，按如下步骤进行。

1）直接单击工具栏上的“A”图标，弹出图4-6所示的“文本”对话框，在文本框内输入“触摸屏画面工程设计练习”，并对文本颜色及文本尺寸进行设置，可单击“确定”按钮确认。

2）移动鼠标，选择文字摆放位置。出现如图4-7所示的画面。

（2）图形的绘制

1）选择菜单栏中“图形”→“圆

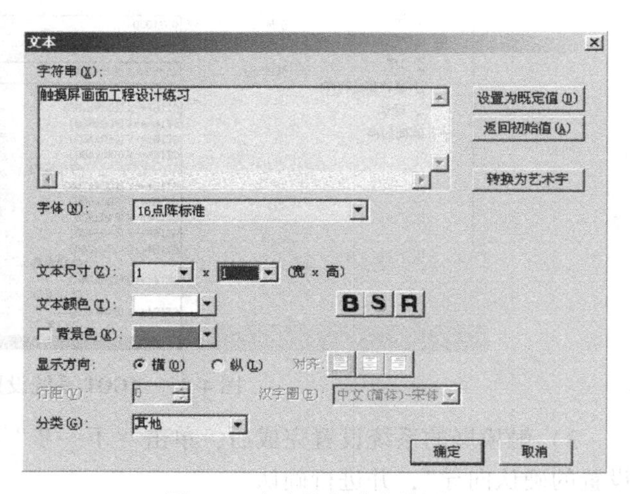

图4-6　文本的创建步骤图1

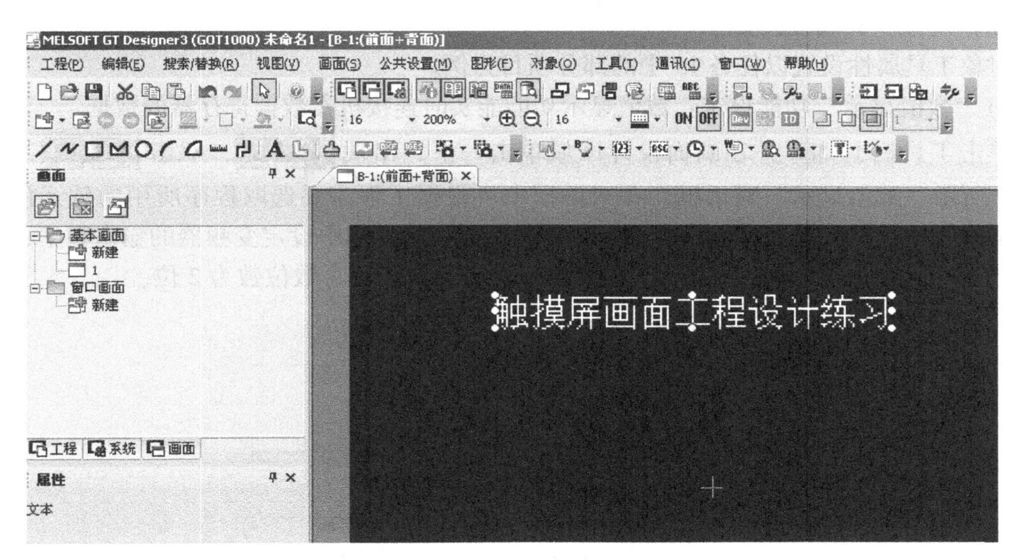

图4-7　文本的创建步骤图2

形”，或单击工具栏上的“ ○ ”图标，当出现“ + ”符号时，单击屏幕上一处，移动鼠标画出一个圆形，再单击一下鼠标，就完成一个圆形的绘制，如图4-8所示。

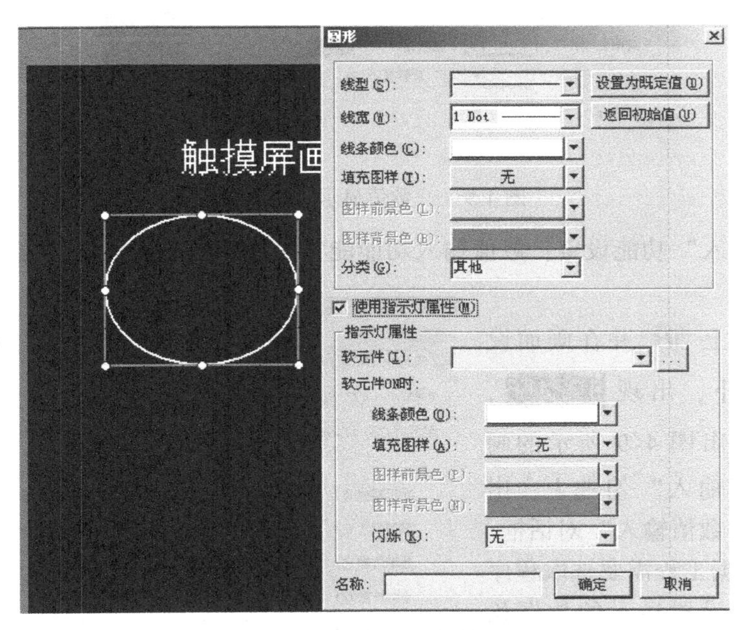

图4-8　图形的绘制步骤

2）右键单击该圆形，在弹出的菜单中选取“打开设置对话框”，弹出如图4-8所示“圆形”对话框，可以设置“线型”“线条颜色”。所有的图形和对象，只要单击，都可选中，并可改变其形状。

如图形处于选中状态，可见线条两端出现小点，此时可以点中其中一点任意拖动，以改变其长短、水平斜率等。其他如三角形、矩形、折线等均可按上述进行操作。

（3）对象工具属性设置

对象工具属性设置以任务15中的部分项目为例。

1）“数值显示”功能设定：数值显示功能能实时连接机器数据寄存器的数据。

单击工具栏上 123 并在画面设计区域单击一下，出现 123456，双击 123456，弹出图4-9所示“数值显示”对话框。在对话框中可根据工程需要选取程序所用的软元件，设置显示的数据长度、小数点位等，设置完毕确认即可。本例中设定变频器的输出频率，种类为“数值显示”；软元件为“SP111:0”，显示位数为5位，小数位数为2位。

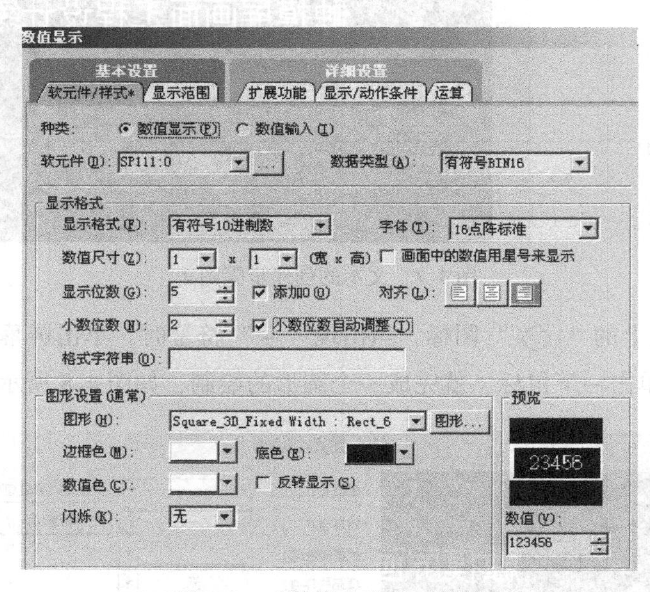

图4-9　“数值显示”对话框

2）“数值输入”功能设定：数值输入功能能实时在触摸屏上设定连接机器的数据寄存器中的数据。

单击工具栏上 123 并在画面设计区域点击一下，出现 123456，双击 123456 弹出图4-9所示的画面，并将“数值输入”勾选上，出现图4-10所示“数值输入”对话框。在对话框中可根据工程需要选取程序所用的软元件，设置显示的数据长度、小数点位等。同时将下部的“选项”勾上，才能进行选项功能的设定，设置完毕确定即可。本例中设定变频器的运行频率，种类为“数值输入”；软元件为“SP109:0”，显示位数为5位，小数位数为2位。

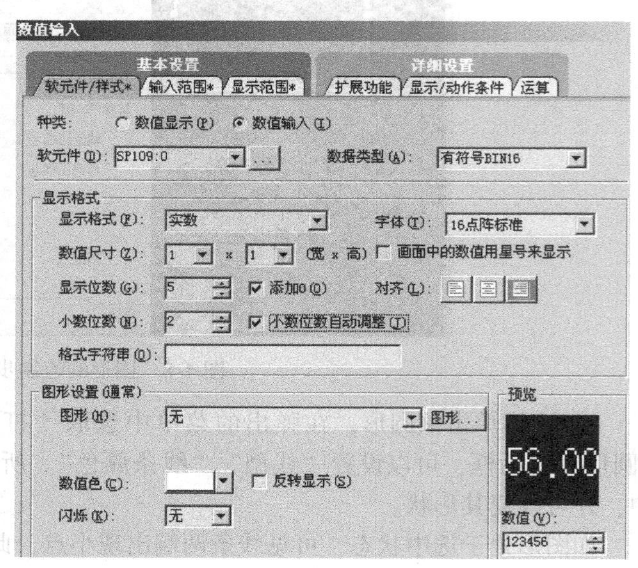

图4-10　“数值输入”对话框

3）“开关”工具功能的设定：触摸屏控制外部设备是通过控制开关的状态来进行的，也即设置动作对象位元件的开关状态或字元件的值。其步骤如下：

① 单击工具栏上的 按钮，就会弹出图4-11所示开关类型下拉选项图，正确选取所需开关放置于开发界面上，则形成一个矩形框，双击该矩形框弹出如图4-12所示“开关”对话框，在“基本设置”选项下单击“字”弹出“动作（字）”对话框，完成相关设置。本例中设定触摸屏控制变频器正转起动按钮，软元件为“SP122:0”，设置值为4（实际为SP122的b2位为ON）。

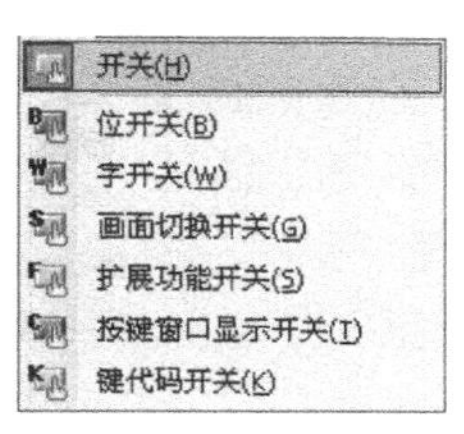

图4-11　开关类型选项图

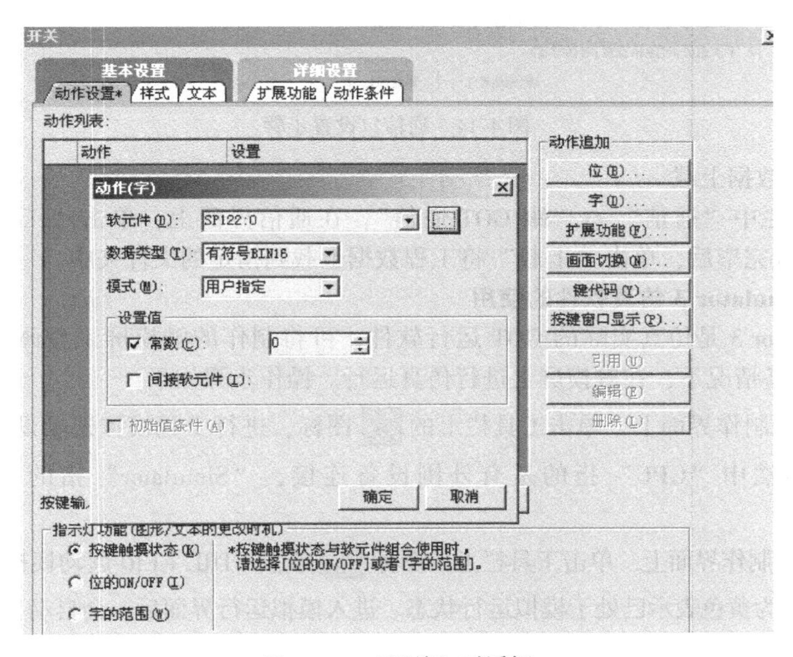

图4-12　“开关”对话框

② 接上一步，单击“文本”选项卡，在其文本框中输入“正转起动”，出现如图4-13所示的开关状态，确定即可。

图4-13　开关

其他工具的使用，读者可按上述方法自行设定。

3. 数据的传输

数据的下载和上载传输是指将制作完成的屏幕工程下载到GOT或将GOT中的数据上载到计算机，操作步骤如下：

（1）通信设置

选择菜单栏中“通信”→“通信设置”，出现“通信设置”的界面，设置通信端口（计算机实际所用端口）并设置传输速度，单击“确定”按钮即可。设置完成后，可进行通信测试（见图4-14）。

（2）工程数据下载

选择菜单栏中“通信”→“跟GOT通信”，在通信界面上，单击“工程下载→GOT”。相应设置完毕后，单击“下载”进行工程数据下载。

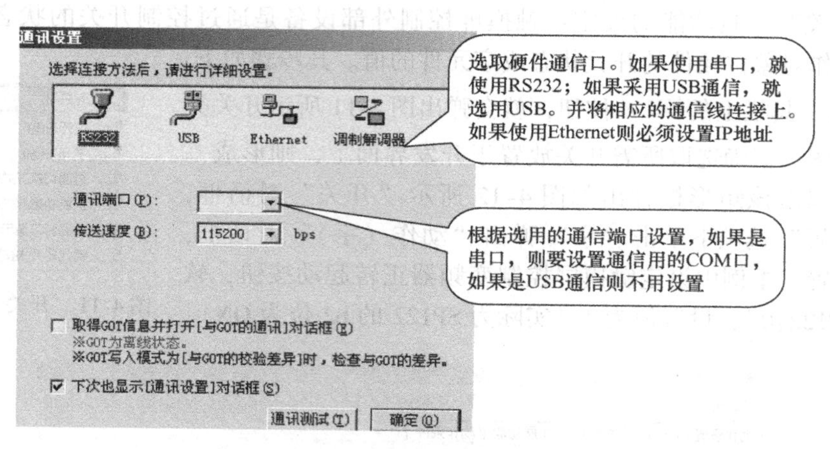

图 4-14　通信口设置步骤

（3）工程数据上载

选择菜单栏中“通信”→“跟 GOT 通信”，在通信界面上，单击“工程上载→计算机”。相应设置完毕后，单击“上载”将工程数据上载到指定的文件夹中。

4. GT Simulator 3 仿真软件的使用

GT Simulator 3 是仿真实际的 GOT 运行软件，可将制作的触摸屏工程画面在没有连接 PLC 或其他设备情况下，在触摸屏上进行仿真运行。操作步骤如下：

1）在工程制作界面上，单击工具栏上的图标，进行工程模拟选项设置，如图 4-15 所示。连接方法中“CPU”指的是有外围设备连接，“Simulator”指的是无外围设备连接。

2）在工程制作界面上，单击工具栏上的图标或按 CTRL + F10 起动模拟器。如图 4-16 所示，“RUN”为黄色表示已处于模拟运行状态。进入模拟运行界面后，会自动弹出工程模拟运行界面，如图 4-17 所示。

3）要结束仿真运行系统，可单击工具栏上的图标。

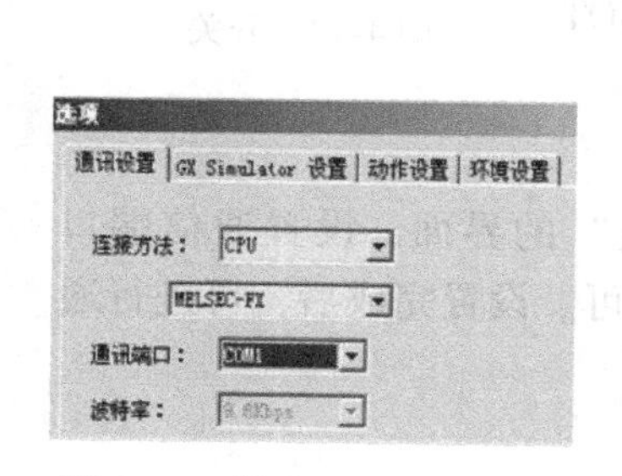

图 4-15　起动 GT Simulator 3

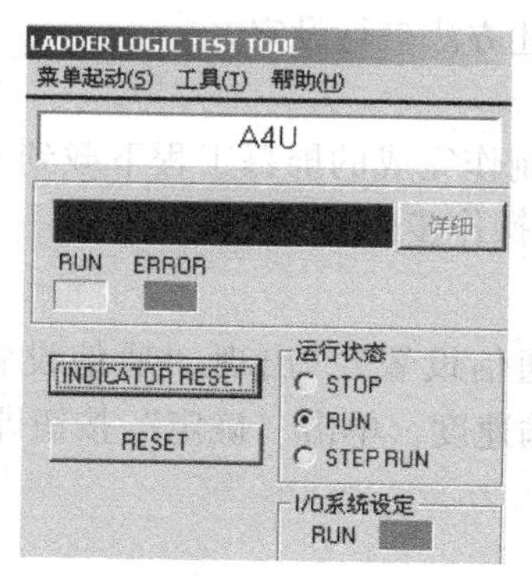

图 4-16　初始运行界面

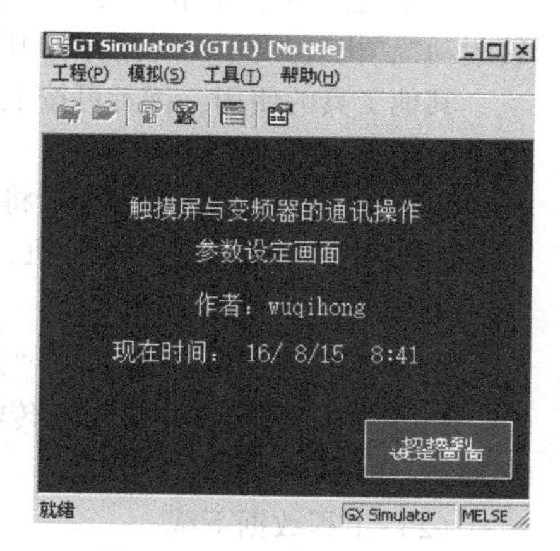

图 4-17　工程模拟运行界面

任务14　触摸屏控制PLC通信系统设计与调试

任务要求

创建如图4-18所示的画面并下载至GT1000系列触摸屏中，要求能实现如下控制操作：

1）点击主控画面上的“两个通信口的测试”按钮即能切换到图4-19所示画面，点击图4-19中的“返回”按钮，能回到图4-18所示画面。

2）点击主控画面上“PLC输出点测试”按钮，能切换到图4-20所示画面。

3）点击主控画面上“电动机正反转测试”按钮，能切换到图4-21所示画面。

4）能在图4-18～图4-21画面上点击相应按钮，实现画面按钮所标明的功能；点击各画面上的“返回”按钮均能返回至主控画面。

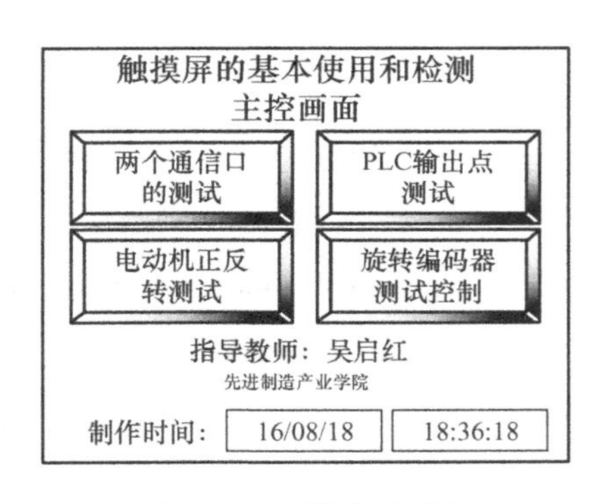

图4-18　实训主控画面

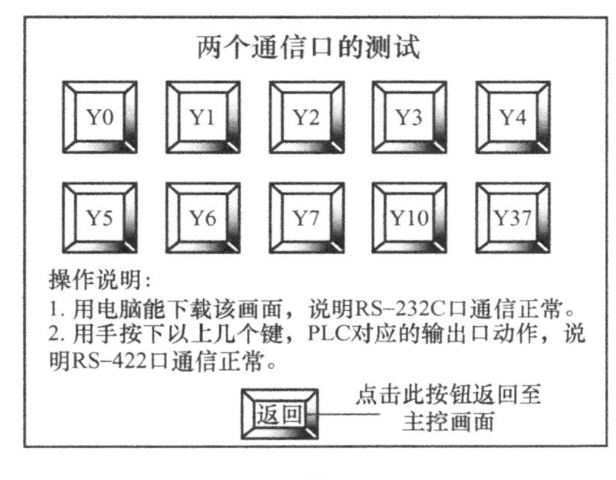

图4-19　通信口测试画面

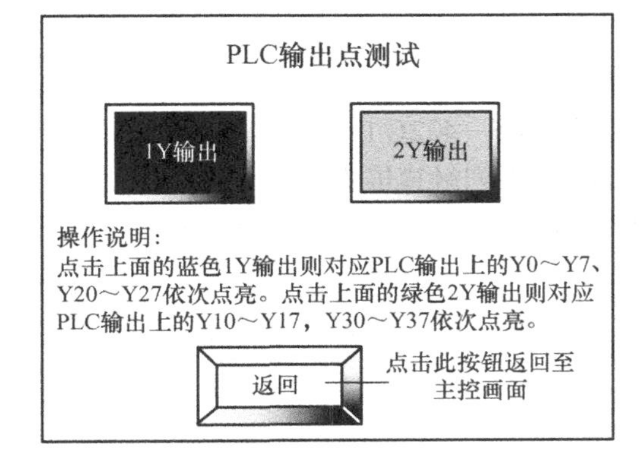

图4-20　PLC输出点测试画面

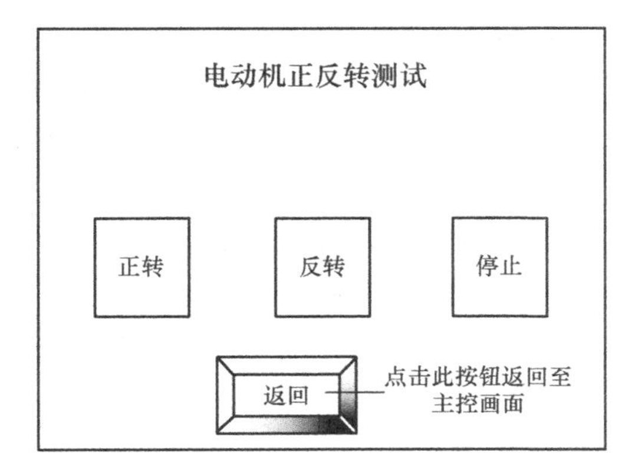

图4-21　电动机正反转测试画面

任务指引

1. 画面制作步骤

参照前述触摸屏软件使用部分，建立新工程。PLC 类型选 MELSEC－FX，选取硬件所连接的触摸屏型号，根据画面要求制作画面。

在制作图 4-20 所示的画面时，用 M1 作“1Y 输出”控制按钮，M2 作“2Y 输出”控制按钮。在制作图 4-21 的画面时，正转、反转、停止按钮请根据程序所设置的按钮制作画面，建议用 M 元件制作。

2. 相关程序的编写

1）PLC 输出点测试程序如图 4-22 所示。

2）电动机正反转控制程序请读者自行编写。

```
                                              * <使Y0…Y7点亮      >
     M1
0 ──┤ ├──┬──────────────────────────────[MOV   H0FF   K2Y000 ]
         │                                    * <使Y20…Y27点亮    >
         └──────────────────────────────[MOV   H0FF   K2Y020 ]
                                              * <使Y10…Y17点亮    >
     M2
11 ─┤ ├──┬──────────────────────────────[MOV   H0FF   K2Y010 ]
         │                                    * <使Y30…Y37点亮    >
         └──────────────────────────────[MOV   H0FF   K2Y030 ]
```

图 4-22 PLC 输出点测试程序

3. 操作步骤

1）用 FX－232－CABO 电缆连接计算机和触摸屏的 RS－232C 口。

2）用 FX－50DU－CABO 电缆连接 PLC 和触摸屏的 RS－422C 口。

3）用 GT Designer 3 将创建好的画面传送到 GT1000 系列触摸屏中。

4）用 GX Developer（或 GX Works2）软件编程并将编写的程序下载至 PLC 中。

5）连接相应的电路。

6）按画面要求的功能一一检查画面的正确性，并看能否实现所要求的控制功能。

任务评价

触摸屏控制 PLC 通信系统设计与调试任务评价见表 4-1。

表 4-1　触摸屏控制 PLC 通信系统设计与调试任务评价表

项　　目	考核内容	评分标准	配分	得分
专业技能	画面工程制作	画面制作不规范或不完整，每项扣 2 分	5	
	PLC 程序编写	程序编写不正确每处扣 2 分	10	
	通信连接	不会连接不得分	10	
	画面工程下载	不会下载不得分	10	
	系统功能运行调试	1. 四个画面不能互相切换的扣 10 分 2. 通信口测试画面功能不正常每项扣 2 分 3. 输出点测试画面功能不正确每项扣 2 分 4. 电动机正反转运行，不能控制正转或反转的每项扣 5 分，不能停止扣 5 分	50	
安全文明生产	安全操作规定	违反安全文明操作或岗位 6S 不达标，视情况扣分。违反安全操作规定不得分	10	
创新能力	提出独特可行方案	视情况进行评分	5	

知识拓展

触摸屏应用技术基础知识

1. 概述

人机界面（Human Machine Interface，HMI）又称人机接口。从广义上说，HMI 泛指计算机（包括 PLC）与现场操作人员交换信息的设备。在控制领域，HMI 一般特指用于操作人员与控制系统之间进行对话和相互作用的专用设备。

人机界面一般分为文本显示器、操作员面板、触摸屏三大类。

文本显示器是一种廉价的操作员面板，只能显示几行数字、字母、符号和文字。

操作员面板的直观性差、面积大，因而市场应用不广。

触摸屏是一种最新的计算机输入设备，它是目前最简单、方便、自然的一种人机交互方式。触摸屏面积小，使用直观方便，而且具有坚固耐用、响应速度快、节省空间、易于交流等许多优点。利用这种技术，用户只要用手指轻轻地触碰显示屏上的图符或文字就能实现对主机的操作，从而使人机交互更为直截了当，这种技术大大方便了那些不懂计算机操作的用户。触摸屏赋予了多媒体以崭新的面貌，是极富吸引力的全新多媒体人机交互设备。

2. 触摸屏的工作原理

触摸屏是一种透明的绝对定位系统，而鼠标属于相对定位系统。绝对定位系统的特点是每一次定位的坐标与上一次定位的坐标没有关系，触摸屏在物理上是一套独立的坐标定位系统，每次触摸的位置转换为屏幕上的坐标，要求不管在什么情况下，同一点输出的坐标数据是稳定的，坐标值的漂移值应在允许范围内。

触摸屏的基本工作原理如下：用户用手指或其他物体触摸安装在显示器上的触摸屏时，被触摸位置的坐标被触摸屏控制器检测，并通过通信接口（如 RS－232C 或 RS－485 串行口、USB接口）将触摸信息传送到PLC，从而得到输入的信息。

触摸屏系统一般包括触摸检测装置和触摸屏控制器两部分。触摸检测装置安装在显示器的显示表面，用于检测用户的触摸位置，再将该处的信息传送给触摸屏控制器。触摸屏控制器的主要作用是接收来自触摸点检测装置的触摸信息，并将它转换成触点坐标，判断出触摸的意义后传送给PLC。它同时能接收PLC发来的命令并加以执行，例如动态地显示开关量和模拟量。

按照触摸屏的工作原理和传输信息的介质，可把触摸屏分为4种类型，各类型触摸屏的工作原理和特点见表4-2。

表4-2　触摸屏性能比较表

类　型	工作原理	优　点	缺　点
电阻式	利用压力感应检测触摸点的位置	能承受恶劣的环境因素的干扰，不怕灰尘、水汽和油污	手感和透光性较差
电容感应式	把人体作为电容器元件的一个电极使用，通过手指和工作面形成一个耦合电容	分辨率高、反应灵敏、触感好、防水、防尘、防晒	存在色彩失真、图像字符模糊的问题
红外线式	利用红外线发射管和红外线接收管形成横竖交叉的红外线矩阵	不受电流、电压和静电影响，适宜恶劣的环境条件	分辨率较低，易受外界光线变化的影响
表面声波式	在介质（例如玻璃）表面进行浅层传播的机械能量波	稳定，不受温度、湿度等环境因素影响，寿命长、透光率和清晰度高，没有色彩失真和漂移，有极好的防刮性	不耐脏，使用时会受尘埃和油污的影响，需要定期清洁维护

市场上触摸屏型号很多，表4-3列出了三菱触摸屏GOT1000系列部分显示规格的主要特征。

表4-3　三菱触摸屏GOT1000系列部分显示规格

<table>
<tr><th colspan="2">项　目</th><th>GT1155－QSBD－C</th><th>GT1155－QBBD－C</th><th>GT1175－VNBA</th><th>GT1155－QSBD</th></tr>
<tr><td rowspan="7">显示部分</td><td>种类</td><td>STN彩色液晶</td><td>STN单色液晶</td><td colspan="2">TFT彩色液晶</td></tr>
<tr><td>画面尺寸/in</td><td>5.7</td><td>8.4</td><td>10.4</td><td>5.7</td></tr>
<tr><td>分辨率/点</td><td colspan="3">320×240</td><td>640×480</td></tr>
<tr><td>显示尺寸（宽×高）/mm</td><td colspan="2">115×86</td><td>171×128</td><td>241×158</td></tr>
<tr><td>显示字符数</td><td colspan="2">16点标准字体时：20字×15行（全角）
12点标准字体时：26字×20行（全角）</td><td colspan="2">16点标准字体时：40字×30行（全角）
12点标准字体时：53字×40行（全角）</td></tr>
<tr><td>显示颜色</td><td>256色</td><td>单色（白/蓝）</td><td>256色</td><td>256色</td></tr>
<tr><td>寿命/h</td><td>50000</td><td>41000</td><td colspan="2">50000</td></tr>
<tr><td>背景灯</td><td>寿命/h</td><td>75000</td><td>54000</td><td colspan="2">40000</td></tr>
<tr><td>触摸屏</td><td>触摸键数</td><td>300个/1画面</td><td>1200个/1画面</td><td colspan="2">300个/1画面</td></tr>
</table>

3. 触摸屏与其他工控设备之间的通信连接

触摸屏与工控设备之间连接非常方便，无须扩展设施。计算机与三菱 FX PLC 之间通信必须采用带有 RS－232/422 转换的 SC－09 的专用通信电缆（或 USB 422－CABO）；而可编程序控制器与 FR 变频器之间的通信，由于通信口不相同，所以需在可编程序控制器主机上装一个 RS－485BD 模块。详细通信连接如图 4-23 所示。

1）三菱 GOT1000 系列触摸屏有三个通信口：分别是 RS－232、RS－422/485 和 USB。现在许多触摸屏都有 USB 接口，通过 USB 口与计算机通信。

2）三菱 FX PLC 的通信口目前是 RS－422。

3）三菱 FR 变频器的通信口是 RS－485。FR－A700 系列变频器可连接 FR－A7NC 通信模块。

4）计算机有 RS－232 通信口、USB 通信口。

如果用 USB 口连接计算机和触摸屏，触摸屏和 PLC 用 RS－422 口连接，则 PLC 传输模式用透明模式连接起来更方便。

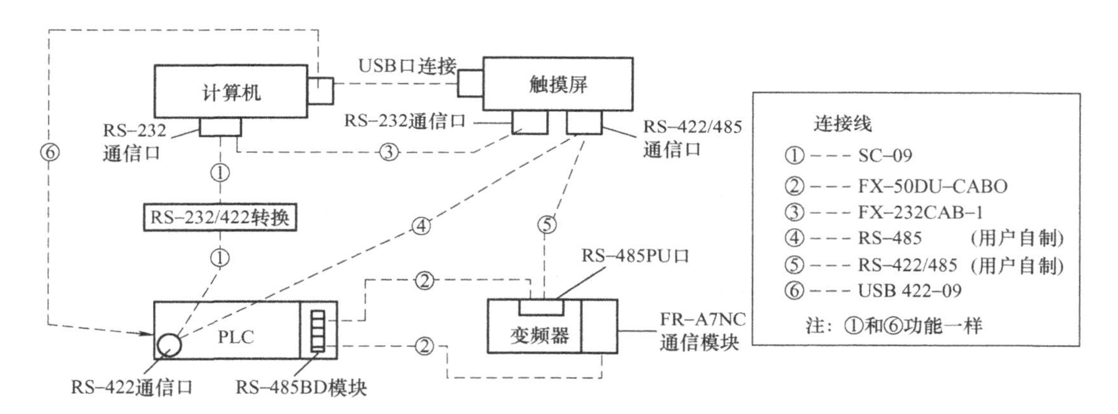

图 4-23　FX 系列设备通信连接及其通信线

任务 15　触摸屏控制变频器运行系统设计与调试

任务要求

制作如图 4-24 所示的运行操作监控画面，通过画面完成下列操作控制：

1）在计算机上制作如图 4-24 所示的参考画面，并能传送到触摸屏上进行运行控制。

2）列出触摸屏与变频器的通信参数，并在变频器上进行设定。

3）能在画面上显示实时时间。

4）能在画面上显示变频器输出频率、输出电流、输出电压的值等相关信息。

5）能通过“特殊监视器选择”键进行数据设定，使得“特殊监视”处显示输出功率值。

6）变频器运行时，能在画面上控件“上限频率、下限频率、加速时间、减速时间、电子保护、运行频率”处修改设定其参数值。

7）要求“初始画面”和“监控操作画面”能互相切换。

8）可通过画面控制电动机的正转、反转、停止等操作。

触摸屏控制变频器运行系统
初始画面

作　　者：×××
现在时间：××年××月××日
××时××分××秒

切换到监控操作画面

触摸屏控制变频器运行系统
监控操作画面

上限频率：××××　下限频率：××××
加速时间：××××　减速时间：××××
电子保护：××××　运行频率：××××
输出频率：××××　输出电流：××××
输出电压：××××　特殊监视：××××
特殊监视器选择：××

切换到初始画面　正转　反转　停止

图 4-24　任务要求画面

任务指引

1. 画面制作

1）打开“GT Designer 3”软件，单击“新建”，在“工程的新建向导”对话框中选取 GOT 的类型为 GT11 * GOT(320 ×240)，变频器类型为 FREQROL，单击“确定”。

2）制作工程画面过程中软元件的参数见表 4-4（变频器的站号为 0）。

表 4-4　触摸屏软件参数表

名　　称	软元件	设 定 工 具	下限 ~ 上限	小数位	数 据 长 度	备　　注
上限频率	Pr. 1	数值输入	0 ~ 5000	2	5	
下限频率	Pr. 2	数值输入	0 ~ 5000	2	5	
加速时间	Pr. 7	数值输入	0 ~ 3600	1	5	
减速时间	Pr. 8	数值输入	0 ~ 3600	1	5	
电子保护	Pr. 9	数值输入	0 ~ 2000	2	5	
操作模式	Pr. 79	数值输入	0 ~ 8	0	1	
运行频率	SP109	数值输入	0 ~ 5000	2	5	
输出频率	SP111	数值显示	—	2	5	
输出电流	SP112	数值显示	—	2	5	
输出电压	SP113	数值显示	—	1	5	
特殊监视	SP114	数值显示	—	2	5	监视功率的设置
特殊监视器选择	SP115	数值输入	0 ~ 14	0	2	监视功率时设置 14
正转	S1	触摸键	—	—	—	位元件
反转	S2	触摸键	—	—	—	位元件
停止	SP122	触摸键	—	—	—	字元件

表 4-4 中，正转 S1、反转 S2 用的是 SP122 中的 b1、b2 位，此时软元件 S1、S2 是位元件，只要 b1、b2 位为 1，即可控制正、反转。如果软元件直接用 SP122，则是字元件，此时使 SP122 的 b1 == 1、b2 == 1 同样可实现正、反转控制。

3）按控制要求做出参考画面如图 4-25 所示。

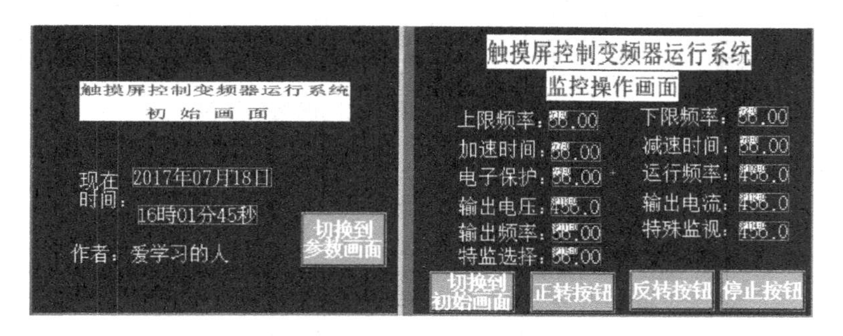

图 4-25　参考画面

2. 变频器参数设定

当触摸屏与 FR－A740 变频器通信时，必须设定表 4-5 所列的参数。而且这些参数都是规定好的，不能随便更改，否则不能通信。变频器参数设定完毕后，请关闭变频器的电源，再打开电源，否则将无法通信。

表 4-5　变频器参数设定表

参数编号			通信参数	设置	
A700/D700/E700	A700（FR－A7NR）	S700		设置值	设置内容
Pr. 117	Pr. 331	n1(331)	变频器站号	0	最多可连接 10 台
Pr. 118	Pr. 332	n2(332)	通信速率	192	通信波特率为 19.2kbit/s
Pr. 119	Pr. 333	n3(333)	停止位长度	10	数据长度：7
Pr. 120	Pr. 334	n4(334)	是/否奇偶校验	1	奇校验
Pr. 121	Pr. 335	n5(335)	通信重试次数	9999	无异常停止
Pr. 122	Pr. 336	n6(336)	通信检查时间间隔	9999	通信检查停止
Pr. 123	Pr. 337	n7(337)	等待时间设置	0	0ms
Pr. 124	Pr. 341	n8(341)	CR，LF 是/否选择	1	CR：提供；LF：不提供
Pr. 79	Pr. 79	Pr. 79	操作模式	0	动作模式可选择
—	Pr. 340	—	链接开始模式选择	1	计算机链接
Pr. 342	Pr. 342	—	E^2PROM 保存选择	0	写入 RAM 和 E^2PROM
Pr. 52	—	—	显示数据选择	14	输出功率

3. 触摸屏与变频器的通信连接

GOT1105 与三菱变频器之间的通信连接如图 4-26 所示。

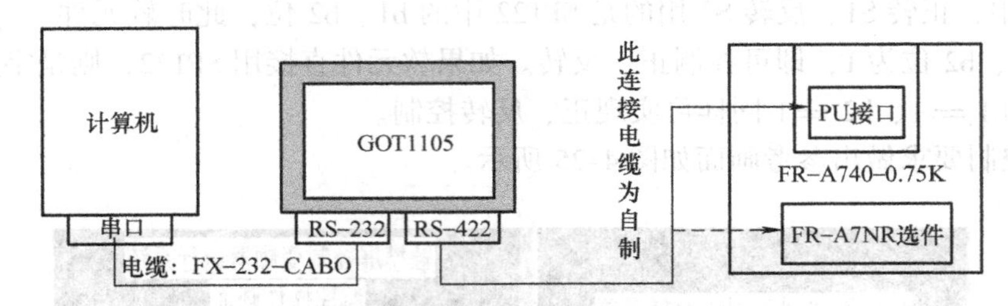

图 4-26 触摸屏与变频器之间的通信连接

4. 触摸屏与变频器的通信端子接线

三菱触摸屏与 FR - A740 变频器的通信端子接线如图 4-27 所示。

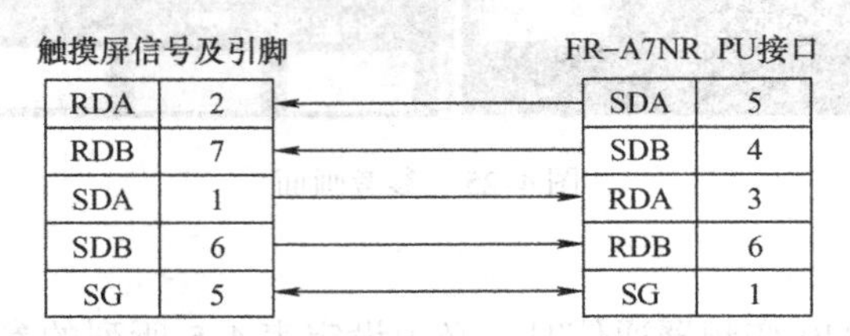

图 4-27 GOT1105 与 FR - A740 的通信端子接线

5. 调试

1）按图 4-26 所示进行通信连接。下载画面，设置变频器参数。

2）点击画面上的“正转”按钮，电动机开始正转，再点击“运行频率”所对应处，写入4500后，变频器就以45Hz 频率运行，同时画面上各参数均有对应的参数显示。

3）在运行中修改上限频率、下限频率、加速时间、减速时间、运行频率、电子保护等参数，要求电动机在运行时输出电流、输出电压、输出频率、特殊监视器都有正常显示的值。

4）在“特殊监视器选择”处设定“14”，此时“特殊监视”处显示的才是输出功率。SP115 特殊监视器的选择设定见表 4-6。

表 4-6 SP115 特殊监视器的选择设定

监视名称	设定数据	最小单位	监视名称	设定数据	最小单位
输出频率	H01	0.01Hz	再生制动	H09	0.1%
输出电流	H02	0.01A	电子过电流保护负荷率	H0A	0.1%
输出电压	H03	0.1V	输出电流峰值	H0B	0.01A
设定频率	H05	0.01Hz	整流输出电压峰值	H0C	0.1V
运行速度	H06	1r/min	输入功率	H0D	0.01kW
电动机转矩	H07	0.1%	输出电力	H0E	0.01kW

5）按“停止”键，电动机能正常停止。

6. 调试

调试中可能出现的问题及解决方法见表 4-7。

表4-7　调试中可能出现的问题及解决方法

序号	故障现象	可能原因	解决方法
1	触摸屏上不显示参数	和变频器通信不正常	检查通信连接，或检查变频器通信参数是否正确
		变频器设定完参数后没有停电	停电
2	画面显示无效	制作画面时软元件不正确	修改软元件
		画面超出屏幕范围	调整范围
		动作选项设置有错误	修正错误
3	画面不能修改参数	数值写入键误用数值显示键	重新用数值写入键
		变频器参数不正确	检查Pr. 79是否为1及相关参数
		触摸屏有坏点现象	将画面上工程对象移位
4	不能控制电动机	变频器参数不正确	检查Pr. 79是否为1
		动作选项设置有错误	修正错误

任务评价

触摸屏控制变频器运行系统设计与调试任务评价见表4-8。

表4-8　触摸屏控制变频器运行系统设计与调试任务评价表

项　目	考核内容	评分标准	配分	得分
专业技能	触摸屏、变频器通信接线图绘制	绘制错误一处扣1分	5	
	按考核内容编制触摸屏画面	画面内容错误或缺少一处扣2分，缺少一个画面扣5分	15	
	通过计算机正确输入画面数据	不能正确输入画面数据不得分	5	
	正确列出触摸屏与变频器通信参数，并通过变频器进行设定	错误一处扣1分 （总扣分不超过10分）	10	
	运行结果正确	1. 正转运行不成功扣10分 2. 反转运行不成功扣10分 3. 参数应能修改的而不能修改每一个扣2分 4. 不能修改的参数而能修改的每一个扣2分 5. 画面不能互相切换的扣10分 6. 不能显示当前时间的扣5分 （总扣分不超过40分）	40	
	显示结果正确	画面显示错误一处扣3分 （总扣分不超过15分）	15	
安全文明生产	安全操作规定	违反安全文明操作或岗位6S不达标，视情况扣分。违反安全操作规定不得分	5	
创新能力	提出独特可行方案	视情况进行评分	5	

知识拓展

触摸屏与变频器通信技术

1. 三菱触摸屏的通信端口

三菱触摸屏与变频器的通信端口为RS－422，使用RS－422电缆，一个触摸屏模块上最多可以连接32个三菱系列变频器。触摸屏连接到变频器的PU端口（RS－485通信端口）或变频器通信模块（如FR－A7NR）计算机链接选件上。

当连接一台变频器时，其连接方式如图4-28所示。

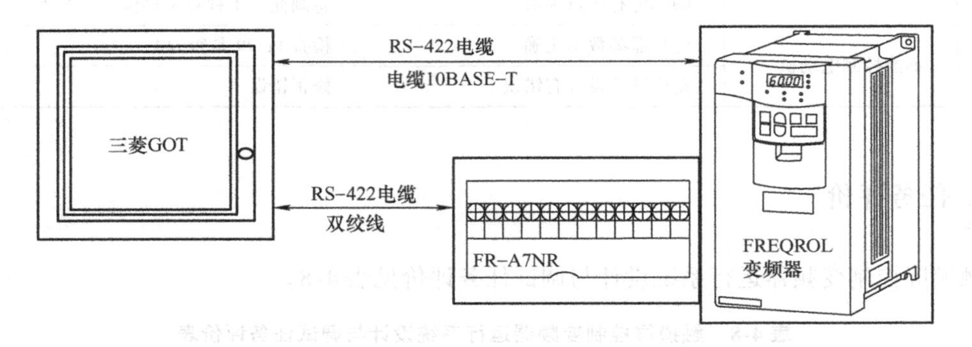

图4-28　触摸屏与变频器的连接

2. FREQROL变频器的设置

（1）传输规格设置

在GOT端，诸如传送速率等规格已经被确定了，是不能被更改的，只能设置变频器的传输规格来与之匹配，见表4-9。

表4-9　变频器与触摸屏的通信传输规格设置

项　目			RS－422
通信速率			19.2kbit/s
控制协议			异步系统
通信方法			半双工
数据格式	字符系统		ASCII（7位）
	数据位		7位
	终止符		CR：提供；LF：不提供
	检验系统	奇偶校验	已提供（奇数）
		和校验	已提供
	等待时间设置		未提供
	停止位长度		1位

（2）设置站号

变频器可在 00～31 的范围内设置一个站号，每一个站号只能使用一次。站号设置时，可以不考虑变频器的连接顺序，因为即使站号不连续也不会出现问题。

三菱触摸屏中对变频器的设置，保留站号设置“00”。

（3）参数设置

在将 GOT 连接到变频器之前，须先对变频器的参数进行设置，见表 4-10。

表 4-10　变频器的参数设置

参数编号		通信参数	设置	
A700/D700（PU）	A700（FR－A7NR）		设置值	设置内容
Pr. 117	Pr. 331	变频器站号	0	最多可连接 10 台
Pr. 118	Pr. 332	通信速度	192	通信波特率为 19.2kbit/s
Pr. 119	Pr. 333	停止位长度	10	数据长度：7
Pr. 120	Pr. 334	是/否奇偶校验	1	奇数校验
Pr. 121	Pr. 335	通信重试次数	9999	无异常停止
Pr. 122	Pr. 336	通信检查时间间隔	9999	通信检查停止
Pr. 123	Pr. 337	等待时间设置	0	0ms
Pr. 124	Pr. 341	CR，LF 是/否选择	1	CR：提供；LF：不提供
Pr. 79	Pr. 79	操作模式	0	操作模式可选择
—	Pr. 340	链接开始模式选择	1	计算机链接
Pr. 342	Pr. 342	E^2PROM 保存选择	0	写入 RAM 和 E^2PROM
Pr. 52	—	显示数据选择	14	输出功率

3. 变频器接头规格及电缆图

（1）PU 端口的布局

PU 端口的布局如图 4-29 所示。

针数	信号名称	备注
1	GND(SG)	不使用
2	(P5S)	
3	RDA	
4	RDB	
5	SDA	
6	SDB	
7	GND(SG)	
8	(P5S)	不使用

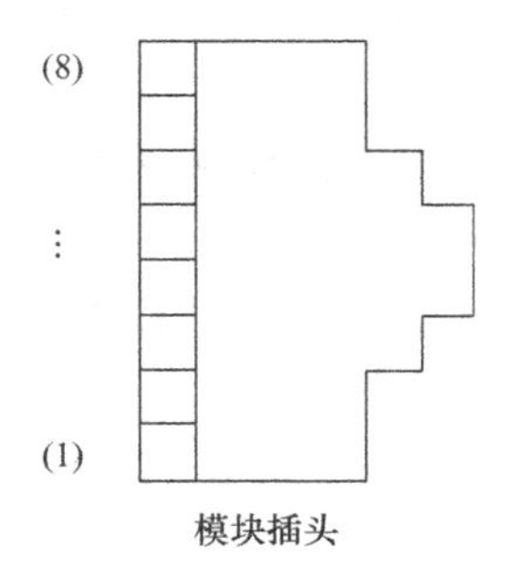

图 4-29　变频器 PU 端口

注：2 号引脚和 8 号引脚与电源相连，给操作板和参数模块供电。

（2）在 FR－A7NR 计算机链接选件中的端子排列布局

将 FR－A7NR 选件附加于三菱 A700 系列变频器上面（需另购），连接如图 4-30 所示。

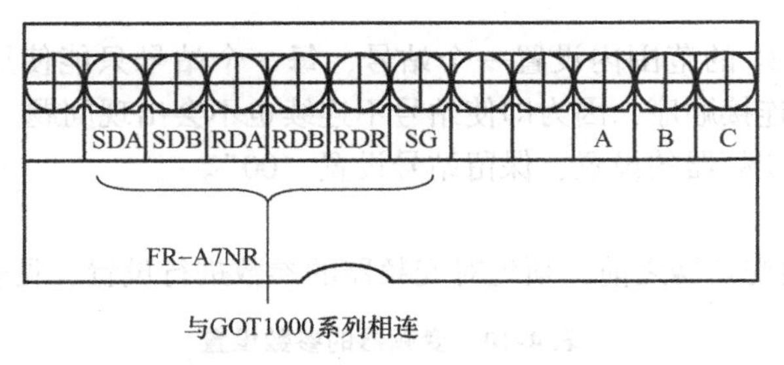

图4-30　变频器选件FR－A7NR

4. 画面创建时的站号指定

通过在GOT创建画面中的数字设置中设定站号来运行的多重模块在运行的同时可以从其中选出一个模块作为变频器的站点。在画面创建软件中指定的站号与变频器中参数指定的站号应相对应。创建画面时，有直接和间接两种方法指定站号。如果每个变频器都有一个单独的画面，那就是直接指定。编辑数值时，在一个画面中只有一个与变频器相对应的编号可供选择；假如创建一个画面是为了从多台变频器中选择一个模块来编辑它的值，那就是间接指定。这种指定更有效，因为通过GOT1000内部数据寄存器（GD）可以在画面中选择变频器（其中的数值将会改变）。

（1）直接指定

设置软元件时可指定变频器（其数据将会改变）的站号，设置范围：0～31。

（2）间接指定

通过16位GOT内部数据寄存器（GD100～GD115），设置软元件时可间接指定变频器（其数据将会改变）的站号，设置范围为100～115（与GD100～GD115每个软元件相对应）。

间接指定站号如图4-31所示。在画面创建软件中的数字设置项里可将GOT内部数据寄存器（GD100）设为站号。

同时，可指定变频器中参数的软元件。该变频器中的数值将会被显示和编辑如下：

软元件：PG0（参数），站号：100；

软元件：Pr0（参数），站号：100。

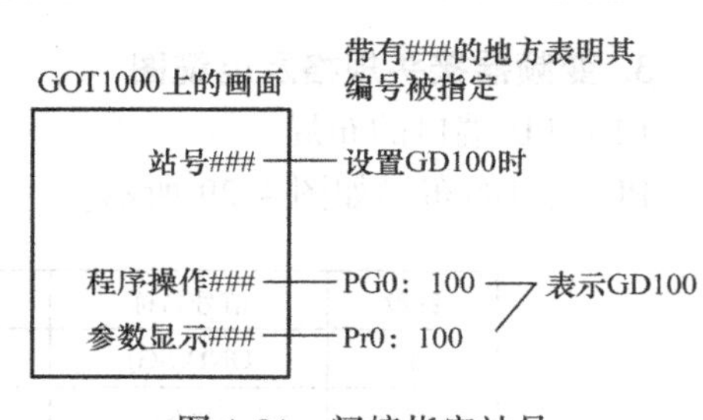

图4-31　间接指定站号

5. 使用FREQROL系列变频器时的注意事项

（1）软元件规格

GOT中的软元件与FREQROL系列变频器的参数须相一致，见表4-11。

在字软元件中，只有无符号16位数值可供使用，GOT内部数据寄存器除GD外。

在画面切换中，能够指定GOT内部数据寄存器（GD）。

只有GOT内部数据寄存器（GD）可被用于GT Designer的系统信息。GOT内部位寄存器（GB）、GOT内部数据寄存器（GD）在DU/WIN中只能被用于控制软元件。

在状态监视功能中，报警码软元件（A）不能被指定为操作软元件（字设置）。

在控制状态元件（S）中，只有一个操作（位）元件能够被指定。

因为计时开关不能够使用位元件控制状态（S），因此此项功能无效。

表 4-11　GOT 中软元件规格

GOT 中能够监视到的软元件及元件名称	无符号16 位	画面切换	系统信息/控制元件	状态监视器	计时开关	其他
控制状态（S）	—	—	—	√	—	√
GOT 内部位寄存器（GB）	—	—	√	—	—	√
报警器（A）	√	—	—	—	—	—
参数（Pr）	√	—	—	√	—	√
程序操作（PG）	√	—	—	√	—	√
特殊参数（SP）	√	—	—	√	—	√
GOT 内部数据寄存器（GD）	√	√	√	√	—	√

（2）特殊参数（SP）

使用指令代码编号能够实施变频器的通信功能。将一个指令代码写入 GOT1000 中的特殊参数软元件时，能够实施与变频器的通信。特殊参数见表 4-12。

表 4-12　特殊参数表

GOT 中的软元件	指令代码		描　　述	GOT 中对应的软元件
	读	写		
SP108	6C	EC	第二参数转换切换	
SP109	6D	ED	运行频率（RAM）	
SP110	6E	EE	运行频率（E^2PROM）	
SP111	6F	—	频率监视器	
SP112	70	—	输出电流监视器	
SP113	71	—	输出电压监视器	
SP114	72	—	特殊监视器	
SP115	73	F3	特殊监视器选择 No	
SP116	74	F4	最近编号 No. 1、No. 2/警报显示清除	A
SP117	75	—	最近编号 No. 3、No. 4/警报显示清除	A
SP118	76	—	最近编号 No. 5、No. 6/警报显示清除	A
SP119	77	—	最近编号 No. 7、No. 8/警报显示清除	A
SP122	7A	FA	变频器状态监视/运行命令	S
SP123	7B	FB	获取操作模式	
SP124	—	FC	清除	
SP125	—	FD	变频器重置	
SP127	7F	FF	通信参数扩展设置	S、A、PG、Pr

模块 5　FX 系列产品综合应用设计技术（精通篇）

项目目标

知识点：

1）掌握各种进制变换的方法。

2）掌握各种码制的使用方法。

3）掌握数据传送、比较、四则运算与逻辑运算指令编程使用技巧。

4）掌握循环与移位、实时时钟处理、方便指令、数据处理等功能指令的编程使用技巧。

5）掌握 PLC、变频器与触摸屏综合应用技术设计方法与思路。

技能点：

1）能分析项目任务要求，并能熟练进行 PLC 的 I/O 口分配。

2）会设计 PLC、变频器综合应用控制电路。

3）会 PLC、变频器外部控制线路正确接线。

4）能根据要求设计触摸屏控制画面。

5）能进行 PLC 综合控制系统安装调试。

6）掌握 PLC 综合控制系统故障处理的方法和技巧。

任务设备

三菱 FX 系列 PLC、计算机、FR 系列变频器、触摸屏、通信电缆（SC－09）、连接导线、电动机、编码器、螺钉旋具、指示灯、按钮、万用表、控制台等。

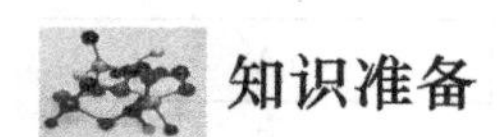

知识准备

一、功能指令使用基础知识

1. 功能指令的表现形式

三菱 FX 系列 PLC 的功能指令按功能号（FNC00～FNC299）编排，每条功能指令都有一个助记符。如图 5-1 所示，字右移指令（FNC36）的助记符为“WSFR”。

不同的功能指令表现形式不一样，有些功能指令只有助记符，有些功能指令在指定功能号的同时还必须指定操作数。

从图 5-1 中可以看出功能指令的组成包含以下各部分：

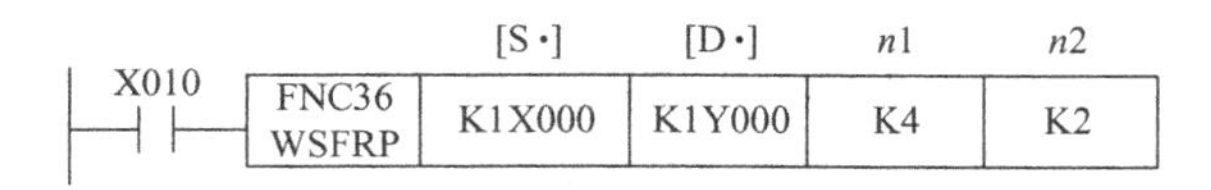

图5-1　字右移指令形式

1）功能号（FNC）。每一条功能指令都有一固定的编号，FX1S、FX1N、FX2N、FX2NC的功能指令代号从FNC00～FNC246，FX3U功能指令代号从FNC00～FNC299。

2）助记符。功能指令的助记符是该指令的英文缩写。如字右移指令的英文为“Word Shift Right”，简写为WSFR。

3）操作数。不同的功能指令操作数不一样，有的指令有一个或多个操作数，有的指令没有操作数。操作数有源操作数、目标操作数和其他操作数之分。

[S]：源（SOURCE）操作数。若使用变址功能时，表达为[S·]。有时源操作数不止一个，可用[S1·]、[S2·]表示。

[D]：目标（DESTINATION）操作数。指定计算结果存放的地址，若使用变址功能时，表达为[D·]。目标不止一个时用[D1·]、[D2·]表示。

m、*n*：其他操作数。常常用来表示数制（十进制、十六进制等）或作为源操作数和目标操作数的补充注释，需注释多个项目时也可采用m_1、m_2、n_1、n_2等形式。

功能指令的功能号和助记符占1个程序步，操作数占2个或4个程序步，这取决于指令是16位还是32位。

（1）数据长度

功能指令可处理16位或32位数据，如图5-2、图5-3所示。功能指令中附有符号（D）表示处理32位数据，表示的形式有（D）MOV、FNC（D）12、FNC12（D）。处理32位数据时，用元件号相邻的两元件组成元件对。元件对的首元件用奇数、偶数均可。但为避免错误，元件对的首元件建议统一用偶数编号，如图5-3中的D20、D22。

32位计数器（C200～C255）不能用作16位指令的操作数。

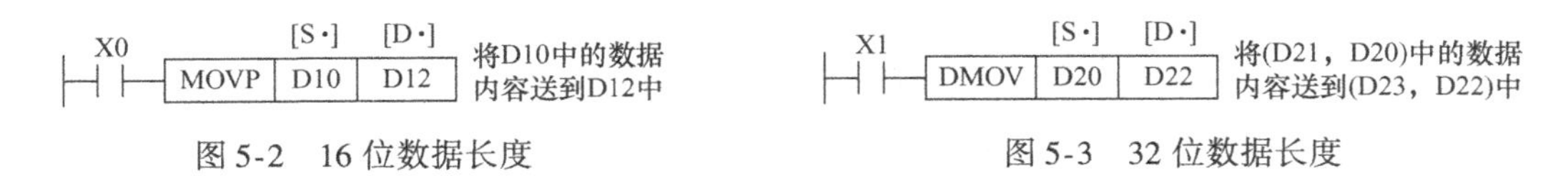

图5-2　16位数据长度　　图5-3　32位数据长度

（2）执行方式

指令执行方式有连续执行和脉冲执行两种方式。

连续执行指的是在每个扫描周期指令都被重复执行，图5-3中，当X1为ON时，指令重复执行。

助记符后附有（P）符号表示脉冲执行。图5-2中所示功能指令仅在X0由OFF变为ON时执行。在不需要每个扫描周期都执行时，用脉冲执行方式可缩短程序处理周期。

某些特殊指令会要求用脉冲执行，如INC、DEC等。

2. 功能指令处理的数据

1）位元件和字元件。只处理ON/OFF状态的元件，例如X、Y、M和S，称为位元件；其他处理数字数据的元件，例如T、C、D、V、Z等，称为字元件。

位元件组合起来也可处理字数据。位元件组合由“Kn+首元件号”来表示。

2）位元件的组合。位元件每4位为一组组成合成单元。KnM0中的n是组数。16位数据操作时为K1～K4，32位数据操作时为K1～K8。

例如，K1X0表示由X0～X3组成的数据单元，K2M0即表示由M0～M7组成2个4位组。

K8Y0即表示由Y0～Y37组成的8个4位组。

3. 指令的操作数的指定方法

在使用PLC编程时，要涉及指令的操作数的指定方法。这主要包括如下几方面的内容：十进制数、十六进制数和实数的常数指定，位软元件的指定，数据寄存器的位置指定，特殊功能模块常数K、H、E（十/十六进制数/实数）的指定。

1）常数K（十进制数）。K表示十进制整数符号，主要用于指定定时器和计数器的设定值，或应用指令操作数中的数值（如：K2345）。

使用字数据（16位）时设定范围：K－32768～K32767。

使用2个字数据（32位）时设定范围：K－2147483648～K2147483647。

2）常数H（十六进制数）。H是表示十六进制数的符号。主要用于指定应用指令的操作数的数值（如：H1235）。

使用字数据（16位）时设定范围：H0～HFFFF。

使用两个字数据（32位）时设定范围：H0～HFFFFFFFF。

3）字符串。字符串是顺控程序中直接指定字符串的软元件，例如“ABCD1234”。字符串最多可以指定32个字符。

4）字软元件的位指定。指定字软元件的位，可以将其作为位数据使用。在指定字元件的编号和位编号时用十六进制数设定，在软元件编号时，位编号不能执行变址修正，如图5-4所示。这种表示方法只能在FX－3U或Q系列PLC中才能使用。

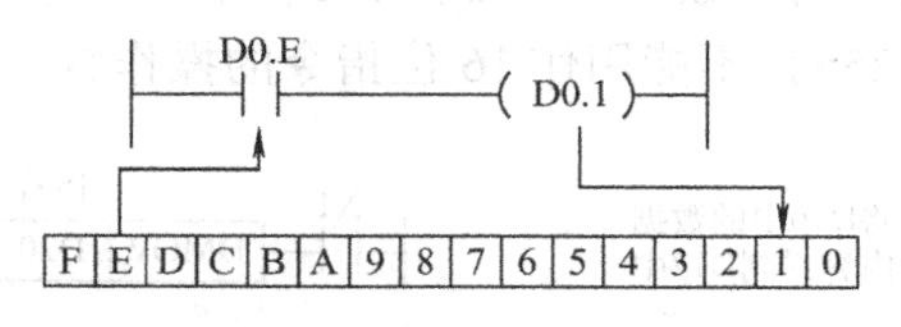

图5-4　字软元件的位指定

4. 数据传送

PLC在进行数据传送时遵循按位对应一对一传送的规律。当一个16位的数据传送到K2M0（8位数据）时，只传送低8位数据，高8位数据不传送，如图5-5所示。当8位数据向16位数据传送时，高8位自动为“0”，如图5-6所示。

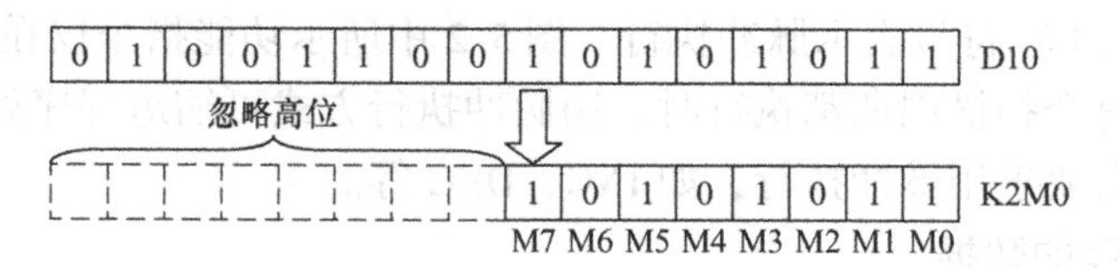

图5-5　16位向8位传送

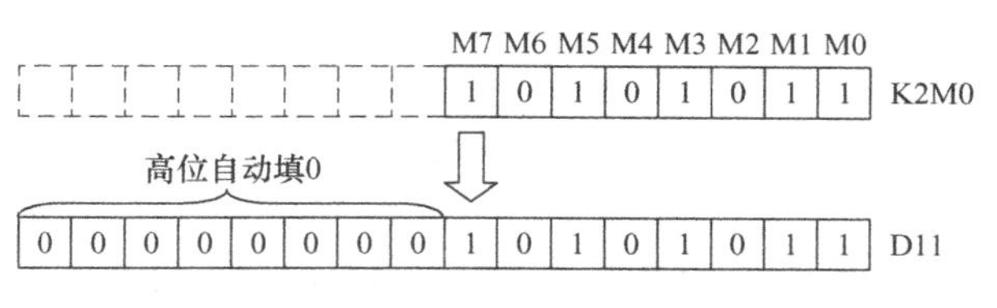

图 5-6　8 位向 16 位传送

二、数制与码制变换知识

1. 数制

（1）十进制

十进制以 10 为基数，具有 10 个独特的数字——数字 0～9。有时为了与二进制数和十六进制数相区别，十进制数可以用一个括号加下脚标 10 注明，或在后边用大写的 D 表示。根据数学上计数的理论，N 位计数制的数，可以按 N（又称基数）的幂指数展开求和的方法求出其值。十进制数可按 10 的幂指数展开求和的方法表示。例如：

$(98.36)_{10}$或 98.36D 或 $98.36=9\times10^1+8\times10^0+3\times10^{-1}+6\times10^{-2}$

其中，某一位数乘 10 的几次方，要看这一位后面的整数部分有几位。如上面的数字 9 后面整数部分有 1 位，则这个 9 应乘 10 的 1 次方。

（2）二进制

通常，PLC 是对二进制数进行操作的，用二进制来表示变量或变化的码值。二进制以数字 2 为基数，二进制数只有两个数码 0 和 1，加法时逢二进一位。二进制数后可加一大写的 B 表示。例如：

$$
\begin{aligned}
(1011.011)_2 &= 1011.011\text{B} = 1\times2^3+0\times2^2+1\times2^1+1\times2^0+0\times2^{-1}+1\times2^{-2}+1\times2^{-3} \\
&= 1\times8+0\times4+1\times2+1\times1+0\times1/2+1\times1/4+1\times1/8 \\
&= 11.375
\end{aligned}
$$

二进制数的每个数字都称为一个位，在 PLC 中每个字能够以二进制数或位的形式存储数据。一个字所包括的位数取决于 PLC 系统的类型，16 位和 32 位最常用。图 5-7 表示由 2 个字节组成的 16 位字，最低位（LSB）为代表最小值的数字，最高位（MSB）为代表最大值的数字，实际为符号位，为 1 时数为负，为 0 时数为正。

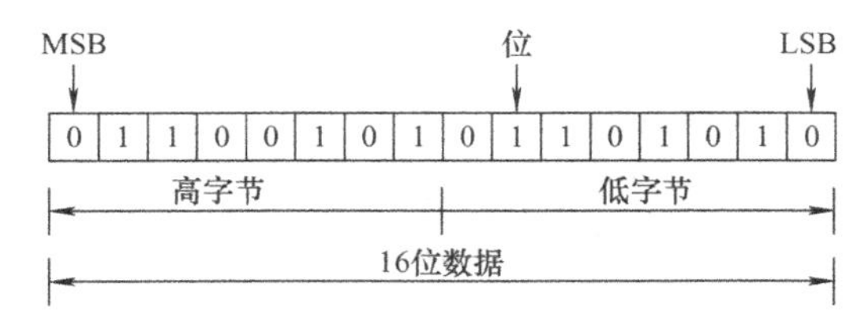

图 5-7　二进制数据结构

在 FX 系列 PLC 中，以十制数对定时器、计数器、数据寄存器的设定值进行指定，但是在 PLC 内部都是以二进制数进行处理的，而在外围设备进行监控时，则自动变换成十进制数。

(3) 十六进制

由于一个数据的字由16个数据位或两个8位数据位组成，十六进制数有十六个数码：0~9和A、B、C、D、E、F，基数是16，加法时逢十六进一位。十六进制数后可加一个大写的H表示。例如：

$$(6E)_{16}=6EH=6\times16^{1}+14\times16^{0}=110$$

在FX系列PLC中，十六进制数同十进制数一样，可用于指定应用指令的操作数与指定动作。

(4) 八进制

八进制是以基数为8的数制，一个八进制数能够用三个二进制数表示。它通常用于微处理器、计算机和可编程系统，PLC用户或程序员可以利用其组成一个信息字节中的8个数据位并进行编址。PLC的输入和输出模块地址一般都是按八进制编址的。例如：

$$(596)_{8}=5\times8^{2}+9\times8^{1}+6\times8^{0}=398$$

(5) 二、八、十、十六进制数对照

为了方便读者，现将二、八、十、十六进制数对照，见表5-1。

表5-1　数制对照表

十进制	八进制	十六进制	二进制	十进制	八进制	十六进制	二进制
0	0	0	0000	11	13	B	00001011
1	1	1	0001	12	14	C	00001100
2	2	2	0010	13	15	D	00001101
3	3	3	0011	14	16	E	00001110
4	4	4	0100	15	17	F	00001111
5	5	5	0101	16	20	10	00010000
6	6	6	0110	17	21	11	00010001
7	7	7	0111	18	22	12	00010010
8	10	8	1000	19	23	13	00010011
9	11	9	1001	100	144	64	000001100100
10	12	A	1010	1000	1750	3E8	001111101000

2. 码制

在PLC数据处理过程中还经常会用到各种代码系统，比如BCD码、ASCII码、格雷码等。

(1) BCD码（Binary Code Decimal）

BCD码提供了一种处理需要从PLC输入或输出大数字的便利方法。BCD码是利用4位二制数来表示十进制数0~9的表示方法。在BCD码系统中，能够通过4位数显示的最大十进制数为9，表示方法如图5-8所示。

为了区分BCD码和二进制数，要加括号并用下脚标“BCD”表示它是一个BCD码，而不是原来意义上的“二进制数”了。

例如，$86=(10000110)_{BCD}$，可以把这个代表十进制数86的BCD码$(10000110)_{BCD}$记成十六进制形式“86H”，此时的86H已不是原来意义上的十六进制“数”了，而是十进制数86的BCD码，代表了十进制数86。

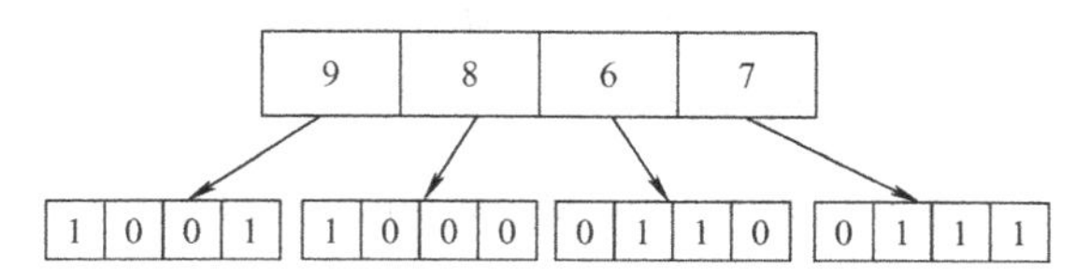

图 5-8　十进制数 BCD 码的表示形式

在 PLC 控制中，PLC 的指轮开关和 LED 显示就是 PLC 设备利用 BCD 码的应用实例。

（2）ASCII 码（American Standard Code For Information Interchange）

ASCII 码是美国标准信息交换码。用 7 位二进制表示数字（阿拉伯数字 0 ~ 9）、字母（26 个大写字母和 26 个小写字母）、特殊字符（@ 、#、 $ 、% 等）、控制字符（NUL、STX 等）、运算符号（ + 、 - 、 × 、/等）等 128 个字符的一种方法。ASCII 码见表 5-2，表 5-2 中特殊控制功能字符的解释见表 5-3。

表 5-2　ASCII 码表

高位 / 低位	b6 b5 b4	b6 b5 b4	b6 b5 b4	b6 b5 b4	b6 b5 b4	b6 b5 b4	b6 b5 b4	b6 b5 b4
b3 b2 b1 b0	000	001	010	011	100	101	110	111
0000	NUL	DLE	SP	0	@	P	、	p
0001	SOH	DC1	!	1	A	Q	a	q
0010	STX	DC2	″	2	B	R	b	r
0011	ETX	DC3	#	3	C	S	c	s
0100	EOT	DC4	$	4	D	T	d	t
0101	ENQ	NAK	%	5	E	U	e	u
0110	ACK	SYN	&	6	F	V	f	v
0111	BEL	ETB	′	7	G	W	g	w
1000	BS	CAN	(	8	H	X	h	x
1001	HT	EM	)	9	I	Y	i	y
1010	LF	SUB	*	:	J	Z	j	z
1011	VT	ESC	+	;	K	[	k	{
1100	FF	FS	,	<	L	\	l	|
1101	CR	GS	—	=	M	]	m	}
1110	SO	RS	.	>	N	^	n	~
1111	SI	US	/	?	O	—	o	DEL

由表 5-2 我们可以算出各个字符的 ASCII 码，计算方法如图 5-9 所示。如 0 的 ASCII 码是“0” =30H，9 的 ASCII 码是“9” =39H，还有“A” =41H、“ENQ” =05H 等。

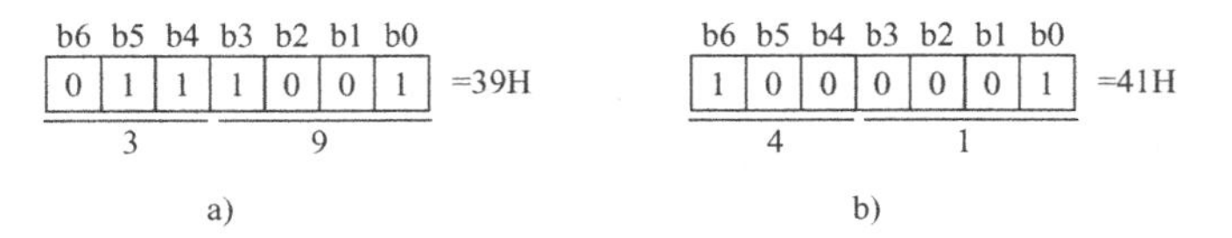

图 5-9　ASCII 码计算方法

a）“9” 的 ASCII 码计算方法　b）“A” 的 ASCII 码计算方法

FX系列PLC产品通信时的数据交换是以ASCII码形式进行的，ASCII码还可用于PLC的CPU与字母数字键盘及打印机的连接。

表5-3　表5-2中特殊控制功能字符的解释

字符	功能	字符	功能	字符	功能	字符	功能
NUL	空	DLE	转义符	BS	退一格	CAN	作废
SOH	标题开始	DC1	设备控制1	HT	横向列表	EM	已到介质末端/介质存储已满
STX	正文开始	DC2	设备控制2	LF	换行	SUB	取代
ETX	正文结束	DC3	设备控制3	VT	纵向列表	ESC	换码
EOT	传输结束	DC4	设备控制4	FF	走纸控制	FS	文字分割符
ENQ	询问请求	NAK	否定	CR	回车	GS	组分割符
ACK	应答	SYN	同步	SO	移出符	RS	记录分割符
BEL	报警符	ETB	信息组传送结束	SI	移入符	US	单元分割符
SP	空格	DEL	删除				

(3) 格雷码

格雷码是一种特殊的二进制码，它没有使用位加权，就是说每一位都没有一个确定的权值。通过格雷码可以只改变一个位，就从一个数变为下一个数。这在计数器电路中容易混乱，但在编码器电路中是非常合适的。例如，用绝对编码器作为位置变送器，可以用格雷码来确定角位置。格雷码和相应的二进制数比较见表5-4。

表5-4　格雷码和相应的二进制数比较

格雷码	二进制数	格雷码	二进制数	格雷码	二进制数	格雷码	二进制数
0000	0000	0110	0100	1100	1000	1010	1100
0001	0001	0111	0101	1101	1001	1011	1101
0011	0010	0101	0110	1111	1010	1001	1110
0010	0011	0100	0111	1110	1011	1000	1111

从表5-4中可看出，二进制数制中，改变单一的“数”最多需要改变4位数字，而格雷码只要改变一个位。例如，将二进制数0111改变成1000（十进制数7改变成8）需要改变所有4个数字，这种变化增加了在数字电路中出错的可能性。因此，格雷码是一种效率较高的编码。由于格雷码每次变换只需改变一个位，所以格雷码的转换速度比其他码制的速度要快，比如BCD码。

格雷码是一种适用于机器人运动、机床和伺服传动系统精确控制的位置编码。图5-10所示为利用4位格雷码的光学编码器来检测角位置的变化，图中，附在转轴上的编码器盘可确定转轴的位置，编码器盘输出一个数字格雷码信号。一组固定的光电二极管用于检测从编码器的径向一列单元的反射光，每个单元将输出一个对应于二进制数1或0的电压，这取决于光的反射量。因此，码盘上的每一列单元将产生一个不同的4位二进制数字。

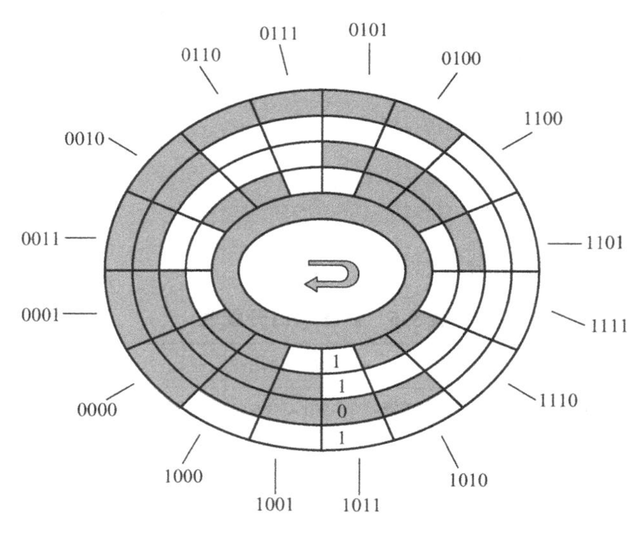

图5-10　格雷码在光学编码器上的应用

任务16　运料小车控制系统安装与调试

任务要求

有一运料小推车位置示意图如图5-11所示，小车行走的方向由小车所在位置号和呼叫号相比较决定，按如下要求控制：

1）当小车所停位置号小于呼叫号时，小车右行至呼叫号处停车；反之同样。小车所停位置号等于呼叫号时，小车原地不动，在原地不动时有原位指示。

2）小车起动前有报警信号，报警5s后方可左行或右行；小车行走时具有左行、右行定向指示，行走时所在位置由七段数码管显示。

3）小车具有正反转点动运行功能，点动运行时小车运行频率10Hz。

4）小车电动机由变频器驱动，频率可以现场调节。

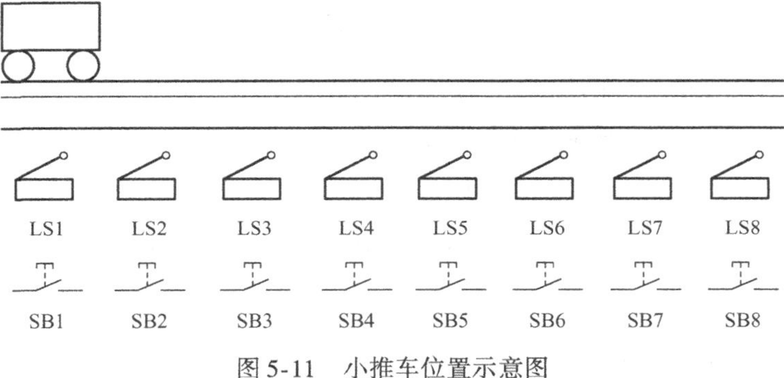

图5-11　小推车位置示意图

请根据以上控制要求，采用 PLC 进行控制。请分配 I/O、设计电路、选择电气元件、设定变频器参数、编写 PLC 控制程序并安装调试运行。

任务指引

1. I/O 分配

根据控制要求进行 I/O 端口分配，见表 5-5。

表 5-5 I/O 端口分配表

输入	功能			输出	功能		
X0 ~ X7	SB1 ~ SB8	X20	点/自动切换	Y0 ~ Y6	数码管 a ~ g	Y13	报警信号
X10 ~ X17	LS1 ~ LS8	X21	点右	Y10	左行箭头	Y14	左行 STR 信号
		X22	点左	Y11	右行箭头	Y15	右行 STF 信号
				Y12	原点指示	Y16	JOG 信号

2. 变频器参数设定

1）在 PU 模式下设定下列参数

Pr. 7 = 5s；Pr. 8 = 3s；Pr. 15 = 10Hz（点动频率）；Pr. 16 = 2s（点动加减速时间）

2）设定操作模式 Pr. 79 = 2

3. 设计运料小推车控制系统综合接线图（见图 5-12）

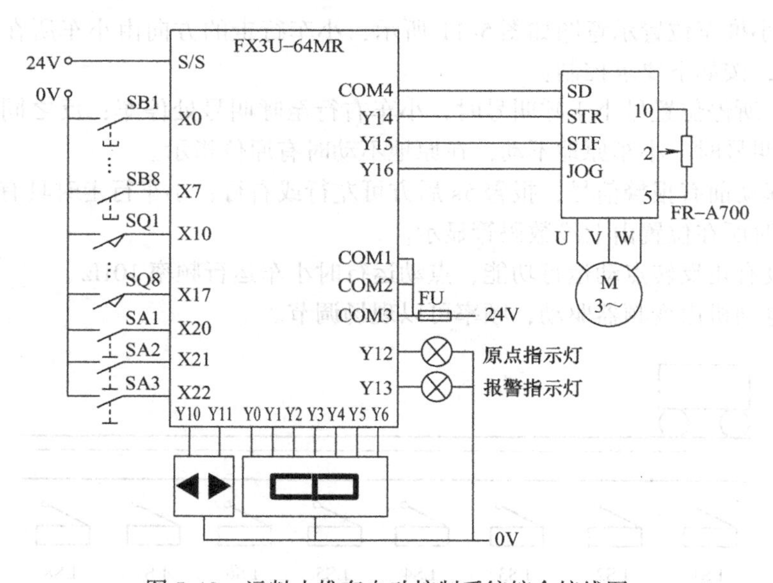

图 5-12 运料小推车自动控制系统综合接线图

4. 编制程序

根据控制要求编制小推车自动控制参考程序，如图 5-13 所示。

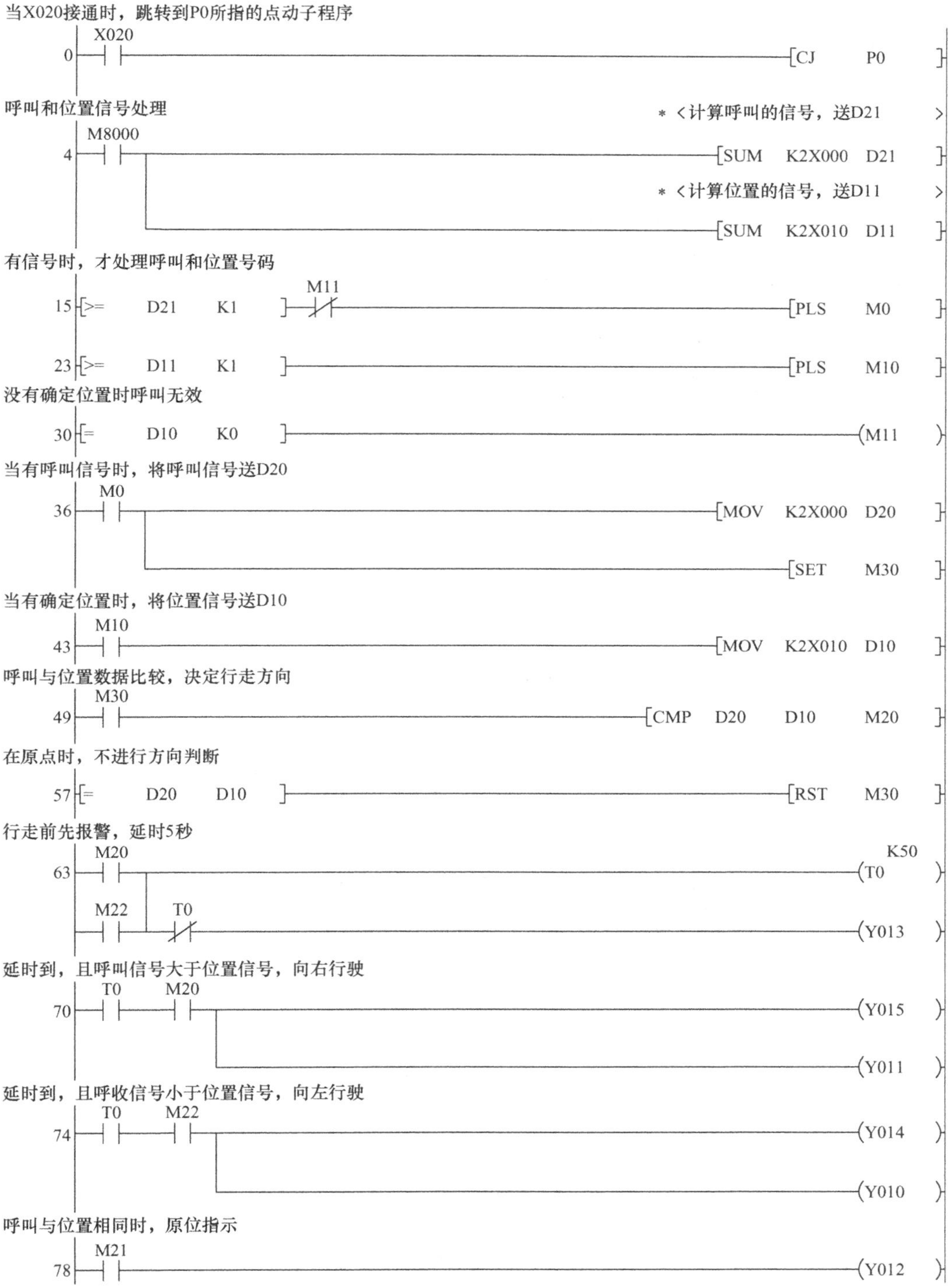

```
当X020接通时，跳转到P0所指的点动子程序
     X020
  0 ─┤ ├──────────────────────────────────[CJ      P0      ]

呼叫和位置信号处理                               *<计算呼叫的信号，送D21    >
     M8000
  4 ─┤ ├─┬────────────────────────────[SUM   K2X000  D21   ]
         │                                 *<计算位置的信号，送D11    >
         └────────────────────────────[SUM   K2X010  D11   ]
有信号时，才处理呼叫和位置号码
                          M11
 15 [>=    D21    K1   ]─┤/├──────────────[PLS     M0      ]

 23 [>=    D11    K1   ]──────────────────[PLS     M10     ]
没有确定位置时呼叫无效

 30 [=     D10    K0   ]───────────────────────(M11        )
当有呼叫信号时，将呼叫信号送D20
     M0
 36 ─┤ ├─┬────────────────────────────[MOV   K2X000  D20   ]
         │
         └────────────────────────────────[SET     M30     ]
当有确定位置时，将位置信号送D10
     M10
 43 ─┤ ├──────────────────────────────[MOV   K2X010  D10   ]
呼叫与位置数据比较，决定行走方向
     M30
 49 ─┤ ├──────────────────────────[CMP   D20   D10   M20   ]
在原点时，不进行方向判断

 57 [=     D20    D10  ]──────────────────[RST     M30     ]
行走前先报警，延时5秒
     M20                                               K50
 63 ─┤ ├─┬─────────────────────────────────────(T0         )
         │
     M22 │    T0
   ──┤ ├─┴───┤/├───────────────────────────────(Y013       )
延时到，且呼叫信号大于位置信号，向右行驶
     T0     M20
 70 ─┤ ├────┤ ├─┬──────────────────────────────(Y015       )
                │
                └──────────────────────────────(Y011       )
延时到，且呼收信号小于位置信号，向左行驶
     T0     M22
 74 ─┤ ├────┤ ├─┬──────────────────────────────(Y014       )
                │
                └──────────────────────────────(Y010       )
呼叫与位置相同时，原位指示
     M21
 78 ─┤ ├───────────────────────────────────────(Y012       )
```

图5-13　小推车自动控制参考程序

```
位置显示处理程序
      M10
 80 ──┤ ├──┬────────────────────────[ENC0   X010   D22    K3    ]
           ├────────────────────────[ADDP   D22    K1     D24   ]
           └────────────────────────[SEGD   D24           K2Y000]
100 ────────────────────────────────[FEND                       ]
点动程序
      X021   Y014   X010
P0 101 ┤ ├────┤/├────┤/├──┬─────────(Y015                       )
                          └─────────(Y011                       )
      X022   Y015   X017
107 ──┤ ├────┤/├────┤/├──┬──────────(Y014                       )
                         └──────────(Y010                       )
      X021
112 ──┤ ├──┬────────────────────────(Y016                       )
      X022 │
    ──┤ ├──┴────────────────────────[RST           Y012         ]
116 ────────────────────────────────[END                        ]
```

图 5-13 小推车自动控制参考程序（续）

任务评价

运料小车控制系统安装与调试任务评价见表 5-6。

表 5-6 运料小车控制系统安装与调试任务评价表

项 目	考 核 内 容	评 分 标 准	配分	得分
专业技能	输入、输出端口分配	分配错误一处扣 1 分	5	
	设计控制接线图并接线运行	绘制错误一处扣 2 分 接线错误一处扣 2 分	10	
	编写梯形图程序	编写错误一处扣 2 分	10	
	运行结果	小车不能自动左行的不得分	10	
		小车不能自动右行的不得分	10	
		小车没有原地不动功能的不得分	10	
		小车点动不能左行不得分	4	
		小车点动不能右行不得分	4	
		小车点动功能在第 1 位置左行不得分	2	
		小车点动功能在第 8 位置右行不得分	2	
		起动前没有报警信号不得分	2	

（续）

项　　目	考 核 内 容	评 分 标 准	配分	得分
专业技能	运行结果	起动前报警时间不正确不得分	2	
	显示结果	无小车位置显示的不得分	10	
		无左、右行走指示的不得分	5	
		自动运行频率不能调节的不得分	2	
		点动频率不正确不得分	2	
安全文明生产	安全操作规定	违反安全文明操作或岗位 6S 不达标，视情况扣分。违反安全操作规定不得分	5	
创新能力	提出独特可行方案	视情况进行评分	5	

知识拓展

一、数据传送、比较指令使用技巧

1. 传送指令 MOV（FNC12）

1）MOV 指令的作用是将源元件的内容传送（复制）到目标软元件中，源元件中的数据不发生变化。如图 5-14 所示的程序，源数据被传送到指定目标中。

2）MOV 指令执行形式有连续和脉冲两种。

3）MOV 指令可执行 16 位的数据，也可执行 32 位数据，MOV 指令执行 32 位数据时需在指令助记符前加 D，如图 5-15 所示。

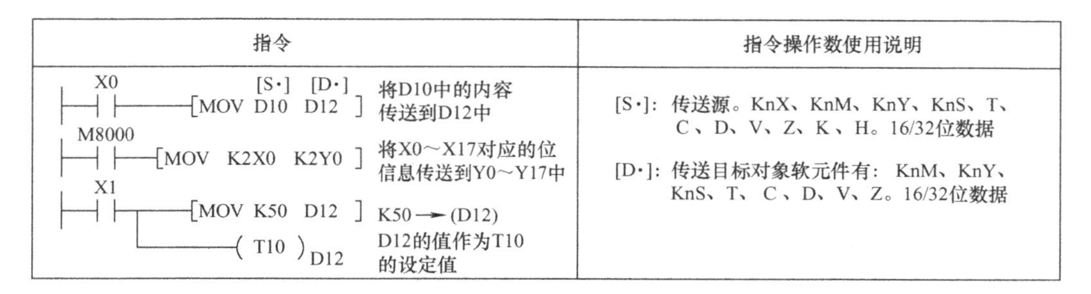

指令	指令操作数使用说明
X0　[S·]　[D·] [MOV D10 D12]　将D10中的内容传送到D12中 M8000 [MOV K2X0 K2Y0]　将X0～X17对应的位信息传送到Y0～Y17中 X1 [MOV K50 D12]　K50→(D12) (T10) D12　D12的值作为T10的设定值	[S·]：传送源。KnX、KnM、KnY、KnS、T、C、D、V、Z、K、H。16/32位数据 [D·]：传送目标对象软元件有：KnM、KnY、KnS、T、C、D、V、Z。16/32位数据

图 5-14　指令执行 16 位的数据示例

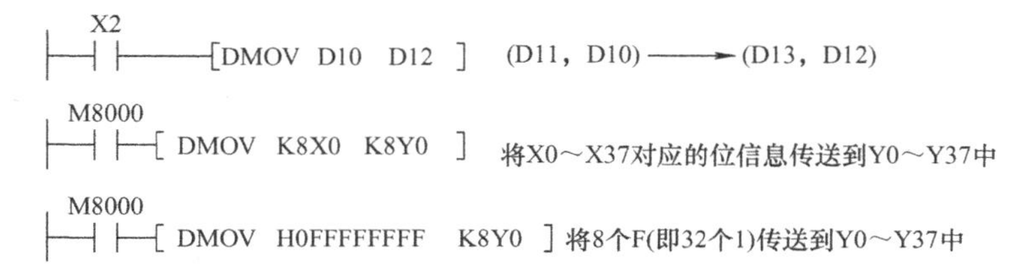

图 5-15　指令执行 32 位的数据示例

以下举例说明使用传送指令，以向输出端口送数的方式实现电动机的丫-△起动控制。

编写程序时关键是对输出端口的位信息进行控制，采用MOV指令时只要向对应的位送入控制位信息就可以。据电机丫-△起动控制要求，编制参考程序如图5-16所示，图中X000、X001、X002分别为起动按钮、停止按钮、主电路FR触点，Y000、Y001、Y002分别为主电路接触器、电动机丫接法接触器、电动机△接法接触器触点。

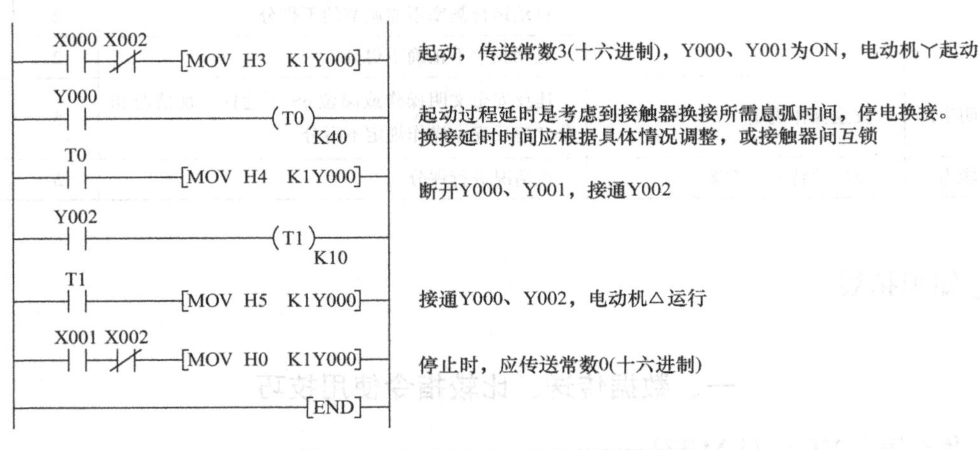

图5-16 电动机丫-△起动控制梯形图

2. 移位传送指令SMOV（FNC13）

1）指令的功能：以位数为单位（4位）进行数据的分配、合成。

指令表现形式如图5-17所示。传送源[S]和传送目标[D]的内容（0000~9999）转换成4位数的BCD码，从$m1$位数起的低$m2$位数部分被传送（合成）到传送目标[D]的以n位数起始的部分，然后转换成BIN，保存在传送目标[D]中。指令执行过程如图5-18所示。

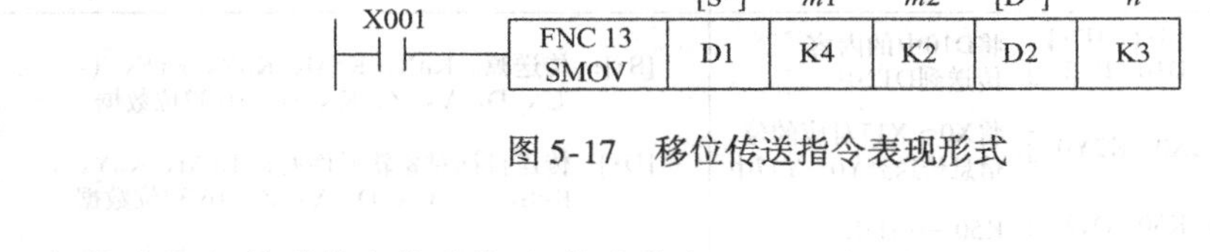

图5-17 移位传送指令表现形式

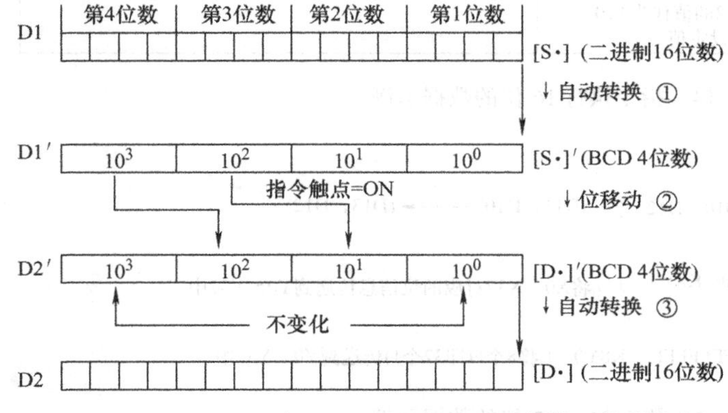

图5-18 移位传送指令执行过程

2）SMOV指令中操作数的使用说明见表5-7。

表5-7　SMOV指令中操作数使用说明

操作数	内　　容	对象软元件
[S·]	要进行移动的数据软元件的编号	KnX、KnM、KnY、KnS、T、C、D、V、Z、K、H
[D·]	保存已经进行了位移动的数据软元件的编号	KnM、KnY、KnS、T、C、D、V、Z
$m1$	源中要移动的起始位的位置	K、H
$m2$	源中要移动的位数量	K、H
n	指定到移动目标中的起始位的位置	K、H

(3) 指令执行形式可以采用连续执行和脉冲执行两种。指令只能执行16位数据。

3. 成批传送指令BMOV（FNC15）

(1) 指令功能

对指定点数的多个数据进行成批传送（复制），或称多点对多点复制。

如图5-19所示，当X0为ON时，将源操作数（D5）开始的n个（$n=3$）数据组成的数据块传送到指定的目标（D8～D10）中。如果元件号超出允许元件号的范围，数据仅传送到允许范围内。

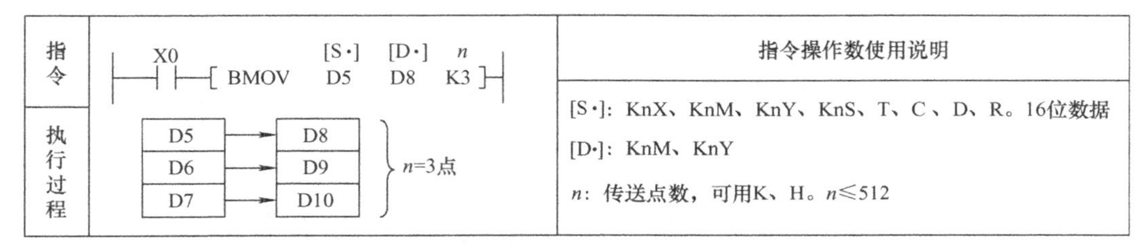

图5-19　BMOV指令示例程序

(2) 指令执行形式

指令执行形式可以采用连续执行和脉冲执行两种，指令只能执行16位数据。

(3) 指令使用注意事项

1）如果源元件与目标元件的类型相同，当传送编号范围有重叠时同样能进行传送。如图5-20所示。传送顺序是自动决定的，以防止源数据被这条指令传送的其他数据冲掉。

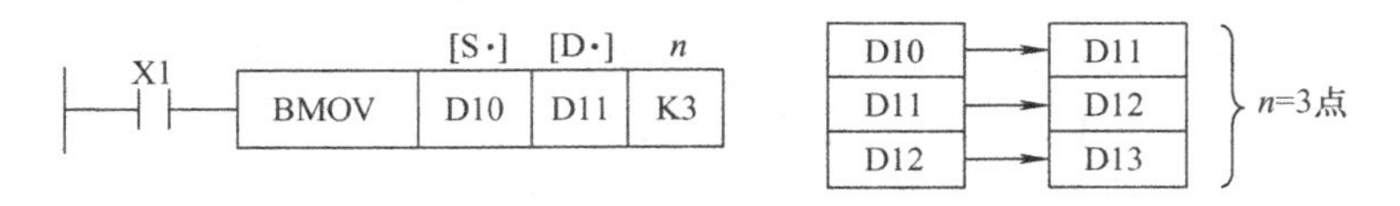

图5-20　编号范围重叠传送示例

2）在带有位数指定软元件的情况下，要求源和目标的指定位数必须相同。如图5-21所示，图中K1X0和K1Y0称作1点，如果是K2X0和K2Y0同样称作1点，只不过此时按$n=2$来传送，则是将X0～X17的信息传送到Y0～Y17。

4. 多点传送指令FMOV（FNC16）

该指令可将源中同一数据传送到指定点数的软元件中，如图5-22所示。指令执行可以

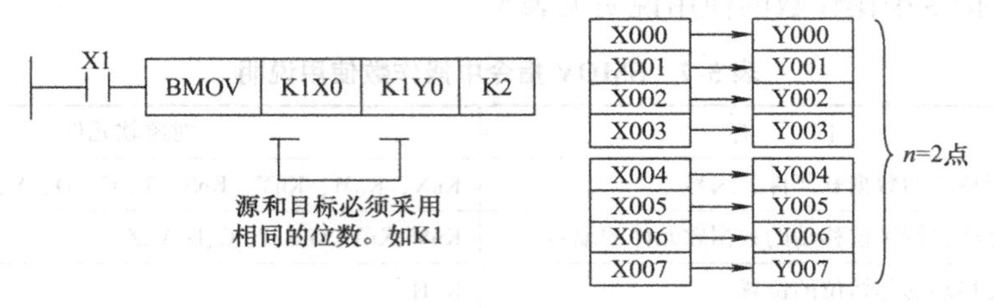

图 5-21 带有位数指定软元件的传送示例

采用连续执行和脉冲执行两种方式，指令只能执行 16 位数据。如果指令执行过程中有软元件号超出允许元件号的范围，则数据只能在传送范围内传送。

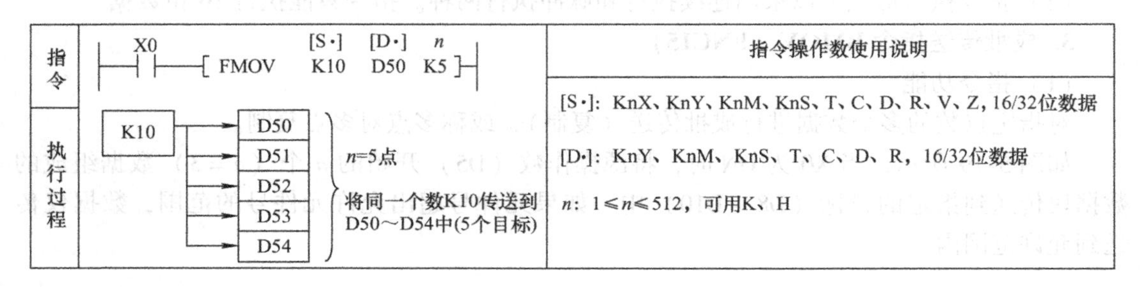

图 5-22 多点传送示例

说明：FMOV 指令还具有清零功能，如图 5-23 所示。如果是对计数器进行清零操作，则只能清除经过值，计数器的触点动作情况不能清除。

X10
FMOV K0 D10 K5
当X10为ON时，将常数K0送到D10～D14
中(共5点)，即将D10～D14中的内容清零

图 5-23 清零功能示例

5. 比较指令 CMP（FNC10）

（1）指令功用

比较两个值的大小，将比较的结果按大、一致、小分别输出给位软元件（3 点）。

（2）表现形式

图 5-24 所示的程序中第一行为 CMP 指令的表现形式，其作用是将源[S1·]和[S2·]中的数据进行比较，结果送到目标[D·]中。执行指令时源中的数据按代数式进行比较（如 $-10<2$），且所有源中的数据均按二进制数值处理。

图 5-24 中 M10、M11、M12 根据比较的结果进行动作，且 M10、M11、M12 的动作是唯一的。当 M10、M11、M12 中任一个接通，指令执行输入条件 X0 断开时，比较结果会保持。

当不需要比较结果时可用 RST 或 ZRST 指令进行复位，如图 5-25 所示。

指令执行数据的长度可以是 16 位或 32 位。指令执行有连续执行和脉冲执行两种形式。

指令中相关操作数使用说明如下：

1）源[S1·]和[S2·]是作为比较值的数据或软元件的编号，可用的操作数为 KnM、KnS、KnX、KnY、T、C、D、V、Z、K、H、E（实数）。

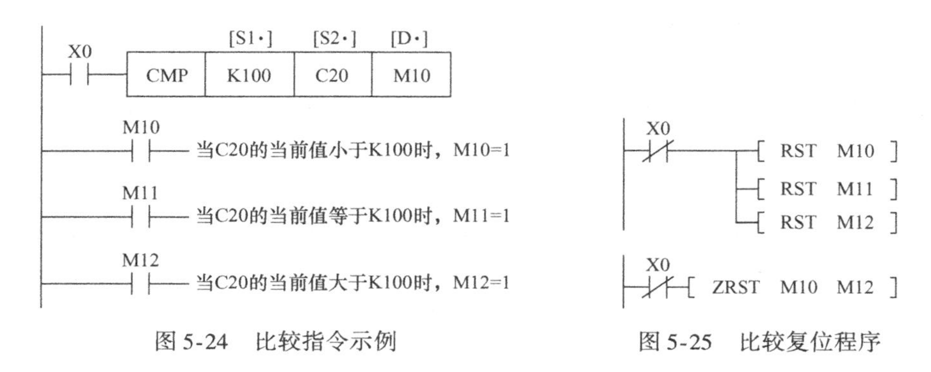

图 5-24　比较指令示例　　　图 5-25　比较复位程序

2）目标[D·]是输出比较结果的起始位软元件编号，可用的操作数是 Y、M、S。

3）一条 CMP 指令用到 3 个操作数，如果只指定了 1 或 2 个操作数，指令执行时就会出错，妨碍 PLC 正常运行。操作数的元件类别超出范围时也会出错，如 X、D、T 或 C 被指定作目标操作数时就会出错。

以下阐述密码锁控制示例。用比较器可构成密码锁系统，密码锁有 12 个按钮，分别接入 X000 ~ X013，其中 X000 ~ X003 代表第一个十六进制数；X004 ~ X007 代表第二个十六进制数；X010 ~ X013 代表第三个十六进制数。根据设计要求，每次同时按 4 个键，分别代表 3 个十六进制数，共按 4 次。如与密码锁设定值都相符合，3s 后，密码锁可以开启，10s 后，重新锁定。

密码锁的密码由程序设定。假定为 H2A4、H01E、H151、H18A，从 K3X000 上送入的数据应分别和它们相等，这可以用比较指令实现，梯形图如图 5-26 所示。

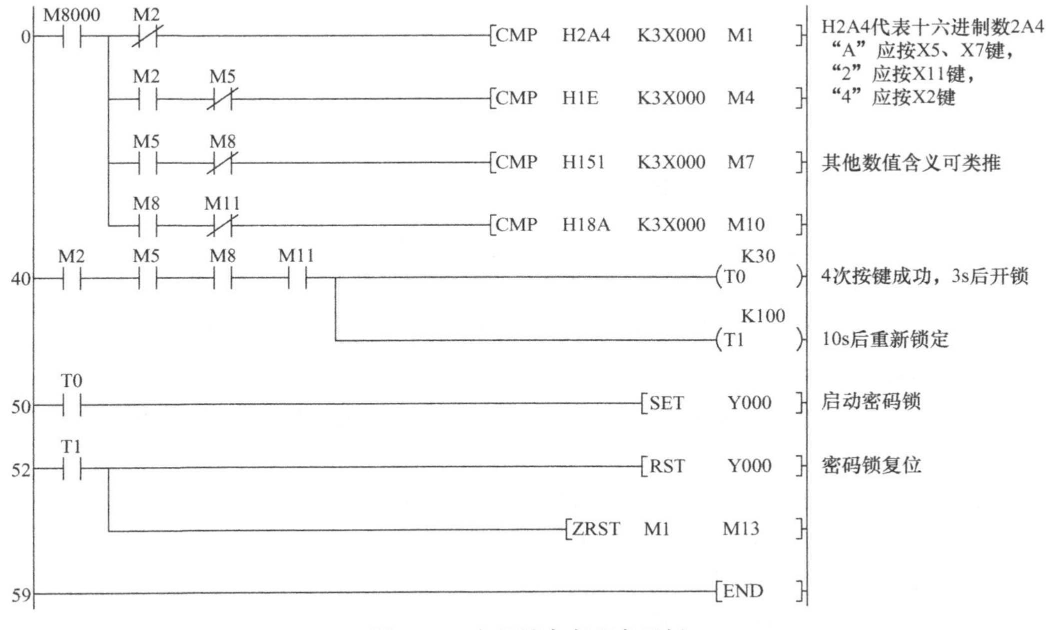

图 5-26　密码锁参考程序示例

6. 区间比较指令 ZCP（FNC11）

（1）指令功能

针对两个值的区间，将与比较源的值比较得出的结果按上、中、下三点分别输出到位软元件3点中。

（2）指令表现形式

图5-27和图5-28所示的程序为ZCP区间比较指令的两种表现形式，M20、M21、M22的状态取决于比较结果，且比较结果不受输入指令（X0）ON/OFF的影响，指令执行一次后，其比较结果就保存下来。可采用相关程序进行复位。

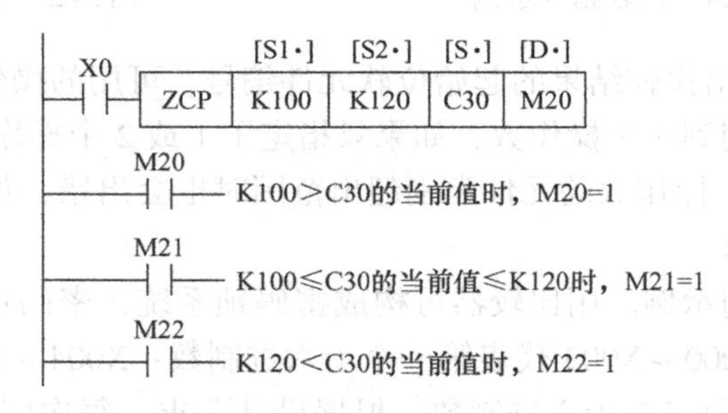

图5-27　ZCP指令表形式1

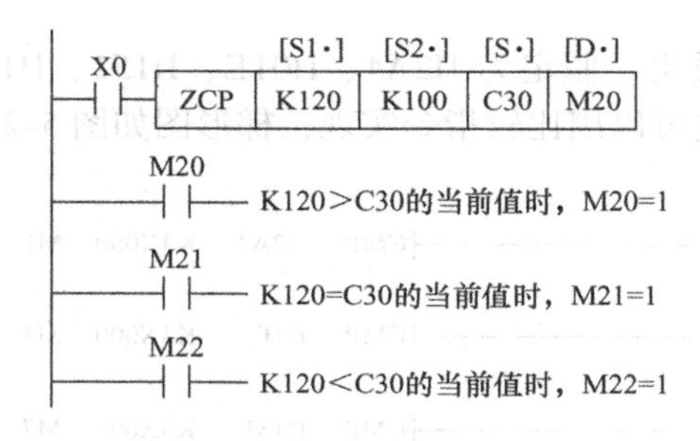

图5-28　ZCP指令表形式2

指令执行数据的长度为16位或32位。指令执行有连续执行和脉冲执行两种形式。

指令中相关操作数使用说明如下：

1）源[S1·]是下侧比较值的数据或软元件的编号，可用的操作数为KnM、KnS、KnX、KnY、T、C、D、V、Z、K、H。

2）源[S2·]是上侧比较值的数据或软元件的编号，可用的操作数为KnM、KnS、KnX、KnY、T、C、D、V、Z、K、H。

3）目标[D·]是输出比较结果的起始位软元件编号（占用3点），可用的操作数为Y、M、S。注意不要与控制应用中所使用的其他软元件重复。

4）指令中源[S1·]的数据不得大于源[S2·]的数据，执行结果如图5-27所示。但是如果[S1·]的数据大于[S2·]，则执行结果如图5-28所示，[S1·]=K120，[S2·]=K100，执行ZCP指令时看作[S1·]=K100。源数据的比较是按代数式进行比较。

二、数据处理指令使用技巧

数据处理指令包含批复位，编、译码指令及平均值计算指令等。相对于 FNC10 ~ FNC39 的基本应用指令，FNC40 ~ FNC49 指令能够进行更加复杂的数据处理或作为满足特殊用途的指令。这一类指令除 ANS 指令外均可采用连续执行和脉冲执行两种方式。

1. 成批复位指令 ZRST（FNC40）

成批复位指令是在两个指定的软元件之间执行成批复位，两个软元件必须为同类型元件，如图 5-29 所示。指令可以复位的软元件有 Y、M、S、T、C、D、R。

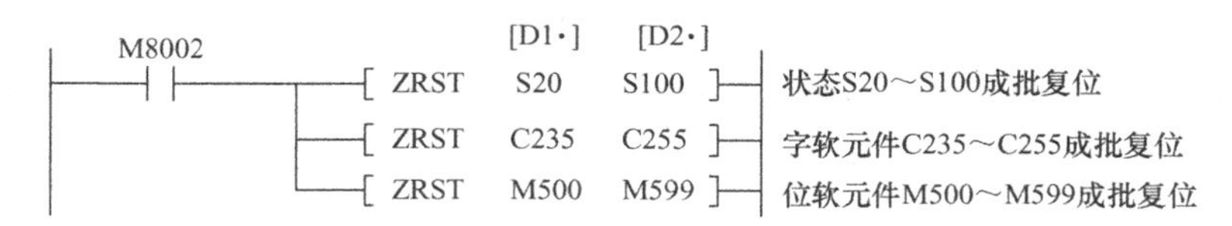

图 5-29　区间复位指令应用示例

使用 ZRST 指令应注意如下几点：

1）[D1·]和[D2·]指定的应为同类元件。[D1·]指定的元件号应小于等于[D2·]指定的元件号，否则只有[D1·]指定的 1 点元件被复位。

2）虽然 ZRST 可处理 16 位指定的软元件，但[D1·]、[D2·]也可同时指定 32 位计数器。[D1·]、[D2·]中一个指定 16 位计数器、另一个指定 32 位计数器是不允许的，如图 5-30 所示。

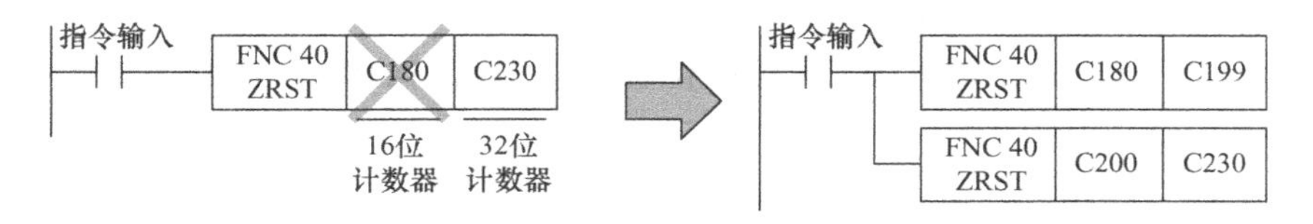

图 5-30　ZRST 指令使用注意示例

2. 译码指令 DEC0（FNC41）

译码指令是将数字数据中数值转换成 1 点的 ON 指令，根据 ON 位的位置可以将位编号读成数值。译码指令示例如图 5-31 所示，指令执行情况示例如图 5-32 所示。

X4　[DECO　[S·] D10　[D·] M0　n K8]

图 5-31　译码指令示例

图 5-32 中，源 D10 中的 b1、b2、b3 位为 1，结果得到的数据为 14（8 + 4 + 2），所以译码结果为 M14 位为 1。

译码指令使用要点如下：

1）如果源中的位全部为“0”时，则目标中的 bit0 为“1”。

2）[D·] 指定的目标是 Y、M、S 时，n 的取值范围为 $1 \leqslant n \leqslant 8$，[D·]的最大取值范围为 $2^8 = 256$。

3）[D·]指定的目标是 T、C 或 D 时，n 的取值范围为 $1 \leqslant n \leqslant 4$。[D·]的最大取值范围为 $2^4 = 16$ 点。

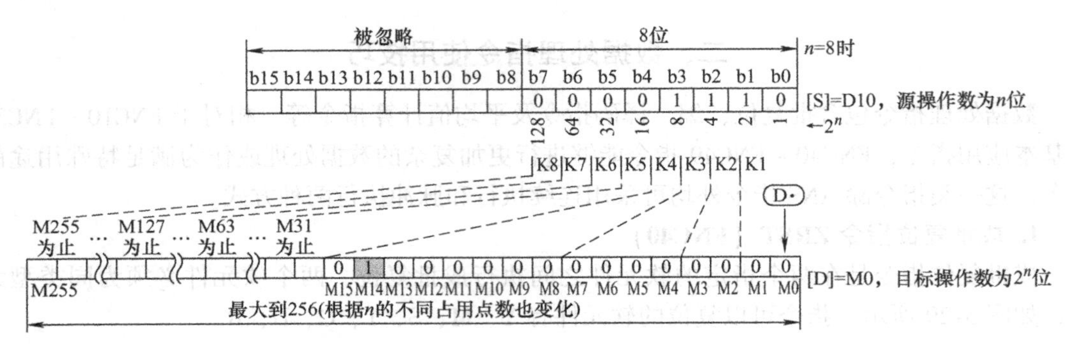

图 5-32 译码指令执行情况示例

4）当执行条件为 OFF 时，指令不执行。译码输出会保持之前的 ON/OFF 状态。

指令中操作数的说明见表 5-8。

表 5-8 译码指令中操作数的说明

操作数	内 容	对象软元件	数据类型
[S·]	保存要译码的数据或字软元件的编号	X、Y、M、S、T、C、D、V、Z、R、K、H	BIN16 位
[D·]	保存译码结果的位/字软元件的编号	Y、M、S、T、C、D、R	BIN16 位
n	保存译码结果的软元件的位点数	K、H	BIN16 位

注：操作数 n 的取值范围为 1 ~ 8，$n=0$ 时指令不处理。源操作数为 n 位时，目标操作数为 2^n 位。

3. 编码指令 ENC0（FNC42）

编码指令的功能是求出数据中 ON 位的位置，应用示例如图 5-33 所示。指令中操作数说明见表 5-9。

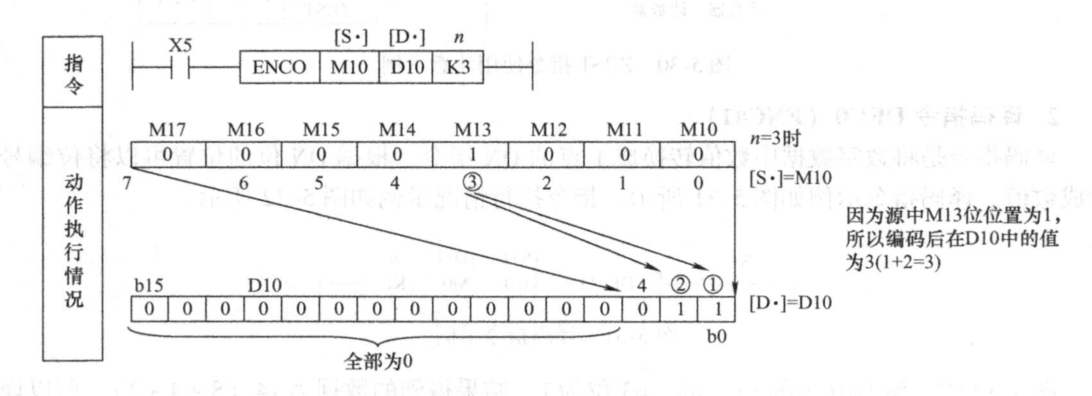

图 5-33 编码指令应用示例

表 5-9 编码指令中操作数说明

操作数	内 容	对象软元件	数据类型
[S·]	保存要编码的数据或数据字软元件的编号	X、Y、M、S、T、C、D、V、Z、R	BIN16 位
[D·]	保存编码结果的字软元件的编号	T、C、D、R、V、Z	BIN16 位
n	保存译码结果的软元件的位点数	K、H	BIN16 位

注：操作数 n 的取值范围为 1 ~ 8，$n=0$ 时指令不处理。源操作数为 2^n 位时，目标操作数为 n 位。

编码指令使用规定如下：

1）若[S·]指定的源是T、C、D、V或Z，应使$n \leq 4$，其数据源为2^n位（最大16位数据）。

2）若[S·]指定的源是X、Y、M、S，应使$1 \leq n \leq 8$，其数据源为2^n位（最大256位数据）。

3）若指定源中为“1”的位不止一处，则只有最高位的“1”有效。若指定源中的所有位均为0，则出错。

4）如果源中最低位为1，则目标全部为0。

5）当执行条件OFF时，指令不执行。编码输出中被置1的元件即使在执行条件变为OFF后仍保持其状态直到下一次执行该指令。

4. ON总数指令SUM（FNC43）

SUM是计算指定源软元件中的数据中有多少个为“1”（ON）的指令，并将结果送到目标中。ON总数指令的应用如图5-34所示，图中D10 = K21847按二进制位分配后其“1”的总数为9个，存入D20中（D20中的b0位和b3位为1，所以D20 = 8 + 1 = 9）。

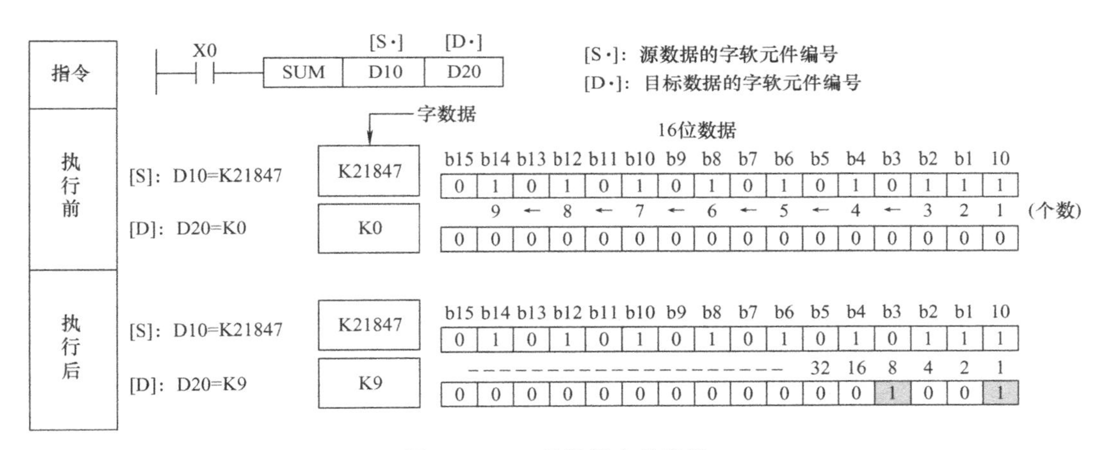

图5-34　ON总数指令的应用

指令中操作数对象软元件说明见表5-10。

表5-10　SUM指令操作数对象软元件说明

种　类	对象软元件	数据类型
[S·]	KnX、KnY、KnM、KnS、T、C、D、R、V、Z、K、H	BIN　16/32位
[D·]	KnY、KnM、KnS、T、C、D、R、V、Z	BIN　16/32位

若[S·]中没有为“1”的位，则零标志M8020置1。指令条件为OFF时不执行指令，但已动作的ON位数的输出会保持之前的ON/OFF状态。

5. ON位判别指令BON（FNC44）

BON指令是检查软元件指定位的位置为ON还是OFF的指令。

BON指令应用示例如图5-35所示，若D20中的第15位为ON，则M20变为ON。即使X0变为OFF，M20亦保持不变。

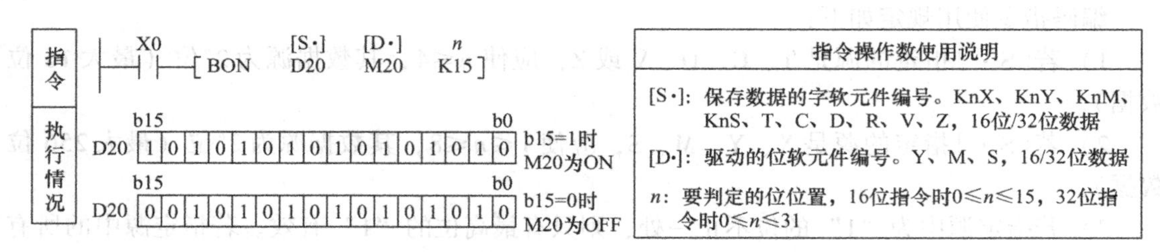

图 5-35 BON 指令应用示例

6. 七段码译码指令 SEGD（FNC73）

SEGD 指令是将数据译码后点亮七段数码管（1 位数）的指令。

图 5-36 所示为七段译码示例，图中的[S·]指定元件的低 4 位所确定的十六进制数（0～F）经译码驱动七段显示器。解码信号存于[D·]指定元件，[D·]的高 8 位不变。译码表见表 5-11，表中数码管为共阴极（注意使用时要区别数码管是共阴极还是共阳极）。

图 5-36a 所示实际上为一个八层电梯楼层显示程序（这也是常用程序），图 5-36b 为指令操作数使用说明，其外部接线如图 5-36c 所示，数码管为共阴极，X10～X17 为电梯在各层的限位开关。

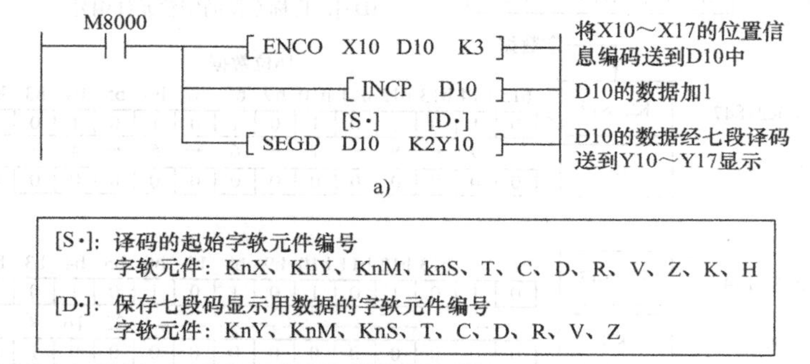

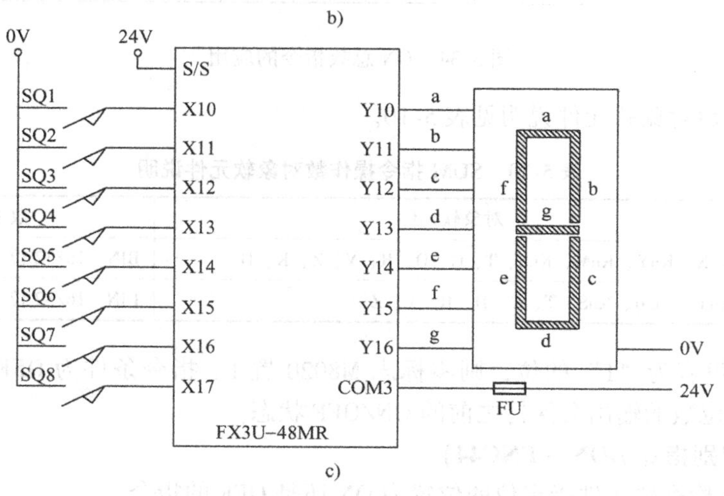

图 5-36 七段译码指令 SEGD 应用示例

a）楼层显示梯形图程序 b）指令操作数使用说明 c）外部接线

表5-11　七段译码表

源[S·]		七段组合码	目标输出[D·]								显示情况
十六进制	二进制		B7	B6	B5	B4	B3	B2	B1	B0	
0	0000		0	0	1	1	1	1	1	1	0
1	0001		0	0	0	0	0	1	1	0	1
2	0010		0	1	0	1	1	0	1	1	2
3	0011		0	1	0	0	1	1	1	1	3
4	0100		0	1	1	0	0	1	1	0	4
5	0101	B0	0	1	1	0	1	1	0	1	5
6	0110	B5 B1	0	1	1	1	1	1	0	1	6
7	0111	B6	0	0	1	0	0	1	1	1	7
8	1000		0	1	1	1	1	1	1	1	8
9	1001	B4 B2	0	1	1	0	1	1	1	1	9
A	1010	B3 B7	0	1	1	1	0	1	1	1	A
B	1011		0	1	1	1	1	1	0	0	b
C	1100		0	0	1	1	1	0	0	1	[
D	1101		0	1	0	1	1	1	1	0	d
E	1110		0	1	1	1	1	0	0	1	E
F	1111		0	1	1	1	0	0	0	1	F

注：B0代表位元件的首位（本例中为Y10）和字元件的最低位。

任务17　停车场车位控制系统安装与调试

任务要求

某物业停车场共有16个车位，车场车位控制如图5-37所示。系统采用PLC按如下要求进行控制，请设计电路、编写程序、安装并调试运行。

1）在入口和出口处装设检测传感器，用来检测车辆进入和出去的数目。

2）车场里尚有车位时，入口栏杆才可以将栏杆开启，让车辆进入停放，并有一指示灯表示尚有车位。

3）车位已满时，则有一指示灯显示车位已满，且入口栏杆不能开启让车辆进入。

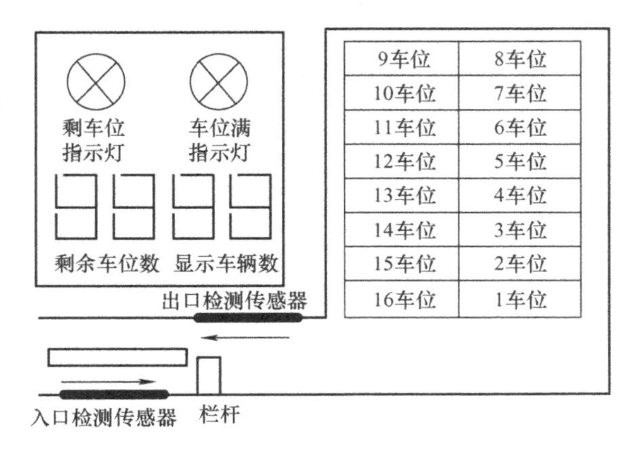

图5-37　停车场车位控制示意图

4）可从七段数码管上显示目前停车场共有几部车，并且可从七段数码管上显示目前停车场共剩余多少车位。

5）栏杆电动机由 FR－D720 变频器拖动，栏杆开启和关闭先以 20Hz 速度运行 3s，再以 30Hz 的速度运行，开启到位时有正转停止传感器检测，关闭到位时有反转停止传感器检测。

6）系统设有总起动和解除按钮。

7）本系统不考虑车辆的同时进出。

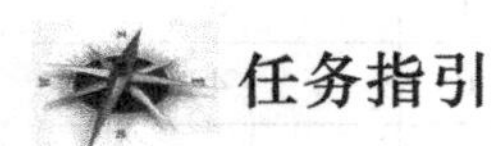

任务指引

1. I/O 分配

根据控制要求，PLC 外部输入/输出点（I/O）分配见表 5-12。

表 5-12　PLC 外部输入/输出点（I/O）分配表

PLC 输入端口及功用		PLC 输出端口及功用			
X0	入口检测	Y0	尚有车位指示灯	Y10	车辆数十位显示
X1	出口检测	Y1	车位已满指示灯	Y11	剩余车位数十位显示
X4	正转到位检测传感器	Y4	栏杆开门（STF 信号）	Y20～27	车辆数个位显示
X5	反转到位检测传感器	Y5	栏杆关门（STR 信号）	Y30～37	剩余车位数个位显示
X10	系统动作	Y6	变频器 RH 信号		
X11	系统解除	Y7	变频器 RM 信号		

2. 变频器参数设定

1）变频器参数清零。

2）设置 Pr. 7＝1s、Pr. 8＝1s、Pr. 4＝20Hz、Pr. 5＝30Hz。

3）设置操作模式 Pr. 79＝3。

3. 接线图设计

根据控制要求设计 PLC 外部接线如图 5-38 所示。

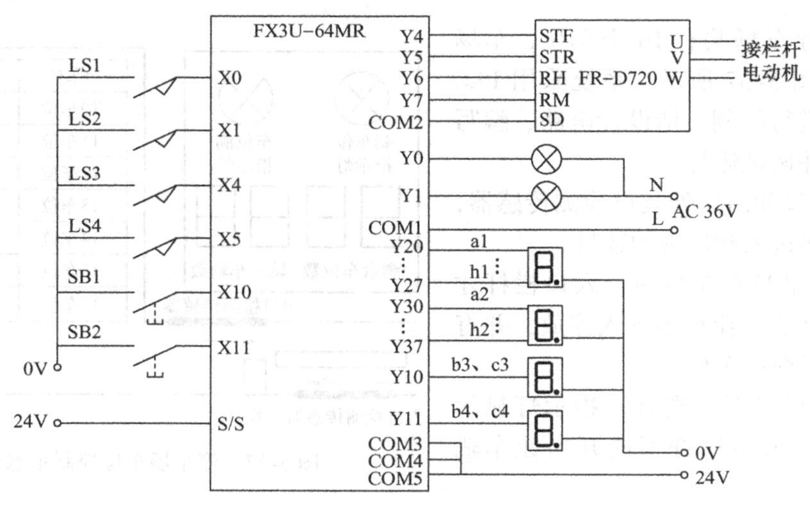

图 5-38　停车场车位控制接线图

4. 参考程序（见图 5-39）

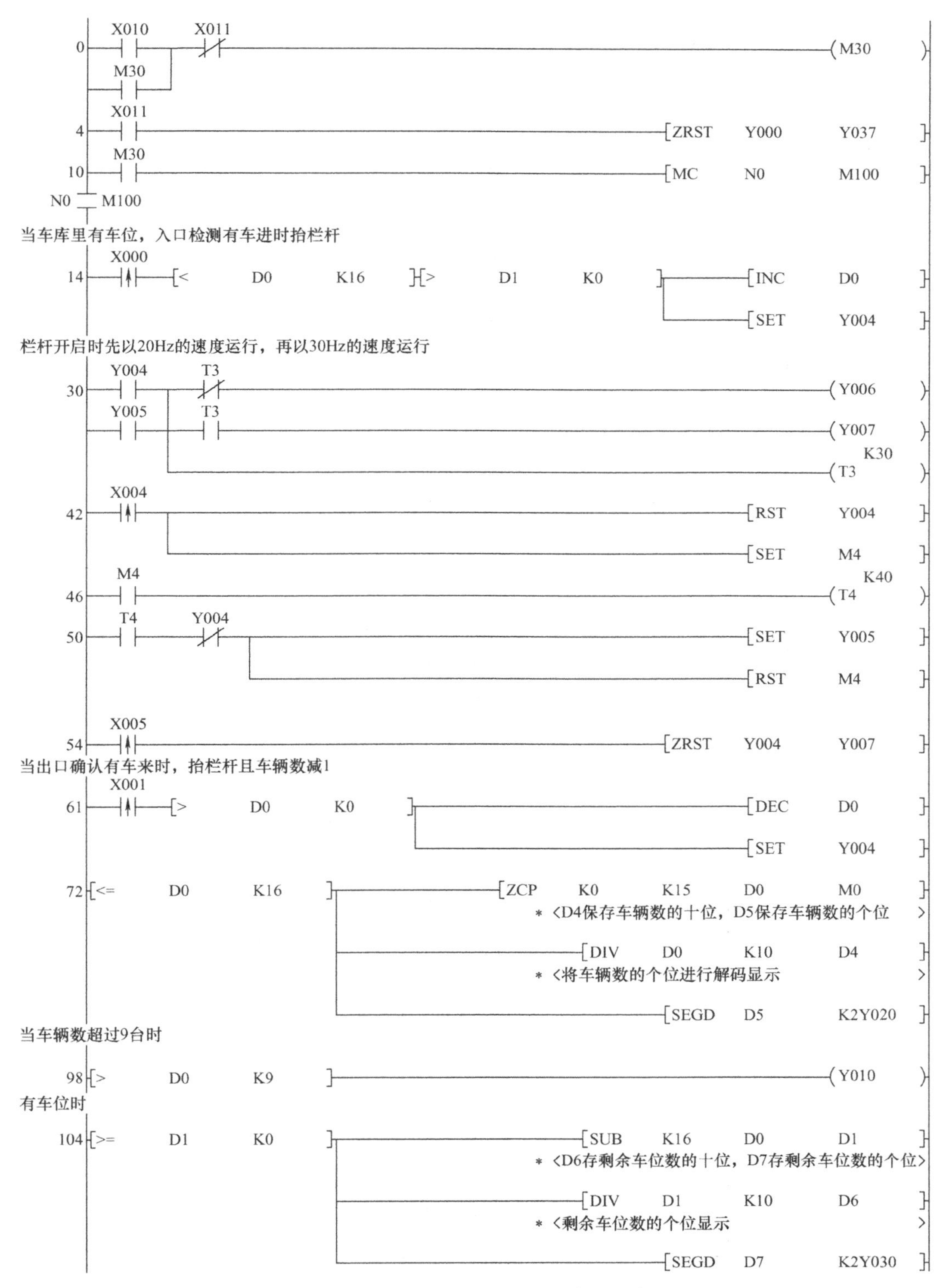

图 5-39　停车场车位控制系统参考程序

图 5-39 停车场车位控制系统参考程序（续）

任务评价

停车场车位控制系统安装与调试任务评价见表5-13。

表 5-13 停车场车位控制系统安装与调试任务评价表

项 目	考核内容	评分标准	配分	得分
专业技能	输入、输出端口分配	分配错误一处扣1分	5	
	设计控制接线图并接线运行	绘制错误一处扣1分 接线错误一处扣1分	5	
	编写梯形图程序	编写错误一处扣1分	10	
	运行结果	没有车位时能进车的不得分	5	
		停车场没有车辆能出车的不得分	5	
		有车位不能进车的不得分	5	
		停车场有车辆不能出车的不得分	5	
		栏杆不能抬起的不得分	10	
		栏杆抬起或关闭没有多段速每项扣5分	10	
		系统不能起动或解除每项扣5分	10	
	显示结果	无剩余车位数显示的不得分	5	
		无车辆数显示的不得分	5	
		无剩余车位显示的不得分	5	
		无剩余车位已满显示的不得分	5	
安全文明生产	安全操作规定	违反安全文明操作或岗位6S不达标，视情况扣分。违反安全操作规定不得分	5	
创新能力	提出独特可行方案	视情况进行评分	5	

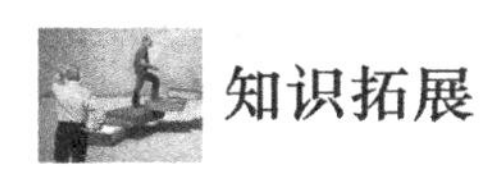

知识拓展

四则运算及逻辑运算指令使用技巧

1. 四则运算指令使用技巧

（1）四则运算指令概述

四则运算指令可完成数据的四则运算，并通过运算实现数据的传送、变化及其他控制功能。四则运算指令表现形式及功能见表5-14。

表5-14　四则运算指令表现形式及功能简介

FNC号	助记符	表现形式	功能简介
20	ADD	ADD S1 S2 D	BIN加法；(S1)+(S2)→(D)
21	SUB	SUB S1 S2 D	BIN减法；(S1)-(S2)→(D)
22	MUL	DIV S1 S2 D	BIN乘法；(S1)×(S2)→(D)
23	DIV	MUL S1 S2 D	BIN除法；(S1)÷(S2)→(D)

四则运算指令在使用时，有以下几点共性要求：

1）指令中操作数的软元件可使用范围：

①［S1］、［S2］的对象软元件有：KnX、KnM、KnY、KnS、T、C、D、V、Z、K、H。

②［D］的对象软元件有：KnM、KnY、KnS、T、C、D、V、Z。注意，乘法和除法指令中目标操作数不能用V，而Z也只能用于16位操作数。

2）四则运算指令的执行形式有连续执行和脉冲执行两种。

3）四则运算指令执行时可执行16位和32位的数据，执行32位数据时在指令前加D。

4）四则运算指令在运算时是以代数方式进行运算的，如：$16+(-8)=8$；$8-4=4$；$5\times(-8)=-40$；$16\div(-4)=-4$。

（2）四则运算指令用法

1）BIN加法ADD。图5-40所示为BIN加法的表现形式，指定源元件中的二进制数相加，结果送到指定的目标元件中。每个数据的最高位为符号位（0为正，1为负）。

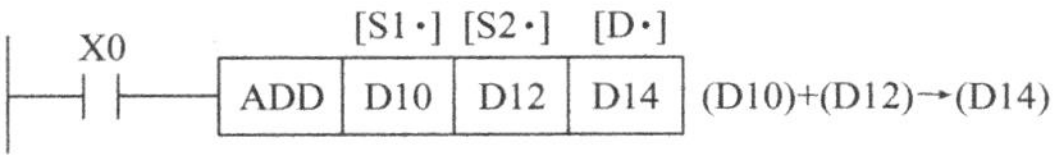

X0　ADD　[S1·] D10　[S2·] D12　[D·] D14　(D10)+(D12)→(D14)

图5-40　BIN加法的表现形式

在32位运算中，用到字元件时，被指定的字元件是低16位元件，而其下一个元件即为高16位元件。为了避免重复使用某些元件，建议指定操作元件时用偶数元件号。

源和目标可以用相同的元件号，若源和目标元件号相同而且采用连续执行的ADD/(D)ADD指令时，加法的结果在每个扫描周期都会改变。如果是用脉冲执行的形式，则只有在脉冲接通时执行一次，如图5-41所示。

另外，经常用到的还有加1指令（INC），如图5-42所示，指定［D.］的数据内容加1，图中D10的内容在每一个脉冲到来时加1。

图5-41所示的程序和图5-42所示的程序在加1时的效果是一样的。

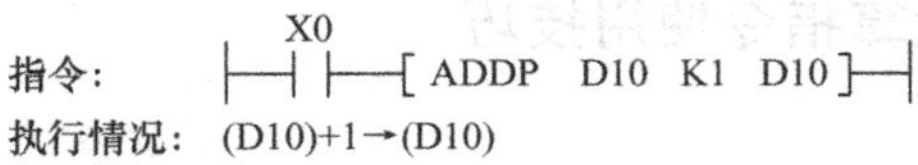

图5-41　加法指令脉冲执行

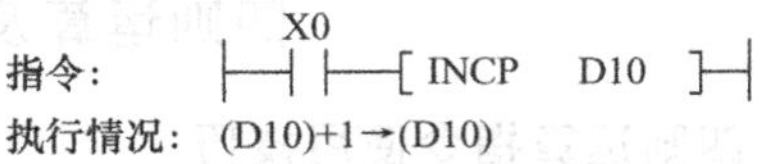

图5-42　加1指令表现形式

2）BIN减法指令SUB。图5-43所示为32位的减法指令操作，图中［S1·］指定的元件中的数减去［S2·］指定的元件中的数，结果送到［D·］指定的目标元件中。

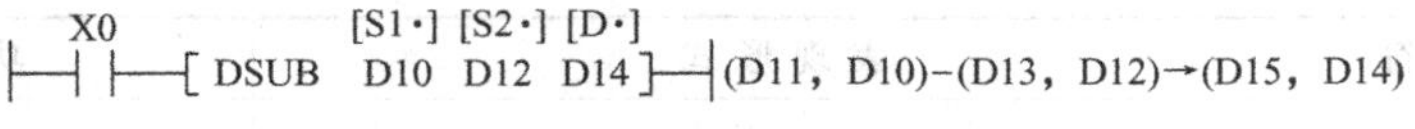

图5-43　32位的减法指令操作

另外，减法经常用到的还有减1指令（DEC），如图5-44所示，指定［D·］的数据内容减1。图5-44中D10的内容在每一个脉冲到来时数据内容减1。

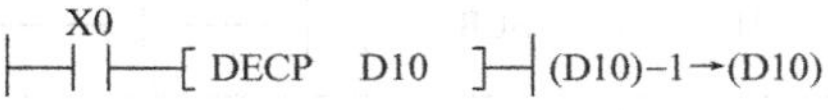

图5-44　减1指令操作

3）BIN乘法指令MUL。图5-45和图5-46分别表示16位和32位乘法指令操作，图中［S1·］指定的元件中的数乘以［S2·］指定的元件中的数，结果送到［D·］指定的目标元件中。

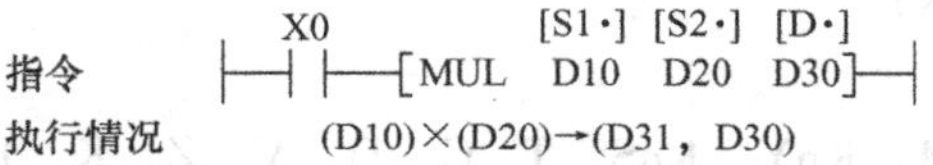

图5-45　16位乘法指令

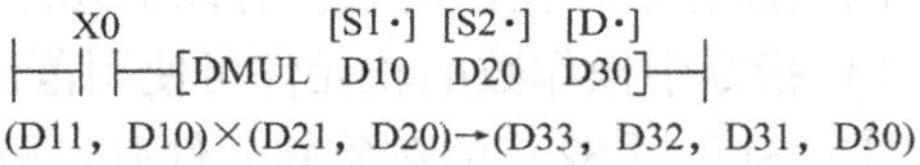

图5-46　32位乘法指令

4）BIN除法指令DIV。图5-47和图5-48所示分别为16位和32位除法指令操作，图中［S1·］指定的元件中的数除以［S2·］指定的元件中的数，结果送到［D·］指定的目标元件中。

当除数为负数时，商为负；当被除数为负数时，有余数时则余数为负。

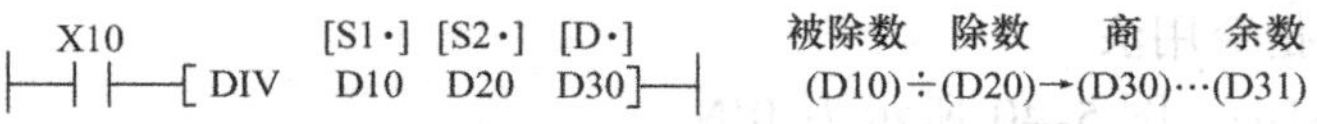

图5-47　16位除法指令操作

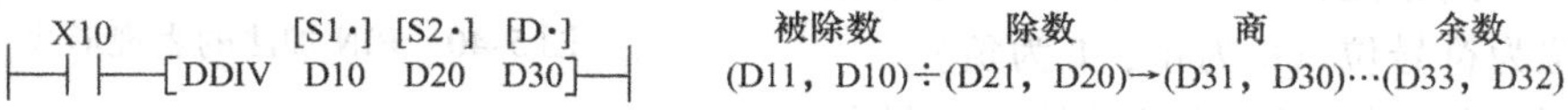

图5-48　32位除法指令操作

以下举例说明四则运算指令的使用技巧：某管道直径数据存在D4中，单位为mm，管道中液体的流速单位为m/s，试计算管道中液体流量，流量单位为mm^3/s。请编制程序。

分析：根据圆的面积计算公式$S=\pi r^2$，再将面积乘以流速即为流量。编写参考程序梯形图如图5-49所示。

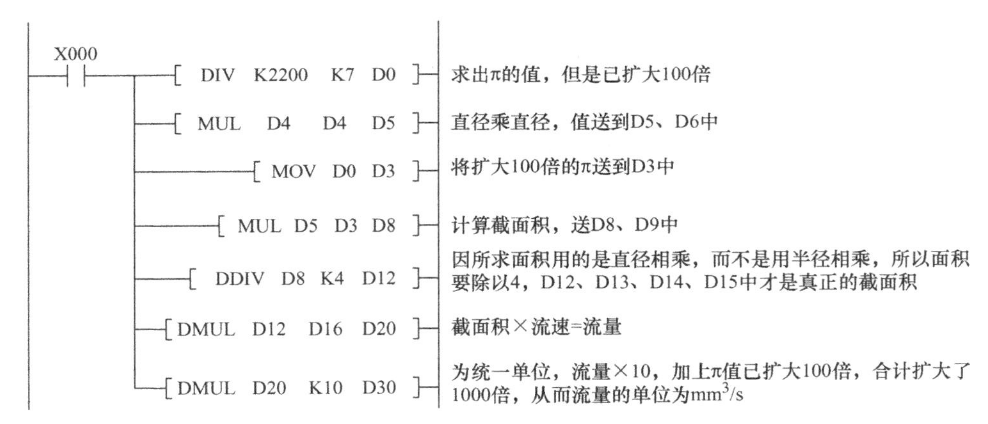

图5-49　计算管道中液体流量参考程序梯形图

用乘除法指令可实现灯组的移位点亮循环。有一组灯（16个），接于Y000～Y017，要求当X000为ON时，灯正序每隔1s单个移位，并循环；当X000为OFF时，灯反序每隔1s单个移位，至Y000为ON时停止。程序如图5-50所示。

```
M8002
──┤ ├──┬──────────────────────[SET  Y000]─  置初值
Y017   │
──┤ ├──┘
X000 M8013
──┤ ├──┤ ├────[MULP  K4Y000  K2  K4Y000]─  1×2=2、2×2=4、4×2=8……形成正序移位
X000 Y000 M8013
──┤/├──┤/├──┤ ├──[DIVP  K4Y000  K2  K4Y000]─  ……8÷2=4、4÷2=2、2÷2=1，形成反序移位
```

图5-50　乘除运算实现灯组移位点亮控制程序

2. 逻辑运算指令

(1) 逻辑运算指令概述

逻辑运算指令可以实现数据的与、或、异或操作，指令表现形式及功能简介见表5-14。

表5-15　逻辑运算指令

FNC号	助记符（16位）	助记符（32位）	表现形式	功能简介
26	WAND	DAND	──┤ ├──[WAND S1 S2 D]─	逻辑与；(S1)∧(S2)→(D)
27	WOR	DOR	──┤ ├──[WOR S1 S2 D]─	逻辑或；(S1)∨(S2)→(D)
28	WXOR	DXOR	──┤ ├──[WXOR S1 S2 D]─	逻辑字异或；(S1)+(S2)→(D)

指令在使用时，有以下几点共性要求：

1）指令中操作数的软元件使用情况：

①［S1］、［S2］的对象软元件有：KnX、KnM、KnY、KnS、T、C、D、V、Z、K、H。

②［D］的对象软元件有：KnM、KnY、KnS、T、C、D、V。

2）逻辑运算指令的执行形式有连续执行和脉冲执行两种。

3）逻辑运算指令在运算时是按位执行逻辑运算，逻辑运算规则见表5-16。

表5-16　逻辑运算规则

逻辑运算形式	运算结果				运算口诀
“与”逻辑运算	1∧1=1	1∧0=0	0∧1=0	0∧0=0	有“0”为“0”，全“1”为“1”
“或”逻辑运算	1∨1=1	1∨0=1	0∨1=1	0∨0=0	有“1”为“1”，全“0”为“0”
“异或”逻辑运算	1⊕1=0	1⊕0=1	0⊕1=1	0⊕0=0	相同为“0”，相异为“1”

（2）指令使用

1）逻辑与指令（WAND）。假设（D10）=K27590，（D20）=K23159，执行如图5-51所示的程序时，（D30）=K19014。指令在执行时按照表5-16所列的规则，D10和D20中的数据按二进制对应位进行相与并将结果送到D30中。

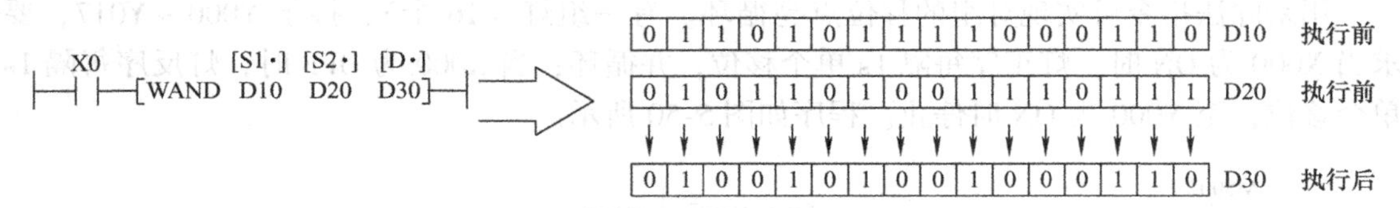

图5-51　逻辑与指令的表现形式

2）逻辑或指令（WOR）。WOR指令的表现形式如图5-52所示。

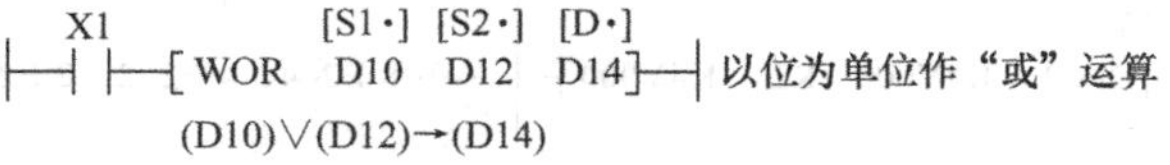

X1　[S1·]　[S2·]　[D·]
WOR　D10　D12　D14　以位为单位作“或”运算
(D10)∨(D12)→(D14)

图5-52　逻辑或指令的表现形式

3）逻辑异或指令（WXOR）。WXOR指令表现形式如图5-53所示。

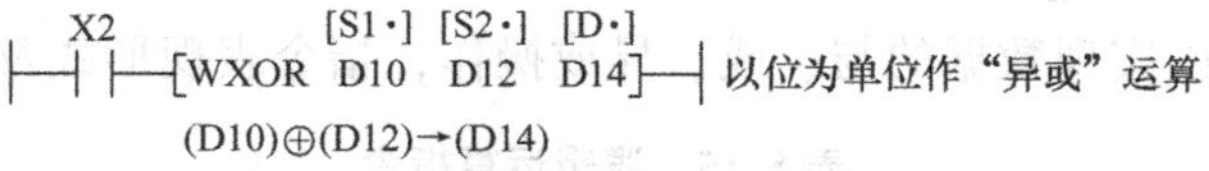

X2　[S1·]　[S2·]　[D·]
WXOR　D10　D12　D14　以位为单位作“异或”运算
(D10)⊕(D12)→(D14)

图5-53　逻辑异或指令的表现形式

以下为异或指令的使用示例：有一8层电梯，设有8个呼叫按钮，每一层有两个位置传感器，当电梯的呼叫信号与电梯位置相等时，代表电梯到达该层，此时电梯停止运行，试编制程序。

假定一～八层的呼叫按钮用X0～X7，一～八层位置传感器接至X10～X17，电梯上、下行信号用Y10、Y11。将呼叫信号送到D0中，将位置信号送到D10中，将D0和D10的信号相与并送到D20中，如果D20中数据为“1”，则说明呼叫信号和位置信号相同，为同一层，否则相与的结果是0。编制程序如图5-54所示。

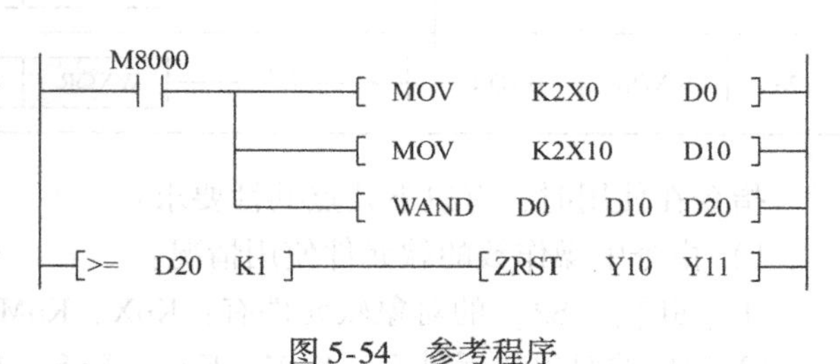

图5-54　参考程序

任务18　三层电梯（带编码器）控制系统安装与调试

任务要求

按如下要求控制某三层电梯，采用PLC控制，请设计电路、编写程序并安装调试运行。

1）电梯所停楼层小于呼叫层时，电梯上行至呼叫层停止；电梯所在楼层大于呼叫层时，电梯下行至呼叫层停止。

2）电梯停在一层，二层和三层同时呼叫时，则电梯上行至二层停止T_s，然后继续自动上行至三层停止。

3）电梯停在三层，二层和一层同时呼叫时，则电梯下行至二层停止T_s，然后继续自动下行至一层停止。

4）电梯上、下运行途中，反向招呼无效；且轿厢所停位置层与召唤同层时，电梯不响应召唤。

5）电梯楼层定位采用旋转编码器脉冲定位（采用型号为OVW2－06－2MHC的旋转编码器，脉冲为600P/R，DC24V电源），不设磁感应位置开关。

6）电梯具有快车速度50Hz、爬行速度6Hz，当平层信号到来时，电梯从6Hz减速到0Hz，即电梯到达目的层站时，先减速后平层，减速脉冲数根据现场情况确定。

7）电梯上行或下行前延时起动；具有上行、下行定向指示；具有轿箱所停位置楼层数码管显示。

8）电梯曳引机使用变频器拖动，电梯起动加速时间、减速时间由读者自定。

任务指引

1. I/O分配

根据控制要求分配PLC外部输入/输出点，I/O分配见表5-17。

表5-17　PLC外部输入/输出点（I/O）分配表

输　入		输　出			
X0	C235计数端	Y1	一层呼叫指示灯	Y10	电梯上升（STF信号）
X1	一层呼叫信号	Y2	二层呼叫指示灯	Y11	电梯下降（STR信号）
X2	二层呼叫信号	Y3	三层呼叫指示灯	Y12	RH信号（6Hz信号）
X3	二层呼叫信号	Y6	上行箭头指示	Y20～Y26	电梯轿厢位置数码管显示
X7	计数强迫复位	Y7	下行箭头指示		

2. 变频器参数设定

PU运行频率f=50Hz；Pr. 79＝3；Pr. 4＝6Hz（电梯爬行速度）；Pr. 7＝2s；Pr. 8＝1s。

注意，电梯的两段速度即变频器以50Hz和6Hz速度运行。

3. 电梯编码器脉冲计算

采用600P/R的编码器，4极电机的转速按1500r/min，则50Hz时的脉冲个数/秒(P/s)：(1500r/min ÷60s) ×600P =15000P/s。

设电梯每两层之间运行5s，则两层之间相隔75000个脉冲，上行在60000个脉冲时减速为6Hz，电梯运行前必须先操作X7，强制复位。3层电梯脉冲数的计算，假定每层运行5s，提前1s减速，具体分析方法如图5-55所示。

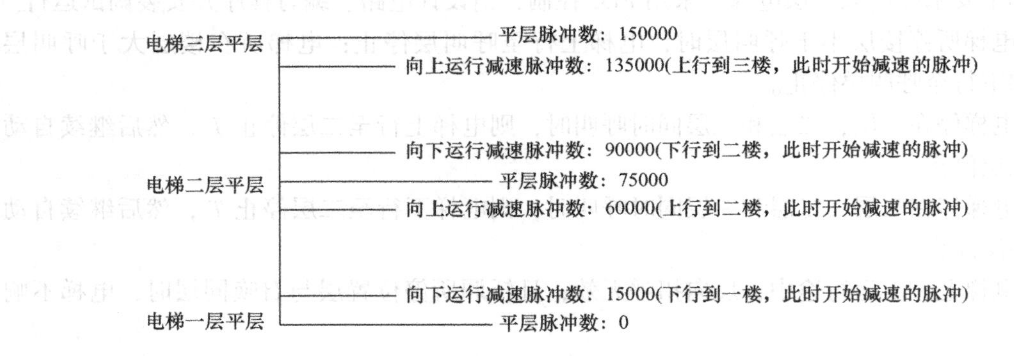

图5-55　三层电梯脉冲计算示意图

4. 带编码器的三层电梯控制综合接线（见图5-56）

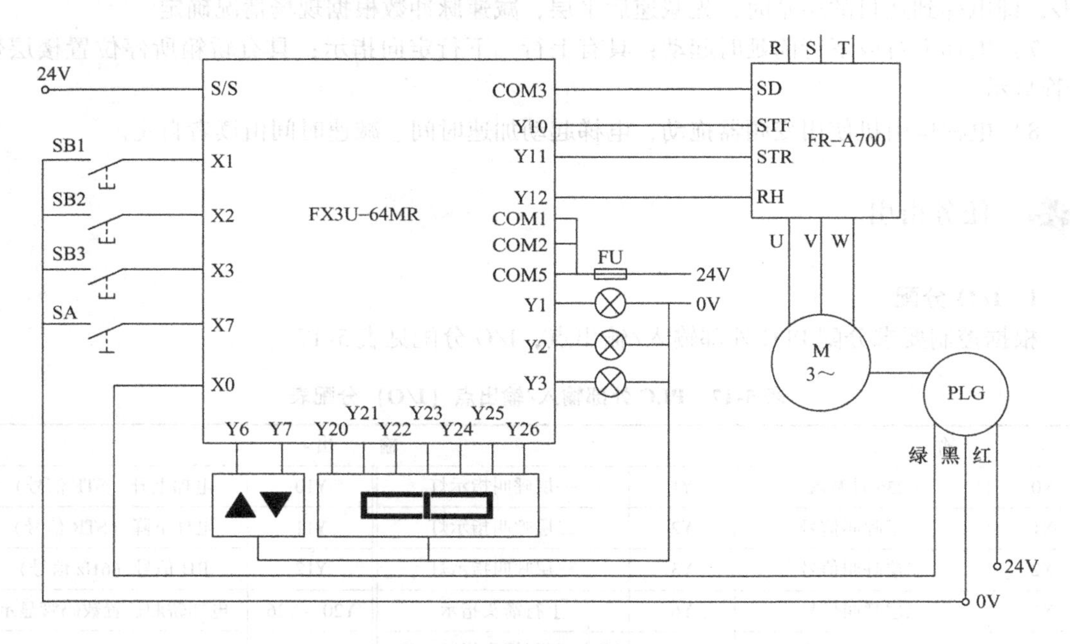

图5-56　带编码器的三层电梯控制综合接线图

注：1. 上图接线时，如编码器PLG上的DC 24V电源已内接，就不用再外接。

2. 编码器上的脉冲A或B只接其中的一个。

5. 带编码器的三层电梯控制参考程序（见图5-57）

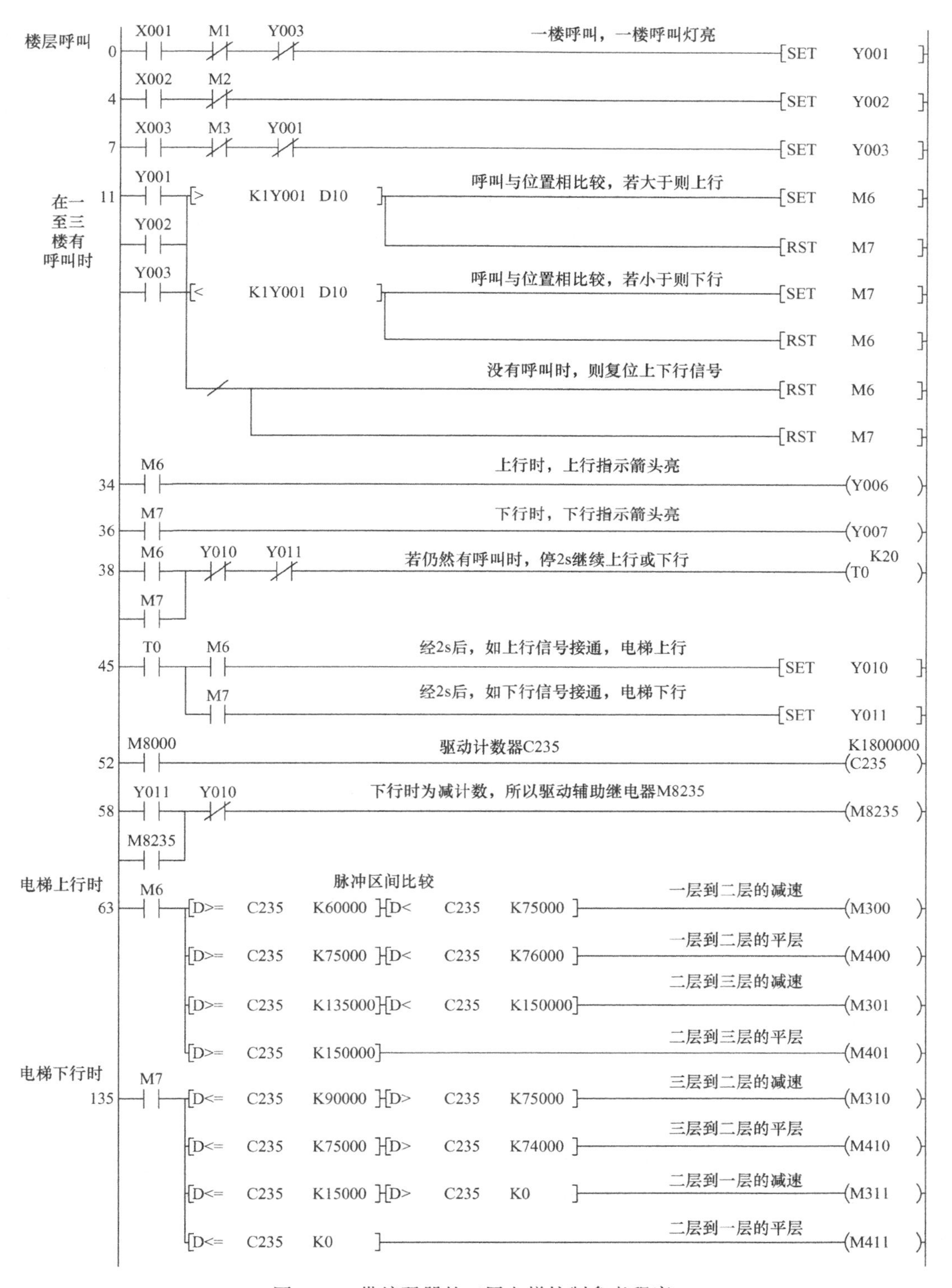

图5-57　带编码器的三层电梯控制参考程序

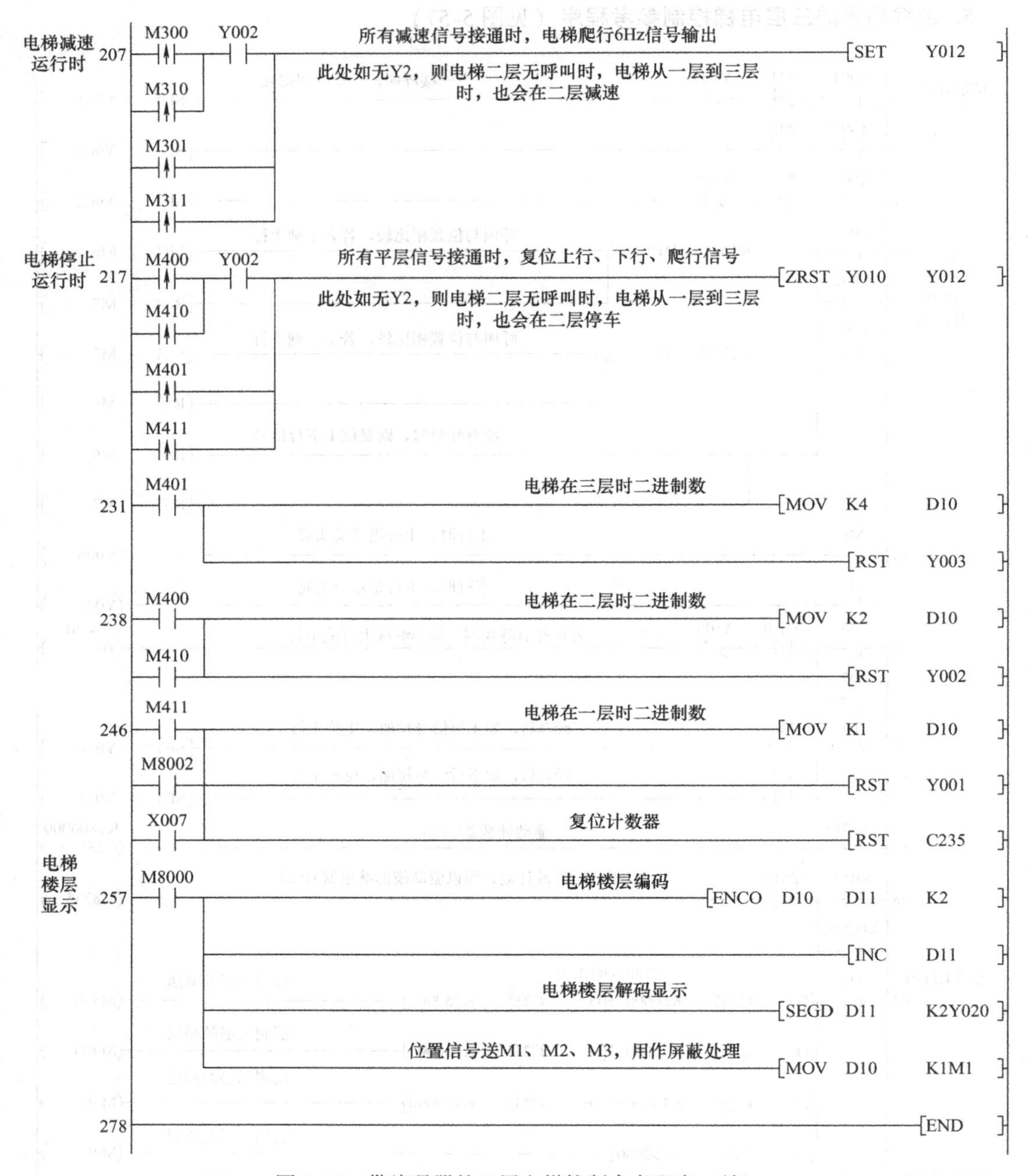

图5-57 带编码器的三层电梯控制参考程序（续）

6. 调试中的注意事项

1）在运行之前，应首先检查编码器的好坏，接通电路，将PLC的运行开关由STOP拨至RUN。拨动电动机轴旋转，检查PLC的XO端是否闪动。如XO不闪动则不能计数，可能为编码器故障。

2）请在电梯运行过程中用GX Developer软件在线监视计数器C235的数值变化，看其是否与电梯所在的楼层位置相对应。

3）如果 PLC 的输入端 X0 损坏，则对应的计数器也应随之更换，如使用 X1，则必须用计数器 C236，照此类推。

任务评价

带编码器的三层电梯控制系统安装与调试任务评价见表 5-18。

表 5-18　带编码器的三层电梯控制系统安装与调试任务评价表

项　　目	考核内容	评分标准	配分	得分
专业技能	输入、输出端口分配	分配错误一处扣 1 分	5	
	设计控制线路并安装接线	绘制错误一处扣 1 分 接线错误一处扣 1 分	10	
	编写梯形图程序	编写错误一处扣 1 分	10	
	运行结果	电梯所停楼层小于呼叫层时，电梯不能上行至呼叫层停止的不得分	5	
		电梯所停楼层大于呼叫层时，电梯不能下行至呼叫层停止的不得分	5	
		电梯停在一层，二层和三层同时呼叫时，电梯不能上行至二层停止 T_s，然后不能继续自动上行至三层停止的不得分	10	
		电梯停在三层，二层和一层同时呼叫时，电梯不能下行至二层停止 T_s，然后不能继续自动下行至一层停止的不得分	10	
		电梯上、下运行途中，反向招呼有效的不得分	8	
		轿厢所停位置层与召唤同层时，电梯能响应召唤的不得分	7	
		无爬行速度的不得分	5	
	显示结果	无电梯楼层显示的不得分	10	
		无上下行方向指示的不得分	5	
安全文明生产	安全操作规定	违反安全文明操作或岗位 6S 不达标，视情况扣分。违反安全操作规定不得分	5	
创新能力	提出独特可行方案	视情况进行评分	5	

知识拓展

高速比较指令使用技巧

高速比较指令主要是作为高速计数器（C235～C255）在数据处理时用。

1. 高速计数器使用知识

高速计数器是32位停电保持型增/减计数器，它可以对频率高于10Hz的计数输入信号进行计数。它对特定输入端子（输入继电器X000～X007）的OFF→ON的动作进行计数（因为高速脉冲信号只能接入X000～X007端）。它采用中断方式进行计数处理，不受PLC扫描周期的影响。其计数范围为－2147483648～2147483647（十进制常数），地址编号是C235～C255，最高响应速度为60kHz。

高速计数器可由程序实现复位或计数开始，也可由中断输入来实现中断复位或计数开始。特定输入端子X000～X007不能重复使用，即当某个输入端子被计数器使用后，其他计数器或输入不能再使用该输入端子。高速计数器的特定输入端子号与高速计数器的地址编号的分配见表5-19，从表中可以看出，计数器的地址号选定后，带有起动或复位的中断输入也相应被指定。

表5-19 高速计数器特定输入端子号与地址编号的分配

<table>
<tr><th rowspan="2">计数器种类</th><th rowspan="2">计数器编号</th><th colspan="8">输入分配</th><th rowspan="2">计数方向</th></tr>
<tr><th>X0</th><th>X1</th><th>X2</th><th>X3</th><th>X4</th><th>X5</th><th>X6</th><th>X7</th></tr>
<tr><td rowspan="11">单相单计数输入高速计数器</td><td>C235</td><td>U/D</td><td></td><td></td><td></td><td></td><td></td><td></td><td></td><td rowspan="11">1. 增/减计数方式由M8235～M8245的状态决定。若M82□□为OFF/ON状态，则C2□□以增/减计数方式计数。该计数器线圈被驱动后，只对一路计数信号计数
2. 带起动端子时还要使起动端子为ON后，才对计数输入计数。如C244，当计数器线圈被驱动后，还需起动输入（X006）为“ON”时，才对计数输入计数</td></tr>
<tr><td>C236</td><td></td><td>U/D</td><td></td><td></td><td></td><td></td><td></td><td></td></tr>
<tr><td>C237</td><td></td><td></td><td>U/D</td><td></td><td></td><td></td><td></td><td></td></tr>
<tr><td>C238</td><td></td><td></td><td></td><td>U/D</td><td></td><td></td><td></td><td></td></tr>
<tr><td>C239</td><td></td><td></td><td></td><td></td><td>U/D</td><td></td><td></td><td></td></tr>
<tr><td>C240</td><td></td><td></td><td></td><td></td><td></td><td>U/D</td><td></td><td></td></tr>
<tr><td>C241</td><td>U/D</td><td>R</td><td></td><td></td><td></td><td></td><td></td><td></td></tr>
<tr><td>C242</td><td></td><td></td><td>U/D</td><td>R</td><td></td><td></td><td></td><td></td></tr>
<tr><td>C243</td><td></td><td></td><td></td><td></td><td>U/D</td><td>R</td><td></td><td></td></tr>
<tr><td>C244</td><td>U/D</td><td>R</td><td></td><td></td><td></td><td></td><td>S</td><td></td></tr>
<tr><td>C245</td><td></td><td></td><td>U/D</td><td>R</td><td></td><td></td><td></td><td>S</td></tr>
<tr><td rowspan="5">单相双计数输入高速计数器</td><td>C246</td><td>U</td><td>D</td><td></td><td></td><td></td><td></td><td></td><td></td><td rowspan="5">1. 增/减方式计数是根据计数输入端子不同，自动进行增/减计数
2. 利用M8246～M8250对计数器C246～C250的增/减计数方向进行确认。ON：减计数；OFF：增计数</td></tr>
<tr><td>C247</td><td>U</td><td>D</td><td>R</td><td></td><td></td><td></td><td></td><td></td></tr>
<tr><td>C248</td><td></td><td></td><td></td><td>U</td><td>D</td><td>R</td><td></td><td></td></tr>
<tr><td>C249</td><td>U</td><td>D</td><td>R</td><td></td><td></td><td></td><td></td><td></td></tr>
<tr><td>C250</td><td></td><td></td><td></td><td>U</td><td>D</td><td>R</td><td></td><td></td></tr>
<tr><td rowspan="5">双相双计数输入高速计数器</td><td>C251</td><td>A</td><td>B</td><td></td><td></td><td></td><td></td><td></td><td></td><td rowspan="5">1. 根据A相/B相的输入状态的变化，会自动地执行增计数或是减计数
2. 利用M8251～M8255对计数器C251～C255的增/减计数方向进行确认。ON：减计数；OFF：增计数</td></tr>
<tr><td>C252</td><td>A</td><td>B</td><td>R</td><td></td><td></td><td></td><td></td><td></td></tr>
<tr><td>C253</td><td></td><td></td><td></td><td>A</td><td>B</td><td>R</td><td></td><td></td></tr>
<tr><td>C254</td><td>A</td><td>B</td><td>R</td><td></td><td></td><td></td><td>S</td><td></td></tr>
<tr><td>C255</td><td></td><td></td><td></td><td>A</td><td>B</td><td>R</td><td></td><td>S</td></tr>
</table>

注：表中，U：加计数器输入；D：减计数输入；R：复位输入；S：起动输入；A：A相输入；B：B相输入。

2. 高速比较指令

（1）比较置位指令HSCS（FNC53）

比较置位是高速计数器每次计数时，都将高速计数器的计数值与比较源进行比较，然后立即置位外部输出（Y）的指令。由于指令是针对高速计数器用的指令（是32位专用指令），所以使用时要在指令前“D”，即输入“DHSCS”。示例如图5-58所示。

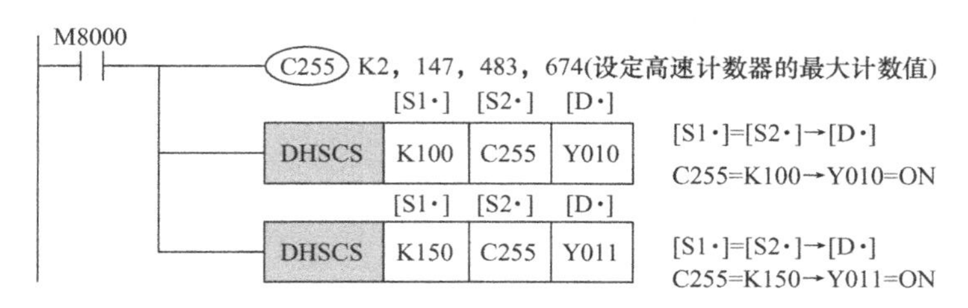

图5-58　比较置位指令示例

图5-58中，高速计数器C255的当前值从99变为100或者从101变为100（计数）时，Y010被置位（输出刷新）。高速计数器C255的当前值从149变为150或者从151变为150（计数）时，Y011被置位（输出刷新）。

1）对象软元件说明：

[S1·]：与高速计数器的当前值比较的数据，或是保存比较数据的字软元件编号。

[S2·]：高速计数器的软元件编号［C235～C255］。

[D·]：一致后进行置位（ON）的位软元件编号。

2）功能和动作说明：32位运算（DHSCS）时，当[S2·]中指定的高速计数器（C235～C255）的当前值变成比较值[[S1·]+1，[S1·]]时（比较值K100时为99→100或101→100），位软元件[D·]被置位（ON），与扫描周期无关。这个指令是接着高速计数器的计数处理之后执行比较处理的指令。

3）注意要点：

① 计数比较方法的选定：使用该指令时，硬件计数器（C235，C236，C237，C238，C239，C240，C244（OP），C245（OP），C246，C248（OP），C251，C253）会自动地切换成软件计数器，并影响计数器的最高频率以及综合频率。

② 软元件的指定范围：[S·]中可以指定的软元件，仅高速计数器（C235～C255）有效。只可以使用32位运算指令。

（2）比较复位指令HSCR（FNC54）

HSCR为高速计数器每次计数时，将高速计数器的计数值和指定值作比较，然后立即复位外部输出（Y）的指令。

比较复位指令示例如图5-59所示。图中C255的当前值变为400后，立即执行C255的复位，当前值为0，输出触点为OFF。

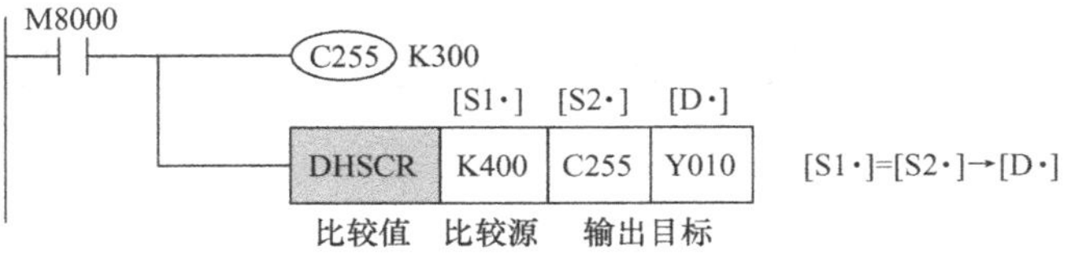

图5-59　比较复位指令示例

1）对象软元件设定数据有关说明：

[S1·]：与高速计数器的当前值比较的数据，或是保存比较数据的字软元件编号。

[S2·]：高速计数器的软元件编号（C235～C255）。

[D·]：一致后进行复位（OFF）的位软元件编号。

2）功能与动作：指令执行与扫描周期无关，指令是接着高速计数器的计数处理之后执行比较处理的指令。

（3）区间比较指令 HSZ（FNC55）

区间比较指的是将高速计数器的当前值和2个值（区间）进行比较，并将比较结果输出（刷新）到位软元件（3点）中。

区间比较指令示例如图5-60所示。

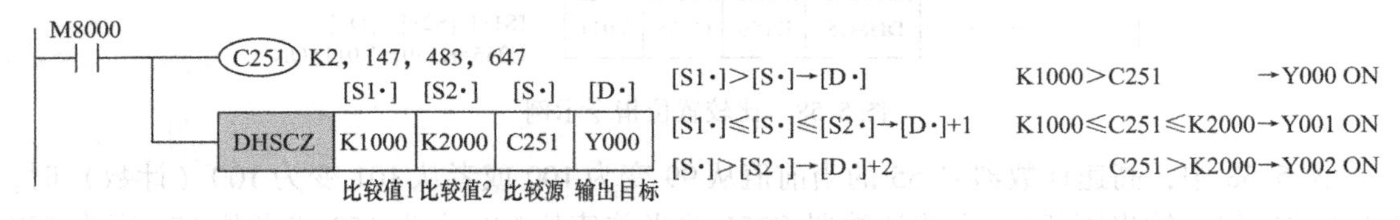

图5-60　区间比较指令示例

1）对象软元件设定数据：

[S1·]中为与高速计数器的当前值进行比较的数据，或是保存比较数据的字软元件编号。

[S2·]中为与高速计数器的当前值进行比较的数据，或是保存比较数据的字软元件编号。

[S·]中为高速计数器的软元件编号（C235～C255）。

[D·]中为输出与比较上限值和比较下限值比较的结果的起始位软元件编号。

2）功能和动作说明：32位运算（DHSZ）时，[S·]中指定的高速计数器（C235～C255）的当前值和2个比较点（比较值1，比较值2）进行区间比较，将比较得出的小、区间内、大的结果[D·]、[D·]+1、[D·]+2中任意一个置ON（指令执行与扫描周期无关）。

3）注意事项：

① 软元件的指定范围：[S·]中可以指定的软元件仅高速计数器（C235～C255）有效。

② 由于高速计数器用的指令是32位专用指令，只可以使用32位运算指令，所以要输入“DHSZ”。

③ 设定数据值时比较值1和比较值2必须满足[S1·]≤[S2·]。

④ 软元件的占用点数：比较值占用[S1·]、[S2·]起始各2点，输出占用[D·]起始的3点。

任务19　大厦地下室污水控制系统安装与调试

任务要求

某大厦地下室污水控制系统有4个集水坑，每个水坑里装设有一个高水位检测传感器和一个低水位检测传感器，每个水坑出口处装设有电磁阀，排水系统如图5-61所示。要求按如下控制方式进行排水管理：

1）要求有两种排水方式，两种方式可以人工切换，同一时期只能用一种排水方式。

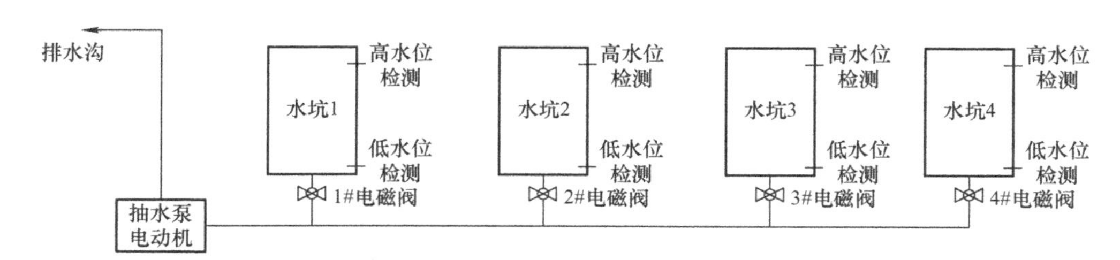

图5-61　地下室排污水控制系统图

2）第1种排水方式要求按水坑1～水坑4的顺序抽取，依次轮询。

3）第2种排水方式要求哪一个水坑水先满就先抽该水坑的水。

4）不管采用两种抽水方式中的任何一种，都必须等这个水坑的水抽完，才去响应下一个水坑的抽水。

5）抽水泵电动机功率为7.5kW，采用变频器控制。

根据以上要求，采用PLC控制，分配I/O、设计控制电路图、编写控制程序并安装调试运行。

任务指引

1. I/O分配

根据控制要求分配I/O端口，见表5-20。

表5-20　I/O端口分配表

输入端口	功能			输出端口	功能
X1	1　坑满水检测	X7	方式1起动/停止	Y0	1#电磁阀
X2	2　坑满水检测	X11	1　坑低水位检测	Y1	2#电磁阀
X3	3　坑满水检测	X12	2　坑低水位检测	Y2	3#电磁阀
X4	4　坑满水检测	X13	3　坑低水位检测	Y3	4#电磁阀
X5	切换方式	X14	4　坑低水位检测	Y4	变频STF信号
X6	方式2起动/停止				

2. 控制电路设计（见图5-62）

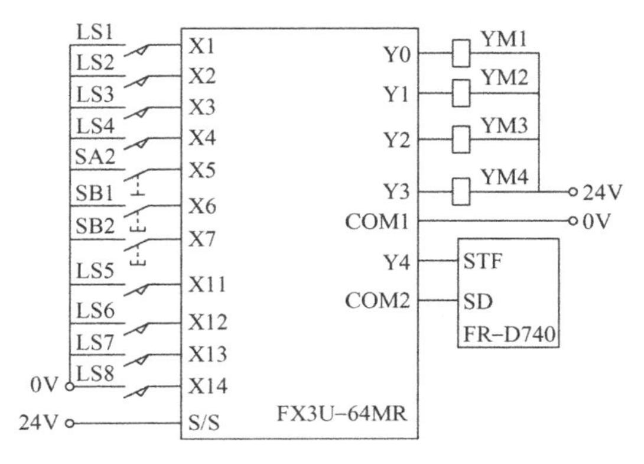

图5-62　地下室排污水控制系统控制电路图

3. 设计参考程序（见图5-63）

```
如X005不接通，就采用第二种抽水方式，否则就用第一种抽水方式
                                              *<采用第二种方式                  >
      X005
 0 ──┤ ├────────────────────────────────────────[CJ          P0            ]
                                              *<第二种方式停止                  >
      X006
 4 ──┤/├───────────────────────────────────[ZRST     Y000        Y004       ]
      X006
10 ──┤ ├───────────────────────────────────[MC       N0          M100       ]
                                              *<1#坑满水信号送D11，D10中记为1   >
      X001
14 ──┤ ├──────────────────────────────[SFWRP  K1       D10         K5         ]
                                              *<2#坑满水信号送D12，D10中记为2   >
      X002
22 ──┤ ├──────────────────────────────[SFWRP  K2       D10         K5         ]
                                              *<3#坑满水信号送D13，D10中记为3   >
      X003
30 ──┤ ├──────────────────────────────[SFWRP  K3       D10         K5         ]
                                              *<4#坑满水信号送D14，D10中记为4   >
      X004
38 ──┤ ├──────────────────────────────[SFWRP  K4       D10         K5         ]
      X001
46 ──┤ ├──┬──────────────────────────────────────────────────────(M4          )
      X002 │
   ──┤ ├──┤
      X003 │
   ──┤ ├──┤
      X004 │
   ──┤ ├──┘
                                              *<依次将D11～D14中满水信息读到D20中>
      M4        Y004
51 ──┤↑├──┬────┤/├────────────────────[SFRDP  D10      D20         K5         ]
      X011 │
   ──┤↓├──┤
      X012 │
   ──┤↓├──┤
      X013 │
   ──┤↓├──┤
      X014 │
   ──┤↓├──┘
D20为1时，开启1#坑电磁阀，低水位关阀
                                   X011
69 [=        D20      K1       ]──┬──┤/├──────────────────────[SET         Y000       ]
                                   │ X011
                                   └──┤ ├──┬──────────────────[RST         Y000       ]
                                           ├──────────────────[RST         D20        ]
                                           └──────────────────[RST         M3         ]
D20为2时，开启2#坑电磁阀，低水位关阀
                                   X012
84 [=        D20      K2       ]──┬──┤/├──────────────────────[SET         Y001       ]
                                   │ X012
                                   └──┤ ├──┬──────────────────[RST         Y001       ]
                                           └──────────────────[RST         D20        ]
```

图5-63　地下室排污水

```
D20为3时，开启3#坑电磁阀，低水位关阀
          X013
 98[=  D20  K3  ]-+--|/|------------------------[SET   Y002  ]
          X013    |
                  +--| |--+---------------------[RST   Y002  ]
                          |
                          +---------------------[RST   D20   ]
D20为4时，开启4#坑电磁阀，低水位关阀
          X014
112[=  D20  K4  ]-+--|/|------------------------[SET   Y003  ]
          X014    |
                  +--| |--+---------------------[RST   Y003  ]
                          |
                          +---------------------[RST   D20   ]
                                    *<电磁阀的信息传送                        >
     M8000
126--| |--+---------------------------------[MOV   K1Y000  K1M20 ]
          |                         *<只要有电磁阀打开，就要开排水电动机>
          +-----------------------------[WAND  H0F  K1M20  K1M20 ]
M20～M23中有为1的，就说明有电磁阀已开，应开排水电动机
139[<>  K1M20  K0  ]------------------------------------(Y004    )
145---------------------------------------------------[MCR   N0    ]
147---------------------------------------------------[FEND        ]
                                    *<第一种方式启动                          >
P0   X007
148--| |-------------------------------------------[MOVP  K1    D30   ]
     X007
155--|/|-------------------------------------------[ZRST  Y000  Y004  ]
抽完4#坑后，又从1#坑开始
161[>=  D30  K16  ]--------------------------------[MOV   K1    D30   ]
     M8000
171--| |-------------------------------------------[MOV   D30   K2M10 ]
1#坑满水开1#电磁阀
     M10     X001
177--| |-----| |-----------------------------------[SET   Y000  ]
2#坑满水开2#电磁阀
     M11     X002
180--| |-----| |-----------------------------------[SET   Y001  ]
3#坑满水开3#电磁阀
     M12     X003
183--| |-----| |-----------------------------------[SET   Y002  ]
4#坑满水开4#电磁阀
     M13     X004
186--| |-----| |-----------------------------------[SET   Y003  ]
1#坑水位低，关1#电磁阀
     M10     X011
189--| |-----|↑|-----------------------------------[RST   Y000  ]
2#坑水位低，关2#电磁阀
     M11     X012
193--| |-----|↑|-----------------------------------[RST   Y001  ]
```

控制系统参考程序

```
3#坑水位低，关3#电磁阀
        M12        X013
197 ──┤ ├────────┤↑├──────────────────────────────[RST      Y002    ]
4#坑水位低，关4#电磁阀
        M13        X014
201 ──┤ ├────────┤↑├──────────────────────────────[RST      Y003    ]
有电磁阀工作，排水电动机就要工作
        Y000
205 ──┤ ├──┬──────────────────────────────────────(Y004             )
        Y001│
      ─┤ ├──┤
        Y002│
      ─┤ ├──┤
        Y003│
      ─┤ ├──┘
                              * <每次抽一坑，按1～4的顺序轮流抽取   >
        Y004
210 ──┤/├─────────────────────────────────[ROLP    D30      K1      ]
216 ──────────────────────────────────────────────[END              ]
```

图5-63 地下室排污水控制系统参考程序（续）

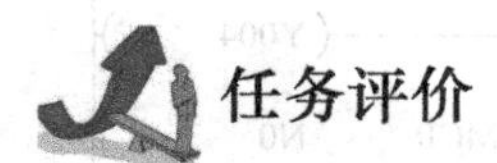

任务评价

大厦地下室污水控制系统安装与调试任务评价见表5-21。

表5-21 大厦地下室污水控制系统安装与调试任务评价表

项 目	考核内容	评分标准	配分	得分
专业技能	输入、输出端口分配	分配错误一处扣1分	5	
	设计控制接线图并接线	绘制错误一处扣1分 接线错误一处扣1分	10	
	编写梯形图程序	编写错误一处扣1分	10	
	运行结果	两种方式不能互相切换不得分	5	
		第1种排水方式不正确不得分	15	
		第2种排水方式不正确不得分	15	
		任何一种排水方式，当前坑没排完就排下一坑的不得分	5	
		排水泵电动机不工作不得分	10	
	显示结果	系统投入指示不工作不得分	5	
		系统退出指示不工作不得分	5	
		电磁阀运行指示不正确，每处扣2分	5	
安全文明生产	安全操作规定	违反安全文明操作或岗位6S不达标，视情况扣分。违反安全操作规定不得分	5	
创新能力	提出独特可行方案	视情况进行评分	5	

知识拓展

循环移位指令、移位指令使用技巧

1. 循环移位指令（左/右）

（1）循环移位指令用法要点

这一类指令共有四条：ROR、ROL、RCR、RCL，循环移位指令使用注意事项如下：

1）这一类指令可以执行16位和32位操作数，执行32位操作数时须在指令前加D。

2）这一类指令可以采用连续执行方式，也可以采用脉冲执行方式。

注：在使用时建议采用脉冲执行方式。

3）操作数[D]是保存循环左/右移数据的字软元件的编号。其对象软元件为KnM、KnY、KnS、T、C、D、R、V、Z。

注：在16位运算中，只能使用K4Y□□□、K4M□□□、K4S□□□。如K4Y010、K4M20、K4S10有效，其他非用K4组合的无效；在32位运算中，只能使用K8Y□□□、K8M□□□、K8S□□□。如K8Y000、K8M50、K8S100有效，其他非用K8组合的无效。

4）指令中n为循环移动的位数。16位指令时$n \leqslant 16$，32位指令时$n \leqslant 32$。

（2）指令动作说明

1）左循环（ROL）指令。图5-64所示为左循环（ROL）指令，X0每次由OFF→ON时，各位数据向左循环移动n位（$n=4$），最后移出位的状态存入进位标志M8022中。指令执行情况如图5-65所示。当用连续方式执行指令时，循环移位操作每个周期执行一次。

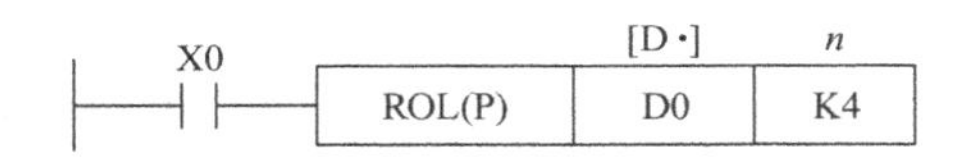

图5-64　左循环（ROL）指令示例

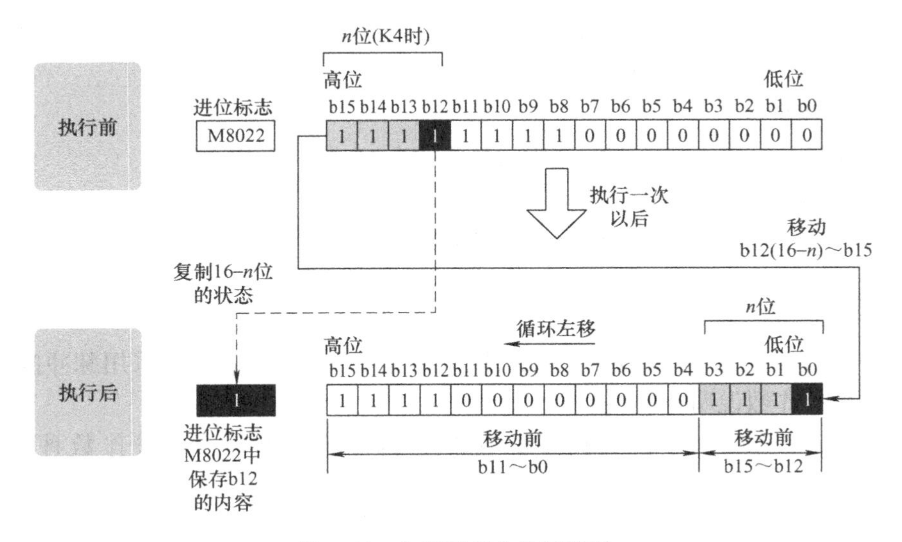

图5-65　左循环指令执行情况

2）右循环（ROR）指令。图5-66所示为右循环（ROR）指令示例，当X0每次由OFF→ON时，各位数据向右旋转 n 位（$n=4$），最后移出位的状态存入进位标志M8022中。指令执行情况如图5-67所示。

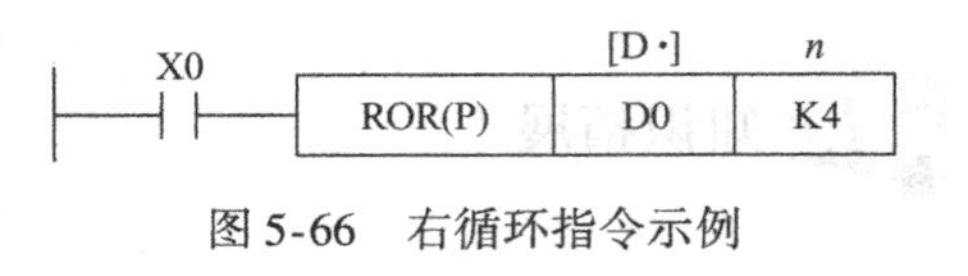

图5-66　右循环指令示例

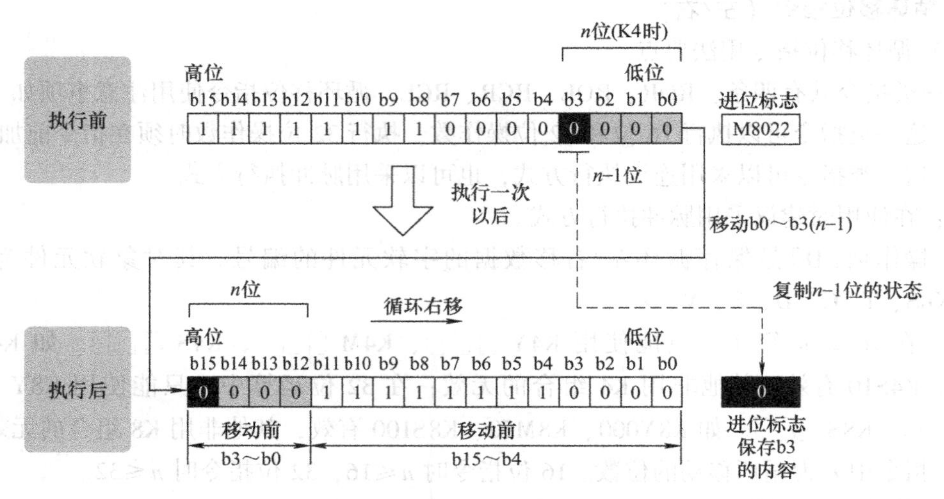

图5-67　右循环指令执行情况

以下为某舞台灯光控制示例：某舞台灯光系统有16个灯接于K4Y000上，要求当X000为ON时，灯先以正序Y0→Y1→…Y17的顺序每隔1s轮流点亮，当Y017亮后，停止2s，然后以反序Y17→Y16→…Y0的顺序每隔1s轮流点亮，当Y000再次点亮后，停止2.5s，循环上述过程。当X001为ON时，停止工作。

根据要求编写梯形图程序，如图5-68所示。

此例中，如果不是16只灯，如用到K4Y000时，就要考虑在合适的有灯位置停止，否则不能用K4Y000，因为左/右循环指令在16位操作时，只能用K4Y□□□。

2. 位左/右移指令

位左/右移指令可使指定长度的位软元件每次左/右移指定长度。

（1）指令表现形式

位左移指令（SFTL）和位右移指令（SFTR）分别如图5-69、图5-70所示。指令使用说明如下：

1）指令只能执行16位操作数。

2）指令可以采用连续执行方式，也可以采用脉冲执行方式，建议采用脉冲执行方式。

3）指令中操作数说明：

①［S·］：右移后在移位数据中保存的起始位软元件编号。操作数种类：X、Y、M、S。

②［D.］：右移的起始位软元件编号。操作数种类：Y、M、S。

③ $n1$：移位数据的位数据长度（或者说目标D的数据位数）。

④ $n2$：右移的位点数（或者说为源数据的位数）。$n2 \leqslant n1 \leqslant 1024$。

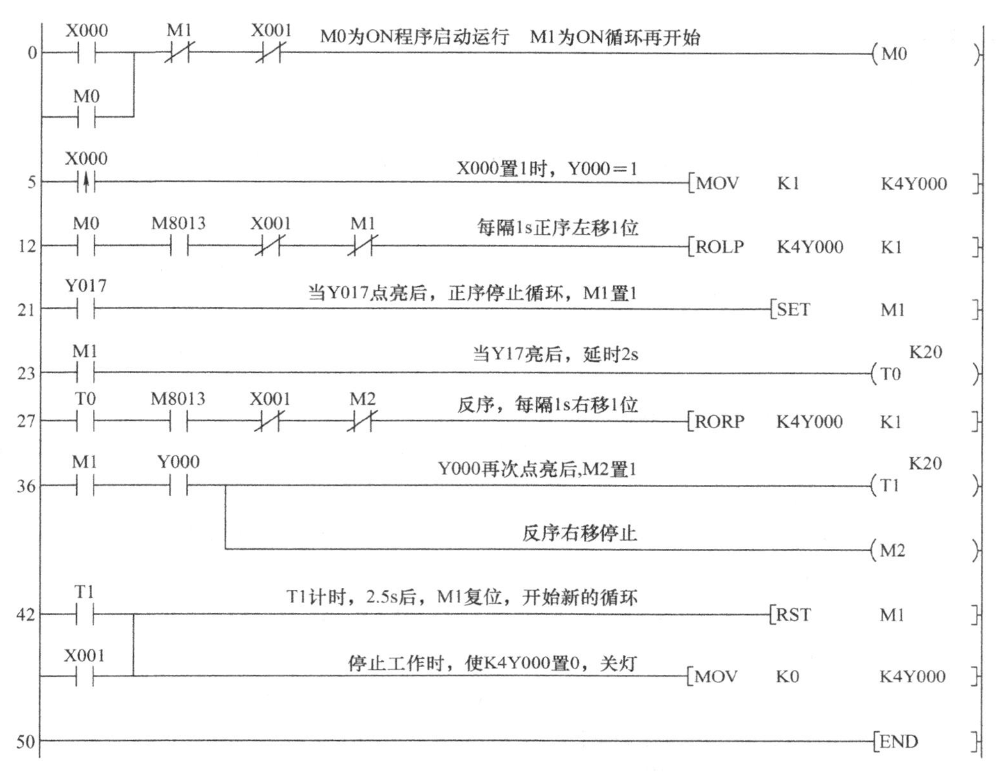

图5-68　灯组移位控制梯形图程序

图5-69　位左移指令表现形式　　　　图5-70　位右移指令表现形式

（2）功能动作

图5-69所示位左移指令执行情况如图5-71所示，当X000为ON时，对于Y10开始的9位数据（$n1$ = K9），左移3位（$n2$ = K3），移位后，将X10开始的3位（$n2$ = K3）数据传送到Y10开始的3位中。指令在执行过程中，源的内容不会发生改变。

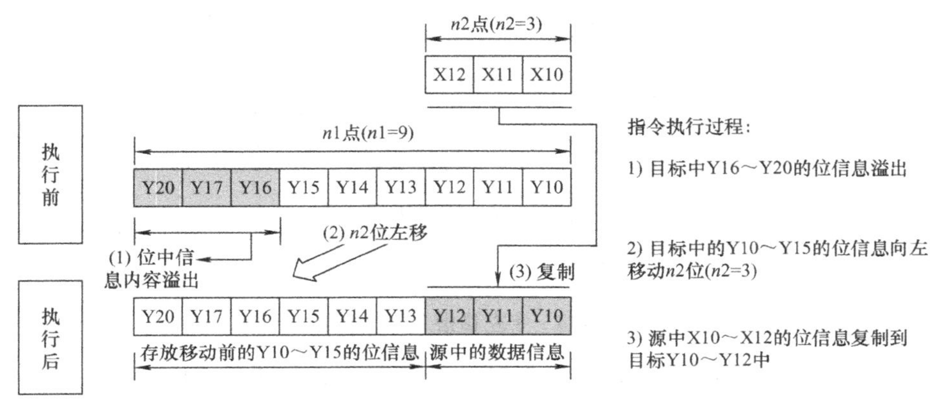

图5-71　位左移指令执行情况

3. 字左/右移指令

字左/右移指令是将 $n1$ 个字长的字软元件左/右移 $n2$ 个字的指令。

(1) 指令表现形式

字左移指令（WSFL）和字右移指令（WSFR）的表现形式分别如图5-72、图5-73所示。指令使用说明如下：

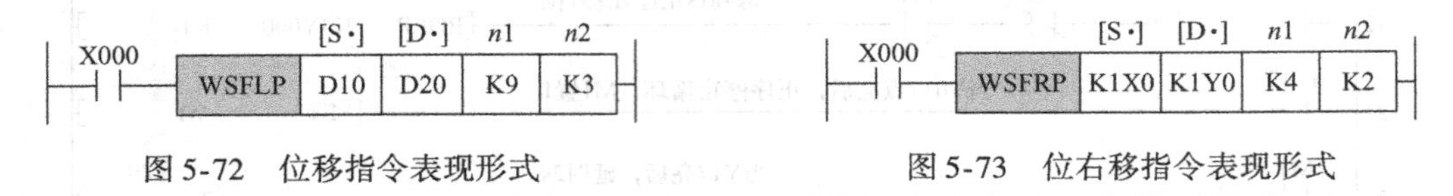

图5-72 位移指令表现形式　　图5-73 位右移指令表现形式

1）指令只能执行16位操作数。

2）指令可以采用连续执行方式，也可以采用脉冲执行方式，建议采用脉冲执行方式。

3）指令中操作数说明：

①［S·］：右移后在移位数据中保存的起始字软元件编号。操作数种类：KnX、KnY、KnM、KnS、T、C、D、U□/G□。

②［D.］：右移的起始字软元件编号。操作数种类：KnY、KnM、KnS、T、C、D、U□/G□。

③ $n1$：移位数据的字数据长度（或者说目标D的数据位数）。

④ $n2$：右移的字点数（或者说为源数据的位数）。$n2 \leqslant n1 \leqslant 512$。

4）指令中使用组合的字软元件时，源和目标中必须采用相同的位数。图5-73中的K1X0和K1Y0，其中的K1必须相同。

5）传送源[S]和传送目标[D]不能重复，否则传送会发生错误，错误代码为K6710。

(2) 功能动作

图5-74所示为字左移指令执行情况，当图5-72中的X000为ON时，以目标D20开始的9个字软元件（$n1$ = K9）左移3位（$n2$ = K3），移位后，将D10开始的3位（$n2$ = K3）数据传送到D20开始的3个数据寄存器中。

指令在执行过程中，源的内容不会发生改变。

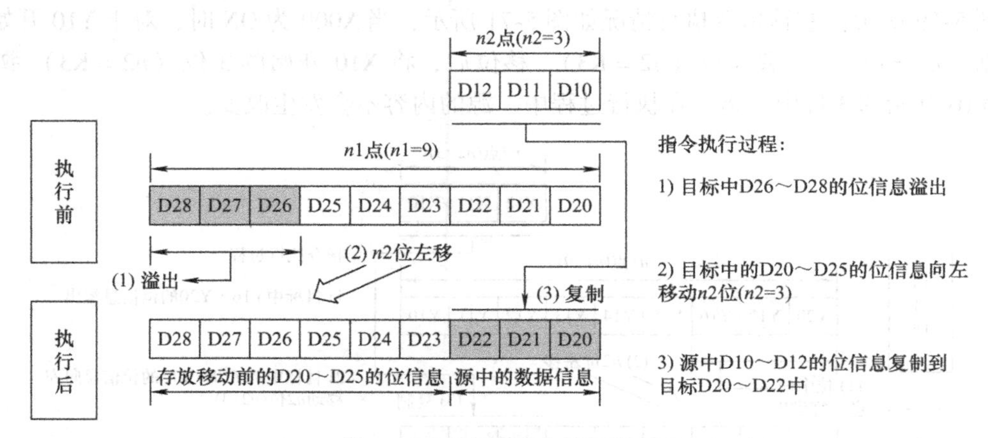

图5-74 字左移指令执行情况

图5-73所示的字右移指令的执行情况如图5-75所示，这里的K1X0和K1Y0对于 n 来说就是1，也就是一个K1代表4位。

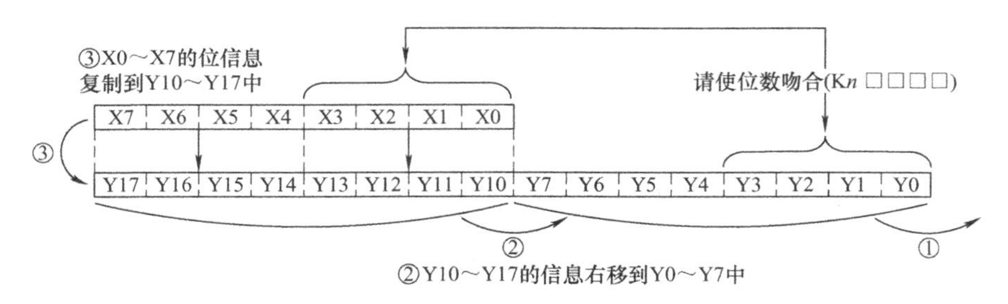

图5-75　字右移指令执行情况

4. 移位写入/移位读出指令（SFWR/SFRD）

SFWR和SFRD指令分别是控制写入和读出的指令，按照先入先出、后进后出的原则执行。

（1）SFWR指令表现形式

SFWR指令表现形式如图5-76所示。

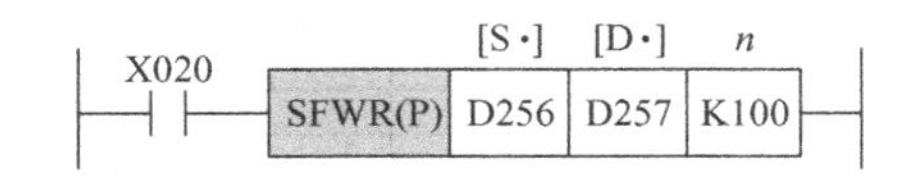

图5-76　SFWR指令表现形式

1）指令使用说明：

① 指令只能执行16位操作数。

② 指令可以采用连续执行方式，也可以采用脉冲执行方式，建议采用脉冲执行方式。

2）指令中操作数说明：

① [S·]：保存想先入的数据的字软元件编号。操作数种类：KnX、KnY、KnM、KnS、T、C、D、U□/G□。

② [D·]：保存数据并移位的起始字软元件编号（目标中首元件用于指针）。操作数种类：KnY、KnM、KnS、T、C、D、U□/G□。

③ n：保存数据的点数（用于指针时，为+1后的值）。操作数种类：K、H，$2 \leqslant n \leqslant 512$。

④ 传送源[S]和传送目标[D]不能重复，否则传送会发生错误。

3）功能动作。图5-76所示移位写入指令执行情况如图5-77所示，当X020为ON时，每次脉冲执行时，将D257中的内容传到D258开始的$n-1$点（$100-1=99$）数据寄存器中，其中的D257作为指针用来计数，本例中最多能计$n-1$点（99点）。

由于SFWR采用连续执行方式时，每个运算周期源操作数都依次被保存，因此本指令用脉冲执行方式编程较好。

（2）移位读出指令（SFRD）

SFRD指令表现形式如图5-78所示。

1）指令使用说明：

① 指令只能执行16位操作数。

② 指令可以采用连续执行方式，也可以采用脉冲执行方式，建议采用脉冲执行方式。

2）指令中操作数说明：

① [S·]：保存想先出数据的起始字软元件编号（最前端为指针，数据从[S·]+1开始）。操作数种类：KnY、KnM、KnS、T、C、D、U□/G□。

② [D·]：保存先出数据的字软元件编号。操作数种类：KnY、KnM、KnS、T、C、D、V、Z、U□/G□。

③ n：保存数据的点数。操作数种类：K、H，$2 \leqslant n \leqslant 512$。

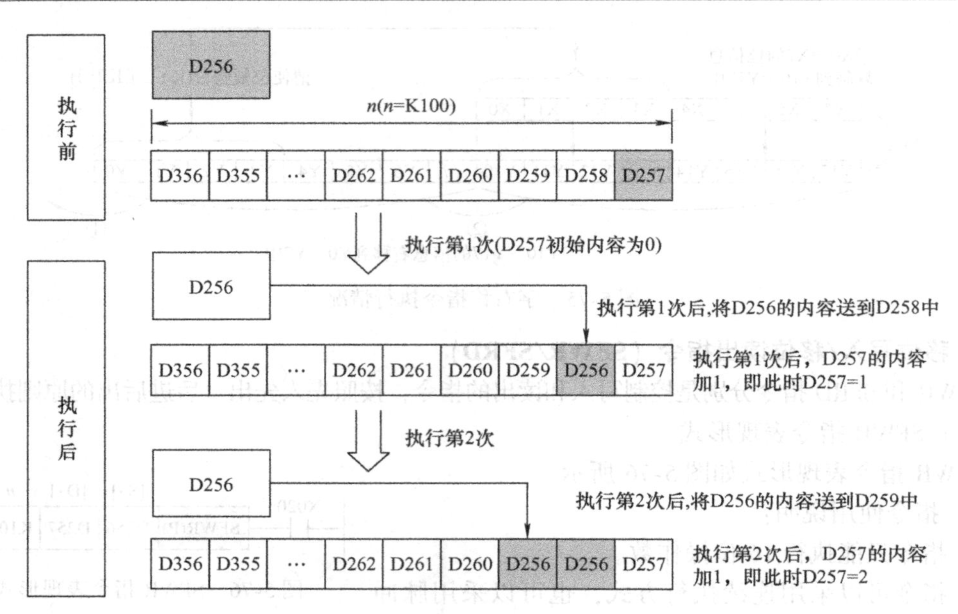

图 5-77　移位写入指令动作示意图

④ 传送源[S]和传送目标[D]不能重复，否则传送会发生错误。

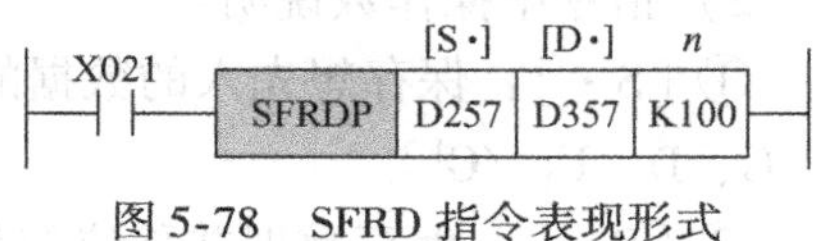

图 5-78　SFRD 指令表现形式

3）功能动作：图 5-78 所示移位读出指令执行情况如图 5-79 所示，当 X021 为 ON 时，每次脉冲执行时，依次将 D258 ~ D356 中的内容读到 D357 中。每执行一次，从 D258 +1 开始的 $n-1$ 点数据逐字右移。

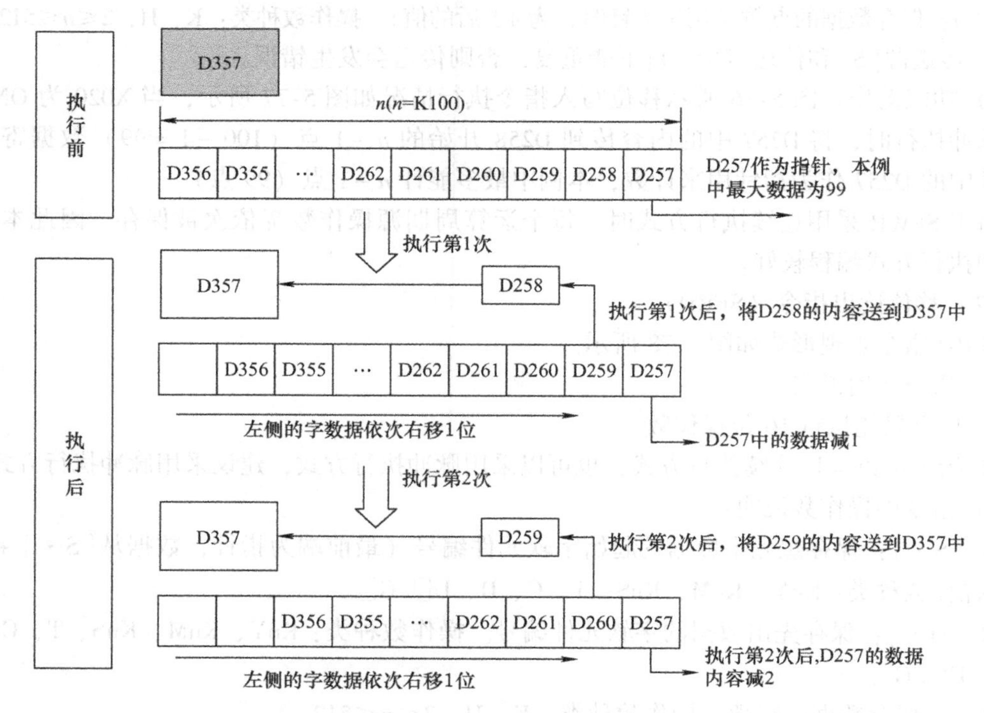

图 5-79　移位读出指令动作示意图

由于SFRD采用连续执行方式时，每个运算周期数据都依次被保存，因此本指令用脉冲执行方式编程较好。

以下为产品出入库控制示例：某产品生产线，当入库请求信号接通时，通过X0～X17输入产品编号；当出库请求信号接通时，按产品入库先后顺序进行出库并将产品编号显示出来。

分析：产品入库时，通过X0～X17数字式拨码开关，采用MOV指令先将数据送到某寄存器中，再采用移位写入和读出指令可完成控制要求。编制参考程序如图5-80所示，程序执行情况如图5-81所示。

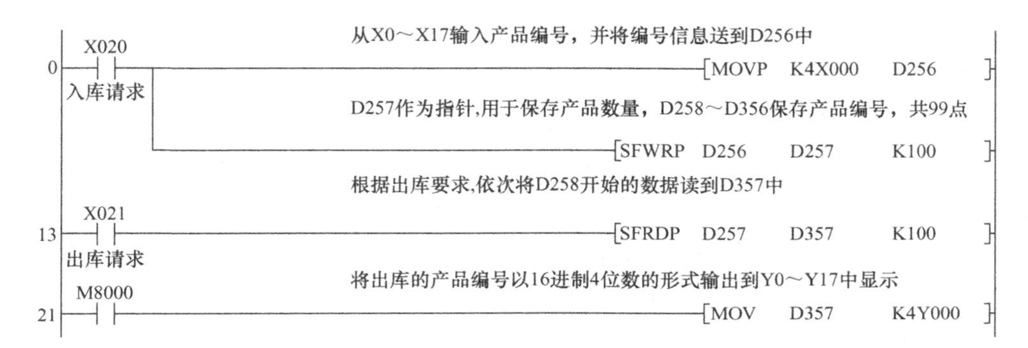

图5-80　编制参考程序

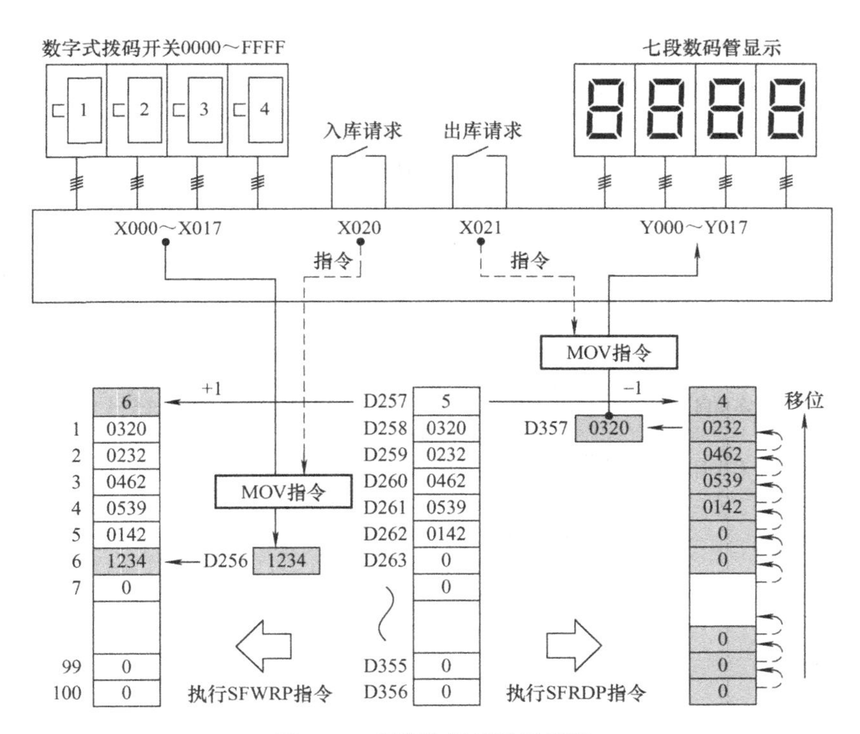

图5-81　程序执行情况示意图

任务20　交通灯（分时段）控制系统安装与调试

任务要求

请根据以下要求设计一个用PLC控制十字路口分时段交通灯的控制系统，并完成系统的设备选型、系统接线、程序设计和安装调试运行。

1）交通灯要求有手动指挥交通的功能，手动运行时只有黄灯闪烁，闪烁频率为 nHz；红、绿灯熄灭。

2）交通灯要求有自动指挥交通的功能，系统自动运行时能根据不同时段进行自动流程变换，第一时段（6:00—22:00）的运行流程和第二时段（22:00—6:00）的运行流程时间如图5-82所示；并且各时段的各种灯亮灯时间可修改。

3）自动运行时，要求有停止功能，停止时，所有指示灯均熄灭。

4）要求用数码管显示东西、南北方向倒计时时间。

5）制作触摸屏调试画面，画面要求如下：

① 东西和南北方向交通灯要求在触摸屏上有指示灯指示。

② 要求显示东西和南北方向红灯倒计时时间。

③ 能通过触摸屏修改时段，并能显示实时时间。

④ 能通过触摸屏操作控制交通灯运行。

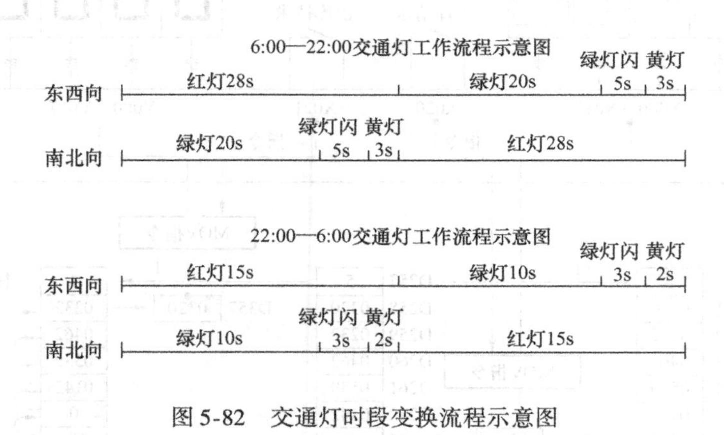

图5-82　交通灯时段变换流程示意图

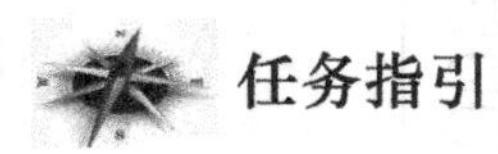

任务指引

1. I/O分配

根据控制要求分配I/O端口，输入/输出端口分配见表5-22。

表 5-22　交通灯控制系统 I/O 分配表

输入端口及功能	输出端口及功能		
X0　起动	Y2　东西向红灯	Y6　南北向黄灯	Y10 ~ Y17　东西方向倒计时个位显示
X1　停止	Y3　东西向绿灯	Y7　南北向红灯	Y20 ~ Y27　东西方向倒计时十位显示
X2　手动	Y4　东西向黄灯		Y30 ~ Y37　南北方向倒计时个位显示
	Y5　南北向绿灯		Y40 ~ Y47　南北方向倒计时十位显示

2. 接线安装

请读者根据表 5-22 所示的 I/O 分配和任务 12 中交通灯控制电路图，设计控制电路图并接线安装。

3. 编写程序

根据任务分析，程序主要包括校准 PLC 时钟程序、读取 PLC 内部时钟、时钟比较程序、设置运行时间区间、根据不同的时间段写入各方向控制交通灯运行时间、倒计时时间显示程序以及交通灯手动和自动运行程序，程序如图 5-83 ~ 图 5-89 所示。调试时将所有程序合并在一起就可以实现任务要求的控制功能。

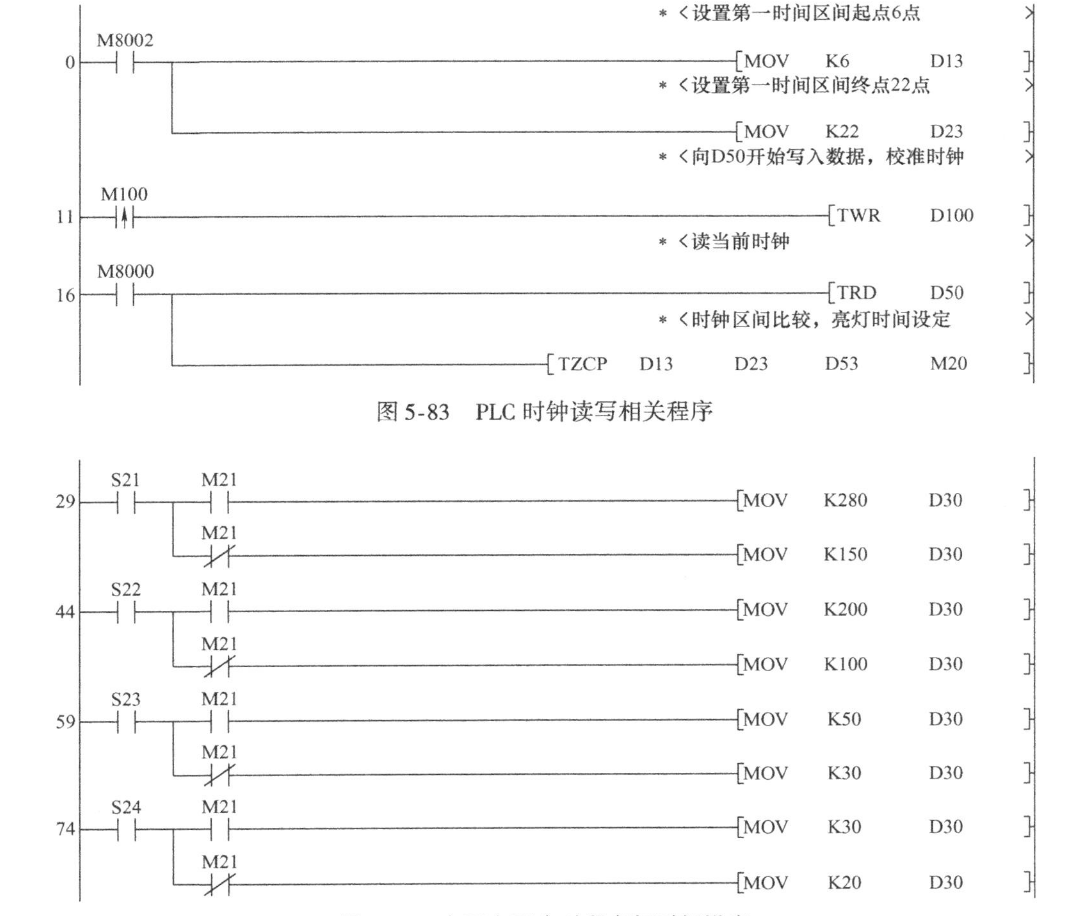

图 5-83　PLC 时钟读写相关程序

图 5-84　东西向两个时段亮灯时间设定

```
     S31    M21
89 ──┤├──┬──┤├──────────────────────[MOV  K200  D31]
         │  M21
         └──┤/├─────────────────────[MOV  K100  D31]
     S32    M21
104 ─┤├──┬──┤├──────────────────────[MOV  K50   D31]
         │  M21
         └──┤/├─────────────────────[MOV  K30   D31]
     S33    M21
119 ─┤├──┬──┤├──────────────────────[MOV  K30   D31]
         │  M21
         └──┤/├─────────────────────[MOV  K20   D31]
     S34    M21
134 ─┤├──┬──┤├──────────────────────[MOV  K280  D31]
         │  M21
         └──┤/├─────────────────────[MOV  K150  D31]
```

图 5-85　南北向两个时段亮灯时间设定

```
     M8000
149 ─┤├──┬──────────────────[DIV   D33    K100   D60]
         ├──────────────────[DIV   D62    K10    D62]
         ├──────────────────[MOV   D60    K4M10]
         ├──────────────────[MOV   D62    K4M30]
         ├──────────────────[SEGD  K1M14  K2Y010]
         └──────────────────[SEGD  K1M34  K2Y020]
```

图 5-86　东西向倒计时时间显示程序

```
     M8000
184 ─┤├──┬──────────────────[DIV   D43    K100   D70]
         ├──────────────────[DIV   D71    K10    D72]
         ├──────────────────[MOV   D70    K4M50]
         ├──────────────────[MOV   D72    K4M70]
         ├──────────────────[SEGD  K1M54  K2Y030]
         └──────────────────[SEGD  K1M74  K2Y040]
```

图 5-87　南北向倒计时时间显示程序

```
     M8002
219 ─┤├──┬──────────────────[SET   S0]
     X000│
   ┬─┤↑├─┴──────────────────[ZRST  S20    S34]
   │ X001│
   └─┤↓├─┘
```

图 5-88　自动运行初始化程序

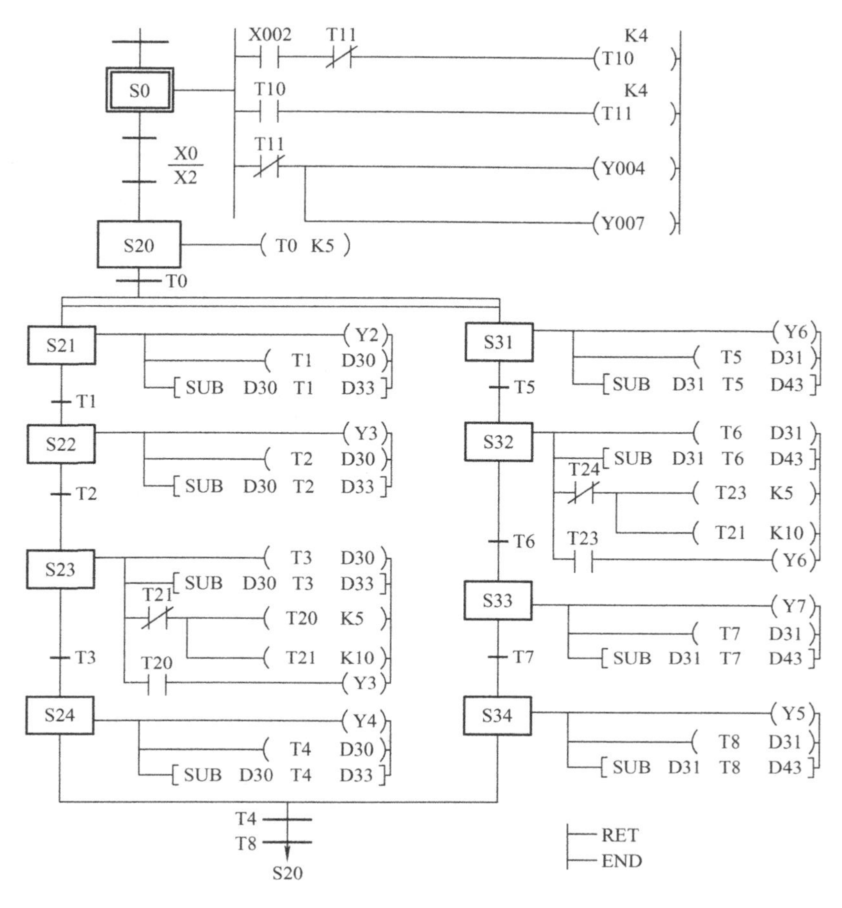

图5-89　自动运行程序部分

4. 设计触摸屏调试画面（见图5-90）

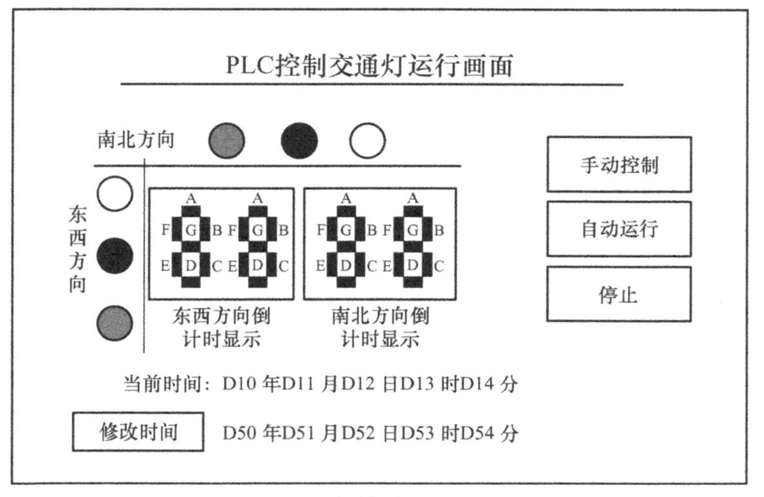

图5-90　触摸屏调试画面图

任务评价

交通灯（分时段）控制系统安装与调试任务评价见表5-23。

表5-23　交通灯（分时段）控制系统安装与调试任务评价表

项　目	考核内容	评分标准	配分	得分
专业技能	输入、输出端口分配	分配错误一处扣1分	5	
	设计控制接线图并接线	绘制错误一处扣1分，接线错误一处扣1分	10	
	编写梯形图程序	编写错误一处扣1分	10	
	运行结果	手动运行功能不正确不得分	10	
		触摸屏上不能修改时钟不得分	5	
		第一时段东西方向运行功能不正确不得分	5	
		第一时段南北方向运行功能不正确不得分	5	
		第二时段东西方向运行功能不正确不得分	5	
		第二时段南北方向运行功能不正确不得分	5	
		起动停止功能不正确的不得分	5	
		自动循环功能不正确的不得分	10	
	显示结果	东西方向倒计时显示不正确不得分	5	
		南北方向倒计时显示不正确不得分	5	
		不能正确显示当前时间不得分	5	
安全文明生产	安全操作规定	违反安全文明操作或岗位6S不达标，视情况扣分。违反安全操作规定不得分	5	
创新能力	提出独特可行方案	视情况进行评分	5	

知识拓展

实时时钟处理指令使用技巧

实时时钟处理（FNC160～FNC169）类指令主要是对时钟数据进行运算、比较，还可以执行可编程序控制器内置实时时钟的时间校准和时间数据格式转换。下面主要介绍时钟比较和时钟读写指令。

1. 时钟数据比较指令TCMP（FNC160）

时钟数据比较指令是将基准时间和时间数据进行大小比较，根据比较的结果控制位元件的ON/OFF。

TCMP指令表现形式如图5-91所示，当X000为ON时，源数据［S1·］、［S2·］和［S3·］指定的时间（本例中为11时40分20秒）与［S·］起始的3点时间数据（时、分、秒）相比较，比较结果决定［D·］起始的3点位软元件（本例中的M10、M11、M12）的ON/OFF状态。

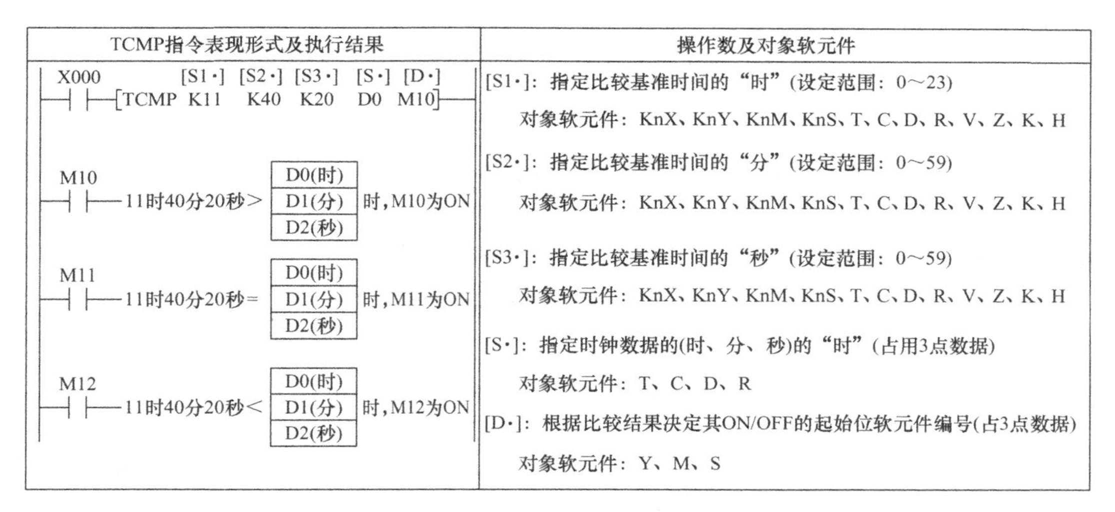

图 5-91　TCMP 指令示例

指令执行结果不受输入条件（X000）的变化而变化。或者说由于执行条件 X000 的断开，M10～M12 保持在 X000 为 OFF 之前的状态。

使用可编程控制器的实时时钟数据时，可将[S1·]、[S2·]、[S3·]分别指定 D8015（时）、D8014（分）、D8013（秒）。

2. 时钟数据区间比较指令 TZCP（FNC161）

将上下 2 点比较基准时间（时、分、秒）与以[S·]开头的 3 点时间数据（时、分、秒）进行比较，根据比较结果使[D·]开始的 3 点位软元件 ON/OFF。指令示例如图 5-92 所示。

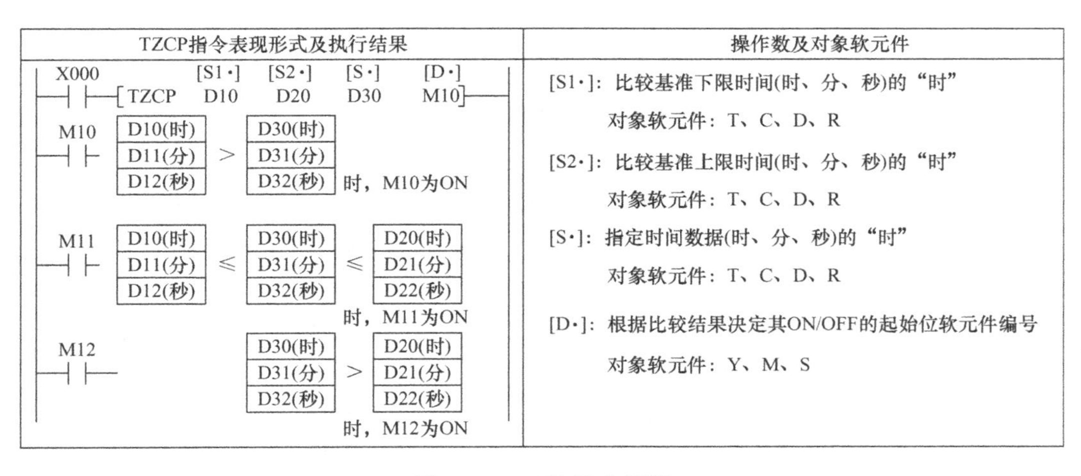

图 5-92　TZCP 指令示例

3. 读实时时钟数据指令 TRD（FNC166）

读实时时钟数据是指将可编程控制器内时钟数据读出的指令，如图 5-93 所示。

图 5-92 中当指令执行时，按照表 5-24 中的格式将可编程控制器内保存实时时钟数据

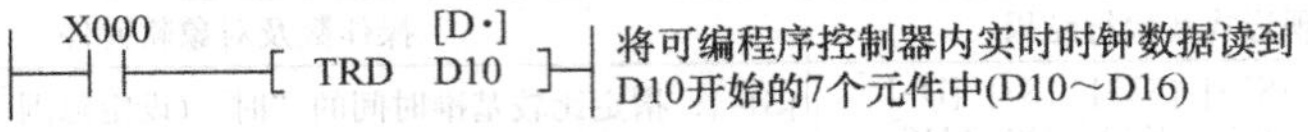

X000 [D·]
[TRD D10] 将可编程序控制器内实时时钟数据读到D10开始的7个元件中(D10～D16)

图 5-93 读实时时钟数据指令 TRD

的特殊寄存器（D8013～D8019）中的内容读到 D10～D16 中，表中的顺序是固定不变的。其中 D8018（年）为公历年的后两位，如果读取的数据为 17，则为 1917 年，如果要改为 2017 年，则必须要向 D8018 中写入 2000，写入方法参见 TWR 指令。

表 5-24 实时时钟特殊寄存器

元　件	项　目	时钟数据		元件	项目
D8018	年（公历）	0～99（公历后两位）	⟶	D10	年（公历）
D8017	月	1～12	⟶	D11	月
D8016	日	1～31	⟶	D12	日
D8015	时	0～23	⟶	D13	时
D8014	分	0～59	⟶	D14	分
D8013	秒	0～59	⟶	D15	秒
D8019	星期	0（日）～6（六）	⟶	D16	星期

4. 写实时时钟指令 TWR（FNC167）

将设定的时钟数据写入可编程序控制器内作为实时时钟。如图 5-94 所示，为了写入时钟数据，必须预先用 FNC12（MOV）指令向[S·]指定的起始的 7 个字元件写入数据，见表 5-25，表中的 PLC 内的特殊寄存器的顺序是不能改变的。

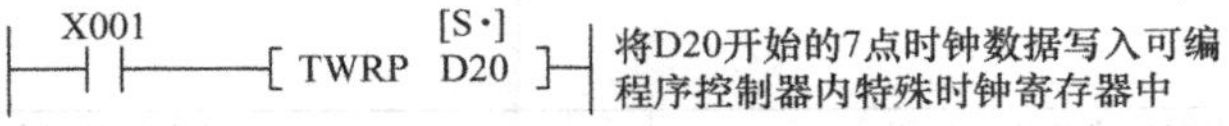

X001 [S·]
[TWRP D20] 将D20开始的7点时钟数据写入可编程序控制器内特殊时钟寄存器中

图 5-94 写实时时钟指令

表 5-25 写实时时钟寄存器表

	元件	项目	时钟数据		元件	项目	
设定时间用的数据	D20	年（公历）	0～99（公历后两位）	→	D8018	年（公历）	PLC 内实时时钟用特殊数据寄存器
	D21	月	1～12	→	D8017	月	
	D22	日	1～31	→	D8016	日	
	D23	时	0～23	→	D8015	时	
	D24	分	0～59	→	D8014	分	
	D25	秒	0～59	→	D8013	秒	
	D26	星期	0（日）～6（六）	→	D8019	星期	

注：D8018（年）可以切换为 4 位模式。

执行 FNC167（TWR）指令后，会立即变更实时时钟的时钟数据，变为新时间。因此，请提前数分钟向源数据传送时钟数据，当到达正确时间时，立即执行指令。另外，利用本指令校准时间时，无须控制特殊辅助继电器 M8015（时钟停止和时间校准）。

如设置2012年1月23日（星期一）20时00分18秒的程序，可以采用两种方法，方法一如图5-95所示，采用TWR写入程序。方法二如图5-96所示，直接向各特殊寄存器中写入时钟数据。

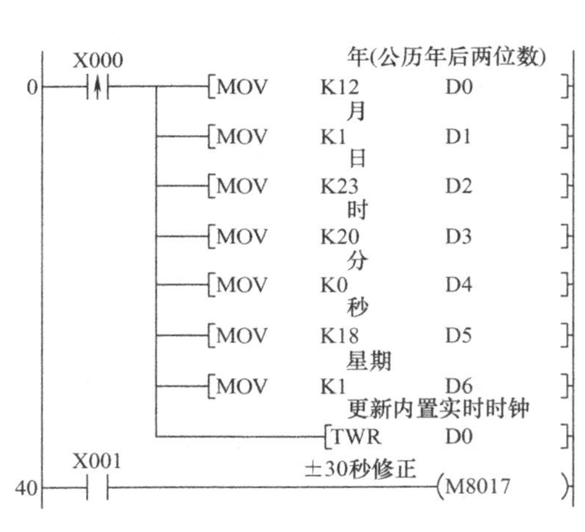

图5-95　实时时钟设置实例程序一

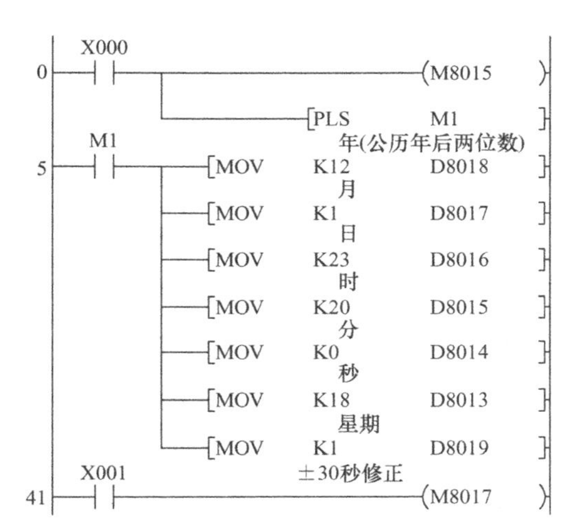

图5-96　实时时钟设置实例程序二

任务21　智能别墅管理控制系统安装与调试

任务要求

某私人别墅居家管理采用智能管理方式，采用PLC控制，控制要求如下：

1）业主在度假期间防盗贼入室系统：四个居室的百叶窗白天时打开，晚上自动关闭。四个居室的照明灯在晚上19:00—23:00分各自轮流接通点亮1小时，这样使人感觉有人在居室居住，从而使盗窃分子产生一种错觉，达到保障居室安全的目的。控制系统由业主在外出时起动。

2）自动管理花园灯光和报警系统：每天晚上6:00—10:00开启花园的照明灯，白天9:00—17:00起动布防报警系统。若主人外出时则全天候起动报警系统。

3）花园花木自动灌溉管理系统：花园共有A、B两种植物，控制要求如下：A类植物需要定时灌溉，要求在早上6:00—6:30之间、晚上23:00—23:30之间灌溉；B类植物需要每隔一天的晚上23:10灌溉一次，每次10min。

请根据以上要求设计电路、安装布线、编写程序并调试运行。

任务指引

1. I/O分配

根据控制要求分配PLC外部输入/输出点，I/O分配见表5-26。

表 5-26 PLC 外部输入/输出点（I/O）分配表

输入信号及功能			输出信号及功能		
X0	SB1	系统起动开关（度假时系统）	Y0	KA1	第一居室百叶窗上升继电器
X1	S1	百叶窗光电开关	Y1	KA2	第一居室百叶窗下降继电器
X2	LS1	第一居室百叶窗上限行程开关	Y2	KA3	第二居室百叶窗上升继电器
X3	LS2	第一居室百叶窗下限行程开关	Y3	KA4	第二居室百叶窗下降继电器
X4	LS3	第二居室百叶窗上限行程开关	Y4	KA5	第三居室百叶窗上升继电器
X5	LS4	第二居室百叶窗下限行程开关	Y5	KA6	第三居室百叶窗下降继电器
X6	LS5	第三居室百叶窗上限行程开关	Y6	KA7	第四居室百叶窗上升继电器
X7	LS6	第三居室百叶窗下限行程开关	Y7	KA8	第四居室百叶窗下降继电器
X10	LS7	第四居室百叶窗上限行程开关	Y10	KA9	报警系统
X11	LS8	第四居室百叶窗下限行程开关	Y11	KM1	开花园照明系统
X12	SB2	系统解除开关（度假时系统）	Y12	HL1	第一居室照明灯
			Y13	HL1	第二居室照明灯
			Y14	HL1	第三居室照明灯
			Y15	HL1	第四居室照明灯
			Y16	KM2	灌溉 1 类植物电磁阀
			Y17	KM3	灌溉 2 类植物电磁阀

2. 电路设计

居室的百叶窗利用光电开关控制，白天光电开关闭合，晚上断开。设计控制电路如图 5-97 所示。

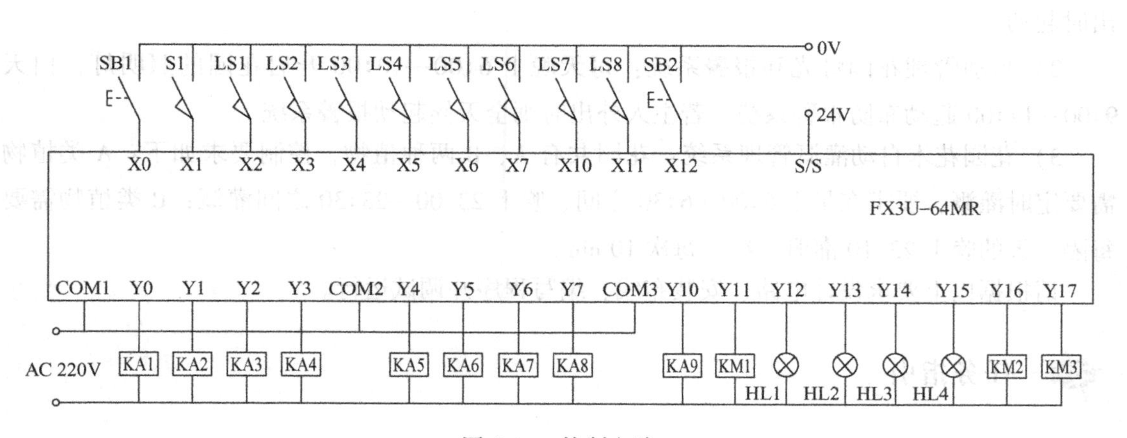

图 5-97 控制电路

3. 编制程序

参考程序如图5-98所示。

```
        M8000                                                   *<读实时时钟                    >
  0 ----| |----------------------------------------------------------------[TRD      D10        ]
起动外出旅游防护系统
        X000
  4 ----| |----------------------------------------------------------------[SET      M0         ]
        M0        X001      X002      Y001
  6 ----| |----+---| |-------|/|-------|/|--------------------------------------------(Y000     )
               |  X001      X003      Y000             *<晚上第一居室百叶窗关闭                >
               +---|/|-------|/|-------|/|--------------------------------------------(Y001     )
               |  X001      X004      Y003             *<白天第二居室百叶窗开启                >
               +---| |-------|/|-------|/|--------------------------------------------(Y002     )
               |  X001      X005      Y002             *<晚上第二居室百叶窗关闭                >
               +---|/|-------|/|-------|/|--------------------------------------------(Y003     )
               |  X001      X006      Y005             *<白天第三居室百叶窗开启                >
               +---| |-------|/|-------|/|--------------------------------------------(Y004     )
               |  X001      X007      Y004             *<晚上第三居室百叶窗关闭                >
               +---|/|-------|/|-------|/|--------------------------------------------(Y005     )
               |                                       *<白天第四居室百叶窗开启                >
               |  X001      X010      Y007
               +---| |-------|/|-------|/|--------------------------------------------(Y006     )
               |                                       *<晚上第四居室百叶窗关闭                >
               |  X001      X011      Y006
               +---|/|-------|/|-------|/|--------------------------------------------(Y007     )
        M0
 47 ----| |----+--[>=   D13   K19   ]-[<   D13   K20   ]-----------------------------(Y012     )
               |                                       *<起动第二居室照明                      >
               +--[>=   D13   K20   ]-[<   D13   K21   ]-----------------------------(Y013     )
               |                                       *<起动第三居室照明                      >
               +--[>=   D13   K21   ]-[<   D13   K22   ]-----------------------------(Y014     )
               |                                       *<起动第四居室照明                      >
               +--[>=   D13   K22   ]-[<   D13   K23   ]-----------------------------(Y015     )

主人出差在外全天候报警起动
白天9:00～17:00外出上班报警
        M0
 96 ----| |----[>=   D13   K0   ]----------------+--------------------------------(Y010     )
    [>=   D13   K9   ]-[<=   D13   K17   ]-------+
        X012
114 ----| |----------------------------------------------------------------[RST      M0         ]
花园照明灯起动
116 -[>=   D13   K18   ]-[<=   D13   K22   ]-------------------------------------------(Y011     )
A类植物灌溉时管理
127 -[>    D13   K6    ]-+-[<   D14   K30   ]-----------------------------------------(Y016     )
    -[=    D13   K23   ]-+
B类植物灌溉时间比较程序
        M8000
143 ----| |---------------------------[TCMP   K23   K10   K0   D13   M10              ]
        M11
155 ----| |----------------------------------------------------------------[ALTP     M20        ]
B类植物灌溉，隔天10min
        M11       M20       T0
159 --+--| |--+----| |-------|/|----+--------------------------------------------(Y017     )
      |  Y017 |                     |                                                 K6000
      +--| |--+                     +--------------------------------------------(T0       )
167 ------------------------------------------------------------------------------[END      ]
```

图5-98　智能别墅管理控制系统参考程序

任务评价

智能别墅管理控制系统安装与调试任务评价见表5-27。

表5-27 智能别墅管理控制系统安装与调试任务评价表

项 目	考核内容	评分标准	配分	得分
专业技能	输入、输出端口分配	分配错误一处扣1分	5	
	设计控制接线图并接线运行	绘制错误一处扣1分 接线错误一处扣1分	10	
	编写梯形图程序	编写错误一处扣1分	10	
	运行结果	第一居室百叶窗自动开关功能不正确不得分	5	
		第二居室百叶窗自动开关功能不正确不得分	5	
		第三居室百叶窗自动开关功能不正确不得分	5	
		第四居室百叶窗自动开关功能不正确不得分	5	
		花园灯光功能不正确的不得分	10	
		布防功能不正确的不得分	10	
		报警系统不能正确启用不得分	5	
		A类植物灌溉管理不正确的不得分	10	
		B类植物灌溉管理不正确的不得分	10	
安全文明生产	安全操作规定	违反安全文明操作或岗位6S不达标，视情况扣分。违反安全操作规定不得分	5	
创新能力	提出独特可行方案	视情况进行评分	5	

知识拓展

可编程序控制系统综合应用设计技巧

1. 控制系统设计的基本原则

任何一种电气控制系统都是为了实现被控对象（生产设备或生产过程）的工艺要求，以提高生产效率和产品质量。因此，在设计PLC控制系统时，应遵循以下基本原则：

1）最大限度地满足被控对象的控制要求。

2）在满足控制要求的前提下，力求使控制系统简单、经济、实用、维修方便。

3）保证控制系统的安全、可靠。

4）考虑到生产发展和工艺的改进，在选择PLC容量时，应适当留有余量。

2. 控制系统设计的基本内容

PLC控制系统是由PLC与用户的相关输入、输出设备连接而成的，因此PLC控制系统设计的基本内容包括如下几点：

1）选择用户输入设备（按钮、操作开关、限位开关）、输出设备（继电器、接触器、信号灯等执行元件）以及由输出设备驱动的控制对象（电动机、电磁阀等）。

2）PLC的选择。PLC是PLC控制系统的核心部件，正确选择PLC对于保证整个控制系统的技术经济性能指标起着重要作用。

选择PLC，包括机型的选择、输出形式、响应速度、容量的选择、I/O点数（模块）的选择、电源模块以及特殊功能模块的选择等。

3）分配I/O点，绘制电气连接接线图，考虑必要的安全保护措施。

4）设计控制程序。控制程序是控制整个系统工作的软件，是保证系统工作正常、安全可靠的关键。因此，控制程序的设计必须经过反复调试、修改，直到满足要求为止。设计控制程序包括设计梯形图、指令表（即程序清单）或控制系统流程图。

5）根据控制系统的情况，如操作的方便、环境的状况等，在必要时还需设计控制台（柜）。

6）编制控制系统的技术文件，包括说明书、电气图及电气元件明细表等。

传统的电气图，一般包括电气原理图、电气布置图及电气安装图。在PLC控制系统中，这一部分图可以统称为“硬件图”。它在传统电气图的基础上增加了PLC部分，因此，在电气原理图中应增加PLC的输入、输出电气连接图（即I/O接口图）。

此外，在PLC控制系统中，电气图还应包括程序图（梯形图），可以称之为“软件图”。向用户提供“软件图”可方便用户在生产发展或工艺改进时修改程序，并有利于用户在维修时分析和排除故障。

3. PLC控制系统设计的一般步骤

设计PLC控制系统的一般步骤如图5-99所示流程图。流程图功能说明如下：

1）根据生产的工艺过程分析控制要求。如需要完成的动作（动作顺序、动作条件及必需的保护和联锁等）、操作方式（手动、自动；连续、单周期及单步等）。

2）根据控制要求确定所需的用户输入、输出设备。据此确定PLC的I/O点数。

3）根据控制要求选择PLC的型号及相关特殊功能模块等。

4）分配PLC的I/O点，设计I/O电气接口连接图（这一步也可以结合第2步进行）。

5）进行PLC程序设计，同时可进行控制台（柜）的设计和现场施工，包括人机界面的合理使用。

在设计传统继电器控制系统时，必须在控制线路（接线程序）设计完成后，才能进行控制台（柜）设计和现场施工。可见，采用PLC控制，可以使整个工程的周期缩短。

4. PLC程序设计的步骤

1）对于较复杂的控制系统，需绘制系统流程图，用以清楚地表明动作的顺序和条件。对于简单的控制系统，也可以省去这一步。

2）设计梯形图。这是程序设计的关键一步，也是比较困难的一步。要设计好梯形图，首先要十分熟悉控制要求，同时还要有一定的电气设计的实践经验。

3）根据梯形图编制程序清单。

4）用计算机将程序输入到PLC的用户存储器中，并检查键入的程序是否正确。

5）对程序进行调试和修改，直到满足要求为止。

6）待控制台（柜）及现场施工完成后，就可以进行联机调试。如不能满足要求，则应修改程序或检查接线，直到满足为止。

7）编制技术文件。

8）交付使用。

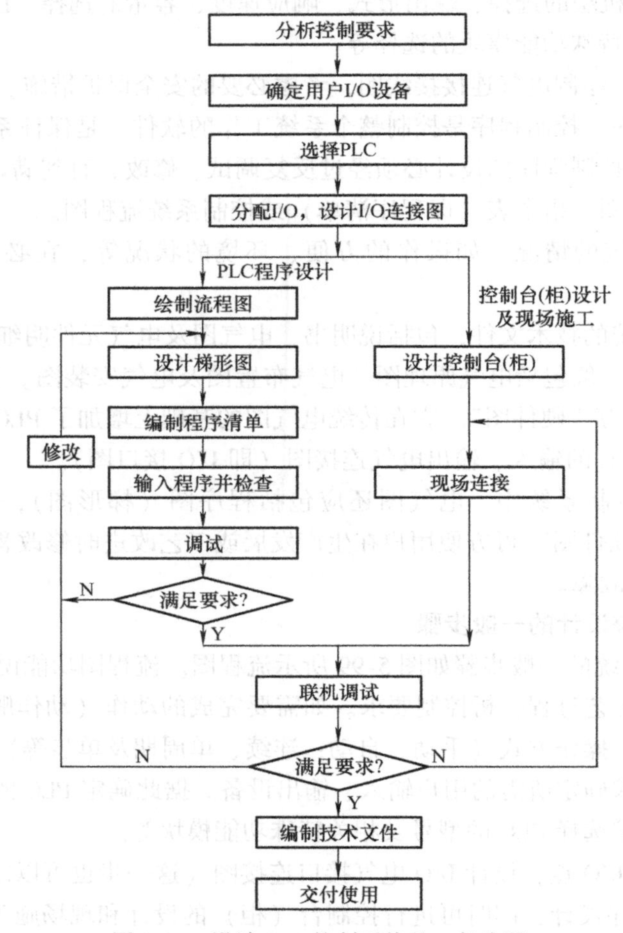

图 5-99 设计 PLC 控制系统的一般步骤

模块6　FX系列PLC简单通信设计技术

项目目标

知识点：

1）掌握通信的基础知识。

2）掌握串行通信的数据传送规律。

3）掌握通信接口标准。

4）掌握1∶1通信时相关数据寄存器的使用。

5）掌握N∶N通信时相关数据寄存器的使用。

6）掌握RS－485通信协议、格式及编程方法。

7）掌握串行通信编程相关指令的使用。

8）掌握PLC与PLC、PLC与变频器等的通信技术设计方法与思路。

技能点：

1）能分析项目任务要求，并熟练进行PLC的I/O端口分配。

2）会设计PLC通信控制应用控制电路。

3）会PLC通信外部控制线路正确接线。

4）能根据要求设计触摸屏控制画面。

5）能进行简单PLC通信控制系统安装调试。

6）掌握简单PLC通信控制系统故障处理的方法和技巧。

任务设备

三菱FX系列PLC（带485BD）、计算机、FR系列变频器、触摸屏、通信电缆（SC－09）、连接导线、电动机、编码器、螺钉旋具、指示灯、按钮、万用表、控制台等。

知识准备

一、PLC通信技术基础

1. 数据通信的概念

数据通信时，按同时传送的数据位数来分可以分为并行通信与串行通信。通常根据信息传送的距离决定采用哪种通信方式。

1）并行通信——通信时各数据位同时发送或接收。并行通信的优点是传送速度快，但由于一个并行数据有 n 位二进制数，需要 n 根传送线，所以常用于近距离的通信，在远距离传送的情况下，通信线路复杂、成本高。

2）串行通信——所传送数据按顺序一位一位地发送或接收。串行通信的突出优点是仅需一根或两根传送线。在长距离传送时，通信线路简单、成本低，但与并行通信相比，传送速度慢，故常用于长距离传送且对速度要求不高的场合。近年来串行通信技术有了很大的发展，通信速率甚至可达到 Mbit/s 的数量级，因此串行通信技术在分布式控制系统中得到了广泛应用。

2. 串行通信数据传送特点

在通信线路上按照数据传送的方向可以划分为单工、半双工和全双工通信方式，其各自特点见表 6-1。

表 6-1　数据通信方式

通信方式	示意图	通信方式特点
单工通信	A → B	数据的传送始终保持同一个方向而不能进行反向传送。其中 A 端只能作为发送端，B 端只能作为接收端接收数据
半双工通信	A ↔ B	数据可以在两个方向上传送，但同一时刻只限于一个方向传送，其中 A 端和 B 端都具有发送和接收的功能，但传送线路只有一条，或者 A 端发送 B 端接收，或者 B 端发送 A 端接收，如 RS－485 通信
全双工通信	A ⇄ B	数据可在两个方向上同时发送和接收，A 端和 B 端都可以一面发送数据，一面接收数据，如 RS－232、RS－422 通信

3. 串行通信接口标准

（1）RS－232C 串行接口标准

1）RS－232C 电平结构。RS－232C 的每个脚线的信号规定和电平规定都是标准化的，RS－232C采用负逻辑电平，规定了 DC －15～－3V 为逻辑 1，DC 3～15V 为逻辑 0，如图 6-1 所示。

根据 RS－232C 通信接口的电气特性可知，其信号电平与通常的 TTL 电平不兼容，所以要外加电路实现电平转换。

目前 RS－232C 是在 PC 以及通信工业中应用最广泛的一种串行接口标准。RS－232C 被定义为一种低速率串行通信的单端标准。RS－232C 采用非平衡数据传输（Unbalanced Data Transmission）方式，这种方式以一根信号线相对于接地信号线的电压来表示一个逻辑状态 Mark 或 Space，图 6-2 所示为 RS－232C 典型的连接方式。

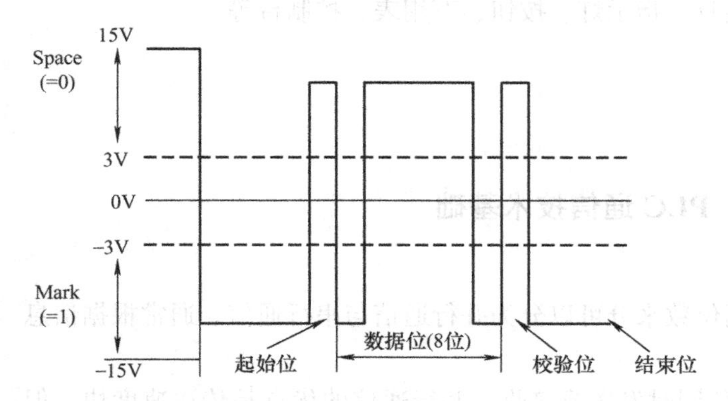

图 6-1　RS－232C 逻辑电平图

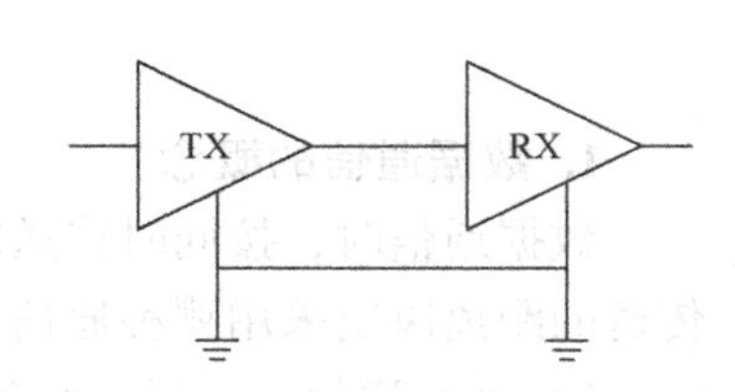

图 6-2　RS－232C 典型的连接方式

2）RS－232C的特点。RS－232C采用全双工传输模式，具有各自独立的传送（TD）及接收（RD）信号线与一根接地信号线。

在通信距离较近、波特率要求不高的场合可以直接采用RS－232C通信接口标准，既简单又方便。但是，由于RS－232C接口采用单端发送、单端接收，所以在使用中具有数据通信速率低、通信距离近、抗共模干扰能力差等缺点。RS－232C接口标准出现较早，其不足之处主要有以下几点：

① 接口的信号电平值较高，易损坏接口电路的芯片。

② 传输速率较低，在异步传输时，波特率为20kbit/s。

③ 接口使用一根信号线和一根信号返回线构成共地的传输形式，这种共地传输容易产生共模干扰，所以抗噪声干扰性弱，当波特率提高，其抗干扰能力会大幅降低。

④ 传输距离有限。

（2）RS－422串行接口标准

RS－422串行接口标准与RS－232不一样，数据信号采用差分传输方式，也称作平衡传输，它使用一对双绞线，将其中一线定义为A，另一线定义为B，通常情况下，发送驱动器A、B之间的正电平在2～6V，是一个逻辑状态，负电平在－6～－2V，是另一个逻辑状态，RS－422逻辑电平如图6-3所示。

采用RS－422传输方式其最大传输距离为1219m，最大传输速率为10Mbit/s，其平衡双绞线的长度与传输速率成反比，速率在100kbit/s以下，才可能达到最大传输距离，只有在很短的距离下才能获得最高传输速率。一般100m长的双绞线上能获得的最大传输速率仅为1Mbit/s。RS－422需要一个终接电阻，要求其阻值约等于传输电缆的特性阻抗。在短距离传输时可不需终接电阻，即在300m以下一般不需终接电阻。终接电阻接在传输电缆的最远端。

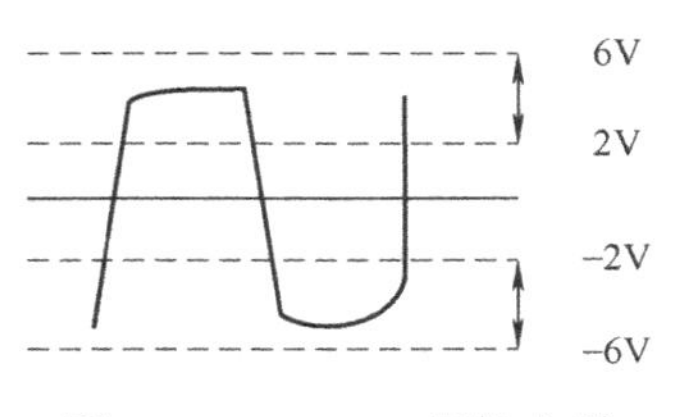

图6-3　RS－422逻辑电平

（3）RS－485串行接口标准

由于RS－485是在RS－422基础上发展而来的，所以RS－485的许多电气规定与RS－422相仿。如都采用平衡传输方式、都需要在传输线上接终接电阻等。RS－485可以采用两线或四线方式，见表6-2。两线制可实现真正的多点双向通信，其中的使能信号控制数据的发送或接收。

表6-2　RS－485引脚说明

RS－485四线脚号			RS－485两线脚号		
引脚号	引脚名	说　明	引脚号	引脚名	说　明
1	RX－	数据接收信号线A	1	RX－	数据接收或发送信号线A
2	RX＋	数据接收信号线B	2	RX＋	数据接收或发送信号线B
3	TX－	数据传输信号线A	5	GND	接地信号线
4	TX－	数据传输信号线B			
5	GND	接地信号线			

1）RS－485的电气特性。以两线间的电压差为2～6V表示逻辑“1”；以两线间的电压差为－6～－2V表示逻辑“0”，RS－485的最高数据传输速率为10Mbit/s，RS－485接口采用平衡驱动器和差分接收器的组合，抗共模干扰能力增强，即抗噪声干扰性好。

2）RS－485的特点。采用RS－485传输方式，其最大传输距离标准值为1219m，实际上可达3000m，另外RS－232接口在总线上只允许连接1个收发器，即只具有单站能力，而RS－485接口在总线上允许连接多达128个收发器，即具有多站能力，这样用户可以利用单一的RS－485接口方便地建立起设备网络。因RS－485接口具有良好的抗噪声干扰性、较长的传输距离和多站能力等优点，故使其成为首选的串行接口。因为RS－485接口组成的半双工网络一般只需两根连接线，所以RS－485接口均采用屏蔽双绞线进行数据传输。

3）RS－422A和RS－485及其应用。RS－485实际上是RS－422A的变形，它与RS－422A的不同点在于RS－422A为全双工，RS－485为半双工，RS－422A采用两对平衡差分信号线，而RS－485只需其中一对。RS－485在多站互联中应用是十分方便的，这是它的明显优点。在点对点远程通信时，其电气连线如图6-4所示，这个电路可以构成RS－422A串行接口（按图中虚线连接），也可以构成RS－485串行接口（按图中实线连接），RS－485串行接口在PLC局域网中的应用也很普遍。

由于RS－485互联网络采用半双工通信方式，故某一时刻两个站中只有一个站可以发送数据，而另一个站只能接收数据，因此，发送电路必须有使能信号加以控制。

RS－485串行接口用于多站互联非常方便，可以节省昂贵的信号线，还可以进行高速远距离数据传送，因此将站点联网构成分布式控制系统非常方便。

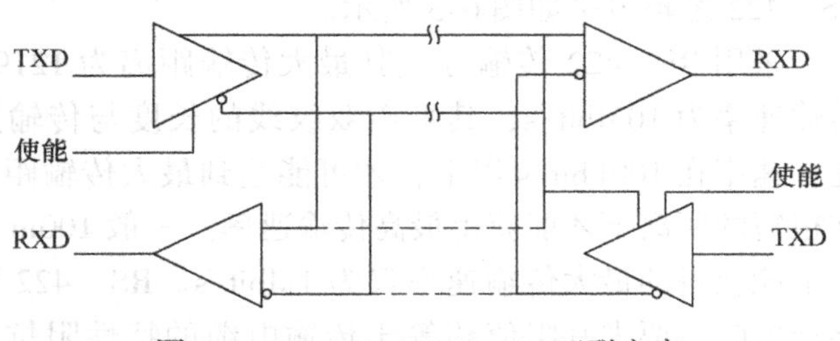

图6-4　RS－422A/RS－485互联方案

为了更好地理解以上几种通信方式，表6-3中进行了相关比较。

表6-3　三种通信接口特点比较表

接口	逻辑形式	高电平	低电平	传送方向	传送模式	传输距离	传输速率
RS－232C	负逻辑	－15～－3V	3～15V	全双工	非平衡传输	15m左右	低
RS－422	正逻辑	2～6V	－6～－2V	全双工	平衡传输	最大1219m	最大10Mbit/s
RS－485	正逻辑	2～6V	－6～－2V	半双工	平衡传输	最大3000m	最大10Mbit/s

4. FX系列可编程通信接口模块

（1）FX2N－232－BD通信接口模块

用于RS－232C的通信板FX2N－232－BD（以下称之为“232BD”）可连接到FX2N系列可编程序控制器的主单元，并可作为下述应用的端口。

1）在RS－232C设备之间进行数据传输，如PC、条形码阅读机和打印机。

2）在RS－232C设备之间使用专用协议进行数据传输。关于专用协议的细节，可参考FX－485PC－IF用户手册。

3）连接带有RS－232编程器、触摸屏等标准外部设备；当232BD用于上述1）和2）

应用时，通信格式包括波特率、校验方式和数据长度，由参数或 FX2N 可编程序控制器的特殊数据寄存器 D8120 进行设置。

4）一个基本单元只可连接一个 232BD。相应地，232BD 不能和 FX2N－485－BD 或 FX2N－422－BD 一起使用。实际应用中，当需要两个或多个 RS－232C 单元连接在一起使用时，可使用与 RS－232C 通信的特殊模块。232BD 通信接口模块主要性能参数见表 6-4。

表 6-4　232BD 主要性能参数

项　目	性能参数	项　目	性能参数
接口标准	RS－232 标准	通信方式	半双工通信、全双工通信
最大传输距离	15m	通信协议	无协议通信、编程协议通信、专用协议通信
连接器	9 芯 D－SUB 型	接口电路	无隔离
模块指示	RXD、TXD 发光二极管指示	电源消耗	DC 5V/60mA，来自 PLC 基本单元

232BD 通信扩展板 9 芯连接器的插脚布置、输入/输出信号连接名称与含义与标准 RS－232C 接口基本相同，但接口无 RS、CS 连接信号，具体信号名称、代号与意义见表 6-5。

表 6-5　232BD 通信扩展板 9 芯连接器信号名称、代号与意义

PLC 侧引脚	信号名称	信号作用	信号功能
1	CD 或 DCD	载波检测	接收到 Modem 载波信号时 ON
2	RD 或 RXD	数据接收	接收到来自 RS－232C 设备数据
3	SD 或 TXD	数据发送	发送传输数据到 RS－232C 设备
4	ER 或 DTR	终端准备好（发送请求）	数据发送准备好，可以作为请求发送信号
5	SG 或 GND	信号地	信号地
6	DR 或 DSR	接收准备好（发送使能）	数据接收准备好，作为数据发送请求回答信号
7、8、9	空		

（2）FX2N－485－BD 通信接口模块

1）FX2N－485－BD 通信模块功能。FX2N－485－BD 通信模块如图 6-5 所示。用于 RS－485 的通信板 FX2N－485－BD（以下称之为“485BD”）可连接到 FX2N 系列可编程序控制器的基本单元，可用于下述应用：

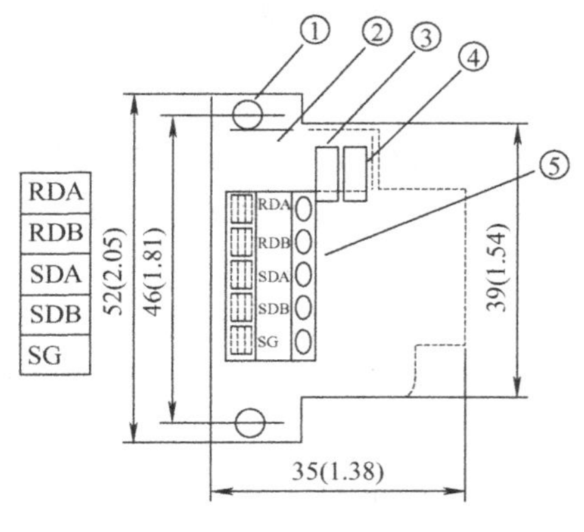

尺寸：mm(in)
附件：M3自攻螺纹螺钉×2
　　　端子电阻330Ω×2，110Ω×1
①安装孔<2～4.0mm(0.16in)>
②可编程序控制器连接器
③SD LED：发送时高速闪烁
④RD LED：接收时高速闪烁
⑤连接RS-485单元的端子
端子模块的上表面高出可编程序控制器面板盖子的上表面约7mm

图 6-5　FX2N－485－BD 通信接口模块

① 使用无协议的数据传送：使用无协议，通过 RS－485（RS－422）转换器，可在各种带有 RS－232C 单元的设备之间进行数据通信，如 PC、条形码阅读机和打印机。

② 使用专用协议的数据传送：使用专用协议，可在 1：N 基础上通过 RS－485（RS－422）进行数据传输。

③ 使用并行连接的数据传输通过 FX 系列可编程序控制器，可在 1：1 基础上对 100 个辅助继电器和 10 个数据寄存器进行数据传输。

④ 使用 N：N 网络的数据传输通过 FX 系列可编程序控制器，可在 N：N 基础上进行数据传输。

2）系统配置：

① 无协议或专用协议：在系统中使用 485BD 时，整个系统的扩展距离为 50m（不用 485BD 时，最大距离为 500m）；使用专用协议时，最多可连接 16 个站，包括 A 系列的可编程序控制器。

② 并行连接：在系统中使用 485BD 时，整个系统的扩展距离为 50m（不用扩展时最大距离为 500m）但是，当系统中使用 FX2－40AW 时，此距离为 10m。

③ N：N 网络连接：当系统中使用 485BD 时，整个系统的扩展距离为 50m（最大距离为 500m），最多可连接 8 个站。

3）485BD 特性见表 6-6。

表 6-6　485BD 特性

项　　目	内　　容
传输标准	遵守 RS－485 和 RS－422
传输距离	最大 50m
LED 指示	SD、RD
通信方法和协议	N：N 网络，专用协议（格式 1 或格式 4），半双工通信，并行连接
协议形式	专用协议和无协议：300～19200bit/s 并行连接：19200bit/s N：N 网络：38400bit/s
电源特性	5V DC，60mA。(可编程序控制器提供的电源)

二、串行通信特殊适配器控制指令

1. 串行数据传送指令 RS（FNC80）

RS 指令是用于安装在 PLC 基本单元上的 RS－232C 或 RS－485 串行通信口进行无协议通信，从而执行发送和接收串行数据的指令。指令表现形式如图 6-6 所示，图中的 RS 指令表示当执行条件 M10 接通时，发送 D100 开始的连续 9 点数据（D100～D108），接收数据保存在 D500 开始的 5 点数据中（D500～D504）。RS 指令使用时需注意以下事项：

1）数据通信格式可以通过特殊数据寄存器 D8120 设定。RS 指令驱动时，即使改变 D8120 的设定，实际上也不被接收。

2）在不进行发送的系统中应将数据发送元件数设定为“K0”，在不进行接收的系统中应将接收数据元件数设定为“K0”。

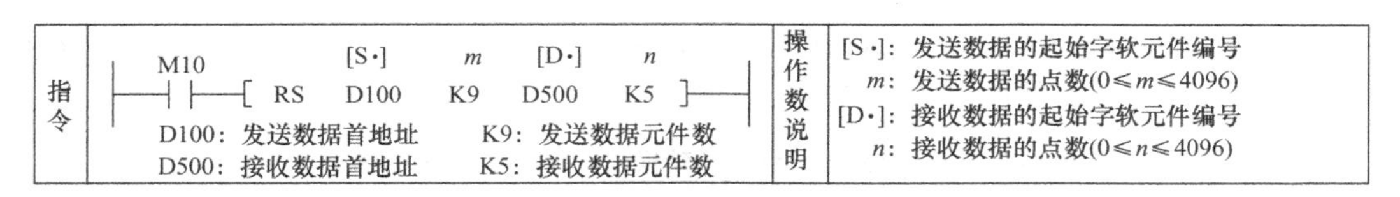

图6-6　RS指令示例

3）指令在使用时必须设定处理数据是8位模式还是16位模式，设定数据模式由M8161来设定，且后续所讲的HEX、ASCI、CCD等指令在使用时也一定要进行数据模式的设定。

4）RS指令在程序中可无数次使用，但是在同一时刻只能是一个RS指令驱动。

5）使用了RS指令后不能再使用其他外部通信指令。

使用RS指令的编程格式如下：

PLC程序格式一般分为基本指令、数据传送、数据处理三部分。使用RS指令发收信息的基本程序如图6-7所示。基本指令用于定义传送的数据地址、数据数量等，数据传送部分用于写入传送内容，数据处理部分用于将接收到（对于数据接收工作）的数据通过指令写入指定的存储器区域。

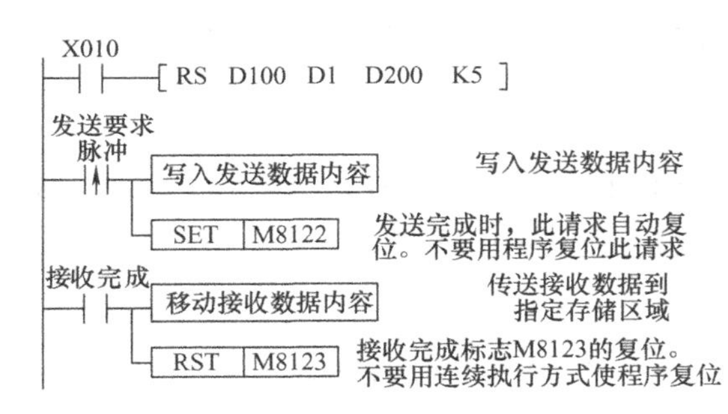

发送请求M8122：RS指令的驱动输入X010变为ON状态时，可编程序控制器就进入接收等待状态。在接收等待状态或接收完成状态时，用脉冲指令置位M8122，就开始发送从D200开始的D1个字长的数据，发送结束时M8122自动复位

接收完成M8123：接收完成标志M8123 ON后，先把接收数据传送到其他存储地址后，再对M8123进行复位。M8123复位后，则再次进入接收等待状态。M8123的复位如前面所述，请由程序执行。RS指令的驱动输入X010进入ON状态后，可编程序控制器变为接收等待状态

图6-7　用RS指令发收信息的程序示例

2. ASCII转换指令ASCI（FNC82）

本指令是将HEX转换成ASCII码的指令，转换时的模式有8位模式和16位模式。

（1）16位运算

M8161＝OFF时执行16位变换模式。ASCI指令表现形式及相关操作数的说明如图6-8所示。

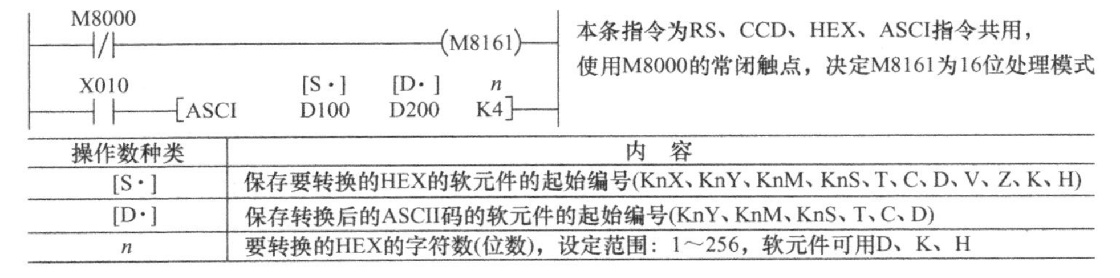

操作数种类	内　容
[S·]	保存要转换的HEX的软元件的起始编号(KnX、KnY、KnM、KnS、T、C、D、V、Z、K、H)
[D·]	保存转换后的ASCII码的软元件的起始编号(KnY、KnM、KnS、T、C、D)
n	要转换的HEX的字符数(位数)，设定范围：1～256，软元件可用D、K、H

图6-8　HEX→ASCII码变换指令16位表现形式

图中[S·]中的HEX数据的各位由低位到高位顺序转换成ASCII码，向[D·]的高8位、低8位分别传送。转换的字符数用n指定。[D·]目标文件首地址分为低8位、高8位，存储ASCII数据。

假定[S·]指定起始元件为（D100）=0ABCH、（D101）=1234H、（D102）=5678H，图6-8所示的程序转换情况见表6-7。

表6-7　ASCI指令16位模式转换后[D·]元件中的内容

n（转换的点数） [D·] 指定起始元件	K1	K2	K3	K4	K5	K6	K7	K8	K9
D200 低位	[C]	[B]	[A]	[0]	[4]	[3]	[2]	[1]	[8]
D200 高位		[C]	[B]	[A]	[0]	[4]	[3]	[2]	[1]
D201 低位			[C]	[B]	[A]	[0]	[4]	[3]	[2]
D201 高位				[C]	[B]	[A]	[0]	[4]	[3]
D202 低位					[C]	[B]	[A]	[0]	[4]
D202 高位						[C]	[B]	[A]	[0]
D203 低位				不变化			[C]	[B]	[A]
D203 高位								[C]	[B]
D204 低位									[C]

采用打印等方式输出BCD码数据时，在执行本指令前，需要进行BIN→BCD的变换。

（2）8位运算

M8161=ON时执行8位变换模式。

图6-9中[S·]中的HEX数据的各位转换成ASCII码，分别向[D·]的低8位传送。转换的字符数用 n 指定。[D·]的高8位为0，低8位存放ASCII码。

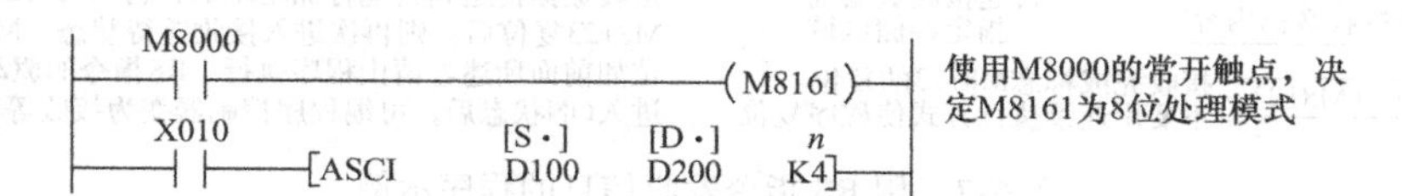

图6-9　HEX→ASCII码变换指令8位表现形式

当指定[S·]起始元件为（D100）=0ABCH、（D101）=1234H、（D102）=5678H时，图6-9转换情况见表6-8。

表6-8　ASCI指令8位模式转换后[D·]元件中的内容

n（转换的点数） [D·] 指定起始元件	K1	K2	K3	K4	K5	K6	K7	K8	K9
D200	[C]	[B]	[A]	[0]	[4]	[3]	[2]	[1]	[8]
D201		[C]	[B]	[A]	[0]	[4]	[3]	[2]	[1]
D202			[C]	[B]	[A]	[0]	[4]	[3]	[2]
D203				[C]	[B]	[A]	[0]	[4]	[3]
D204					[C]	[B]	[A]	[0]	[4]
D205						[C]	[B]	[A]	[0]
D206				不变化			[C]	[B]	[A]
D207								[C]	[B]
D208									[C]

当 n = K2 时，位的构成情况如图 6-10 所示。

D100=0ABCH　0 0 0 0 1 0 1 0 1 0 1 1 1 1 0 0（0 A B C）

D200=B　B的ASCII码=42H　0 0 0 0 0 0 0 0 0 1 0 0 0 0 1 0（4 2）

D201=C　C的ASCII码=43H　0 0 0 0 0 0 0 0 0 1 0 0 0 0 1 1（4 3）

ASCII码表

[0]=30H	[1]=31H	[5]=35H
[A]=41H	[2]=32H	[6]=36H
[B]=42H	[3]=33H	[7]=37H
[C]=43H	[4]=34H	[8]=38H

图 6-10　当 n = K2 时位的构成

3. 十六进制数转换指令 HEX（FNC83）

HEX 指令可将 ASCII 码转换为十六进制数 HEX，并传送到指定单元存放。指令执行形式有 16 位和 8 位两种，指令操作数见表 6-9。16 位表现形式如图 6-11 所示，执行情况如图 6-13 所示。8 位表现形式如图 6-12 所示，执行情况如图 6-14 所示。

表 6-9　HEX 指令操作数说明表

操作数	内　　容	可用软元件
S	保存要转换的 ASCII 码的软元件的起始编号	KnX、KnY、KnM、KnS、T、C、D、R、K、H
D	保存转换后的 HEX 的软元件的起始编号	KnY、KnM、KnS、D
n	要转换的 ASCII 码的字符数	D、K、H

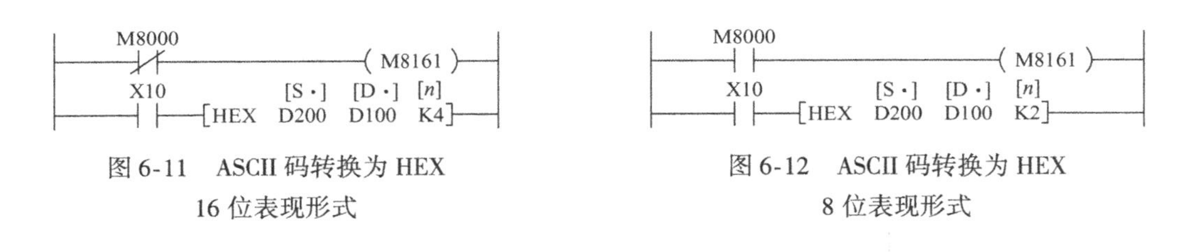

图 6-11　ASCII 码转换为 HEX 16 位表现形式

图 6-12　ASCII 码转换为 HEX 8 位表现形式

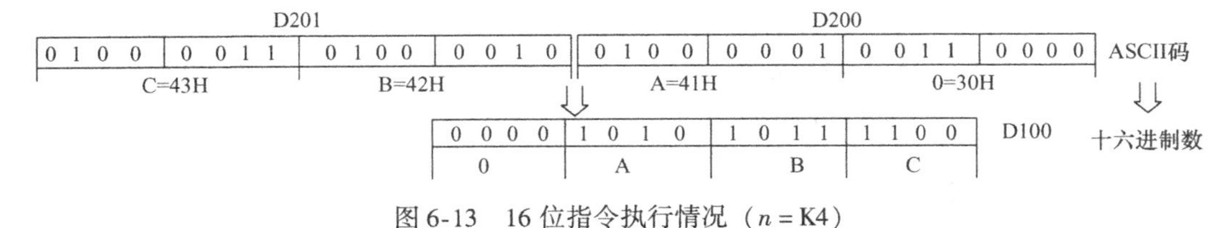

图 6-13　16 位指令执行情况（n = K4）

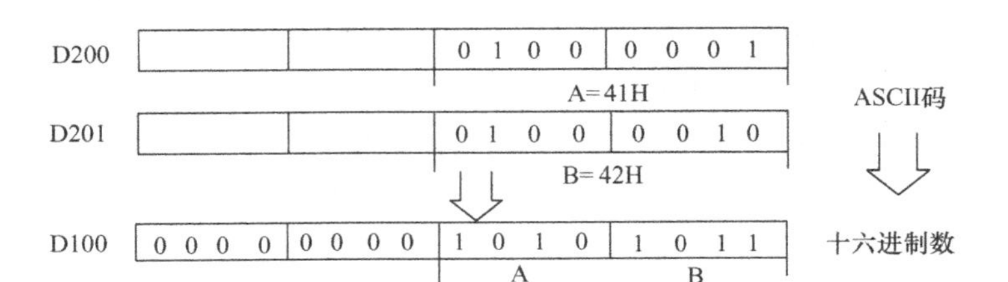

图 6-14　8 位指令执行情况（n = K2）

4. 校验码指令 CCD

本指令用于通信时进行出错效验。将[S·]指定的元件开始的 n 字节组成堆栈（D 的高字节、低字节拆开)，将各字节数值的总和送到[D·]指定的元件，而将堆栈中垂直奇偶校验值送到[D·]+1中。指令表现形式及操作数说明如图6-15所示。

M8000 (M8161)

X010 [CCD [S·] D100 [D·] D0 n K10]

CCD指令操作数的说明

操作数指令	内　容
[S·]	对象软元件的起始编号(KnX、KnY、KnM、KnS、T、C、D)
[D·]	保存计算出的数据的软元件的起始编号(KnY、KnM、KnS、T、C、D)
n	数据数(设定范围：1～256)，操作数可为D、K、H

图6-15　校验码CCD指令应用于16位模式示例

(1) 当M8161=OFF时的16位模式

如图6-15所示，以D100指定的元件为起始的10字节数据的总和存储于D0中，垂直奇偶校验数据存储于D1中，可以用于通信数据的校验。示例中16位模式转换情况见表6-10。

(2) 当M8161=ON时的8位模式

如图6-16所示，以D100指定的元件为起始的10个元件的低字节数据的总和存储于D0中，垂直奇偶校验数据存储于D1中，可以用于通信数据的校验。示例转换情况见表6-10。

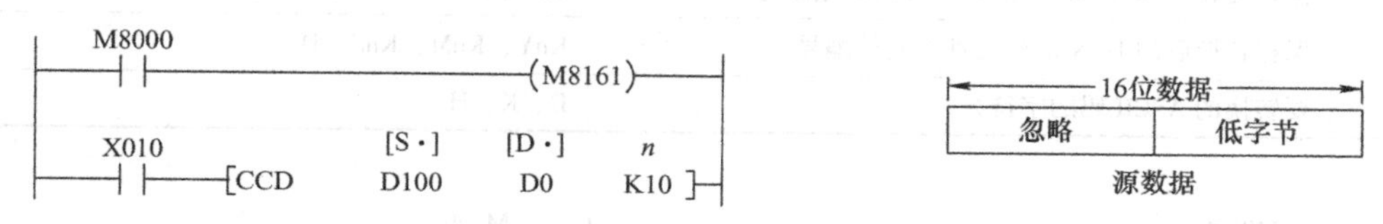

图6-16　校验码CCD指令应用于8位模式示例

表6-10　16位/8位模式总和校验情况表

16位模式总和校验情况		8位模式总和校验情况	
[S·]	数据内容	[S·]	数据内容
D100 低位	K100 = 01100100	D100	K100 = 01100100
D100 高位	K111 = 0110111 *	D101	K111 = 0110111 *
D101 低位	K100 = 01100100	D102	K100 = 01100100
D101 高位	K98 = 01100010	D103	K98 = 01100010
D102 低位	K123 = 0111101 *	D104	K123 = 0111101 *
D102 高位	K66 = 01000010	D105	K66 = 01000010
D103 低位	K100 = 01100100	D106	K100 = 01100100
D103 高位	K95 = 0101111 *	D107	K95 = 0101111 *
D104 低位	K210 = 11010010	D108	K210 = 11010010
D104 高位	K88 = 01011000	D109	K88 = 01011000
合计(总和)	K1091	合计(总和)	K1091
垂直校检	1000010 *	垂直校检	1000010 *

D0	0	0	0	0	0	1	0	0	0	1	0	0	0	0	1	1	⇐总和1091
D1	0	0	0	0	0	0	0	0	1	0	0	0	0	1	0	1	⇐垂直校验

注：表中标 * 的是垂直校验有“1”位，1的个数如果是奇数，校验值为1，1的个数如果是偶数，校验值为0。

任务22　两地生产线网络控制系统安装与调试

任务要求

甲乙两地生产线各有一台FX系列PLC，甲地PLC称为主站，乙地PLC称为从站，因生产需要，现两台PLC之间采用1:1的网络利用RS-485进行数据通信，要求实现以下功能：

1）主站从站数据发送带有启停，由各自带的触摸屏控制，有通信成功指示。

2）主站数据发送起动后，将X0～X17的数据发送至从站的Y0～Y17接收。

3）从站数据发送起动后，将X0～X17的数据发送至主站的Y0～Y17接收。

4）主站将十进制数0～10按顺序分10次每次间隔1s发送至从站的触摸屏显示（有发送和清零功能）。

5）从站将十进制数0～10按顺序分10次每次间隔1s发送至主站的触摸屏显示（有发送和清零功能）。

6）能修改主站的当前数据（北京时间），在本站读出后并能送从站显示。

7）能修改从站的当前数据（北京时间），读出后送主站并能送主站显示。

以上操作既可以从外部硬件操作，也可以通过触摸屏控制操作。

根据以上要求自行分配I/O、设计通信控制线路、设计触摸屏画面、编写程序并安装调试运行。

任务指引

1. I/O分配

根据控制要求分配PLC外部输入/输出点，I/O分配见表6-11。

表6-11　PLC外部输入/输出点（I/O）分配表

主站输入及功能	主站输出及功能	从站输入及功能	从站输出及功能
X0～X17　输入信号	Y0～Y17　输出信号	X0～X17　输入信号	Y0～Y17　输出信号
X36　主站停止	Y37　通信成功指示	X36　从站停止	Y37　通信成功指示
X37　主站起动		X37　从站起动	

2. 通信电路设计

根据1:1的网络进行通信的原则，有两种通信连接线路，分别如图6-17、图6-18所示。

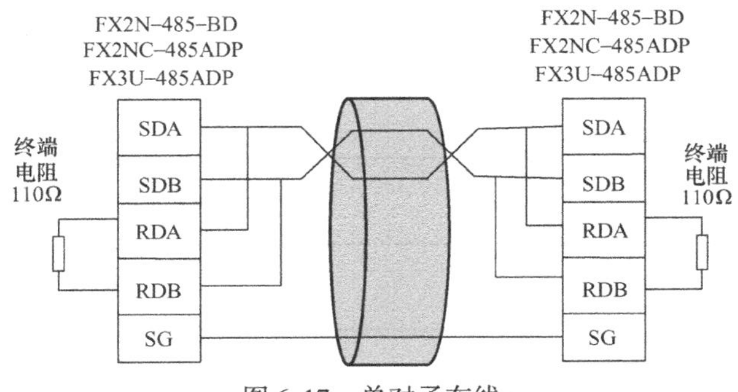

图6-17　单对子布线

FX2N-485-BD
FX2NC-485ADP
FX3U-485ADP
SDA
SDB
RDA
RDB
SG
终端
电阻
110Ω
FX2N-485-BD
FX2NC-485ADP
FX3U-485ADP
SDA
SDB
RDA
RDB
SG
终端
电阻
110Ω

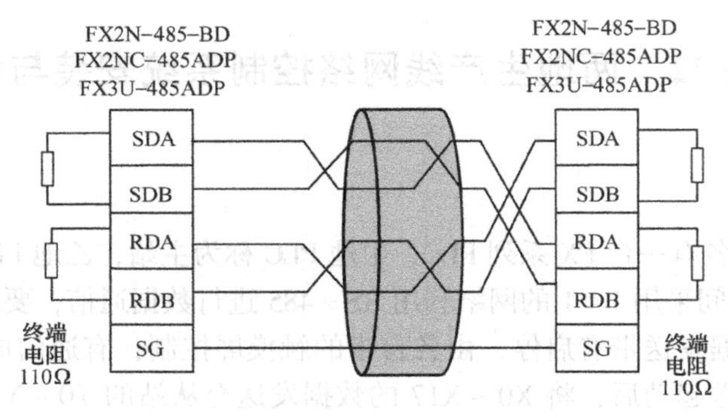

图 6-18　双对子布线

3. 编制程序

主站和从站参考程序分别如图 6-19、图 6-20 所示。

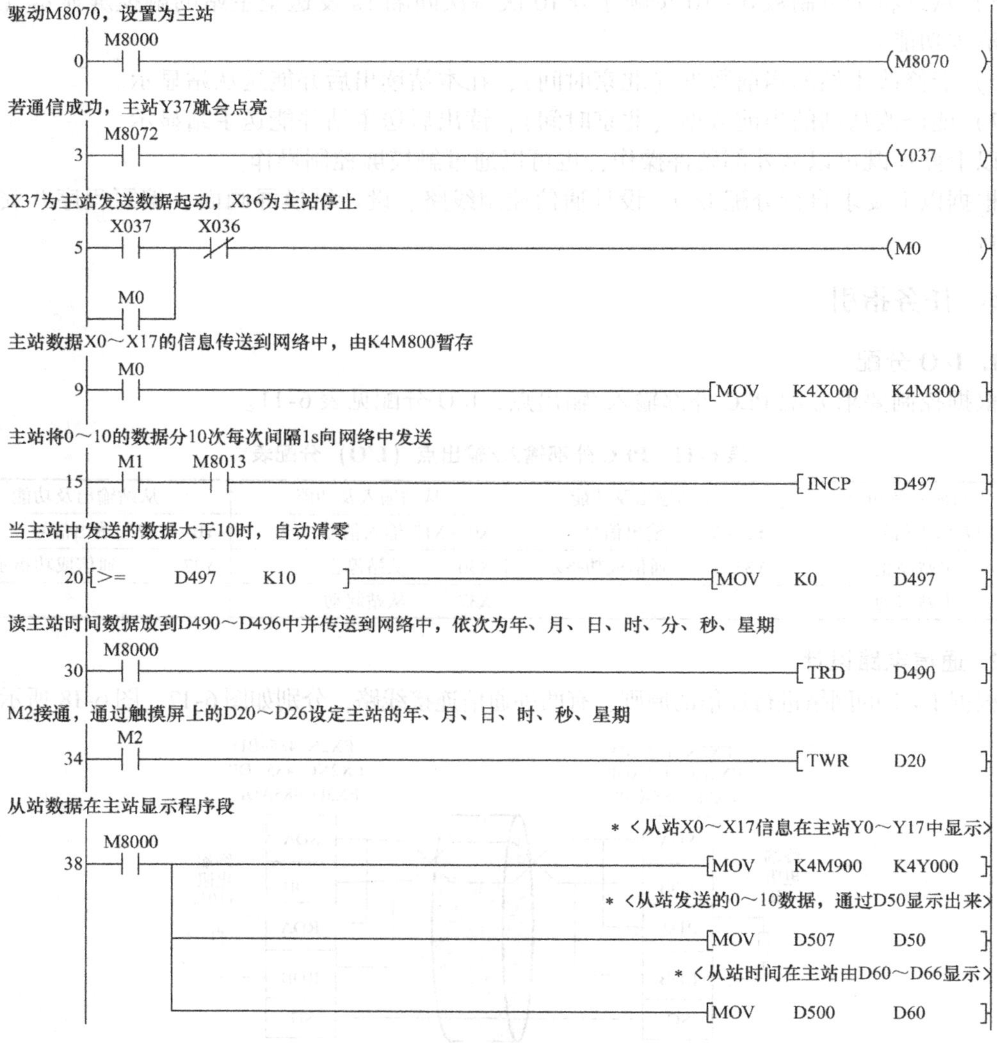

驱动M8070，设置为主站
0 M8000 (M8070)
若通信成功，主站Y37就会点亮
3 M8072 (Y037)
X37为主站发送数据起动，X36为主站停止
5 X037 X036 M0 (M0)
主站数据X0～X17的信息传送到网络中，由K4M800暂存
9 M0 [MOV K4X000 K4M800]
主站将0～10的数据分10次每次间隔1s向网络中发送
15 M1 M8013 [INCP D497]
当主站中发送的数据大于10时，自动清零
20 [>= D497 K10] [MOV K0 D497]
读主站时间数据放到D490～D496中并传送到网络中，依次为年、月、日、时、分、秒、星期
30 M8000 [TRD D490]
M2接通，通过触摸屏上的D20～D26设定主站的年、月、日、时、秒、星期
34 M2 [TWR D20]
从站数据在主站显示程序段
38 M8000
＊〈从站X0～X17信息在主站Y0～Y17中显示〉
[MOV K4M900 K4Y000]
＊〈从站发送的0～10数据，通过D50显示出来〉
[MOV D507 D50]
＊〈从站时间在主站由D60～D66显示〉
[MOV D500 D60]

图 6-19　主站参考程序

```
驱动M8071，设置为从站
      M8000
   0 ─┤ ├──────────────────────────────────────(M8071    )
若通信成功，从站Y37就会点亮
      M8072
   3 ─┤ ├──────────────────────────────────────(Y037     )
X37为从站发送数据起动，X36为从站停止
      X037     X036
   5 ─┤ ├──┬──┤/├──────────────────────────────(M0       )
      M0   │
     ─┤ ├──┘
从站数据X0～X17的信息传送到网络中，由K4M900暂存
      M0
   9 ─┤ ├────────────────────────────[MOV    K4X000    K4M900  ]
从站将0～10的数据分10次每次间隔1s向网络中发送
      M1       M8013
  15 ─┤ ├──────┤ ├──────────────────────────[INCP      D507    ]
当从站中发送的数据大于10时，自动清零

  20 [>=     D507     K10    ]───────[MOV    K0        D507    ]
读从站时间数据放到D500～D506中并传送到网络中，依次为年、月、日、时、分、秒、星期
      M8000
  30 ─┤ ├───────────────────────────────────[TRD       D500    ]
M2接通，通过触摸屏上的D20～D26设定从站的年、月、日、时、秒、星期
      M2
  34 ─┤↓├───────────────────────────────────[TWR       D20     ]
主站数据在从站显示程序段
                                 * <主站X0～X17信息在从站Y0～Y17中显示>
      M8000
  39 ─┤ ├──┬─────────────────────────[MOV    K4M800    K4Y000  ]
           │                     * <主站发送的0～10数据，通过D50显示出来>
           ├─────────────────────────[MOV    D497      D50     ]
           │                          * <主站时间在从站由D60～D66显示>
           └─────────────────────────[MOV    D490      D60     ]

  55 ──────────────────────────────────────────[END               ]
```

图 6-20　从站参考程序

4. 根据程序设计触摸屏画面

画面设计软元件分配见表 6-12，读者可自行设计画面。

表 6-12　触摸屏画面设计软元件分配表

主站画面软元件分配及功能		从站画面软元件分配及功能	
M0	主站起动按钮	M0	从站起动按钮
M1	主站数据发送按钮	M1	从站数据发送按钮
M2	主站时间修改设定	M2	从站时间修改设定
D490 ~ D496	主站时间数据寄存器	D500 ~ D506	从站时间数据寄存器
D497	主站 0 ~ 10 数据寄存器	D507	从站 0 ~ 10 数据寄存器
D20 ~ D26	修改主站时间数据寄存器	D20 ~ D26	修改从站时间数据寄存器
D50	从站发来 0 ~ 10 的数据寄存器	D50	主站发来 0 ~ 10 的数据寄存器
D60 ~ D66	显示从站时间数据寄存器	D60 ~ D66	显示主站时间数据寄存器

任务评价

两地生产线网络控制系统安装与调试任务评价见表6-13。

表6-13 两地生产线网络控制系统安装与调试任务评价表

项目	考核内容	评分标准	配分	得分
专业技能	输入、输出端口分配	分配错误一处扣1分	5	
	绘制通信控制接线图并接线运行	绘制错误一处扣1分 接线错误一处扣1分	10	
	编写梯形图程序	编写错误一处扣1分	10	
	运行结果	不能起动系统不得分	5	
		没有系统通信成功指示不得分	5	
		不能在主站中显示从站X0～X17的运行信息，每个扣1分	10	
		不能在主站中显示从站发来的数据不得分	5	
		不能在主站中显示从站当前时间不得分	5	
		不能在从站中显示主站X0～X17的运行信息，每个扣1分	5	
		不能在从站中显示主站发来的数据不得分	5	
		不能在从站中显示主站当前时间不得分	5	
		主站不能修改时间的，每项扣1分	5	
		从站不能修改时间的，每项扣1分	5	
		主站不能正确显示本站时间的不得分	5	
		从站不能正确显示本站时间的不得分	5	
安全文明生产	安全操作规定	违反安全文明操作或岗位6S不达标，视情况扣分。违反安全操作规定不得分	5	
创新能力	提出独特可行方案	视情况进行评分	5	

知识拓展

FX系列PLC的1：1通信技术

FX系列PLC可采用并行连接的数据通信方式，可使用的PLC类型包括FX0N、FX1N、FX2N、FX2NC、FX3U系列，并行通信时，可在1：1基础上对辅助继电器和数据寄存器进行数据传输，在两台PLC之间进行自动数据传送。并行通信可分为普通模式和高速模式。

1. 通信规格

两台PLC按表6-14所列通信规格执行并行链接功能，不能更改。

表6-14　并行链接功能通信规格

项　目	规　格	项　目	规　格
连接PLC的台数	最大2台（1∶1）	传送速率	19200bit/s
通信标准	符合RS-422、RS-485	协议方式	并行链接
通信方式	半双工	通信时间	普通模式70ms，高速模式20ms

2. 相关软元件分配

（1）通信标志用的特殊辅助继电器　在使用1∶1网络并行通信时，必须设定主站、从站的通信模式等，作通信标志用的特殊辅助继电器见表6-15。

表6-15　通信标志用特殊辅助继电器

类　别	编　号	名　称	作　用	设　定	读/写
通信设定用软元件	M8070	设定为并联链接的主站	置ON时作为主站链接	M	W
	M8071	设定为并联链接的从站	置ON时作为从站链接	L	W
	M8162	高速并联链接模式	ON时为高速模式，OFF时为普通模式	M，L	W
	M8178	通道的设定	设定要使用的通信中的通道（使用FX3U、FX3UC时），ON时为通道2，OFF时为通道1	M，L	W
通信确认用软元件	M8072	并联链接运行中	并联正在运行（PLC运行时ON）	M，L	R
	M8073	并联链接设定异常	主站、从站设定内容有错时ON	M，L	R
	M8063	串行通信出错1	当通道1的串行通信中出错时ON	M，L	R
	M8438	串行通信出错2	当通道2的串行通信中出错时ON（使用FX3U、FX3UC时）	M，L	R

注：M表示主站；L表示从站；R表示读出专用；W表示写入专用。

（2）数据交换软元件

在数据交换时要使用辅助继电器和数据寄存器，数据交换用软元件见表6-16。

表6-16　并行通信链接软元件

模式 / 站号	普通并联模式		高速并联模式		适用PLC型号
	位软元件（M）	字软元件	位软元件（M）	字软元件（D）	
主站	M400～M449	D230～D239	—	D230、D231	FX1S、FX0N
从站	M450～M499	D240～D249	—	D240、D241	
主站	M800～M899	D490～D499	—	D490、D491	FX2C、FX1NC、FX2NC、FX3UC
从站	M900～M999	D500～D509	—	D500、D501	

3. 通信布线

FX 系列 PLC 作 1 : 1 网络连接时，使用 RS－485 的通信板进行通信，接线时有两种方式，一是单对子布线，二是双对子布线，可参考图 6-17 和图 6-18。

需要注意的是，使用 FX3U－485－BD 或 FX3U－485ADP 时，双绞电缆的屏蔽层一定要采用 D 类接地。

4. 编程控制实例

并联运行普通模式下主、从站控制程序编制方法如图 6-21 和图 6-22 所示。

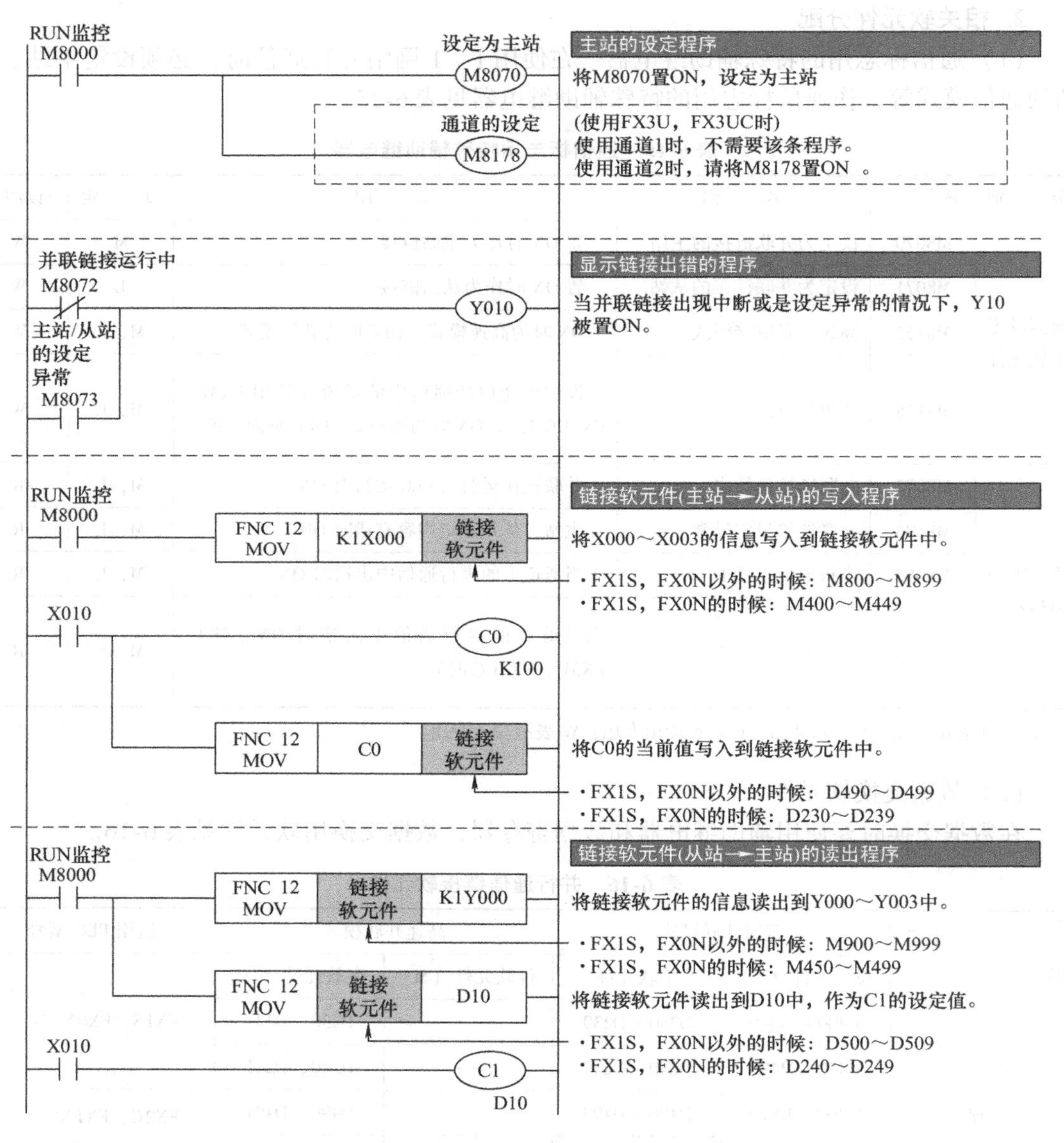

图 6-21　普通模式主站控制程序编写参考图

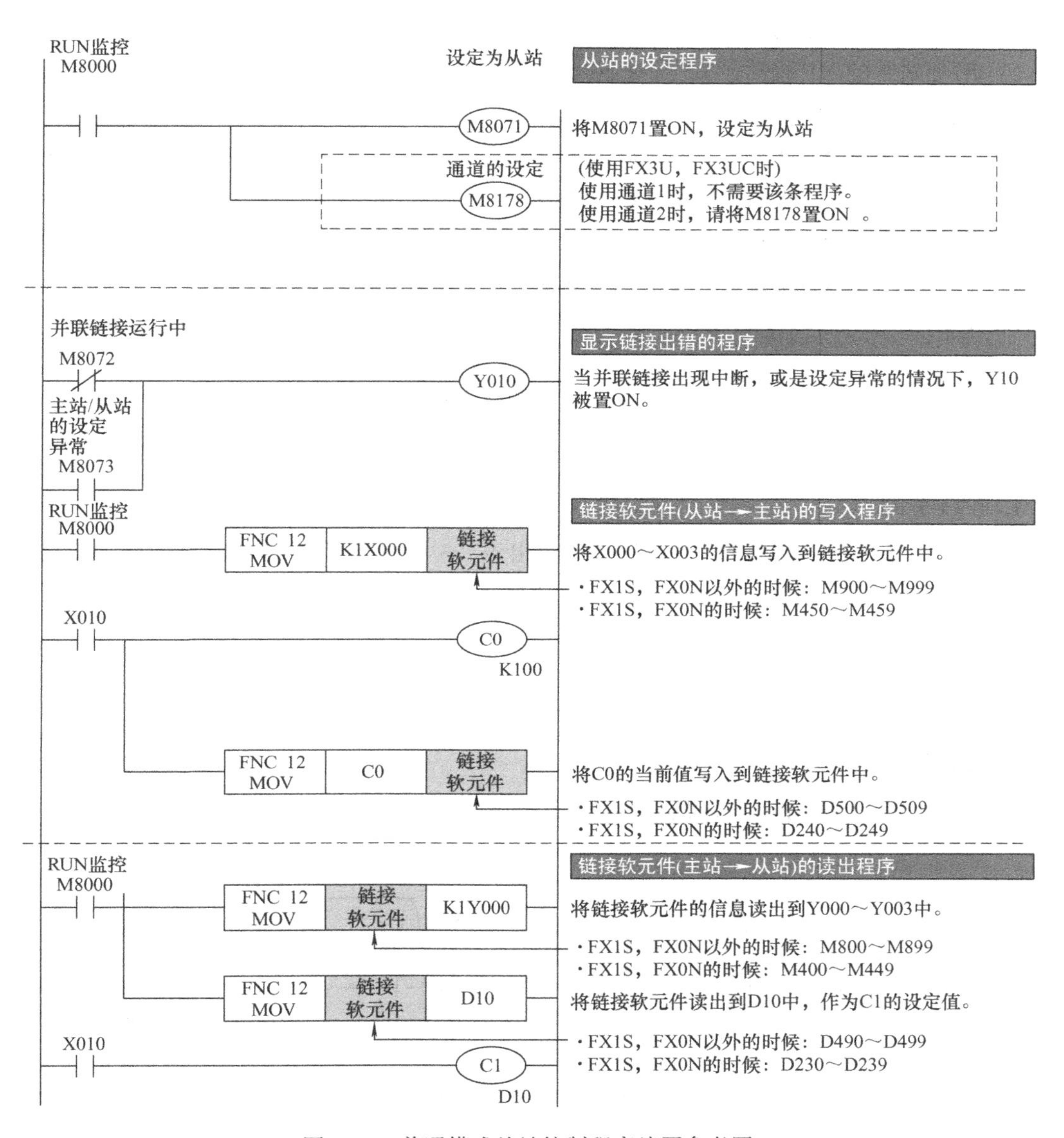

图 6-22　普通模式从站控制程序编写参考图

任务 23　三台电动机的 PLC 网络控制系统安装与调试

任务要求

有一小型控制系统，系统有 1 个主站、2 个从站，要求用 FX 系列 PLC 的 485BD 通信，采用 $N : N$ 网络通信协议控制。按如下要求编写程序进行控制。

1）通信参数：重试次数4次，通信超时时间为30ms，采用模式1链接软元件。

2）用主站0的X1起动、X2停止控制从站1的电动机甲Y-△起动，Y-△延时时间为5s，并有灯闪烁指示，闪烁频率为每秒1次。

3）用从站1的X1起动、X2停止控制从站2的电动机乙Y-△起动，Y-△延时时间为4s，并有灯闪烁指示，闪烁频率为每秒1次。

4）用从站2的X1起动、X2停止控制主站0的电动机丙Y-△起动，Y-△延时时间为4s，并有灯闪烁指示，闪烁频率为每秒1次。

5）各站中电动机的Y起动用Y0，△起动用Y1，主输出用Y2，闪烁指示灯用Y3。

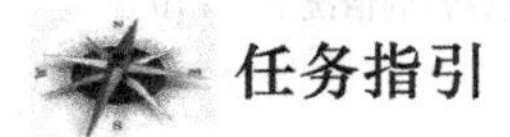

任务指引

1. I/O分配

根据控制要求分配各站PLC外部输入/输出点。3个站所使用的I/O都一样，均按以下分配。

输入：X1（起动按钮）　　X2（停止按钮）

输出：Y0 Y（起动）　　Y1（△起动）

　　　Y2（主输出）　　Y3（闪烁指示灯）

2. 设计接线图

根据 N : N 网络规律进行通信控制接线，如图6-23所示。

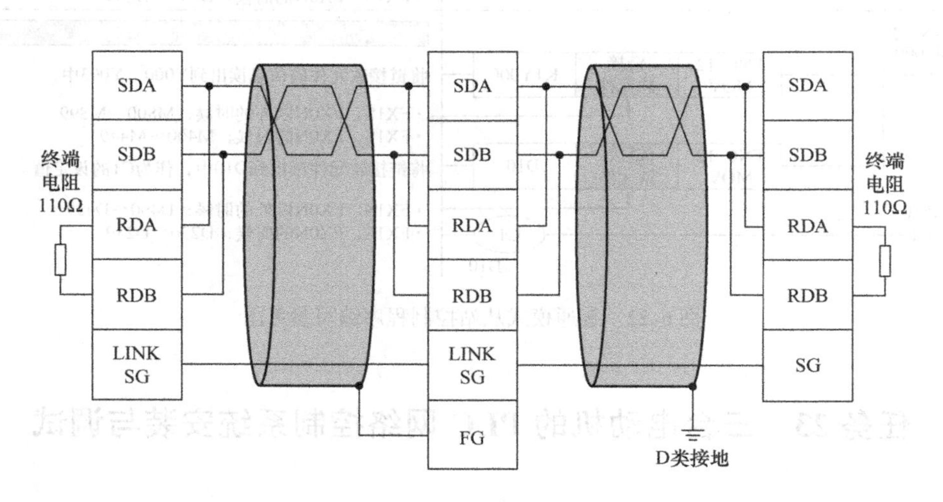

图6-23　通信控制接线图

3. 根据控制要求编写程序

编制梯形图程序分别如图6-24（主站）、图6-25（从站1）、图6-26（从站2）所示。

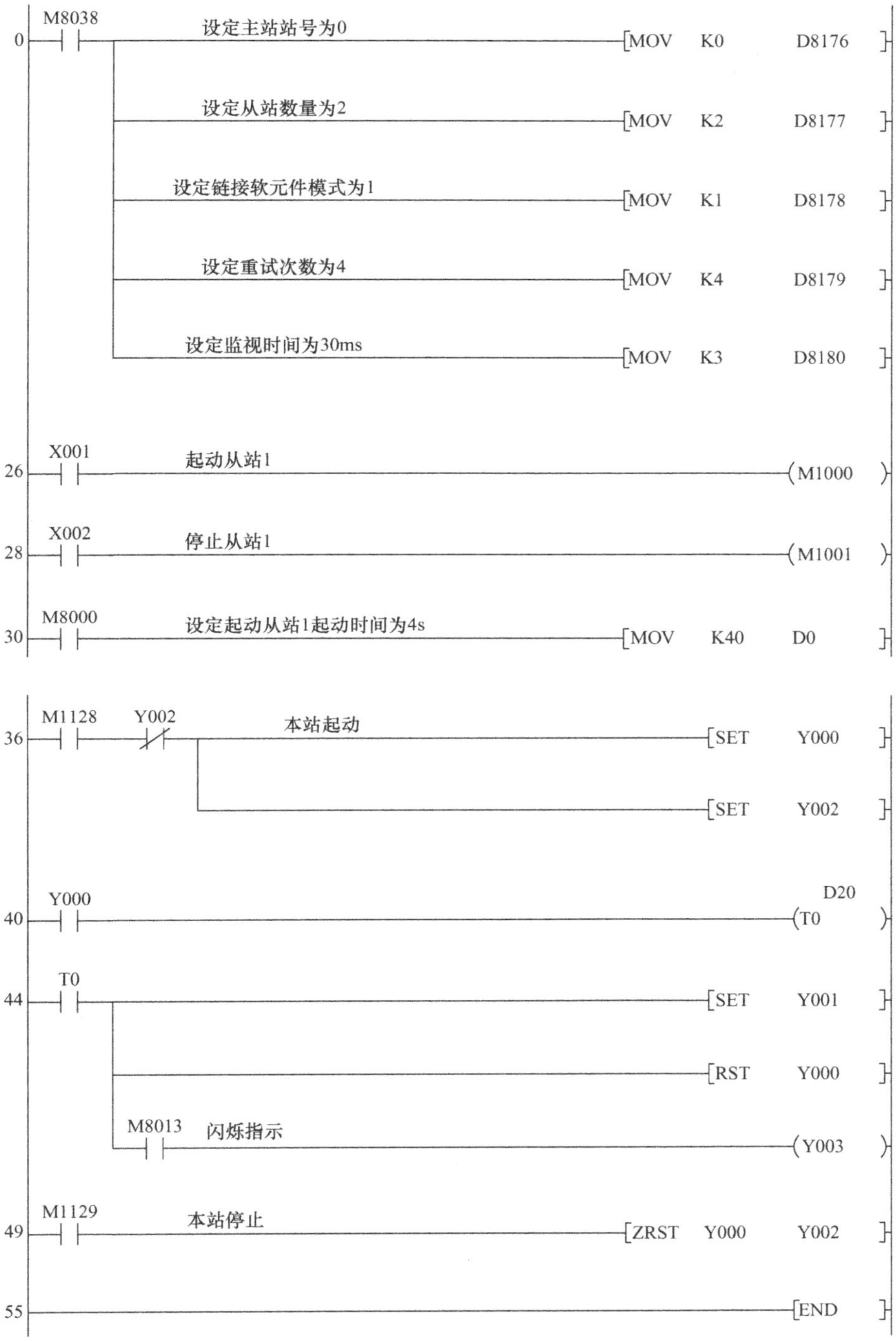

```
    M8038
0 ─┤├──┬─ 设定主站站号为0 ──────────────────[MOV  K0   D8176 ]
       ├─ 设定从站数量为2 ──────────────────[MOV  K2   D8177 ]
       ├─ 设定链接软元件模式为1 ────────────[MOV  K1   D8178 ]
       ├─ 设定重试次数为4 ──────────────────[MOV  K4   D8179 ]
       └─ 设定监视时间为30ms ───────────────[MOV  K3   D8180 ]

    X001
26 ─┤├──── 起动从站1 ─────────────────────────────(M1000 )

    X002
28 ─┤├──── 停止从站1 ─────────────────────────────(M1001 )

    M8000
30 ─┤├──── 设定起动从站1起动时间为4s ──────[MOV  K40  D0    ]

    M1128   Y002
36 ─┤├────┤/├──┬── 本站起动 ──────────────────[SET  Y000  ]
               └──────────────────────────────[SET  Y002  ]

    Y000                                              D20
40 ─┤├────────────────────────────────────────────(T0    )

    T0
44 ─┤├──┬─────────────────────────────────────[SET  Y001  ]
        ├─────────────────────────────────────[RST  Y000  ]
        │ M8013  闪烁指示
        └─┤├──────────────────────────────────(Y003  )

    M1129
49 ─┤├──── 本站停止 ─────────────────────[ZRST  Y000  Y002  ]

55 ───────────────────────────────────────────[END   ]
```

图 6-24　主站控制程序

```
0   M8038        设定本站(从)站号为1              [MOV  K1    D8176 ]
6   X001         起动从站2                        (M1064)
8   X002         停止从站2                        (M1065)
10  M8000        设定时间                         [MOV  K40   D10   ]
16  M1000  Y002(常闭)  起动本站                   [SET  Y000  ]
                                                  [SET  Y002  ]
20  Y000                                          (T1  D0)
24  T1                                            [SET  Y001  ]
                                                  [RST  Y000  ]
         M8013                                    (Y003)
29  M1001        停止本站                         [ZRST Y000  Y002 ]
35                                                [END ]
```

图 6-25　从站 1 控制程序

```
0   M8038        设定本站(从)站号为2              [MOV  K2    D8176 ]
6   X001         起动主站0                        (M1128)
8   X002         停止主站0                        (M1129)
10  M8000        设定时间                         [MOV  K50   D20   ]
16  M1064  Y002(常闭)  起动本站                   [SET  Y000  ]
                                                  [SET  Y002  ]
20  Y000                                          (T2  D10)
24  T2                                            [SET  Y001  ]
                                                  [RST  Y000  ]
         M8013                                    (Y003)
29  M1065        停止本站                         [ZRST Y000  Y002 ]
35                                                [END ]
```

图 6-26　从站 2 控制程序

任务评价

三台电动机的 PLC 网络控制系统安装与调试任务评价见表6-17。

表6-17　三台电动机的 PLC 网络控制系统安装与调试任务评价表

项　目	考核内容	评分标准	配分	得分
专业技能	输入、输出端口分配	分配错误一处扣1分	5	
	设计控制接线图并接线运行	绘制错误一处扣1分 接线错误一处扣1分	10	
	编写梯形图程序	编写错误一处扣1分	10	
	运行结果	主站不能控制从站1的电动机Y-△运行的扣15分	15	
		从站1不能控制从站2电动机Y-△运行的扣15分	15	
		从站2不能控制主站1电动机Y-△运行的扣15分	15	
		星三角运行起动过程中无灯闪烁指示，每站扣4分	10	
		星三角运行起动过程中灯闪烁频率不正确的每站扣4分	10	
安全文明生产	安全操作规定	违反安全文明操作或岗位6S不达标，视情况扣分。违反安全操作规定不得分	5	
创新能力	提出独特可行方案	视情况进行评分	5	

知识拓展

FX 系列 PLC *N*：*N* 网络通信技术

1. *N*：*N* 网络特点

当有多台 FX 系列 PLC 进行数据传输时则组成 *N*：*N* 网络，该类网络具备以下特点：

1）网络中最多可连接8台 PLC，其中一台作网络中的主站，其他 PLC 作从站，通过 RS-485 总线控制，实现软元件间相互链接及数据共享。数据链接在8台 FX 系列 PLC 之间自动更新，可以在主站及所有从站对链接的信息进行监控。

2）网络中各 PLC 总延长距离最大可达500m。

3）*N*：*N* 通信规格符合 RS-485 规律，为半双工双向数据传送，波特率为38400bit/s。

2. 链接的软元件

(1) 通信相关的软元件

在使用 *N* : *N* 网络通信时，FX 系列 PLC 的部分辅助继电器和数据寄存器被用作通信专用标志。辅助继电器的使用见表 6-18，数据寄存器的使用见表 6-19。

表 6-18　通信标志位继电器的使用

分　类	编　号		名　称	作　用
	编号 1①	编号 2②		
通信设定用	M8038	M8038	参数设定	确定通信参数标志位
	—	M8179	通道的设定	确定所使用的通信口⑤
确认通信状态用	M504	M8183	数据传送系列出错	在主站中数据发生传送错误时置 ON
	M505 ~ M511③	M8184 ~ M8190④	数据传送系列出错	在从站中数据发生传送错误时置 ON，但不能检测本站（从站）出错
	M503	M8191	正在执行数据传送系列	执行数据传送时置 ON

① 本列所对应的软元件编号适用于 FX0N、FX1S 系列可编程序控制器。

② 本列所对应的软元件编号适用于 FX1N、FX2N、FX1NC、FX2NC、FX3UC 系列可编程序控制器。

③ 适用于 FX0N、FX1S 系列可编程序控制器，站号 1：M505，站号 2：M506，…，站号 7：M511。

④ 适用于 FX1N、FX2N、FX1NC、FX2NC、FX3UC 系列可编程序控制器，站号 1：M8184，站号 2：M8185，站号 3：M8186，…，站号 7：M8190。

⑤ 使用 FX3U、FX3UC 系列可编程控制器时才需设定，没有程序为通道 1，有程序时（OUT M8179）则为通道 2。

表 6-19　数据寄存器的使用

数据寄存器	名　称	作　用	设定值
D8173	站号存储	用于存储本站的站号	
D8174	从站总数	用于存储从站的站数	
D8175	刷新范围	用于存储刷新范围	
D8176	站号设定	设定使用的站号，0 为主站，1 ~ 7 为从站	0 ~ 7
D8177	从站总数的设定	设定从站总数，从站中 PLC 不用设定	1 ~ 7
D8178	刷新范围设置	设置进行通信的软元件点的模式，初始值为 0，当混有 FX0N、FX1S 系列 PLC 时，仅可设定为模式 0	0 ~ 2
D8179	重试次数	用于在主站中设置重试次数，初始值为 3	0 ~ 10
D8180	监视时间设置	主站通信超时时间设置（50 ~ 2550ms），初始值为 5，以 10ms 为单位	5 ~ 255

(2) 数据交换软元件

在使用 *N* : *N* 网络通信时，FX 系列 PLC 的部分辅助继电器和数据寄存器被用作在通信时存放本站的信息，从而可以在网络上读取信息，实现数据的交换。根据所使用的从站数量不同，占用链接的点数也有所变化。例如，在模式 1 中连接 3 台从站时，占用 M1000 ~ M1223，D0 ~ D33。表 6-20 所列为链接模式软元件分配。

表 6-20　链接模式软元件分配表

站　号		模式 0		模式 1		模式 2	
		位软元件	字软元件	位软元件	字软元件	位软元件	字软元件
主/从站	编号	0 点	各站 4 点	各站 32 点	各站 4 点	各站 64 点	各站 8 点
主站	站号 0	—	D0 ~ D3	M1000 ~ M1031	D0 ~ D3	M1000 ~ M1063	D0 ~ D7
从站	站号 1	—	D10 ~ D13	M1064 ~ M1095	D10 ~ D13	M1064 ~ M1127	D10 ~ D17
	站号 2	—	D20 ~ D23	M1128 ~ M1159	D20 ~ D23	M1128 ~ M1191	D20 ~ D27
	站号 3	—	D30 ~ D33	M1192 ~ M1223	D30 ~ D33	M1192 ~ M1255	D30 ~ D37
	站号 4	—	D40 ~ D43	M1256 ~ M1287	D40 ~ D43	M1256 ~ M1319	D40 ~ D47
	站号 5	—	D50 ~ D53	M1320 ~ M1351	D50 ~ D53	M1320 ~ M1383	D50 ~ D57
	站号 6	—	D60 ~ D63	M1384 ~ M1415	D60 ~ D63	M1384 ~ M1447	D60 ~ D67
	站号 7	—	D70 ~ D73	M1448 ~ M1479	D70 ~ D73	M1448 ~ M1511	D70 ~ D77

3. 通信连接

在使用 $N:N$ 网络通信时接线采用单对子接线方式，如图 6-27 所示。

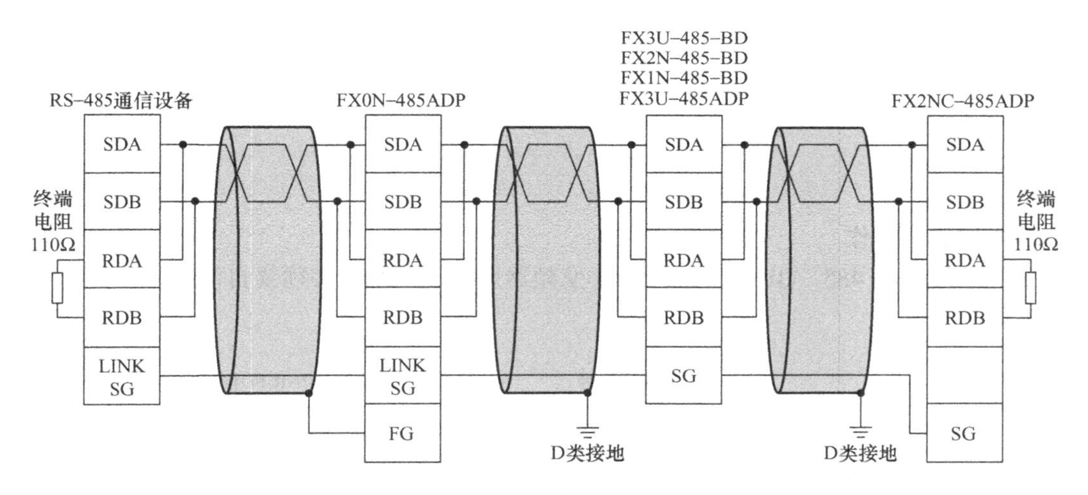

图 6-27　$N:N$ 网络单对子接线图

注：1. FX2N－485－BD、FX3U－485－BD、FX2NC－485ADP、FX3UC－485ADP 上所连接的电缆屏蔽层必须有 D 类接地。
2. FG 端子须接到已经进行了 D 类接地的可编程序控制器主机接地端子上。
3. 终端电阻必须设置在线路的两端。

任务 24　PLC 与变频器的 RS－485 通信控制系统安装与调试

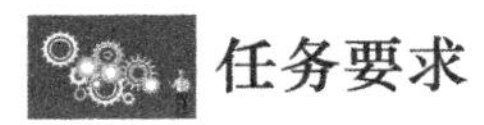

任务要求

使用触摸屏通过 PLC RS－485 总线，利用变频器的数据代码表进行以下通信操作，各部分连接如图 6-28 所示，控制要求如下：

1）控制变频器正转、反转、停止。

2）在运行中直接修改变频器的运行频率，例如：10Hz，24Hz，32Hz，46Hz，50Hz，或根据实际要求修改。

3）在触摸屏上显示变频器的运行电压、运行电流、输出频率。

根据以上要求编写控制程序、设置变频器参数、设计画面、连接通信线路并安装调试运行。

附三菱 FR－A740 变频器（部分）数据代码如下：

正转：指令代码 HFA，数据内容 H02；反转：指令代码 HFA，数据内容 H04；

停止：指令代码 HFA，数据内容 H00；运行频率写入：指令代码 HED，数据内容 H0000 ~ H1388。

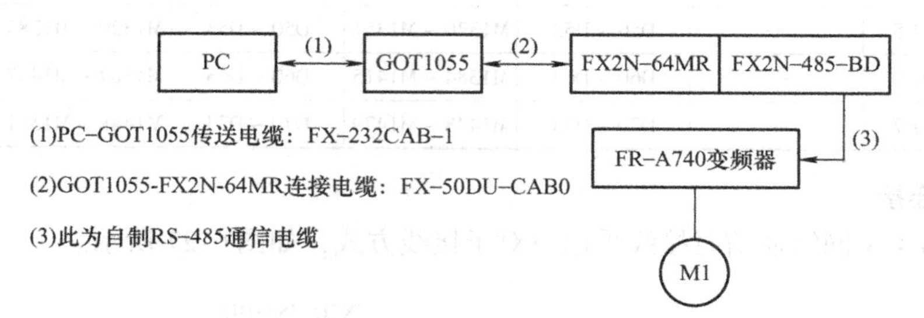

图 6-28 PLC 与变频器的 RS－485 通信控制主设备连接图

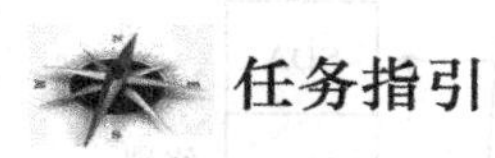

任务指引

1. 通信线的制作

PLC 的 FX2N－485－BD 与 FR－A740 变频器进行通信时，必须要自制如图 6-29 所示的通信线。

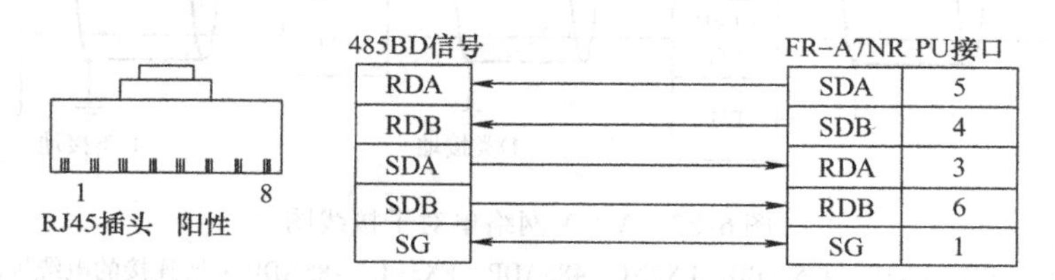

图 6-29 FX2N－485－BD 与 FR－A740 变频器的通信接线图

2. 设定变频器参数

PLC 通过 RS－485 总线与 FR－A740 变频器进行通信时，必须设定表 6-21 所列变频器参数。设定变频器参数前，请将变频器进行初始化操作。

表 6-21 PLC 与 FR－A740 变频器 PU 口通信参数设定表

变频器参数代码	通信参数的意义	设定值	备 注
Pr. 79	操作模式	1	计算机通信模式
Pr. 1	上限频率	50	
Pr. 3	基底频率	50	
Pr. 19	基底频率电压	380	

（续）

变频器参数代码	通信参数的意义	设定值	备　　注
Pr. 77	参数写入禁止	2	即使运行时也可写入参数
Pr. 117	变频器站号	0	变频器站号 0
Pr. 118	通信速率	192	通信波特率为 19.2kbit/s
Pr. 119	停止位长度	1	停止位为 2 位
Pr. 120	奇偶校验是/否	2	偶校验
Pr. 121	通信重试次数	9999	通信再试次数
Pr. 122	通信检查时间间隔	9999	无通信等待
Pr. 123	等待时间设置	20	变频器设定
Pr. 124	CR，LF 是/否选择	0	无 CR，无 LF

注：1. 变频器参数设定完成后，请将变频器停电，否则不能通信。

2. 视变频器不同和连接方式不同，设置参数不一样，请参考相关变频器手册。

3. PLC 通信格式 D8120 设定分析

数据长度：8 位 ASCII 码；奇偶校验：偶校验；停止位：2 位；波特率：19200bit/s；起始位和停止位：无；既可发送数据又可接收数据；使用 RS 无协议通信。

根据以上分析，确定 PLC 通信格式设定数据存储器 D8120 的值为 0000000010011111B = H009F。

4. 编制程序

参考程序一如图 6-30 所示，参考程序二如图 6-31 所示。

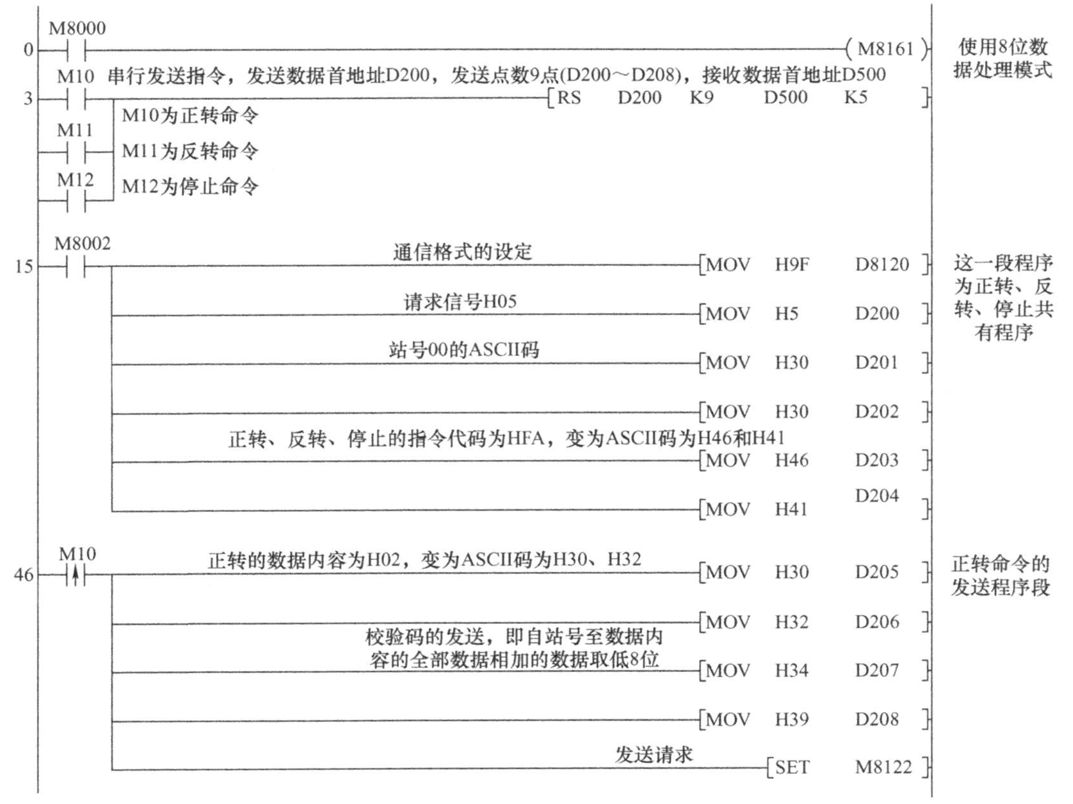

图 6-30　参考程序一

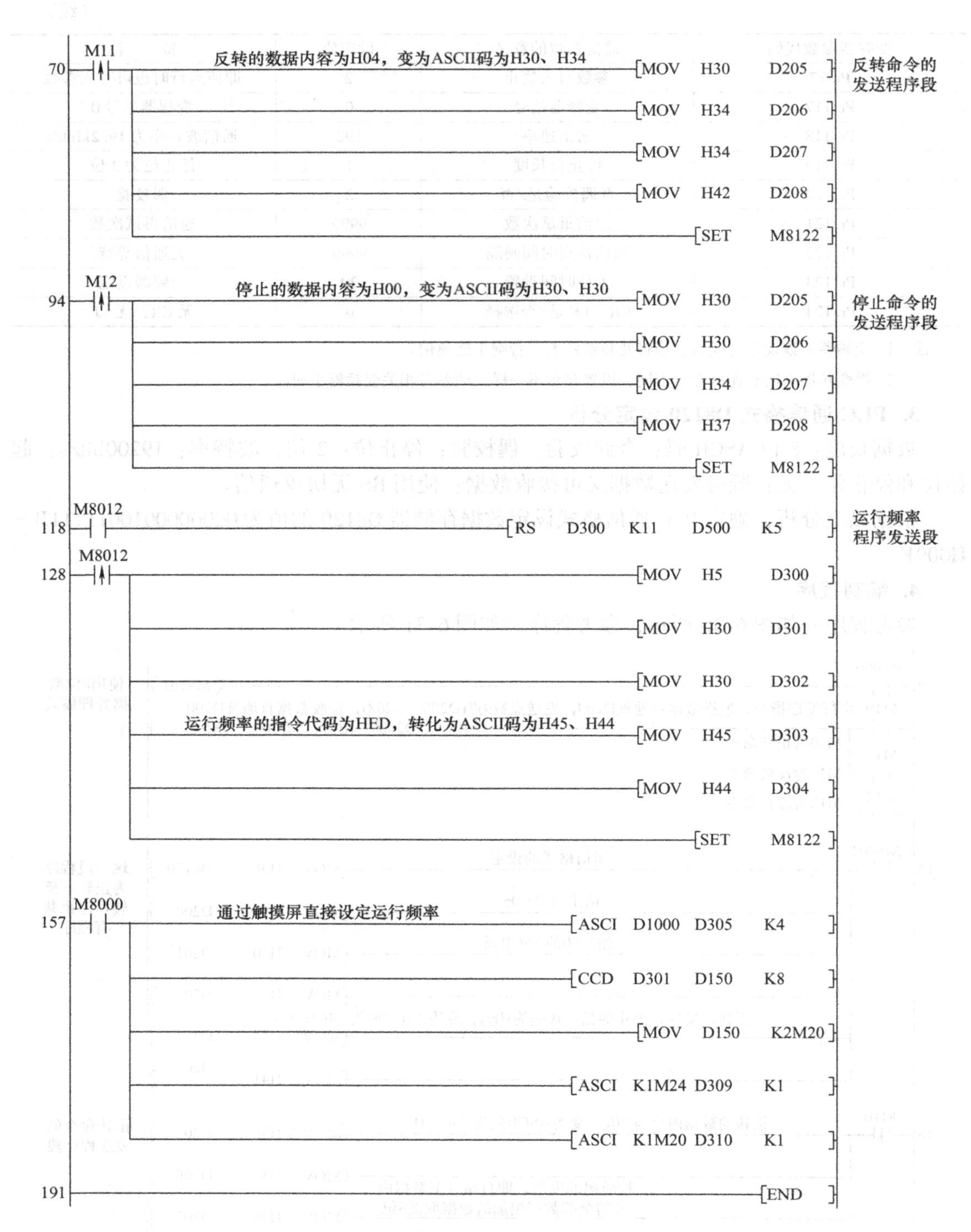
70
M11
反转的数据内容为H04，变为ASCII码为H30、H34
MOV H30 D205
反转命令的发送程序段
MOV H34 D206
MOV H34 D207
MOV H42 D208
SET M8122
94
M12
停止的数据内容为H00，变为ASCII码为H30、H30
MOV H30 D205
停止命令的发送程序段
MOV H30 D206
MOV H34 D207
MOV H37 D208
SET M8122
118
M8012
RS D300 K11 D500 K5
运行频率程序发送段
128
M8012
MOV H5 D300
MOV H30 D301
MOV H30 D302
运行频率的指令代码为HED，转化为ASCII码为H45、H44
MOV H45 D303
MOV H44 D304
SET M8122
157
M8000
通过触摸屏直接设定运行频率
ASCI D1000 D305 K4
CCD D301 D150 K8
MOV D150 K2M20
ASCI K1M24 D309 K1
ASCI K1M20 D310 K1
191
END

图6-30　参考程序一（续）

```
     M8000
0 ──┤ ├──────────────────────────────────────(M8161 )  使用8位处理模式
     M10
3 ──┤ ├──┬──────────────[RS   D200   K9   D500   K5 ]  RS指令发送数据
     M11 │                                              M10：正转
   ─┤ ├──┤                                              M11：反转
     M12 │                                              M12：停止
   ─┤ ├──┘
     M8002
15 ─┤ ├──┬─────────────────────[MOV  H9F   D8120 ]  PLC的通信格式
         ├─────────────────────[MOV  H5    D200  ]  请求信号
         ├─────────────────────[MOV  H30   D201  ]  站号00的ASCII码
         ├─────────────────────[MOV  H30   D202  ]
         ├─────────────────────[MOV  H46   D203  ]  正转/反转/停止的指
         └─────────────────────[MOV  H41   D204  ]  令代码HFA的ASCII码

     M10  正转程序段
46 ─┤↑├──┬─────────────────────[MOV  H30   D205  ]  正转数据内容02的
         │                                           ASCII码
         ├─────────────────────[MOV  H32   D206  ]
         ├──────────────[CCD   D201   D10   K6   ]  自动求和
         ├─────────────────────[MOV  D10   K2M10 ]
         ├──────────────[ASCI  K1M14  D207  K1   ]  总和校验变成ASCII
         ├──────────────[ASCI  K1M10  D208  K1   ]  码传送
         └────────────────────────────[SET  M8122 ]  发送请求标志

     M11       反转程序段
86 ─┤↑├──┬─────────────────────[MOV  H30   D205  ]  反转数据内容04的
         │                                           ASCII码
         ├─────────────────────[MOV  H34   D206  ]
         ├──────────────[CCD   D201   D10   K6   ]  自动求和
         ├─────────────────────[MOV  D10   K2M10 ]
         ├──────────────[ASCI  K1M14  D207  K1   ]  总和校验变成ASCII
         ├──────────────[ASCI  K1M10  D208  K1   ]  码传送
         └────────────────────────────[SET  M8122 ]  发送请求标志
```

图6-31　参考程序二

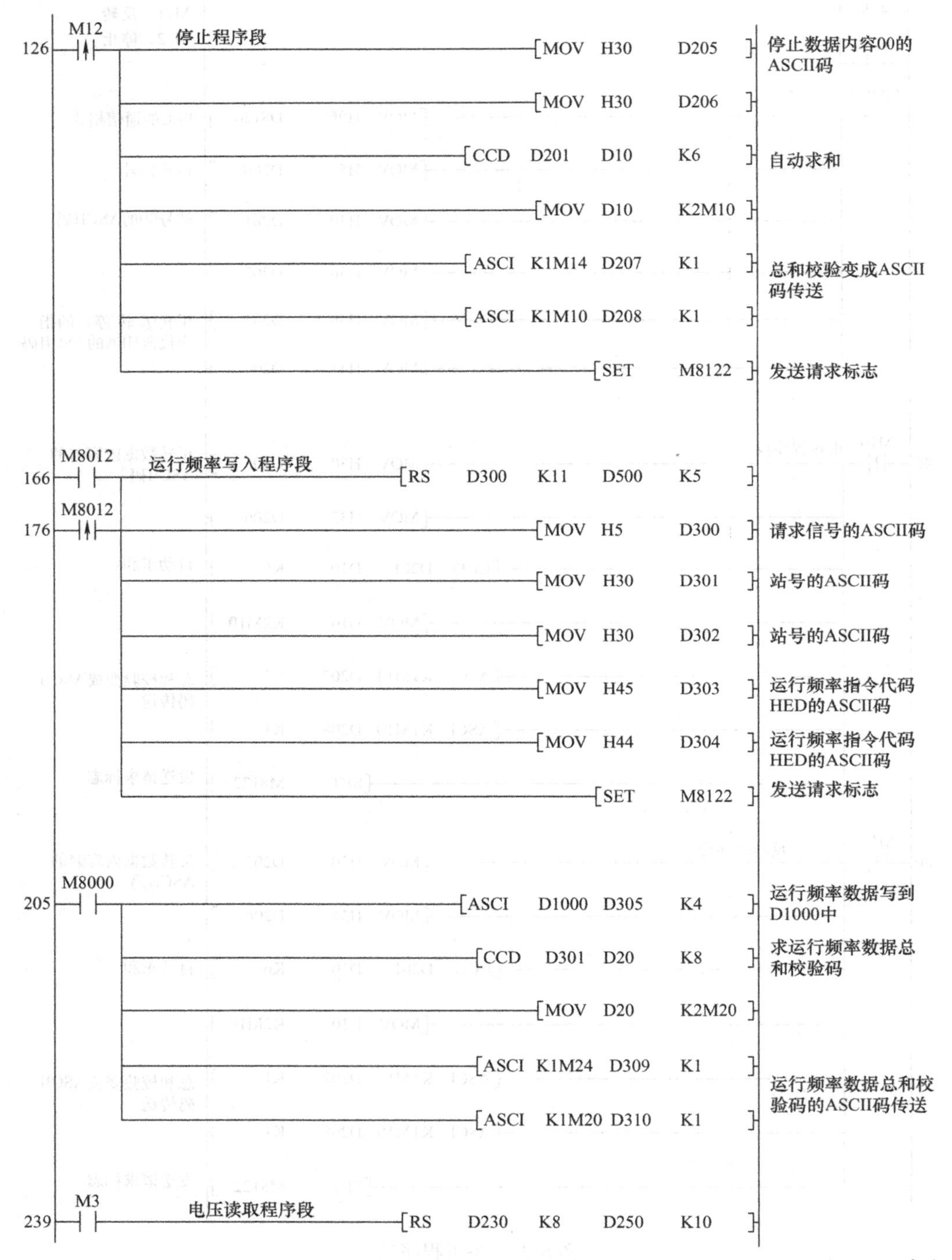
126
M12
停止程序段
MOV H30 D205
停止数据内容00的ASCII码
MOV H30 D206
CCD D201 D10 K6
自动求和
MOV D10 K2M10
ASCI K1M14 D207 K1
总和校验变成ASCII码传送
ASCI K1M10 D208 K1
SET M8122
发送请求标志
166
M8012
运行频率写入程序段
RS D300 K11 D500 K5
176
M8012
MOV H5 D300
请求信号的ASCII码
MOV H30 D301
站号的ASCII码
MOV H30 D302
站号的ASCII码
MOV H45 D303
运行频率指令代码HED的ASCII码
MOV H44 D304
运行频率指令代码HED的ASCII码
SET M8122
发送请求标志
205
M8000
ASCI D1000 D305 K4
运行频率数据写到D1000中
CCD D301 D20 K8
求运行频率数据总和校验码
MOV D20 K2M20
ASCI K1M24 D309 K1
ASCI K1M20 D310 K1
运行频率数据总和校验码的ASCII码传送
239
M3
电压读取程序段
RS D230 K8 D250 K10

图 6-31 参考

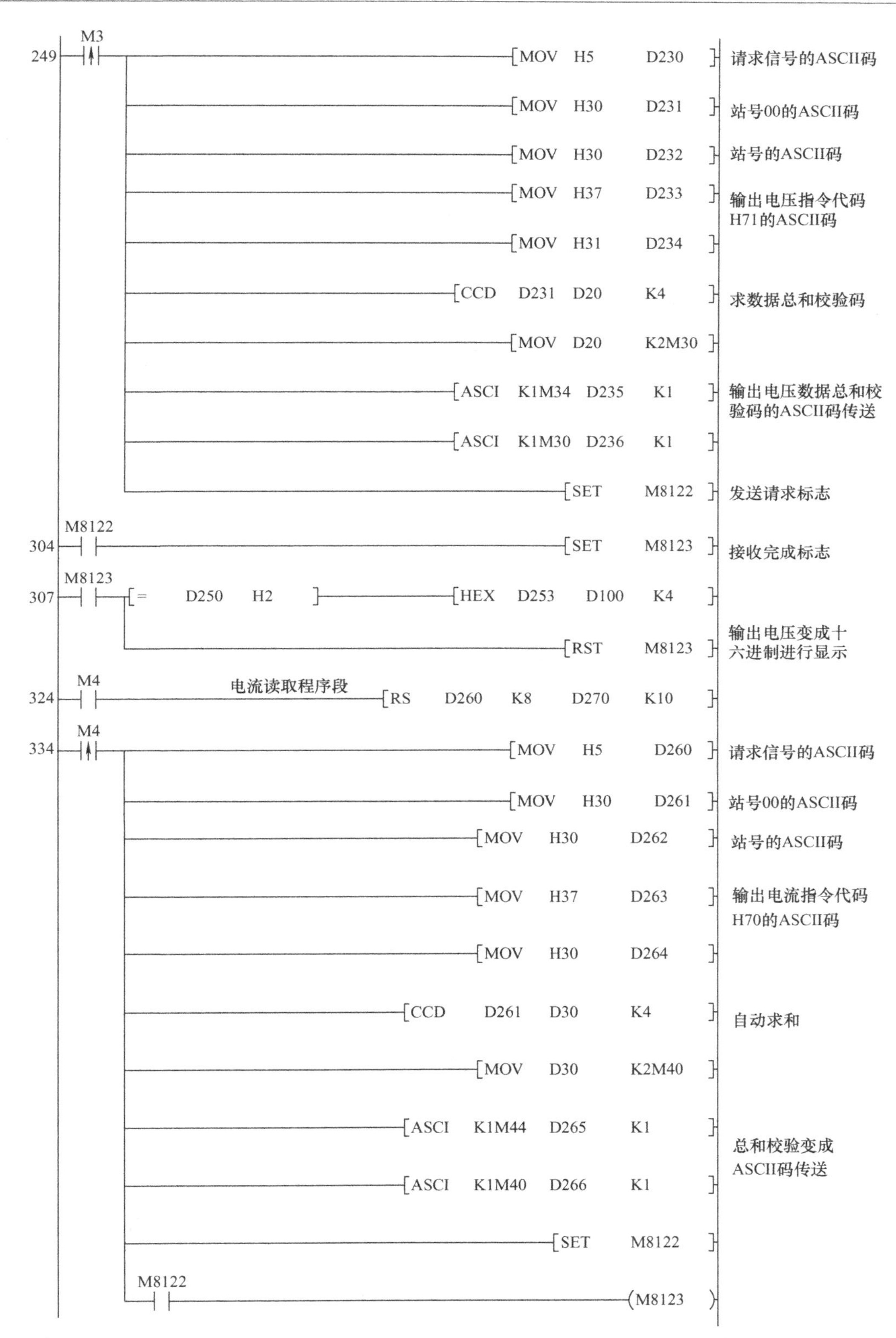
249 M3 [MOV H5 D230] 请求信号的ASCII码
[MOV H30 D231] 站号00的ASCII码
[MOV H30 D232] 站号的ASCII码
[MOV H37 D233] 输出电压指令代码H71的ASCII码
[MOV H31 D234]
[CCD D231 D20 K4] 求数据总和校验码
[MOV D20 K2M30]
[ASCI K1M34 D235 K1] 输出电压数据总和校验码的ASCII码传送
[ASCI K1M30 D236 K1]
[SET M8122] 发送请求标志
304 M8122 [SET M8123] 接收完成标志
307 M8123 [= D250 H2] [HEX D253 D100 K4]
[RST M8123] 输出电压变成十六进制进行显示
324 M4 电流读取程序段 [RS D260 K8 D270 K10]
334 M4 [MOV H5 D260] 请求信号的ASCII码
[MOV H30 D261] 站号00的ASCII码
[MOV H30 D262] 站号的ASCII码
[MOV H37 D263] 输出电流指令代码H70的ASCII码
[MOV H30 D264]
[CCD D261 D30 K4] 自动求和
[MOV D30 K2M40]
[ASCI K1M44 D265 K1]
[ASCI K1M40 D266 K1] 总和校验变成ASCII码传送
[SET M8122]
M8122 (M8123)

程序二（续）

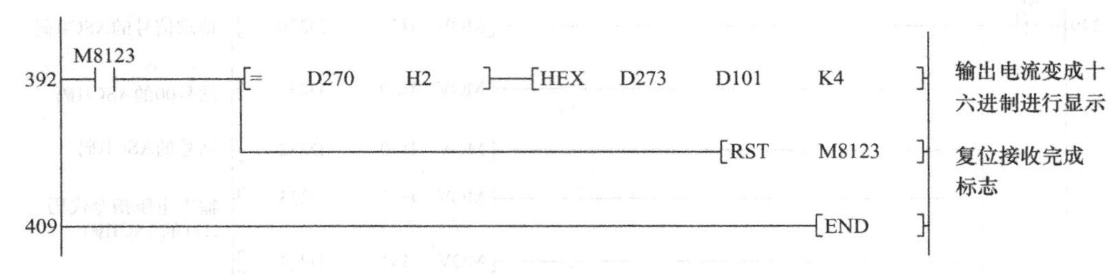

图 6-31 参考程序二（续）

5. 触摸屏通信参考画面

根据控制要求、参考程序、完成功能不同制作了两个画面。

第一个参考画面如图 6-32 所示，对应于图 6-30 的参考程序。制作画面时所用软元件：运行频率写入为 D1000，正转起动为 M10，反转起动为 M11，停止为 M12。

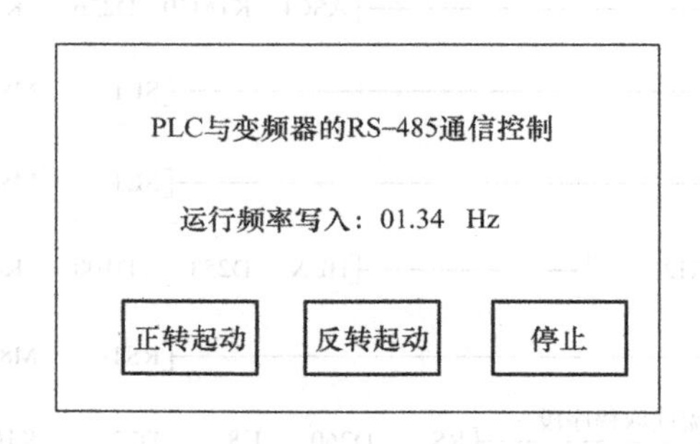

图 6-32 参考画面一

第二个参考画面如图 6-33 所示，画面在功能上有所增加，对应于图 6-31 所示的参考程序，制作画面时所用软元件：正转起动为 M10，反转起动为 M11，停止为 M12，电压读取为 M3，电流读取为 M4，运行频率写入为 D1000，当前电压值为 D100，当前电流值为 D101。

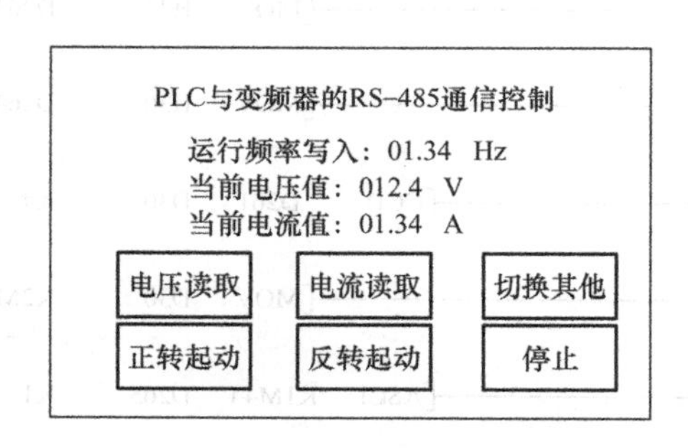

图 6-33 参考画面二

注意事项：（1）如果不能起动电动机，请检查 485BD 上的 RD 和 SD 指示灯是否正常工作。

（2）检查画面所用软元件是否正确及程序是否正确。

（3）如果没有触摸屏，用 PLC 的 I/O 口起动电动机，如何修改程序？

任务评价

PLC 与变频器 RS－485 的通信控制系统安装与调试任务评价见表 6-22。

表 6-22　PLC 与变频器 RS－485 的通信控制系统安装与调试任务评价表

项　　目	考 核 内 容	评 分 标 准	配分	得分
专业技能	输入、输出端口分配	分配错误一处扣 1 分	5	
	设计控制接线图并接线运行	绘制错误一处扣 2 分 接线错误一处扣 2 分	10	
	编写梯形图程序	编写错误一处扣 2 分	10	
	运行结果	不能正转起动运行不得分	15	
		不能反转起动运行不得分	15	
		不能停止不得分	5	
		不能按指定频率运行不得分	10	
		不能修改运行频率不得分	5	
	显示结果	不能读取运行不频率不得分	5	
		不能读取运行电流值不得分	5	
		不能读取运行电压值不得分	5	
安全文明生产	安全操作规定	违反安全文明操作或岗位 6S 不达标，视情况扣分。违反安全操作规定不得分	5	
创新能力	提出独特可行方案	视情况进行评分	5	

知识拓展

一、FX 系列 PLC 无协议通信（RS 指令）技术

1. 通信功能

无协议通信功能指的是在 FX 系列 PLC 中，使用 RS 指令执行打印机、条形码阅读器、变频器控制无协议数据通信功能。在 FX 系列 PLC 基本单元增加 RS－485/RS－232C 通信设备（选件）后连接可实现通信功能，该功能具备以下特点：

1）通信数据的点数最多允许发送 4096 点，接收数据最多为 4096 点，但发送和接收数据点数之和不能超过 8000 点。

2）采用无协议通信方式，连接支持串行通信的设备（如变频器），可实现数据的交换通信。

3）在采用 RS－232C 通信的场合，总延长距离最大可达 15m。采用 RS－485 通信的场合，总延长距离最大可达 500m，采用 485BD 时为 50m。

4）RS 指令适用于 FX1N、FX2N、FX2NC、FX3U 系列 PLC。RS2 指令是 FX3U、FX3UC PLC 专用的指令，通过指定的通道可以同时执行 2 个通道的通信。

5）在与变频器通信时不能同时使用 EXTR 和 RS 指令。

6）FX 系列 PLC 在执行 RS 指令时，其通信规格按表 6-23 所列执行。

表 6-23　使用 RS 指令的通信规格

<table>
<tr><th colspan="3">项　目</th><th colspan="2">内　容</th><th>备　注</th></tr>
<tr><td colspan="3">通信规格</td><td>RS-485/RS-422</td><td>RS-232C</td><td></td></tr>
<tr><td colspan="3">通信速率</td><td colspan="2">可选择 19200，9600，4800bit/s</td><td></td></tr>
<tr><td colspan="3">控制协议</td><td colspan="2">无协议通信</td><td></td></tr>
<tr><td colspan="3">通信方式</td><td colspan="2">全双工/半双工</td><td>根据 FX 系列 PLC 型号确定</td></tr>
<tr><td rowspan="6">数据格式</td><td colspan="2">数据位</td><td colspan="2">7 位/8 位</td><td rowspan="6">通过参数设定，或在 D8120，D8400，D8420 中设定</td></tr>
<tr><td colspan="2">停止位长</td><td colspan="2">可在 1 位和 2 位之中选择</td></tr>
<tr><td colspan="2">终止符</td><td colspan="2">CR/LF（有/无，可选择）</td></tr>
<tr><td rowspan="2">校验系统</td><td>奇偶校验</td><td colspan="2">可选择有奇/偶/无</td></tr>
<tr><td>和校验</td><td colspan="2">有/无</td></tr>
<tr><td colspan="2">等待时间设置</td><td colspan="2">在有和无之间选择</td></tr>
<tr><td></td><td colspan="2">数据报文头</td><td colspan="2">有/无</td><td></td></tr>
<tr><td></td><td colspan="2">数据报文尾</td><td colspan="2">有/无</td><td></td></tr>
<tr><td></td><td colspan="2">控制线</td><td>—</td><td>有/无</td><td></td></tr>
</table>

2. RS 指令通信相关软元件

在使用 RS 指令进行串行无协议通信时，相关特殊软元件的使用必须按表 6-24 和表 6-25 所示的规定使用，不能用在其他地方。

表 6-24　使用 RS 指令时相关特殊辅助继电器

编　号	名　称	内　容
M8063	串行通信出错（通道 1）	发生通信出错时置 ON。出错时在 D8063 中保存出错代码
M8120	保持通信设定用	保持通信设定状态
M8121	等待发送标志	发送时标志置 ON
M8122	发送请求	设置发送请求后，开始发送
M8123	接收结束标志	接收结束时置 ON，置 ON 时不再接收数据
M8124	载波检测标志位	与 CD 信号同步置 ON
M8129	判断超时标志位	在 D8129 中设定的超时时间内，没有收到要接收的数据时置 ON
M8161	8 位/16 位数据处理模式	8 位/16 位数据处理模式设定。ON 时为 8 位，OFF 时 16 位

表 6-25　使用 RS 指令时相关字软元件

编　号	名　称	内　容
D8063	显示出错代码	当串行通信出错（M8063）为 ON 时，在 D8063 中保存出错码
D8120	通信格式的设定	设定 PLC 通信格式（见下文）
D8122	发送数据剩余点数	保存发送数据剩余点数
D8123	接收点数的监控	保存已接收数据点数

（续）

编　号	名　称	内　容
D8124	数据报文头	设定数据报文头用。初始值：STX（H02）
D8125	数据报文尾	设定数据报文尾用。初始值：ETX（H03）
D8129	超时时间设定	设定超时时间用（仅FX3U、FX3UC系列PLC有此功能）
D8045	显示通信参数	保存PLC中设定的通信参数（仅FX3U、FX3UC系列PLC有此功能）
D8149	显示运行模式	保存正在执行的通信功能（仅FX3U、FX3UC系列PLC有此功能）

3. PLC的通信格式

PLC与其他设备进行通信时，必须确定双方的通信协议，PLC是没有办法直接设定通信的相关参数的，因此必须由D8120来设置PLC的通信格式，用PLC的功能指令“MOV”指令向D8120中传送由D8120各位组成的十六进制数据。D8120除了适用于FNC80（RS）指令外，还适用于计算机链接通信。所以，在使用FNC80（RS）指令时，关于计算机链接通信的设定无效。D8120各位设定项目见表6-26。

表6-26　通信格式的设定（D8120）

位号	名　称	内容 0（OFF）	内容 1（ON）
b0	数据长度	7位	8位
b2，b1	奇偶校验	（0，0）：无；（0，1）：奇校验；（1，1）：偶校验	
b3	停止位	1位	2位
b7，b6，b5，b4	传送速率（bit/s）	b7，b6，b5，b4　b7，b6，b5，b4　b7，b6，b5，b4 （0，1，0，0）：600　（0，1，0，1）：1200　（0，1，1，0）：2400 （0，0，1，1）：4800　（1，0，0，0）：9600　（1，0，0，1）：19200	
b8①	起始符	无（0）	有（注1），由（D8124）设定初始值：STX（02H）
b9②	终止符	无（0）	有（注1），由（D8125）设定初始值：ETX（03H）
b10 b11	控制线	无顺序	b11，b10 （0，0）：无（RS－232C接口） （0，1）：普通模式（RS－232C接口） （1，0）：互锁模式（RS－232C接口）⑤ （1，1）：调制解调器模式（RS－232C、RS－485接口）③
		计算机链接通信④	b11，b10 （0，0）：RS－485接口；（1，0）：RS－232C接口
b12		不可使用	
b13③	和校验	不附加	附加（计算机连接时）
b14②	协议	不使用	使用（计算机连接时）
b15②	控制顺序	0为控制顺序方式1	计算机连接时控制顺序为方式4

① 起始符、终止符的内容可由用户变更。使用计算机通信时，必须将其设定为0。

② b13～b15是计算机链接通信连接时的设定项目。使用FNC80(RS)指令时，必须设定为0。

③ RS－485未考虑设置控制线的方法，使用FX2N－485BD、FX0N－485ADP时，请设定（b11，b10）=(1，1)。

④ 在计算机链接通信连接时设定，与FNC80（RS）无关。

⑤ 适用机种是FX2NC及FX2N版本V2.00以上。

设置示例：假定用一台PLC控制一台条形码阅读器，使用无协议通信时，设置PLC的通信格式方法如图6-34所示，则通信格式参照表6-28中可知：采用RS无协议通信方式，数据通信长度为8位，偶校验，停止位1位，波特率为9600bit/s、报头无，报尾无，控制线为RS-485通信的方式。

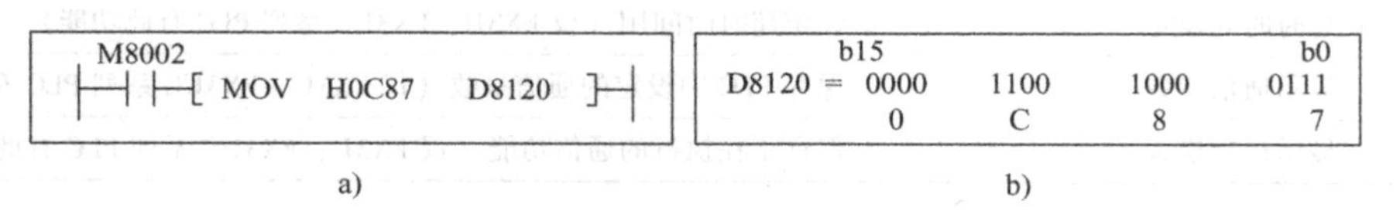

图6-34 PLC的通信格式设定方法示例

a）设置程序 b）D8120各位分布情况

二、FX系列PLC与三菱变频器通信技术

变频器的通信功能就是以RS-485的通信方式实现FX系列PLC与变频器的通信，最多可以对8台变频器进行监控，可进行各种参数的读出和写入控制。如果使用RS指令无协议通信，FX系列PLC最多可以和32台变频器进行通信。

1. 通信接线

变频器连接通信可采用PU（RS-485）端口，也可用变频器选件FR-A7NR、FR-A7NC。PLC与单台变频器PU接口的接线如图6-35所示，多台连接时接线如图6-36所示，与FR-A7NR选件连接可参考PU接口连接图进行接线。

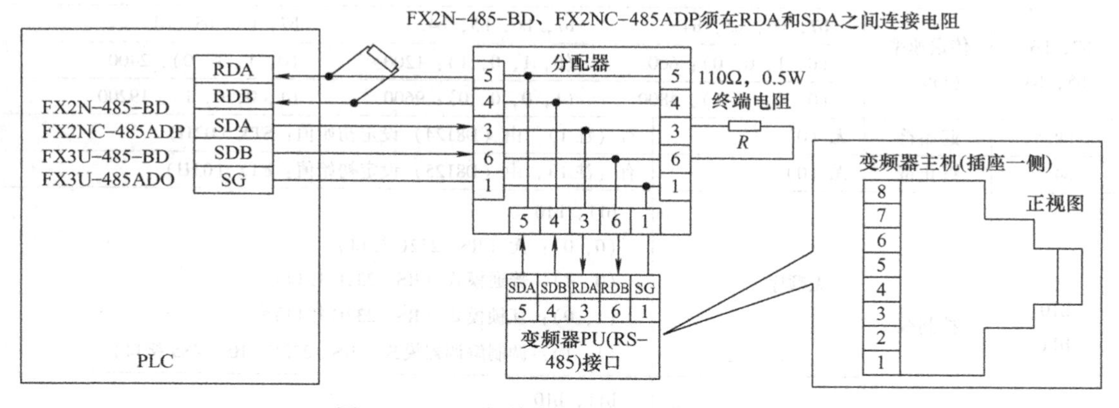

图6-35 PLC与单台变频器PU接口接线图

2. PLC与变频器通信协议执行过程

（1）通信过程

计算机（可编程序控制器）与变频器之间的数据通信执行过程如图6-37所示。

数据通信协议执行过程分5个步骤进行，具体过程分析如下：

1）从计算机（PLC）发送数据到变频器。数据写入时根据需要选择使用格式A、A^1，数据读出时，使用格式B进行（见表6-27）。

2）变频器数据处理时间，即变频器等待时间。根据变频器参数Pr.123选择，Pr.123 = 9999，由通信数据设定其等待时间；Pr.123 =0～150ms由变频器参数设定其等待时间。

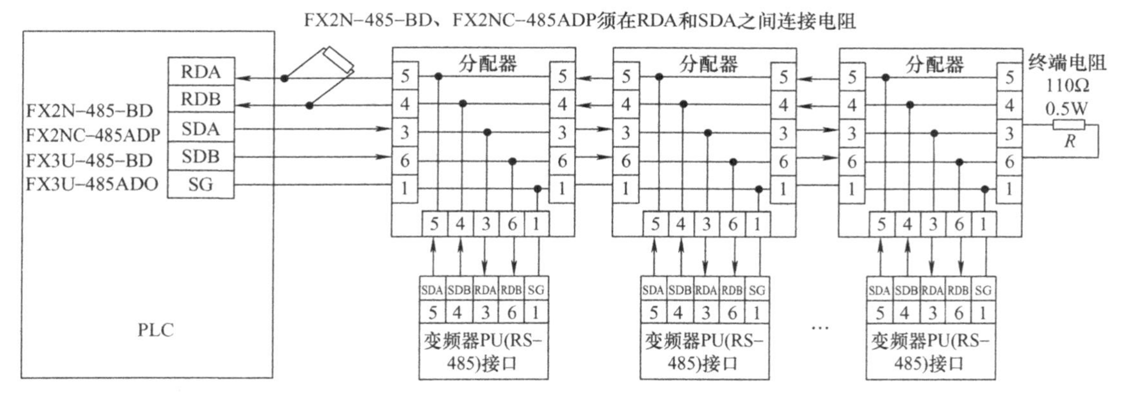

图6-36　PLC与多台变频器PU接口接线图

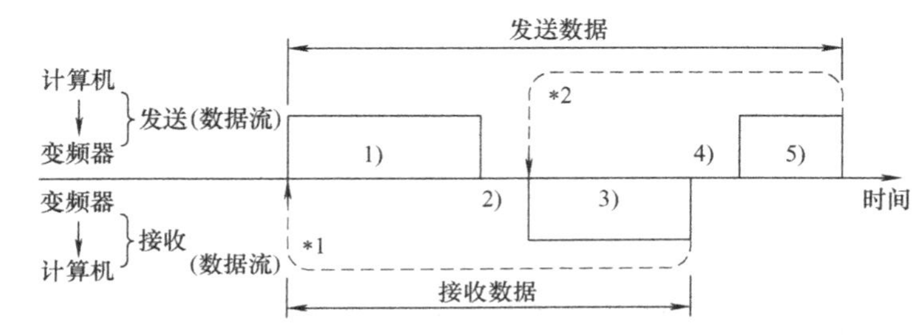

*1如果发现数据错误并且进行再试，从用户程序执行再试操作。如果连续再试次数超过参数设定值，变频器进入报警停止状态

*2发生接收一个错误数据时，变频器给计算机(PLC)返回“再试数据”。如果连续数据错误次数达到或超过参数设定值，变频器进入报警停止状态

图6-37　计算机与变频器的数据通信执行过程

3）从变频器返回数据到计算机（PLC），变频器检查步骤1）发送的数据有无错误，如果通信没有错误、接受请求时，从变频器返回数据格式为C、E、E^1；如果通信有错误、拒绝请求时，则从变频器返回数据格式为D、F。

4）计算机（PLC）处理延时时间。

5）计算机（PLC）根据返回数据应答变频器；当使用格式B后，计算机可检查从变频器返回的应答数据有无错误，并通知变频器，没有发现错误使用格式G，发现错误使用格式H。

有/无通信操作和数据格式类型的规定见表6-27。

表6-27　有/无通信操作和数据格式类型的规定

编号	操　作		运行指令	运行频率	参数写入	变频器复位	监视	参数读出
1	根据用户程序通信请求发送数据到变频器		A^1	A	A	A	B	B
2	变频器数据处理时间		有	有	有	无	有	有
3	从变频器返回的数据（检查数据1）的错误	没有错误（接受请求）	C	C	C	无	E E^1	E
		有错误（拒绝请求）	D	D	D	无	F	F
4	计算机处理延迟时间		无	无	无	无	无	无
5	计算机根据返回数据3的应答（检查数据3）的错误	没有错误（变频器不处理）	无	无	无	无	G	G
		有错误（变频器再次输出3）	无	无	无	无	H	H

3. 数据格式类型

使用十六进制，数据在计算机（PLC）与变频器之间自动使用 ASCII 码传输。

1）从计算机（PLC）到变频器的通信请求数据格式如图 6-38 所示。

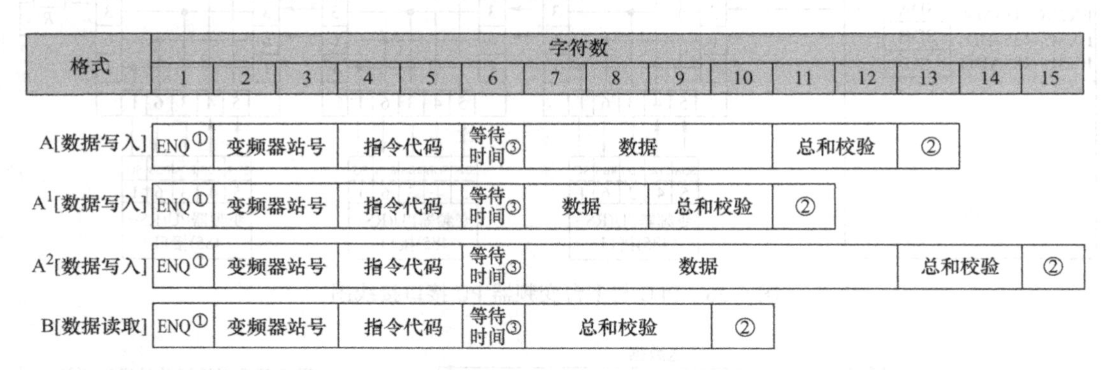

图 6-38　计算机到变频器的通信请求数据格式

注：①表示控制代码。②表示 CR（回车符）或 LF（换行符）代码；当数据从计算机（PLC）传送到变频器时，在有些计算机中代码 CR（回车符）和 LF（换行符）自动设置到数据组的结尾，因此变频器的设置也必须根据计算机来确认，并且可通过变频器的 Pr. 124 选择有无 CR 和 LF 代码。③表示 Pr. 123（响应时间设定）在不设定为 9999 的场合下，数据格式的“响应时间”字节没有，合成通信请求数据（字符数减少一个）。

2）使用格式 A 和格式 A^1 后从变频器返回的应答数据如图 6-39 所示。

格式	字符数 1	2	3	4
C［没有发现数据错误］	ACK①	变频器站号		②
D［发现数据错误］	NAK①	变频器站号		②

图 6-39　C 和 D 格式

注：①表示控制代码，②表示 CR 或 LF 代码。

3）使用格式 B 后，从变频器返回的应答数据如图 6-40 所示。

格式	字符数 1	2	3	4	5	6	7	8	9	10	11
E[没有发现错误]	STX①	变频器站号		读出数据				ETX	总和校验		②
E^1[没有发现错误]	STX①	变频器站号		读出数据		ETX	总和校验		②		
F[发现数据错误]	NAK①	变频器站号		错误代码	②						

图 6-40　格式 E、E^1、F

注：①表示控制代码，②表示 CR 或 LF 代码。

4）使用格式 B 后，计算机（PLC）检查从变频器返回的应答数据有无错误并通知变频器，如图 6-41 所示。

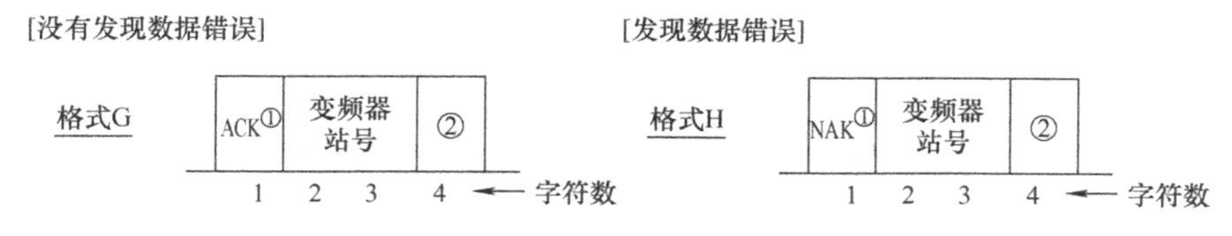

图6-41　格式G、H

注：①表示控制代码，②表示CR或LF代码。

4. 数据定义

1）控制代码数据定义见表6-28。

表6-28　控制代码数据定义

代　码	ASCII码	说　明	代　码	ASCII码	说　明
STX	H02	正文开始（数据开始）	ACK	H06	承认（没有发现数据错误）
ETX	H03	正文结束（数据结束）	LF	H0A	换行
ENQ	H05	询问（通信请求）	CR	H0D	回车
			NAK	H15	不承认（发现数据错误）

2）变频器站号。规定与计算机（PLC）通信的站号，在H00～H1F（0～31）之间设定。

3）指令代码。由计算机（PLC）发送给变频器，指明程序要求（例如：运行、监视）；因此，通过响应相应的指令代码，变频器可进行各种方式的运行和监视。

4）数据。表示与变频器传输的数据，如频率和参数；依照指令代码确认数据的定义和设定范围。

5）等待时间。规定变频器收到从计算机（PLC）来的数据和传输应答数据之间的等待时间。根据计算机的响应时间在0～150ms之间设定等待时间，最小设定单位10ms（例如：1＝10ms，2＝20ms），如图6-42所示。

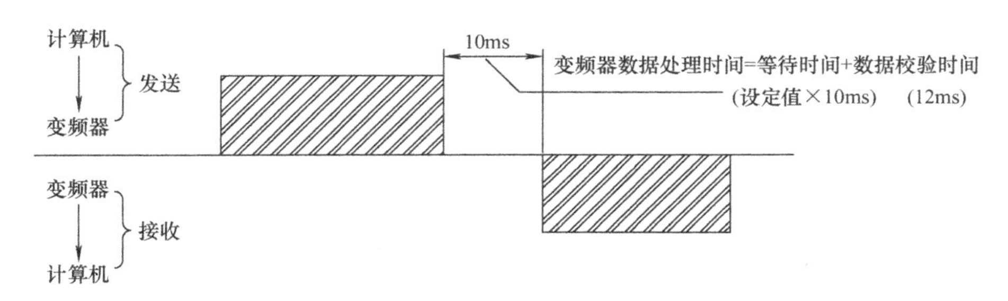

图6-42　等待时间

6）总和校验　总和校验代码是由被校验的ASCII码数据的总和（二进制）的最低一个字节（8位）表示的2个ASCII码数字（十六进制），图6-43所示为总和校验示例。

5. 与变频器通信设定的项目和数据

运用RS指令可以对表6-29中变频器（FR－A700）各项目进行写入或监视操作，监视数据选择见表6-30。

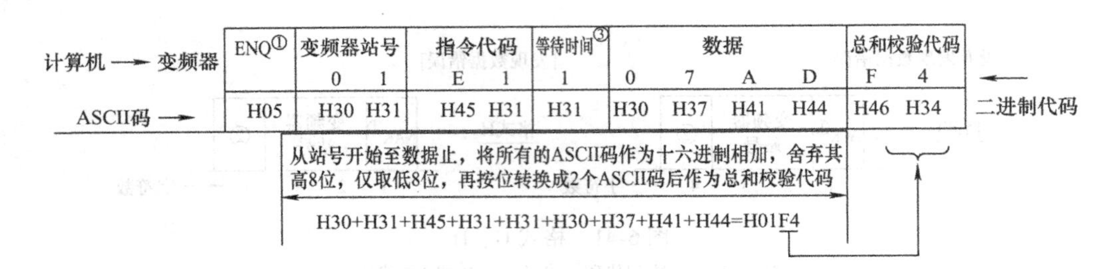

图 6-43　总和校验示例

注：①表示控制代码，②表示 Pr. 123。

（响应时间）不设定为 9999 的场合下，数据格式的“响应时间”字节没有，字符数减少一个。

表 6-29　变频器通信设定的项目和设定的数据表

项　目	读出内容	指令代码	说　明
变频器运行监视（PLC 读取变频器中数据）	运行模式	H7B	H0000：通信选项运行；H0001：外部操作；H0002：通信操作（PU 接口）
	输出频率（速度）	H6F	H0000～HFFFF：输出频率（十六进制）最小单位 0.01Hz
	输出电流	H70	H0000～HFFFF：输出电流（十六进制）最小单位 0.1A
	输出电压	H71	H0000～HFFFF：输出电压（十六进制）最小单位 0.1V
	特殊监控	H72	H0000～HFFFF：指令代码 HF3 选择监视数
	特殊监控选择编号	H73	H01～H0E　监视数据选择见表 6-30
	异常内容	H74	H74～H77 都是异常内容的指令代码
	变频器状态监控	H7A	b7 … b0：0 1 1 1 1 0 1 0 b0：变频器正在运行　b1：正转　b2：反转　b3：频率达到　b4：过负荷　b5：瞬时停电　b6：频率达到　b7：发生报警
	读出设定频率 E^2PROM	H6E	读出设定频率（RAM）或（E^2PROM）
	读出设定频率 RAM	H6D	H0000 至 H9C40：最小单位 0.01Hz（十六进制）
变频器运行控制（PLC 写入数据到变频器中）	运行模式	HFB	H0000：通信选项运行；H0001：外部操作；H0002：通信操作（PU 接口）
	特殊监控选择编号	HF3	H01 至 H0E　监视数据选择见表 6-30
	运行指令	HFA	b7 … b0：0 1 0 0 1 1 0 0 b1：正转（STF）H02　b2：反转（STF）H04
	写入设定频率 E^2PROM	HEE	H0000 至 H9C40：最小单位 0.01Hz（十六进制，0～400.00Hz）频繁改变运行频率时，请写入变频器的 RAM 中（指令代码：HED）
	写入设定频率 RAM	HED	
	变频器复位	HFD	H9696：复位变频器。当变频器有通信开始由计算机复位时，变频器不能发送回应答数据给计算机
	异常内容清除	HF4	H9696：报警履历的全部清除
	清除全部参数	HFC	设定的数据不同有四种清除操作方式：当执行 H9696 或 H9966 时，所有参数被清除，与通信相关的参数设定值也返回到出厂设定值，当重新操作时，需要设定参数
	用户清除	HFC	H9669：进行用户清除

表6-30 监视数据选择表

监视名称	设定数据	最小单位	监视名称	设定数据	最小单位
输出频率	H01	0.01Hz	再生制动	H09	0.1%
输出电流	H02	0.01A	电子过电流保护负荷率	H0A	0.1%
输出电压	H03	0.1V	输出电流峰值	H0B	0.01A
设定频率	H05	0.01Hz	整流输出电压峰值	H0C	0.1V
运行速度	H06	1r/min	输入功率	H0D	0.01kW
电机转矩	H07	0.1%	输出功率	H0E	0.01kW

6. 与变频器通信的相关参数

FX系列PLC和变频器之间进行通信时，通信规格必须在变频器的初始化中设定，如果没有进行初始设定或有一个错误的设定，数据将不能进行传输。但是在设定参数前，须先分清变频器的系列和连接变频器的端口（如PU端口、FR－A5NR选件和内置RS－485端子），不同系列的变频器和不同端口的通信参数会有所不同。表6-31表示与FR－A500（或V500、F500）变频器PU端口连接时的通信参数，表6-32表示连接FR－A700（或V700、F700）的FR－A7NR选件时或RD－D700内置PU口通信参数。表6-33表示与FR－S700内置485连接时的通信参数。

表6-31 连接变频器PU端口通信相关参数

参数号	名称	设定值	说明
Pr. 117	站号	00～31	确定从PU通信的站号
Pr. 118	通信速率	48	4800bit/s
		96	9600bit/s
		192	19200bit/s
Pr. 119	停止位长/字节长	8位时设0或1	设为0时，停止位长1位；设为1时，停止位长2位
		7位时设10或11	设为10时，停止位长1位；设为11时，停止位长2位
Pr. 120	奇偶校验有/无	0	无
		1	奇校验
		2	偶校验
Pr. 121	通信再试次数	0～10	设定发生数据接收错误后允许次数，如果连续发生次数超过允许值，变频器将报警停止
		9999（65535）	如果通信错误发生，变频器没有报警停止，这时变频器可通过输入MRS或RESET信号，变频器（电机）滑行到停止
Pr. 122	通信校验时间间隔	0	不通信
		0.1～999.8	设定通信校验时间秒间隔
		9999	如果无通信状态持续时间超过允许时间，变频器进入报警停止状态
Pr. 123	等待时间设定	0～150ms	设定数据传输到变频器的响应时间
		9999	用通信数据设定

（续）

参数号	名　称	设定值	说　明
Pr. 124	CR，LF 有/无选择	0	无 CR/LF
		1	有 CR，无 LF
		2	有 CR/LF
Pr. 342	E^2PROM 写入有/无	0	从计算机实施参数写入 E^2PROM
		1	从计算机实施参数写到 RAM（频繁变更参数时，请设为 1）。写入 RAM 时，变频器断电，则已变更的参数内容丢失

注：每次参数初始化设定后，需要复位变频器（可以采用断电再上电复位的方式进行），如果改变与通信相关的参数后，变频器没有复位，通信将不能进行。

表 6-32　变频器通信相关参数（连接 FR－A7NR 选件时）

参数号	名　称	设定值	说　明
Pr. 331	站号	00～31	最多可连接 8 台
Pr. 332	通信速率	48/96/192	4800bit/s/9600bit/s/19200bit/s
Pr. 333	停止位长/字节长	10	数据位长 7 位，停止位长 1 位
Pr. 334	奇偶校验有/无	0/1/2	无/奇校验/偶校验
Pr. 336	通信校验时间间隔	0	不通信
		0.1～999.8	设定通信校验时间秒间隔
		9999	如果无通信状态持续时间超过允许时间，变频器进入报警停止状态
Pr. 337	等待时间设定	0～150ms	设定数据传输到变频器的响应时间
		9999	用通信数据设定
Pr. 341	CR，LF 有/无选择	0	无 CR/LF
		1	有 CR，无 LF
		2	有 CR/LF
Pr. 340	链接起动模式	1	计算机控制

表 6-33　与 FR－S700 内置 RS－485 端口通信参数表

参数功能	参数号	设置值	说　明
扩张功能显示选择	Pr. 30	1	显示全部参数
操作模式	Pr. 79	1	
站号	n 1	0	变频器站号为 0
通信速率	n2	192	
数据位/停止位长	n3	11	停止位为 2 位，数据位长 7 位
奇偶校验选择	n4	2	偶校验
通信再试次数	n5	—	发生通信错误时，变频器不停止
通信校验间隔	n6	—	通信校验终止
通信等待时间	n7	—	由通信数据决定
运行控制权	n8	0	运行控制权由 RS－485 控制
速度控制权	n9	0	速度控制权由 RS－485 控制
联网起动模式选择	n10	1	由联网起动模式
停止符选择	n11	0	无 CR、LF

附　录

附录 A　FR－A740 型变频器参数表

本表列出了 FR－A740 型变频器常用部分参数号、功能、名称、设定范围、最小设定单位、出厂设定及简单注释。

功　能	参数	名　称	设 定 范 围	最小设定单位	出厂设定	备　注
基本功能	1	上限频率	0～120Hz	0.01Hz	120Hz	
	2	下限频率	0～120Hz	0.01Hz	0Hz	
	3	基准频率	0～120Hz	0.01Hz	50Hz	设定电动机频率
	4	多段速度设定（高速）	0～400Hz/0～120Hz	0.01Hz	50Hz	设定 RH 为 ON 时频率
	5	多段速度设定（中速）	0～400Hz	0.01Hz	30Hz	设定 RM 为 ON 时频率
	6	多段速度设定（低速）	0～400Hz	0.01Hz	10Hz	设定 RL 为 ON 时频率
	7	加速时间	0～3600s/0～360s	0.01s	5s	
	8	减速时间	0～3600s/0～360s	0.01s	5s	
	9	电子过电流保护	0～500A	0.01A	额定输出电流	常设定为 50Hz 的电机额定电流
标准运行功能	13	起动频率	0～60Hz	0.01Hz	0.5Hz	设定在起动信号 ON 时的频率
	15	点动频率	0～400Hz	0.01Hz	5Hz	
	16	点动加/减速时间	0～3600s/0～360s	0.01s/0.01s	0.5s	不能分别设定
	17	MRS 输入选择	0，2	1	0	0/2（常开/常闭输入）
	19	基底频率电压	0～1000V 8888，9999	0.1V	9999	9999：与电源电压相同
	24	多段速度设定	0～400Hz，9999	0.01Hz	9999	用 RH、RM、RL、REX 信号的组合来设定 4～15 速频率
	25	多段速度设定	0～400Hz，9999	0.01Hz	9999	
	26	多段速度设定	0～400Hz，9999	0.01Hz	9999	
	27	多段速度设定	0～400Hz，9999	0.01Hz	9999	
	29	加/减速曲线	0，1，2，3	1	0	0：直线加减速
	31	频率跳变 1A	0～400Hz，9999	0.01Hz	9999	9999：功能无效
	32	频率跳变 1B	0～400Hz，9999	0.01Hz	9999	9999：功能无效
	33	频率跳变 2A	0～400Hz，9999	0.01Hz	9999	9999：功能无效
	34	频率跳变 2B	0～400Hz，9999	0.01Hz	9999	9999：功能无效
	35	频率跳变 3A	0～400Hz，9999	0.01Hz	9999	9999：功能无效
	36	频率跳变 3B	0～400Hz，9999	0.01Hz	9999	9999：功能无效

（续）

功　能	参数	名　称	设定范围	最小设定单位	出厂设定	备　注
输出端子功能	41	频率到达动作范围	0～100%	0.1%	10%	SU 信号为 ON 时的水平
	42	输出频率检测	0～400Hz	0.01Hz	6Hz	FU 信号为 ON 时的水平
	43	所转时输出频率检测	0～400Hz，9999	0.01Hz	9999	FU 信号为 ON 时的水平
远程功能	59	遥控功能选择	0，1，2，3	1	0	0：多段速度 1：有遥控设定
节能	60	节能控制选择	4	1	0	节能运行模式
运行选择功能	73	0～5V/0～10V 选择	0～7，10～17	1	1	
	75	复位选择/PU 脱离检测/PU 停止选择	0～3，14～17	1	14	
	76	报警编码输出选择	0，1，2，3	1	0	
	77	参数写入禁止	0，1，2	1	0	0：仅停止时可写
	78	防止逆转选择	0，1，2	1	0	0：正转反转都可
	79	操作模式选择	0～8	1	0	
PU 通信功能	117	PU 通信站号	0～31	1	0	
	118	PU 通信速率	48，96，192，384	1	192	
	119	PU 通信停止位长/字长	0，1（数据位长 8 位） 10，11（数据位长 7 位）	1	1	
	120	PU 通信有/无奇偶校验	0，1，2	1	2	
	121	PU 通信再试次数	0～10，9999	1	1	
	122	PU 通信校验时间间隔	0，0.1～999.8s，9999	0.1s	0	
	123	PU 通信等待时间设定	0～150ms，9999	1ms	9999	
	124	PU 通信有/无 CR、LF 选择	0，1，2	1	1	
	331	RS－485 通信站号	0～31	1	0	
	332	RS－485 通信速率	12,24,48,96,192,384	1	96	
	333	RS－485 通信停止位长/字长	0，1，10，11	1	1	
	334	RS－485 通信有/无奇偶校验	0，1，2	1	2	
	335	RS－485 通信再试次数	0～10，9999	1	1	
	336	RS－485 通信校验时间间隔	0，0.1～999.8s，9999	0.1	0	
	337	RS－485 通信等待时间设定	0～150ms，9999	1	9999	
	341	RS－485 通信 CR、LF 选择	0，1，2	1	1	
	342	通信 E^2PROM 写入选择	0，1	1	0	
	343	通信错误计数	—	1	0	
	539	Modbus－RTU 校验时间间隔	0，0.1～999.8s，9999	0.1	9999	
	549	选择协议	0，1	1	0	

（续）

功　能	参数	名　称	设定范围	最小设定单位	出厂设定	备　注
PID控制功能	127	PID控制自动切换频率	0~400，9999	0.1	9999	9999：无自动切换频率
	128	PID动作选择	10，11，20，21	—	10	
	129	PID比例常数	0.1~1000%，9999	0.1%	100%	
	130	PID积分时间	0.1~3600s，9999	0.1s	1s	
	131	上限	0~100%，9999	0.1%	9999	
	132	下限	0~100%，9999	0.1%	9999	
	133	PID目标设定值	0~100%	0.01%	0%	
	134	PID微分时间	0.01~10.00s，9999	0.01s	9999	
工频切换功能	135	工频电源切换输出端子选择	0，1	1	0	
	136	MC切换互锁时间	0~100.0s	0.1s	1.0s	
	137	起动等待时间	0~100.0s	0.1s	1.0s	
	138	报警时工频电源切换选择	0，1	1	0	
	139	工频/变频自动切换选择	0~60Hz，9999	0.01Hz	9999	
端子安排功能	180	RL端子功能选择	0~99，9999	1	0	出厂为低速运行
	181	RM端子功能选择	0~99，9999	1	1	出厂为中速运行
	182	RH端子功能选择	0~99，9999	1	2	出厂为高速运行
	183	RT端子功能选择	0~99，9999	1	3	出厂为第2功能选择
	184	AU端子功能选择	0~99，9999	1	4	出厂为电流输入选择
	185	JOG端子功能选择	0~99，9999	1	5	出厂为点动运行选择
	186	CS端子功能选择	0~99，9999	1	6	出厂为瞬时掉电自动再起动选择
	190	RUN端子功能选择	0~199，9999	1	0	出厂为变频器运行
	191	SU端子功能选择	0~199，9999	1	1	出厂为频率到达
	192	IPF端子功能选择	0~199，9999	1	2	出厂为瞬时停电功能
	193	OL端子功能选择	0~199，9999	1	3	出厂为过负荷报警
	194	FU端子功能选择	0~199，9999		4	出厂为频率检测
	195	ABC端子功能选择	0~199，9999		99	出厂为报警输出
多段速度运行	232	多段速度设定	0~400Hz，9999	0.01Hz	9999	速度8
	233	多段速度设定	0~400Hz，9999	0.01Hz	9999	速度9
	234	多段速度设定	0~400Hz，9999	0.01Hz	9999	速度10
	235	多段速度设定	0~400Hz，9999	0.01Hz	9999	速度11
	236	多段速度设定	0~400Hz，9999	0.01Hz	9999	速度12
	237	多段速度设定	0~400Hz，9999	0.01Hz	9999	速度13
	238	多段速度设定	0~400Hz，9999	0.01Hz	9999	速度14
	239	多段速度设定	0~400Hz，9999	0.01Hz	9999	速度15

附录 B　FR - A740 型变频器常见故障代码

操作面板显示	E. OC1	E.OC1	FR - PU04	OC During Acc
名　称	加速时过电流断路			
内　容	加速运行中，当变频器输出电流超过额定电流的 200% 时，保护回路动作，停止变频器输出。仅给 R1、S1 端子供电，输入起动信号时，也为此显示			
检查要点	是否急加速运转；输出是否短路；主回路电源（R，S，T）是否供电			
处　理	延长加速时间 起动时，“E. OC1” 总是点亮的情况下，拆下电动机再起动。如果 “E. OC1” 仍点亮，请与经销商或三菱公司营业所联系 主回路电源（R，S，T）供电			
操作面板显示	E. OC2	E.OC2	FR - PU04	Stedy Spd OC
名　称	定速时过电流断路			
内　容	定速运行中，当变频器输出电流超过额定电流的 200% 时，保护回路动作，停止变频器输出			
检查要点	负荷是否有急速变化，输出是否短路			
处　理	取消负荷的急速变化			
操作面板显示	E. OC3	E.OC3	FR - PU04	OC Dur ing Dec
名　称	减速时过电流断路			
内　容	减速运行中（加速、定速运行之外），当变频器输出电流超过额定电流的 200% 时，保护回路动作，停止变频器输出			
检查要点	是否急减速运转，输出是否短路，电机的机械制动是否过早			
处　理	延长减速时间，检查制动动作			
操作面板显示	E. THM	E.THM	FR - PU04	Motor Over load
名　称	电动机过负荷断路（电子过电流保护）			
内　容	过负荷以及定速运行时，由于冷却能力的低下，造成电机过热，变频器的内置电子过电流保护检测达到设定值的 85% 时，予报警（显示 TH），达到规定值时，保护回路动作，停止变频器输出。多极电动机或两台以上电动机运行时，电子过电流保护不能保护电动机，请在变频器输出侧安装热继电器			
检查要点	电动机是否在过负荷状态下使用			
处　理	减轻负载。恒转矩电动机时，把 Pr. 71 设定为恒转矩电动机			
操作面板显示	E. THT	E.THT	FR - PU04	Lnv. Over load
名　称	变频器过负荷断路（电子过电流保护）			
内　容	如果电流超过额定电流的 150% 未到过电流切断（200% 以下）时，为保护输出晶体管，用反时限特性，使电子过电流保护动作，停止变频器输出（过负荷承受能力 150% 60s）			
检查要点	电动机是否在过负荷状态下使用			
处　理	减轻负荷			
操作面板显示	E. IPF	E. IPF	FR - PU04	Inst. Pwr. Loss
名　称	瞬时停电保护			
内　容	停电超过 15ms（与变频器输入切断一样）时，为防止控制回路误动作，瞬时停电保护功能动作，停止变频器输出。此时，异常报警输出接点为打开（B - C）和闭合（A - C）。如果停电持续时间超过 100ms，报警不输出。如果电源恢复时，起动信号是 ON，变频器将再起动（如果瞬时停电在 150ms 以内，变频器仍然运行）			

（续）

检查要点	调查瞬时停电发生的原因			
处　理	修复瞬时停电，准备瞬时停电的备用电源，设定瞬时停电再起动的功能			
操作面板显示	E. UVT	E.UuT	FR－PU04	Under Vo ltage
名　称	欠压保护			
内　容	如果变频器的电源电压下降，控制回路可能不能发挥正常功能，或会引起电动机的转矩不足，发热的增加。为此，当电源电压下降到300V以下时，停止变频器输出。如果P/＋、P1之间没有短路片，则欠压保护功能动作			
检查要点	有无大容量的电动机起动。P/＋、P1之间是否接有短路片或直流电抗器			
处　理	检查电源等电源系统设备。在P/＋、P1之间连接短路片或直流电抗器			
操作面板显示	E. FIN	E.F In	FR－PU04	H/Sink　O/Temp
名　称	散热片过热			
内　容	如果散热片过热，温度传感器动作，使变频器停止输出			
检查要点	把周围温度是否过高。冷却散热片是否堵塞			
处　理	把周围温度调节到规定范围内			
操作面板显示	E. GF	E.　GF	FR－PU04	Ground　Fault
名　称	输出侧接地故障过电流保护			
内　容	当变频器的输出侧（负荷侧）发生接地，流过接地电流时，变频器停止输出			
检查要点	电动机，连接线是否接地			
处　理	排除接地的地方			
操作面板显示	E. OHT	E.OHT	FR－PU04	OH　Fault
名　称	外部热继电器动作			
内　容	为防止电动机过热，安装在外部热继电器或电动机内部安装的温度继电器动作（接点打开）时，使变频器输出停止。即使继电器接点自动复位，变频器不复位就不能重新起动			
检查要点	电动机是否过热 在Pr. 180～Pr. 186（输入端子功能选择）中任一个，设定值7（OH信号）是否正确设定			
处　理	降低负载和运行频率			
操作面板显示	E. OLT	E.OLT	FR－PU04	Stll　Prev STP
名　称	失速防止			
内　容	当失速防止动作，运行频率降到0时，失速防止动作中显示OL			
检查要点	电机是否在过负荷状态下使用			
处　理	减轻负荷			
操作面板显示	E. LF	E.LF	FR－PU04	—
名　称	输出欠相保护			
内　容	当变频器输出侧三相（U，V，W）中有一相断开时，变频器停止输出			
检查要点	确认接线（电动机是否正常） 是否使用比变频器容量小得多的电动机			
处　理	正确接线 确认Pr. 251“输出欠相保护选择”的设定值			

（续）

操作面板显示	E. P24	E.P24	FR－PU04	E. P24
名　　称	直流 24V 电源输出短路			
内　　容	从 PC 端子输出的直流 24V 电源短路时，电源输出切断。此时，外部接点输入全部为 OFF，端子 RES 输入不能复位。复位的话，请使用操作面板或电源切断再投入的方法			
检查要点	PC 端子输出是否短路			
处　　理	排除短路处			
操作面板显示	E. CTE	E.CTE	FR－PU04	
名　　称	操作面板用电源输出短路			
内　　容	操作面板用电源（PU 接口的 P5S）短路时，电源输出切断。此时，操作面板（参数单元）的使用，从 PU 接口进行 RS－485 通信都变为不可能。复位的话，请使用端子 RES 输入或电源切断再投入的方法			
检查要点	PU 接口连接线是否短路			
处　　理	检查 PU、电缆			
操作面板显示	OL	OL	FR－PU04	OL
名　　称	失速防止（过电流）			
内　　容	加速时：如果电动机的电流超过变频器额定输出电流的 150% 以上时，停止频率的上升，直到过负载电流减少为止，以防止变频器出现过电流断路。当电流降到 150% 以下后，再增加频率			
	恒速运行时：如果电动机的电流超过变频器额定输出电流的 150% 以上时，降低频率，直到过负载电流减少为止，以防止变频器出现过电流断路。当电流降到 120% 以下后，再回到设定频率			
	减速时：如果电动机的电流超过变频器额定输出电流的 150% 以上时，停止频率的下降，直到过负荷电流减少为止，以防止变频器出现过电流断路。当电流降到 150% 以下后，再下降频率			
检查要点	电动机是否在过负荷状态下使用			
处　　理	可以改变加减速的时间 用 Pr. 22 的“失速防止动作水平”提高失速防止的动作水平，或者用 Pr. 156 的“失速防止动作选择”不让失速防止动作			
操作面板显示	PS	PS	FR－PU04	PS
名　　称	PU 停止			
内　　容	在 Pr. 75 的“PU 停止选择”状态下，用 PU 的 STOP/RESET 的键，设定停止			
检查要点	是否按下操作面板的 STOP/RESET 键，使其停止			
处　　理	参照 Pr. 75 的有关设定			
操作面板显示	Err	Err		
内　　容	此报警在下述情况下显示：RES 信号处于 ON 时；在外部运行模式下，试图设定参数；运行中，试图切换运行模式；在设定范围之外，试图设定参数；PU 和变频器不能正常通信时；运行中（信号 STF、SRF 为 ON），试图设定参数时；在 Pr. 77“参数写入禁止选择”参数写入禁止时，试图设定参数			
处　　理	请准确地进行运行操作			

附录 C　FX 系列 PLC 的特殊软元件

1. PLC 的状态（见表 C-1）

表 C-1　PLC 的状态

元件号/名称	动作功能	元件号/名称	寄存器内容
§ M8000RUN 监控常开触点	RUN M8004 M8000 M8001 M8002 M8003 扫描时间	D8000 警戒时钟	初始设置值 200ms（PLC 电源接通时将 ROM 中的初始数据写入），可以 1ms 为增量单位改写
§ M8001RUN 监控常闭触点		D8001PLC 型号及系统版本	
§ M8002 初始脉冲常开触点		D8002 存储器容量	0002：2K 步；0004：4K 步；0008：8K 步
§ M8003 初始脉冲常闭触点		D8003 存储器类型	RAM/E^2PROM/EPROM 内装/外接存储卡保护开关 ON/OFF 状态
§ M8004 出错	M8060 和/或 M8067 接通时为 ON	D8004 出错 M 编号	8060～8068（M8004 ON）
§ M8005 电池电压低下	电池电压异常低下时动作	D8005 电池电压	当前电压值（BCD 码），以 0.1V 为单位
§ M8006 电池电压低下锁存	检出低电压后，若 ON，则将其值锁存	D8006 电池电压低下时电压	初始值：3.0V，PLC 上电时由系统 ROM 送入
M8007 电池瞬停检出	M8007 ON 的时间比 D8008 中数据短，则 PLC 将继续运行	D8007 瞬停次数	存储 M8007 ON 的次数，关电后数据全清
M8008 停电检出	若 ON→OFF 就复位	D8008 停电检出时间	初始值 10ms（1ms 为单位）上电时，读入系统 ROM 中数据
M8009 DC 24V 关断	基本单元、扩展单元、扩展模块的任一 DC 24V 电源关断则接通	D8009 DC 24V 关断的单元号	写入 DC 24V 关断的基本单元、扩展单元、扩展模块中最小的输入元件号

注：1. 用户程序不能驱动标有（§）记号的元件。
2. 除非另有说明，D 中的数据通常用十进制表示。
3. 当用 220V 交流电源供电时，D8008 中的电源停电时间检测周期可用程序在 10～100ms 之内修改。

2. 时钟（M8010～M8019、D8010～8019，见表 C-2）

表 C-2　时钟（M8010～M8019，D8010～8019）

元件号/名称	动作/功能	元件号/名称	寄存器内容
M8010		D8010 当前扫描时间	当前扫描周期时间（以 0.1ms 为单位）
M8011/10ms 时钟	每 10ms 发一脉冲	D8011 最小扫描时间	扫描时间的最小值（以 0.1ms 为单位）
M8012/100ms 时钟	每 100ms 发一脉冲	D8012 最大扫描时间	扫描时间的最大值①（以 0.1ms 为单位）
M8013/1s 时钟	每 1s 发一脉冲	D8013	RTC②秒数据 0～59
M8014/1min 时钟	每 1min 发一脉冲	D8014	RTC 分数据 0～59

（续）

元件号/名称	动作/功能	元件号/名称	寄存器内容
M8015	ON，RTC 停走	D8015	RTC 时数据 0 ~ 23
M8016	ON，D8013 ~ 8019 冻结，RYTC 仍正常行走	D8016	RTC 日期数据 1 ~ 31
M8017	ON，分钟取整数	D8017	RTC 月数据 1 ~ 12
M8018	ON 表示 RTC 安装完成	D8018	RTC 年数据 0 ~ 99
M8019	时钟数据设置超范围	D8019	RTC 星期几数据 0 ~ 6

① 不包括在 M8039 接通时的定时扫描等待时间。

② RTC 为实时时钟。

3. 标志（M8020 ~ M8029、D8020 ~ D8029，见表 C－3）

表 C－3　标志（M8020 ~ M8029，D8020 ~ D8029）

元件号/名称	动作/功能	元件号/名称	寄存器内容
M8020 零标志	加减运算结果为“0”时置位	D8020	X0 ~ X17 输入滤波时间常数 0 ~ 60
M8021 借位标志	减运算结果小于最小负数值时置位	D8021	
M8022 进位标志	加运算有进位时或结果溢出时置位	D8022	
M8024	BMOV 方向指定 FNC15	D8024	
M8025	外部复位 HSC 方式	D8025	
M8026	RAMP 保持方式	D8026	
M8027	PR16 数据方式	D8027	
M8028	执行 FROM/TO 过程中中断允许	D8028	Z0 数据寄存器
M8029	指令完成时置位（如 DSW 指令）	D8029	V0 数据寄存器

4. PLC 方式（M8030 ~ D8039、D8030 ~ D8039，见表 C－4）

表 C－4　PLC 方式（M8030 ~ D8039、D8030 ~ D8039）

元件号/名称	动作/功能	元件号/名称
M8030 电池欠压 LED 灯灭	M8030 接通后即使电池电压低，PLC 面板上的 LED 也不亮	D8030
M8031 全清非保持存储器	当 M8031 和 M8032 为 ON 时，Y、M、S、T、和 C 的映像寄存器及 T、D、C 的当前值寄存器全部清 0。由系统 ROM 置预置值的数据寄存器的文件寄存器中的内容不受影响	D8031
M8032 全清保持存储器		D8032
M8033 存储器保持	PLC 由 RUN→STOP 时，映像寄存器及数据寄存器中的数据全部保留	D8033
M8034 禁止所有输出	虽然外部输出端全为“OFF”，但 PLC 中的程序及映像寄存器仍在运行	D8034
M8035①强制 RUN 方式	用 M8035、M8036、M8037 可实现双开关控制 PLC 起/停。即 RUN 为起动按钮，X00 为停止按钮②	D8035
M8036①强制 RUN 信号		D8036
M8037①强制 STOP 信号		D8037
M8038	通信参数设置标志	D8038
M8039 定时扫描方式	M8039 接通后，PLC 以定时扫描方式运行，扫描时间由 D8039 设定	D8039 定时扫描时间

① 当 PLC 由 RUN→STOP 时，继电器关断。

② 无论 RUN 输入是否为 ON，当 M8035 或 M8036 由编程器强制为 ON 时，PLC 运行。在 PLC 运行时，若 M8037 强制置为 OFF，则 PLC 停止运行。

5. 步进顺控（M8040～M8049、D8040～D8049，见表 C－5）

表 C－5　步进顺控（M8040～M8049，D8040～D8049）

元件号/名称	操作/功能	元件号/名称	寄存器内容
M8040 禁止状态转移	M8040 接通时禁止状态转移	D8040 ON 状态编号 1	状态 S0～S999 中正在动作的状态的最小编号存在 D8040 中，其他动作的状态号由小到大依次存在 D8041～D8047 中（最多 8 个）
M8041①状态转移开始	自动方式时从初始状态开始转移	D8041 ON 状态编号 2	
M8042 起动脉冲	起动输入时的脉冲输入	D8042 ON 状态编号 3	
M8043①回原点完成	原点返回方式结束后接通	D8043 ON 状态编号 4	
M8044①原点条件	检测到机械原点时动作	D8044 ON 状态编号 5	
M8045 禁止输出复位	方式切换时，不执行全部输出的复位	D8045 ON 状态编号 6	
M8046 STL 状态置 ON	M8047 ON 时若 S0～S899 中任一接通则 ON	D8046 ON 状态编号 7	
M8047 STL 状态监控	接通后 D8040～D8047 有效	D8047 ON 状态编号 8	
M8048 报警器接通	M8049 接通后 S900～S999 中任一 ON 时接通	D8048	
M8049 报警器有效	接通时 D8049 的操作有效	D8049ON 状态最小编号	存储报警器 S900～S999 中 ON 的最小编号

① PLC 由 RUN→STOP 时，M 关断。

执行 END 指令时所有与 STL 状态相连的数据寄存器都被刷新。

6. 出错检测（M8060～M8069、D8060～D8069，见表 C－6）

如果 M8060～M8067 中任一个为 ON 时，则其最小元件号将存于 D8004 中，同时 M8004 接通。

表 C－6　出错检测（M8060～M8069，D8060～D8069）

编　　号	名　　称	PROGE 灯	PLC 状态	编　　号	数据寄存器的内容
M8060	I/O 编号错	OFF	RUN	D8060	引起 I/O 编号错的第一个 I/O 元件号①
M8061	PLC 硬件错	闪动	STOP	D8061	PLC 硬件出错码编号
M8062	PLC/PP 通信错	OFF	RUN	D8062	PLC/PP 通信错的错码编号
M8063②	并联通信错	OFF	RUN	D8063②	并联通信错码编号
M8064	参数错	闪动	STOP	D8064	参数错的错码编号
M8065	语法错	闪动	STOP	D8065	语法错的错码编号
M8066	电路错	闪动	STOP	D8066	电路错的错码编号
M8067②	操作错	OFF	RUN	D8067②	操作错的错码编号
M8068	操作错锁存	OFF	RUN	D8068	操作错的步序编号（锁存）
M8069	I/O 总线检查③	—	—	D8069	M8065～M8067 错误的步序号

① 如果对应于程序中所编的 I/O 号（基本单元、扩展单元、扩展模块上的）并未装在机上，则 M8060 置 ON，其最小元件号写入 D8060 中。

② 当 PLC 由 STOP→ON 时断开。

③ M8069 接通后，执行 I/O 总线校验，如果出错，将写入出错码 6013 且 M8061 置 ON。

参 考 文 献

[1] 吴启红．可编程序控制系统设计技术（FX 系列）[M]．北京：机械工业出版社，2014.
[2] 三菱机电培训教材．FX3G、FX3U、FX3UC 系列微型可编程序控制器编程手册．2009.
[3] 三菱机电培训教材．FX 通讯用户手册．2008.
[4] 三菱机电培训教材．三菱 FR－A740 操作手册．2006.
[5] 三菱机电培训教材．FX2N、FX2NC 编程手册．2007.
[6] 张运刚，宋小春，郭武强．从入门到精通——三菱 FX2N PLC 技术与应用 [M]．北京：人民邮电出版社，2007.
[7] 岳庆来，等．变频器、可编程序控制器及触摸屏综合应用技术 [M]．北京：机械工业出版社，2006.